国家出版基金项目
NATIONAL PUBLICATION FOUNDATION

生态气象系列丛书

丛书主编：丁一汇

丛书副主编：周广胜 钱 拴

山东生态气象

主编：薛晓萍

副主编：李 峰

气象出版社
China Meteorological Press

内 容 简 介

本书整理并吸纳了近10年山东气象部门在生态气象领域的一系列科技攻关创新研究成果，包括山东省气候特征、气候生态环境、农田生态气象、城市热岛、水体生态气象、黄河三角洲生态气象和海洋生态气象等内容。内容兼顾生态气象理论技术与实际工作应用，具有较强的针对性与实用性，希望借此与国内外同行共同交流，并推动相关成果在生态气象业务领域中的应用，为山东生态监测与保护提供参考。可供从事气象、生态环境、农业、林业、水利、规划、自然资源领域的科研业务人员和行政管理人员参考使用。

图书在版编目（CIP）数据

山东生态气象 / 薛晓萍主编 ; 李峰副主编. 北京 : 气象出版社, 2024. 6. -- (生态气象系列丛书 / 丁一汇主编). -- ISBN 978-7-5029-8296-6

Ⅰ. P41

中国国家版本馆CIP数据核字第20245QF574号

山东生态气象

Shandong Shengtai Qixiang

出版发行：气象出版社

地　　址：北京市海淀区中关村南大街46号　　**邮政编码**：100081

电　　话：010-68407112(总编室)　010-68408042(发行部)

网　　址：http://www.qxcbs.com　　**E-mail**：qxcbs@cma.gov.cn

责任编辑：周　露　　**终　　审**：张　斌

责任校对：张硕杰　　**责任技编**：赵相宁

封面设计：博雅锦

印　　刷：北京地大彩印有限公司

开　　本：787 mm×1092 mm　1/16　　**印　　张**：15

字　　数：384千字

版　　次：2024年6月第1版　　**印　　次**：2024年6月第1次印刷

定　　价：150.00元

编委会

主　编：薛晓萍

副主编：李　峰

编写人员（按姓氏拼音排序）：

曹　洁　迪力努尔·热依木　董旭光　董智强

段金馈　冯冬含　高　理　韩东枫　胡先锋

秦　泉　邱　粲　王　晗　信志红　张　乾

赵　红　邹　瑾

前言

气象条件是影响生态系统最活跃的因素，生态气象服务保障工作在生态文明建设总体布局中发挥着基础性科技保障作用，为科学开展生态保护与建设，促进生态系统修复，增强生态系统可持续性，提升生态系统质量提供决策支撑。山东位于中国东部沿海，地处黄河下游，在国家生态安全格局中具有重要地位，生态环境保护要求高。党的十八大以来，山东省生态文明建设和生态环境保护发生历史性、转折性、全局性变化，山东省气象局通过开展一系列科技攻关，深化了生态气象技术内涵，生态文明建设气象保障服务成效显著。

本书整理并吸纳了近10年山东气象部门在生态气象领域的新研究成果，共分为7章。第1章为山东省气候特征，介绍了山东省的地理特征和气候概况，分季节对环流特征和主要的天气系统进行了描述。第2章为气候生态环境，介绍了山东省气象灾害类别、发生频次，并针对暴雨洪涝、台风、高温、低温、冰雹、大风等主要气象灾害的年际变化趋势和空间分布特征进行了具体分析。第3章为农田生态气象，介绍了山东省主要农作物的种植概况，针对冬小麦、夏玉米等大田粮食作物与烟台苹果等经济林果介绍了种植面积遥感提取方法，分析了农业气象灾害分布特征、农业生态监测评估技术手段、生产潜力时空变化特征等。第4章为城市热岛，分析了地表温度的遥感反演结果与精度验证、主要城市热岛强度与热岛比例指数的时空变化特征，定量评价了城市热环境影响因素对城市热岛效应变化的贡献度。第5章为水体生态气象，介绍了山东省河流、湖泊概况，分析了南四湖、东平湖、峡山水库和门楼水库水体面积变化。第6章为黄河三角洲生态气象，介绍了黄河三角洲概况，分析了黄河三角洲地区植被覆盖变化特征，评估了黄河三角洲土地利用类型变化、自然和人工湿地以及海岸线时空演变等，并提出相应的对策建议。第7章为海洋生态气象，介绍了黄海浒苔的卫星遥感监测方法，分析了浒苔发生发展特征及气象要素对浒苔分布的影响。

全书由薛晓萍策划和主编，李峰负责统稿和审查定稿工作。编写大纲由多位专家数次研究讨论决定。各章节主要编写人员为：第1章：邹瑾、曹洁、高理；第2章：邱粲、董旭光、高理；第3章：董智强、李峰、段金馈、张乾；第4章：王晗；第5章：秦泉、冯冬含；第6章：李峰、韩东枫、信志红；第7章：胡先锋、赵红。迪力努尔·热依木对本书亦有贡献。

本书内容兼顾生态气象理论技术与实际工作应用，具有较强的针对性与实用性，希望借此与国内外同行共同交流，并推动相关成果在生态气象业务领域中的应用，为山东生态监测与保护提供参考。

由于本书内容面广、资料量大、编写时间紧促，加之编者水平有限，可能有差错和遗漏，欢迎广大读者批评指正。

作者

2023 年 3 月

目录

第 1 章 山东省气候特征

1.1 山东省地理特征和气候概况

1.1.1 山东省地理特征

山东省位于中国东部海岸，地处黄河下游，介于 114°48′—122°42′E、34°23′—38°17′N 之间，境域包括半岛和内陆两部分：山东半岛伸入渤海与黄海之间，东与朝鲜半岛、日本列岛隔海相望，北与辽东半岛相对；西部为内陆，西北与河北接壤，西南与河南交界，南与安徽、江苏毗邻。全省东西长 721.03 千米，南北长 437.28 km，全省陆域面积 15.81 万 km^2（来源：山东省人民政府官网）。

山东半岛三面环海，全省海岸线长 3504.74 km，占全国的 1/6，位居全国前列。境内中部山地突起，为鲁中南山地丘陵区；东部半岛大都是起伏和缓的波状丘陵区；西部、北部是黄河冲积而成的鲁西北平原区，是华北大平原的一部分。泰山雄踞中部，主峰海拔 1532.7 m，为全省最高点；黄河三角洲海拔一般 2～10 m，为全省陆地最低处（来源：山东省人民政府官网）。境内地貌复杂，大体可分为中山、低山、丘陵、台地、盆地、山前平原、黄河冲积扇、黄河平原、黄河三角洲 9 个基本地貌类型。

1.1.2 山东省气候概况

1.1.2.1 气候特点

山东省属暖温带亚湿润气候，季风气候特点明显，四季分明，雨量集中。冬季受大陆季风影响，盛行偏北风，寒冷干燥；春季大陆季风减弱，海洋季风逐渐增强，冷暖气团交绥频繁，多风少雨；夏季受海洋季风影响，炎热多雨；秋季大陆季风逐渐增强，天气晴爽，冷暖适中。由于山东省东临黄海、北濒渤海，西连亚欧大陆，省内地形较复杂，受海洋、纬度和地形的影响，各地气候有较大差别。

1.1.2.2 环流与季风

(1)冬季

冬季影响山东的天气系统主要是冷锋，它是极地大陆气团和变性极地大陆气团之间的界面，较强冷锋过境后，常常出现偏北大风并引起强烈的降温，当南方暖湿气流较强时也会出现雨雪天气；当青藏高原上有较深的低槽移出，西南气流较强时，南方气旋也会北上影响山东，造成大风和雨雪天气。山东半岛北部在强冷空气影响时，常出现冷流降雪，有时会产生暴雪。

冬季，山东位于强大干冷的蒙古冷高压的东南部，盛行偏北风，气候寒冷而干燥，此时纬度造成的温度南北差异大于海洋影响造成的东西差异，等温线大致呈纬向分布；1 月是蒙古高压最强盛的时期，也是山东全年最冷的月份。

(2)春季

春季是大气环流由冬到夏的转换季节。入春以后，随着太阳辐射日益增强，地面和大气的温度不断升高，蒙古高压强度减弱，向西收缩；蒙古气旋出现频繁，发展强烈，形成南高北低的气压场，所以春季是山东偏南大风出现最多的季节。偏南气流将暖湿空气从黄海南部吹向海温较低的黄海中北部，常在海上和山东半岛东部沿海地区形成海雾。春季西太平洋副热带高压(简称副高)和大陆热低压势力逐渐增强，暖湿气流较冬季活跃，冷暖气流交绥频繁，降水较冬季明显增多。但由于回暖快、风力大、蒸发强，所以常出现春旱。春季冷空气势力虽然减弱，但出现次数仍频繁，当强冷空气南下时，会造成较强的降温并出现晚霜冻或倒春寒。入春后，地面和低层大气的增温迅速，有时会形成“下暖上冷”的不稳定大气层结，冷空气影响时会产生冰雹等强对流天气。

(3)夏季

夏季，山东主要受西太平洋副高影响，其变化动向直接影响山东的天气，可造成暴雨、强对流和高湿高温天气。夏季来自高纬度的冷空气仍经常南下，西太平洋副高北侧的暖湿气流经冷空气抬升产生大量降水，常常造成区域性暴雨。6 月中旬—7 月上旬，西太平洋副高脊线位于 20°—25°N 之间，江淮流域梅雨开始，在梅雨后期(6 月末 7 月初)，山东开始进入雨季；7 月中旬西太平洋副高脊线到达 30°N 附近，华北雨季开始；8 月下旬西太平洋副高开始南撤，雨带随之南退，8 月底或 9 月初山东雨季结束。夏季，热带气旋活动频繁，带来大风和降水天气。夏季受大陆热低压和副高的影响，天气炎热，湿润多雨；此时，因纬度高低造成的南北温差较小，海洋对温度分布的影响占主要地位，全省等温线呈经向分布，由西向东降低。

(4)秋季

秋季是大气环流自夏到冬的转换季节。9 月西太平洋副高南撤，蒙古高压建立，山东基本上处在极地大陆气团的影响下。10 月，蒙古高压加强，地面上已是稳定的冬季环流形势，对流层上部的青藏高压消失，西风带南移，高原南侧的南支西风急流重新建立，高空也基本上为冬季的环流形势。进入秋季，气温明显下降，降水骤减，多秋高气爽天气。当大气环流发生异常时，如在南支低槽和西南气流活跃或西太平洋副高南撤较迟的环流背景下，山东会出现连阴雨天气，造成秋涝。秋季，强冷空气的爆发也会造成霜冻、低温冷害、寒潮和大风等灾害性天气。

1.2 山东省基本气候条件

1.2.1 气温

1.2.1.1 年平均气温

全省年平均气温基本遵循由西向东递减的分布规律，但地区差别不大，多数都在 14 ℃左右(图 1.1)。鲁南地区大部、鲁中的中西部地区年平均气温都在 14 ℃以上，其中微山最高，为 16.5 ℃；半岛的丘陵地区年平均气温都比较低，成山头最低；其他地区一般为 13.0～13.9 ℃。

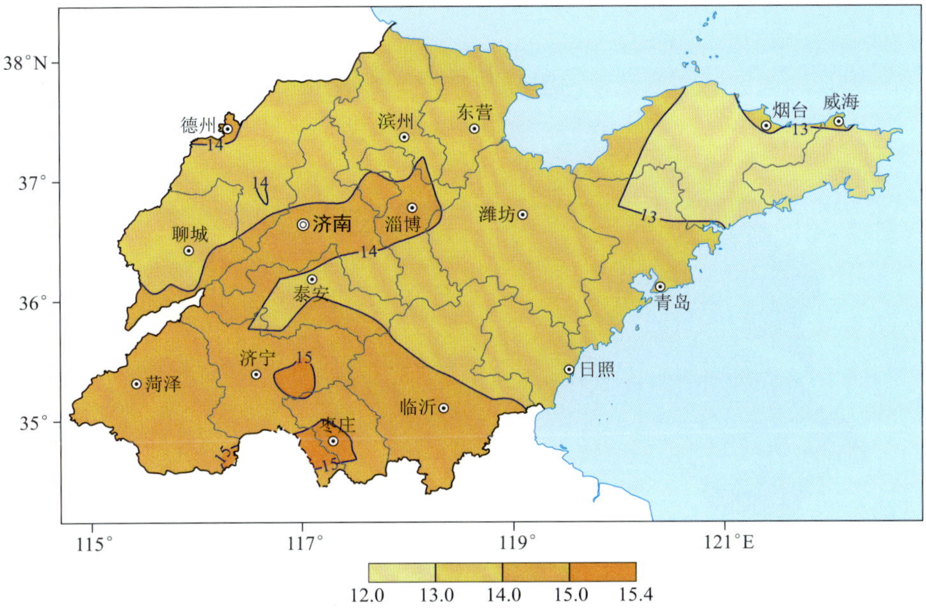

图 1.1 山东年平均气温分布图(单位:℃)(1991—2020 年)

1.2.1.2 平均气温逐月变化

山东各月平均气温变化为单峰型(图 1.2)。全省平均气温 1 月最低,为−1.2 ℃,7 月最高,为 26.7 ℃。冬季太阳辐射最弱,各地气温冬季最低,最冷月都出现在 1 月。1—7 月,气温逐渐升高。夏季太阳辐射最强,各地夏季气温 7 月最高。8 月以后,各地气温逐月下降。

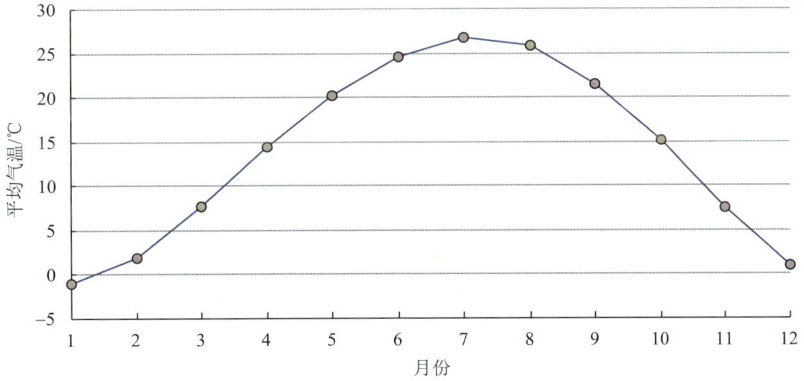

图 1.2 山东各月平均气温变化图(1991—2020 年)

1.2.1.3 极端最高气温

山东极端最高气温呈现由沿海向内陆逐渐升高的分布规律。内陆极端最高气温基本都在 41.0 ℃～43.0 ℃之间,鲁中山区和半岛地区在 37.0 ℃～40.0 ℃之间(图 1.3)。各地极端最高气温邹平最高,为 43.0 ℃,出现在 2005 年;成山头最低,为 32.7 ℃,出现在 1996 年。极端最高气温出现在 5—8 月,绝大部分地区出现在 6 月(占 45%)和 7 月(占 43%);其次是 5 月,占总日数的 11%。

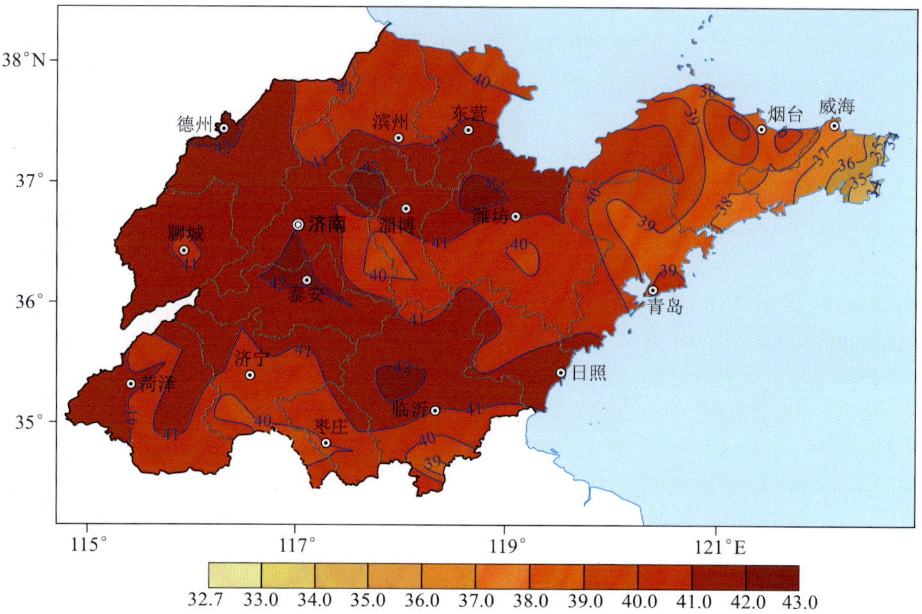

图 1.3　山东极端最高气温分布图(单位:℃)(1991—2020 年)

1.2.1.4　极端最低气温

鲁西北、鲁中山区北部和半岛内陆地区的极端最低气温一般在−22.6 ℃～−12.9 ℃;鲁中山区南部和鲁南地区多在−17.0 ℃～−14.0 ℃;沿海地区一般在−15.0 ℃～−12.0 ℃(图 1.4)。

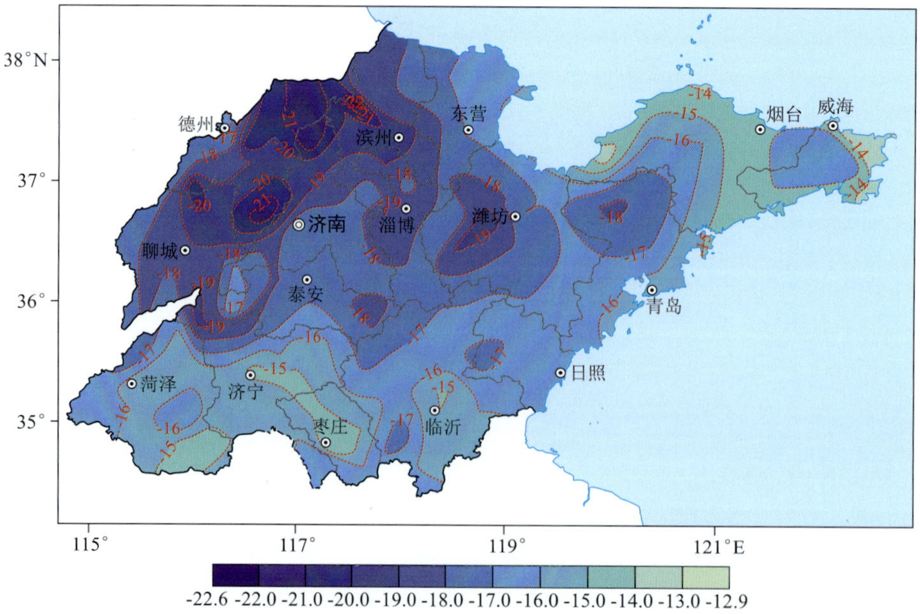

图 1.4　山东极端最低气温分布图(单位:℃)(1991—2020 年)

极端最低气温为−22.6 ℃,2016 年出现在阳信。各地极端低温都出现在冬季,以 1 月最多,占总数的 55%,其次是 2 月,占 25%,12 月最少,占 20%。

1.2.2 降水

1.2.2.1 年平均降水量

山东省年平均降水量在 510.3～881.8 mm 之间,呈南多北少的分布特点(图 1.5)。临沂和枣庄的南部地区降水量在 850.0～881.0 mm 之间,是全省降水最多的区域;鲁东南大部分地区和半岛东南部降水量在 700.0～800.0 mm 之间;鲁中、鲁西南及半岛的大部分地区降水量一般在 600.0～700.0 mm 之间;鲁西北和半岛北部降水较少,一般都在 650.0 mm 以下,降水最少的是德州、聊城的北部地区,多数不足 550.0 mm。

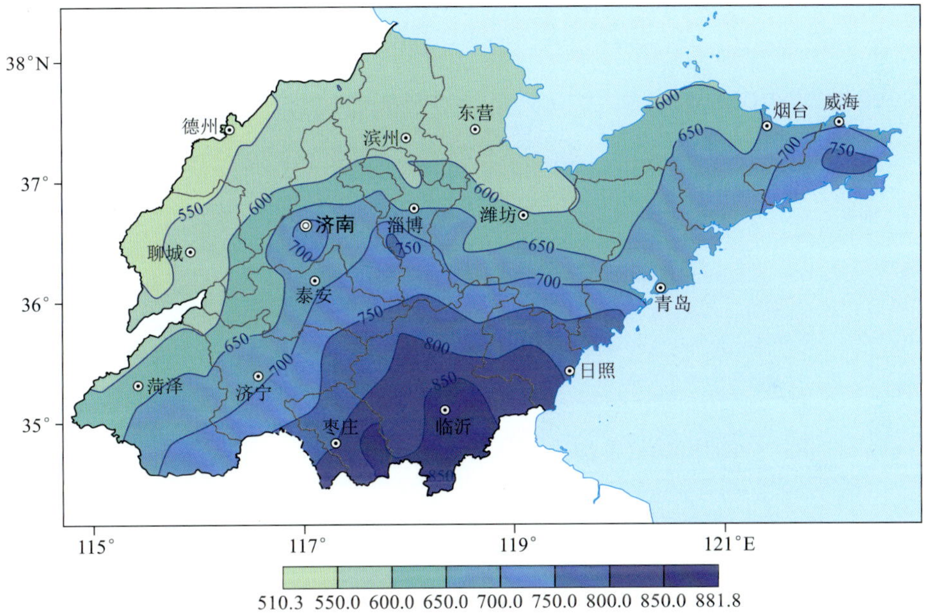

图 1.5 山东年平均降水量分布图(单位:mm)(1991—2020 年)

1.2.2.2 平均降水量逐月变化

山东各月平均降水量以冬季最少,夏季最多。7 月全省平均降水量最多为 172.5 mm,1 月全省平均降水量最少为 7.4 mm(图 1.6)。鲁南和半岛的沿海地区一般 8 月降水量最多,其他地区 7 月降水量最大。

1.2.2.3 日最大降水量

山东各地日最大降水量在 131.6～619.7 mm 之间,且分布不均(图 1.7)。鲁西北、鲁中西部、鲁西南部分地区和半岛部分地区日最大降水量多在 131.6～200.0 mm 之间;其他地区多数在 200.0～300.0 mm 之间。山东日降水量最大值为 619.7 mm,1999 年出现在诸城;其次是微山的 558.5 mm(出现在 1971 年)。

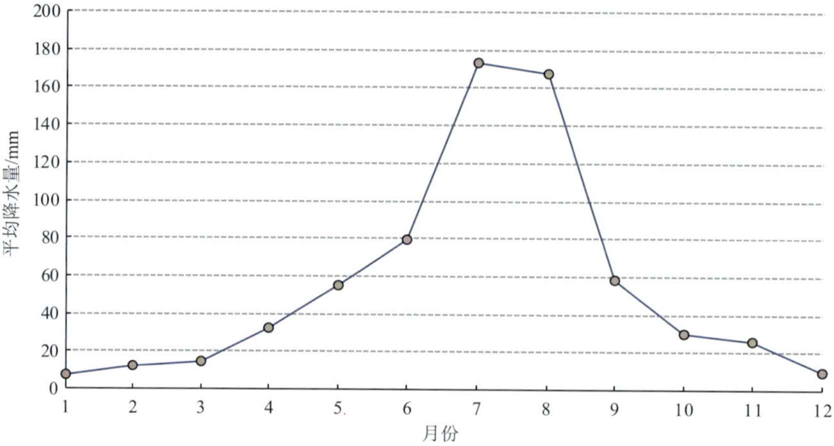

图 1.6 山东各月平均降水量变化图(1991—2020 年)

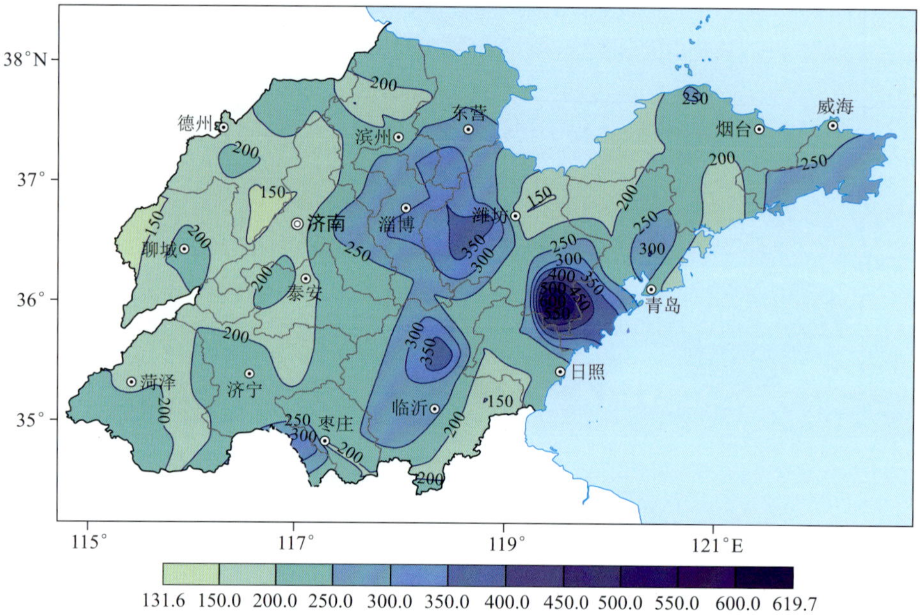

图 1.7 山东日最大降水量分布图(单位:mm)(1991—2020 年)

1.2.3 风

1.2.3.1 年平均风向

山东地处东亚季风区,冬夏季风向有明显转换。冬季(1 月)受蒙古高压控制,山东处于高压中心东南侧,一般盛行偏北风;春季(4 月)蒙古高压势力减弱,偏北风减少,偏南风逐渐占主导地位;夏季(7 月)山东受中心位于印度北部的强大热低压控制,大部分地区盛行偏南风;秋季(10 月)蒙古高压重新建立,夏季风逐渐被冬季风取代,大部分地区出现偏北风和偏南风共存的现象,但是偏南风略占优势。

同时，由于山东地处沿海，地形复杂，因而各地的风向季节变化也不完全相同。济南全年最多风向为东南风和东东南风，次多风向为南风和南西南风（图 1.8）。青岛全年最多风向为北西北风，次多风向为南风（图 1.9）。

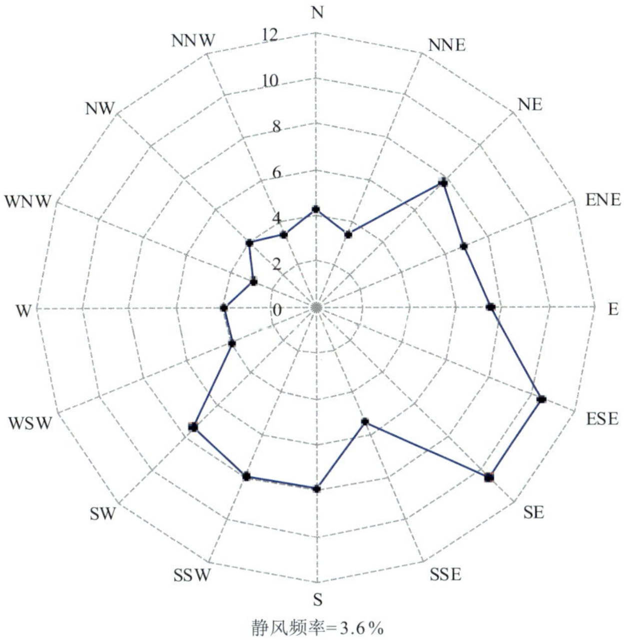

图 1.8　济南站年风向频率分布图（1991—2020 年）（%）

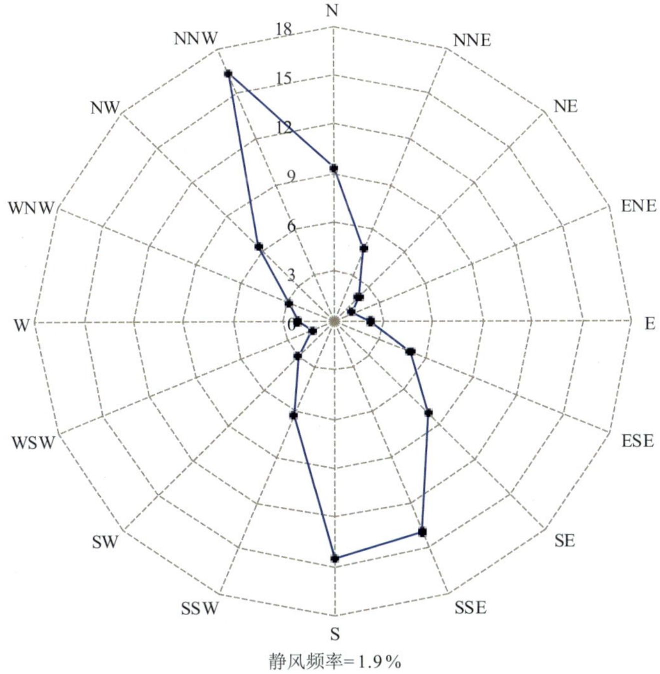

图 1.9　青岛站年风向频率分布图（1991—2020 年）（%）

1.2.3.2 年平均风速

山东各地年平均风速在 1.6～5.9 m/s 之间(图 1.10)。风速最大的地区在半岛东部的沿海和青岛一带,年平均风速多为 4.0～5.9 m/s;半岛内陆大部地区、鲁西北东部地区风速多在 3.0～4.0 m/s 之间;其他地区一般在 3.0 m/s 以下,新泰年平均风速最小。

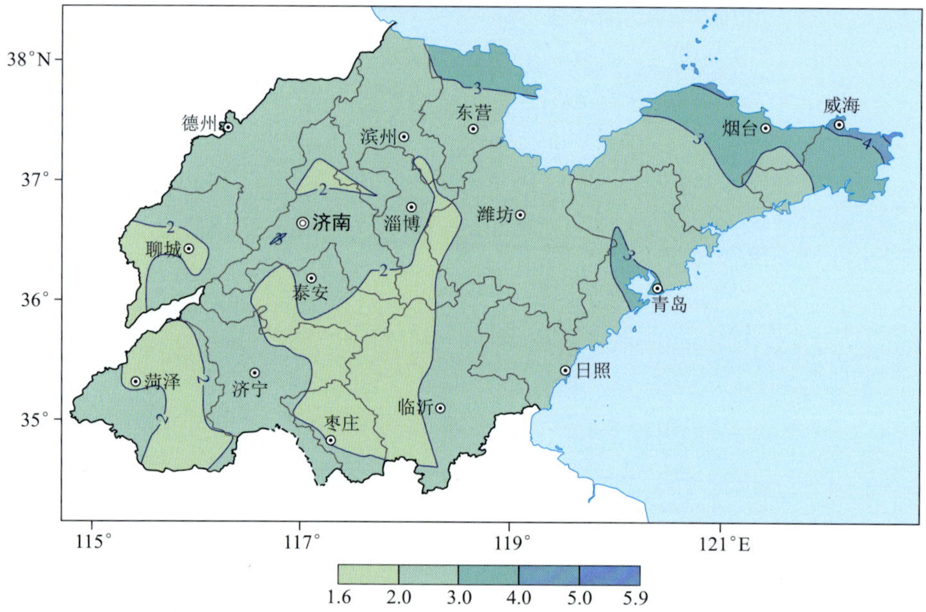

图 1.10 山东年平均风速分布图(单位:m/s)(1991—2020 年)

1.2.3.3 平均风速逐月变化

山东各月平均风速在 1.9～3.0 m/s 之间,4 月最大,9 月最小(图 1.11)。内陆地区以春季最大,冬季次之,夏秋两季最小;沿海地区则是冬季最大,春季次之,夏秋两季最小。内陆地区平均风速最大的月份出现在 4 月,8—9 月最小。沿海地区以 1 月和 12 月最大,8—9 月最小。

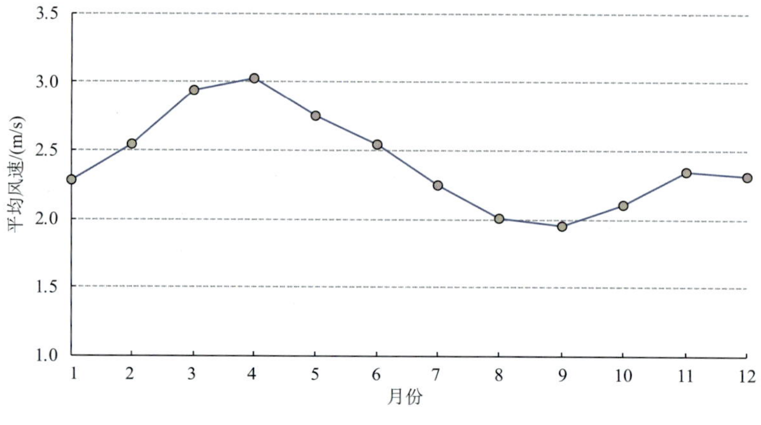

图 1.11 山东各月平均风速变化图(1991—2020 年)

1.2.3.4　年最大风速

山东年最大风速在 10.6～34.9 m/s 之间，大体呈由沿海向内陆递减趋势（图 1.12）。沿海地区的年最大风速较大，多数为 21.0～25.0 m/s，成山头年最大风速最大，为 34.9 m/s（出现在 2012 年）；内陆地区一般都在 12.0～20.0 m/s 之间，郓城年最大风速最小，只有 10.6 m/s（出现在 2020 年）。各地出现年最大风速时的风向，内陆地区多为偏北风，而半岛地区多数为偏南风。

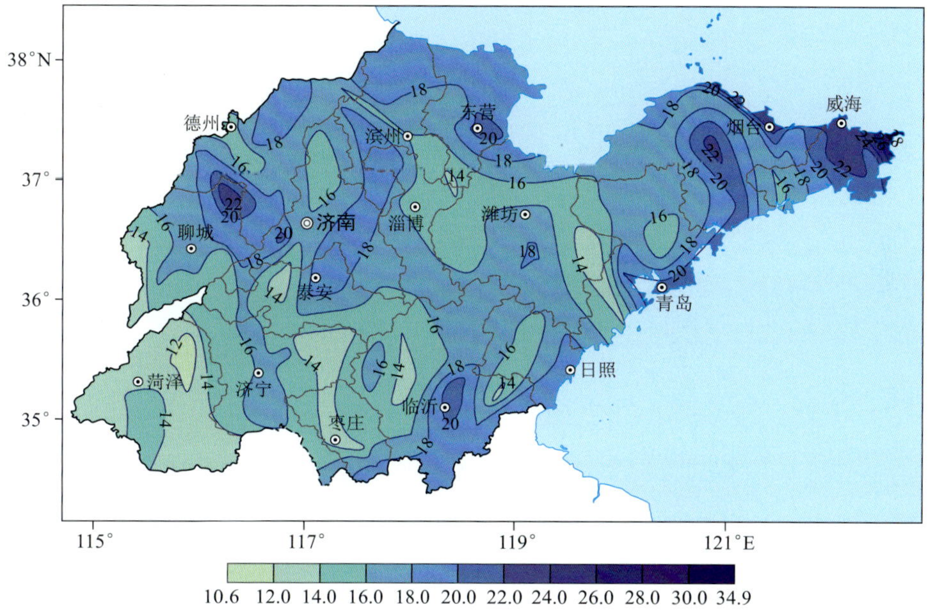

图 1.12　山东年最大风速分布图（单位：m/s）（1991—2020 年）

1.2.3.5　年极大风速

全省年极大风速大多数地区在 28.0～30.0 m/s 之间，呈现由沿海向内陆减小的趋势。半岛东部的沿海和青岛一带年极大风速最大，在 30.0～38.0 m/s 之间；其次是鲁中山区和半岛内陆地区，在 25.0～30.0 m/s 之间；鲁西南地区年极大风速最小，在 23.0～25.0 m/s 之间（图 1.13）。

1.2.4　气压

1.2.4.1　年平均气压

山东气压分布主要特征为山区低、平原高。鲁中山区和半岛丘陵地区的年平均气压都在 1000.0 hPa 以下；平原地区都在 1010.0～1016.5 hPa 之间（图 1.14）。气压大致与海拔高度成反比，随着海拔高度增加，气压递减。

1.2.4.2　平均气压逐月变化

山东冬季受强盛的蒙古高压控制，而夏季受大陆热低压控制，因而地面气压一般是冬季高、夏季低。全省 1 月、12 月平均气压最高，均为 1020.6 hPa，7 月最低，为 997.3 hPa（图 1.15）。

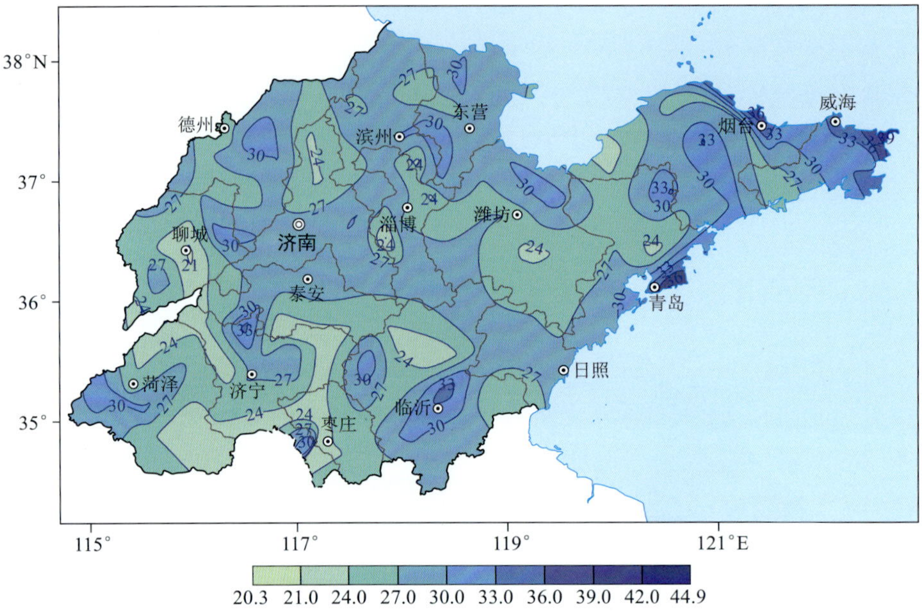

图 1.13　山东年极大风速分布图(单位:m/s)(1991—2020 年)

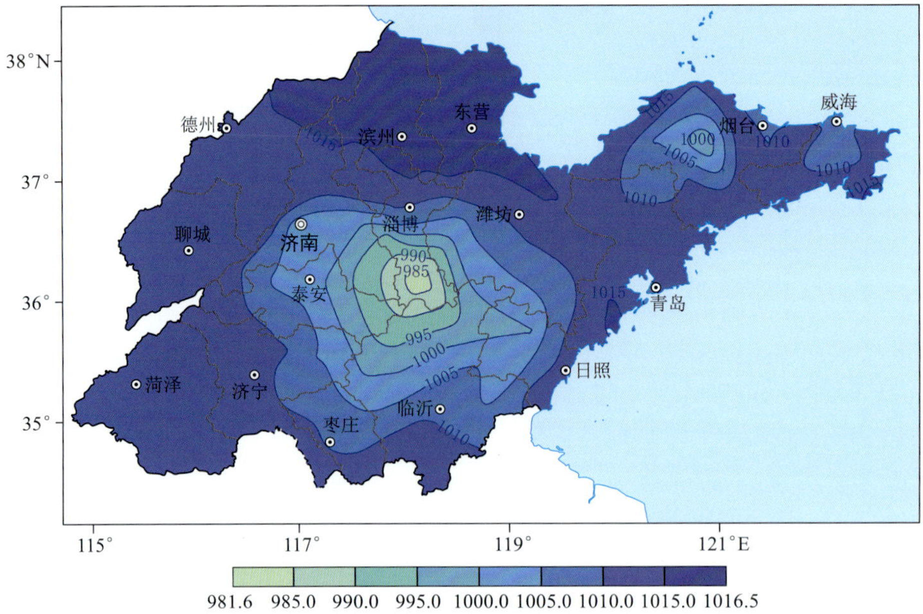

图 1.14　山东年平均气压分布图(单位:hPa)(1991—2020 年)

1.2.5　相对湿度

1.2.5.1　年平均相对湿度

山东年平均相对湿度分布规律呈由南向北、由沿海向内陆逐渐降低的特点。鲁南南部、鲁东南沿海年平均相对湿度多在 70.0%～73.0%之间；鲁中山区和半岛北部沿海较低，多在 63.0%～65.0%；其他大部分地区在 65.0%～69.0%（图 1.16）。济南的年平均相对湿度最低。

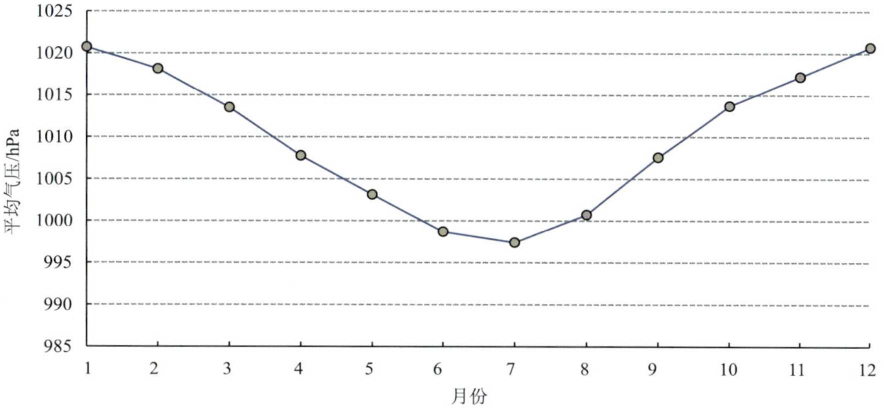

图 1.15　山东各月平均气压变化图（1991—2020 年）

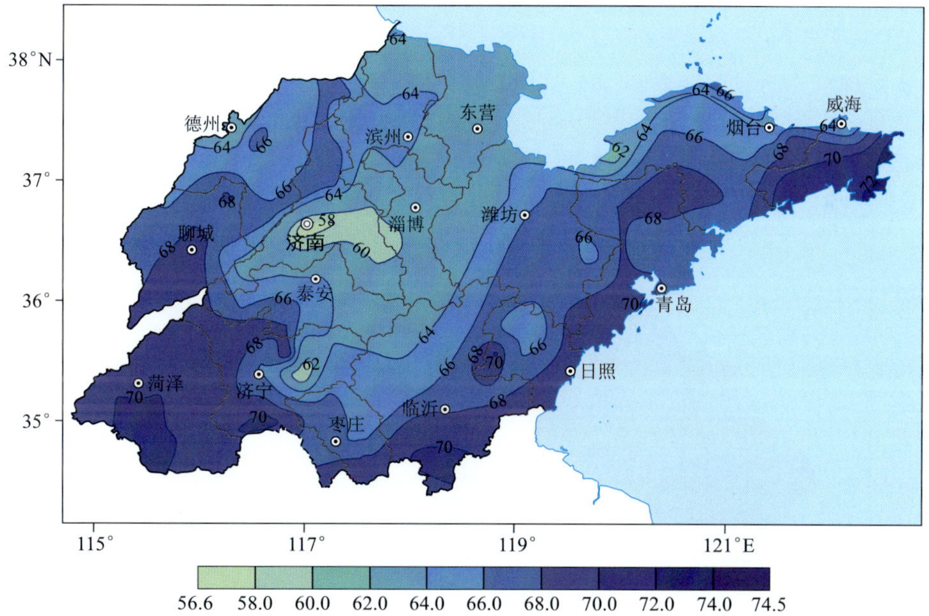

图 1.16　山东年平均相对湿度分布图（%）（1991—2020 年）

1.2.5.2　平均相对湿度逐月变化

平均相对湿度逐月变化主要受气温高低和地面潮湿程度等综合影响。山东全省平均相对湿度 8 月最高，为 80.7%，3 月最低，为 55.2%（图 1.17）。平均相对湿度最高值都出现在闷热多雨的 7、8 月，多数在 70.0%～88.0%，其次是 9 月；最低值多数出现在 3 月或者冬季，内陆地区一般 47.0%左右，沿海地区一般 60.0%左右。这主要是由于 3 月山东多西南大风，蒸发快，且冬季降水稀少的缘故。

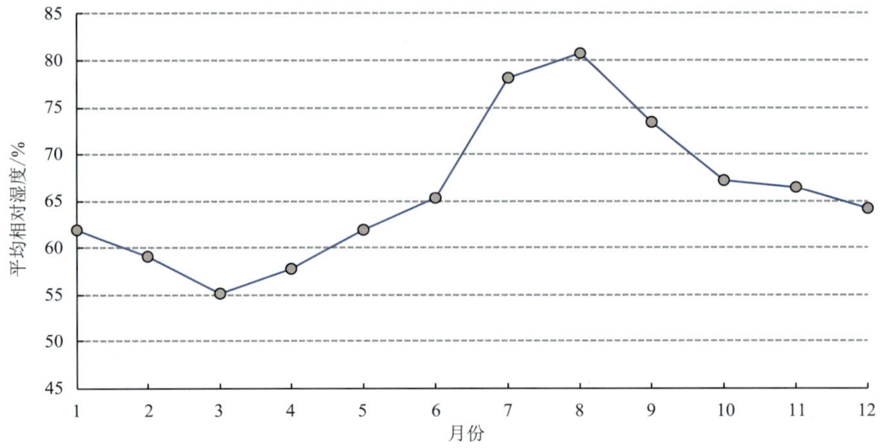

图 1.17　山东各月平均相对湿度变化分布图(1991—2020 年)

1.2.6　日照时数

1.2.6.1　年日照时数

山东年日照时数在 1923.4～2654.8 h 之间。半岛中东部和鲁西北大部地区在 2400.0～2580.0 h 之间;鲁南最少,多数在 2000.0～2200.0 h 之间,其他地区多在 2200.0～2400.0 h 之间(图 1.18)。

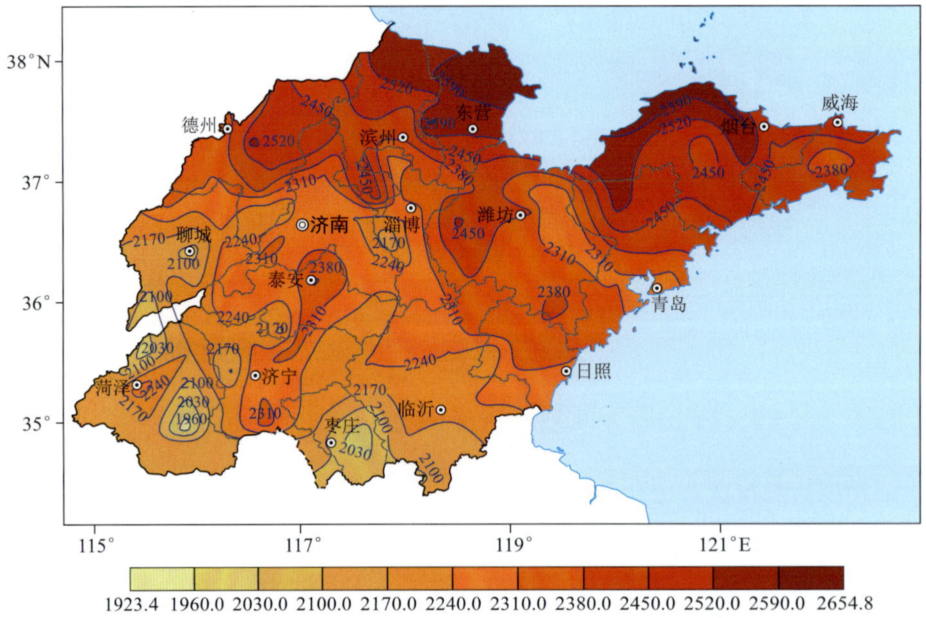

图 1.18　山东年日照时数分布图(单位:h)(1991—2020 年)

1.2.6.2 日照时数逐月变化

山东日照时数 5 月最多，为 252.6 h，12 月最少，为 155.0 h（图 1.19）。各地日照时数均以 5 月最多，次多月内陆地区和沿海地区不一致，内陆地区出现在 6 月，沿海地区出现在 4 月，日照时数最少的月份出现在 12 月或者 1 月。

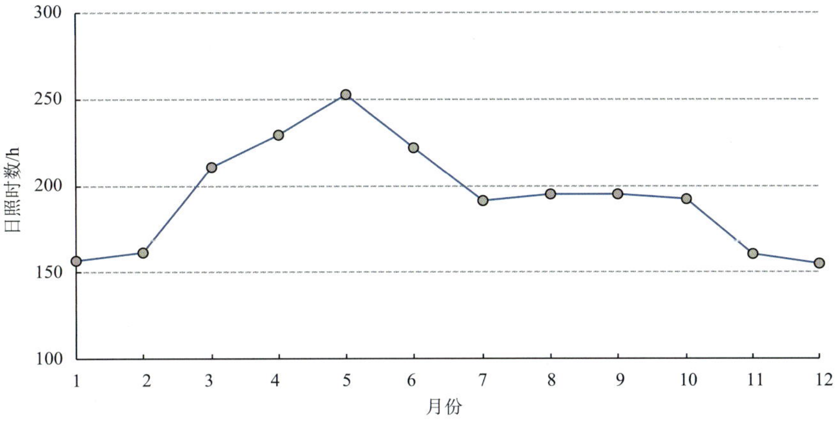

图 1.19 山东各月日照时数变化图（1991—2020 年）

1.2.6.3 年日照百分率

山东年日照百分率分布特点与年日照时数相似：鲁西北和半岛的北部最高，在 57%以上；鲁南地区因阴雨天较多，日照百分率是全省最低的地区，基本都在 52%以下；其他大部分地区在 52%～59%之间（图 1.20）。

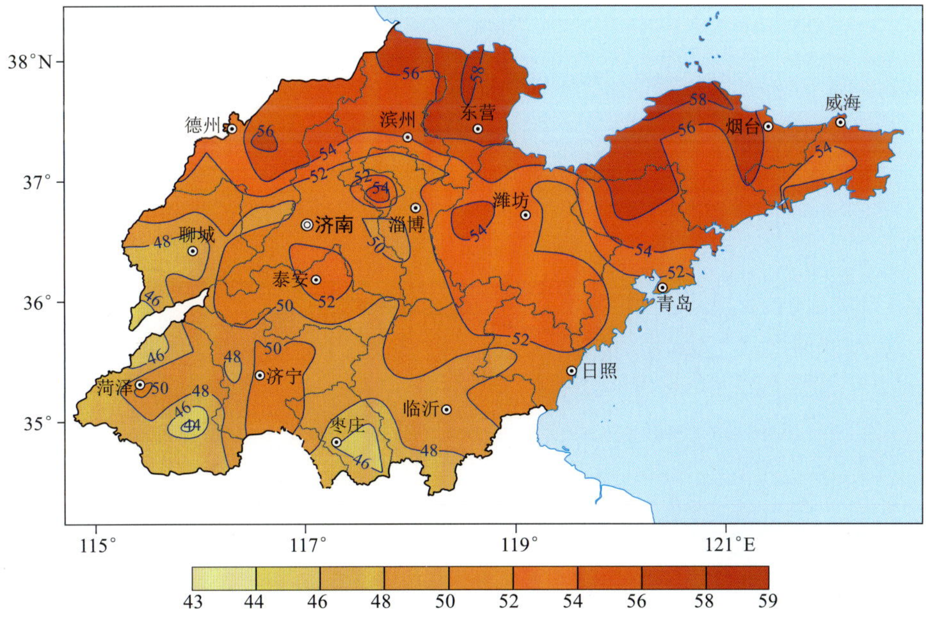

图 1.20 山东年日照百分率分布图（%）（1991—2020 年）

1.3 山东省气候变化概况

1.3.1 近百年来气候变化

利用具有百年气象观测历史的济南和青岛两站观测数据，分析山东内陆和半岛地区近百年来的气候变化特征。近百年来，山东内陆地区经历了“暖期—冷期—暖期”变化，20 世纪 80 年代以来变暖明显，半岛地区变暖趋势明显。内陆和半岛地区的降水量年代际变化特征基本一致，总体呈缓慢增多趋势。

1.3.1.1 内陆气温波动大，半岛增暖显著

1919—2020 年，济南年平均气温为 14.7 ℃，最高 16.6 ℃(1939 年)，最低 13.0 ℃(1952 年)，呈现“暖—冷—暖”的阶段性变化特征，20 世纪 30—40 年代为偏暖期，20 世纪 50—70 年代为明显偏冷期，20 世纪 80 年代以来增暖明显，再次进入偏暖期(图 1.21a)。

1899—2020 年，青岛年平均气温为 12.5 ℃，最高 14.1 ℃(2017、2019 年)，最低 10.9 ℃(1917 年)，百年来呈显著增暖趋势(显著性达 99%)，平均每 10 a 升温约 0.12 ℃，1990 年以后增暖显著，122 a 间气温升高了 1.5 ℃(图 1.21b)。

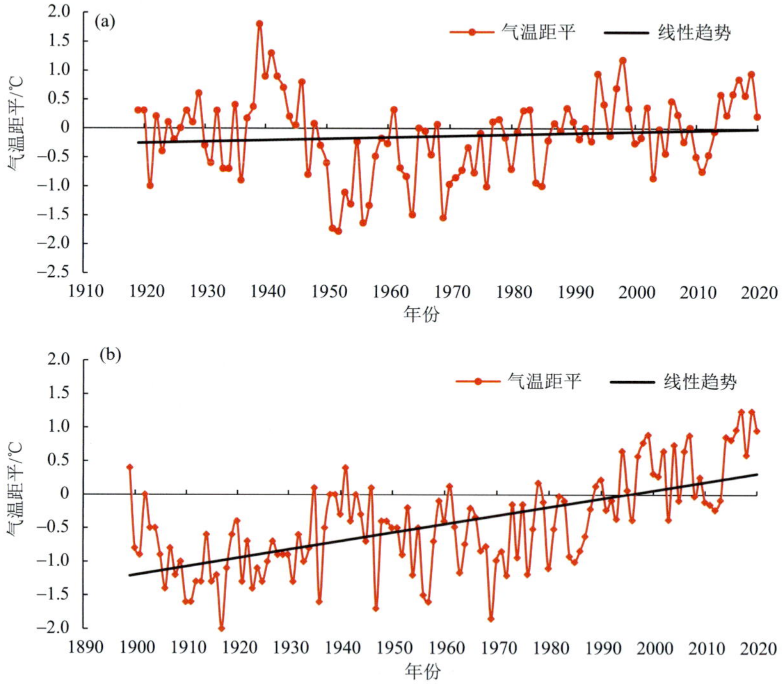

图 1.21 近百年来济南(a)和青岛(b)年平均气温距平变化趋势图

1.3.1.2 降水量呈增多趋势

1919—2020 年，济南年降水量平均为 671.1 mm，最多 1159.2 mm(1962 年)，最少 320.7 mm(1968 年)。20 世纪 60 年代和 21 世纪 00 年代前期为明显多雨期，百年来呈增多趋

势（显著性达 90%），平均每 10 a 增加 11.6 mm，102 a 间年降水量增加了 118.3 mm（图 1.22a）。

1899—2020 年，青岛年降水量平均为 682.3 mm，最多 1353.2 mm（2007 年），最少 308.1 mm（1981 年）。20 世纪 50—60 年代为明显多雨期，百年来增加趋势不明显（未达显著性）（图 1.22b）。

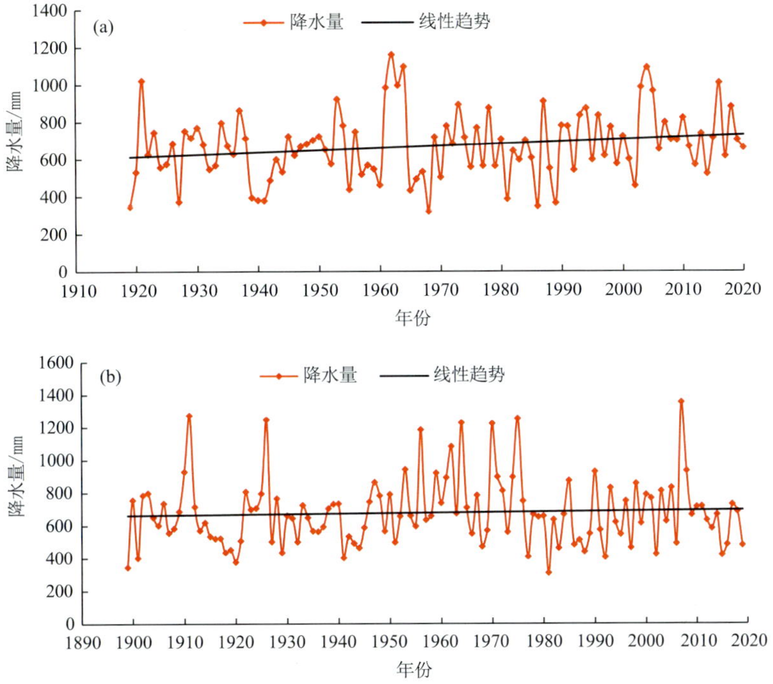

图 1.22　近百年来济南(a)和青岛(b)年降水量变化趋势图

1.3.2　1961—2020 年气候变化

1961—2020 年，山东省气温显著升高，20 世纪 80 年代中期以来暖冬频繁；年降水量呈减少趋势；日照时数显著减少。

1.3.2.1　全省变暖显著，暖冬频繁

1961—2020 年，全省年平均气温呈显著升高趋势（显著性达 99.99%），每 10 a 升高 0.30 ℃，60 a 间升高 1.80 ℃。全省各地变暖显著，中东部地区升温幅度大。各季平均气温均显著升高（显著性均达 99%），每 10 a 升温冬季为 0.46 ℃，春季为 0.39 ℃，夏季为 0.14 ℃，秋季为 0.25 ℃。冬季变暖最明显，20 世纪 80 年代中期以来，大部分年份冬季平均气温为正距平，其中 1998、2001、2006、2016、2019、2020 年距平值达 1.50 ℃以上，异常暖冬频繁出现（图 1.23）。

1.3.2.2　降水略减少

1961—2020 年，山东省平均年降水量呈减少趋势（未通过显著性检验），每 10 a 减少 7.20 mm，60 a 间共减少 43.2 mm。除鲁南南部、鲁中西部、沿黄北部及北部沿海地区外，其他大部地区年降水量呈减少趋势。全省平均夏、秋季降水呈减少趋势，冬、春季降水呈增多趋势，但均不显著（图 1.24）。

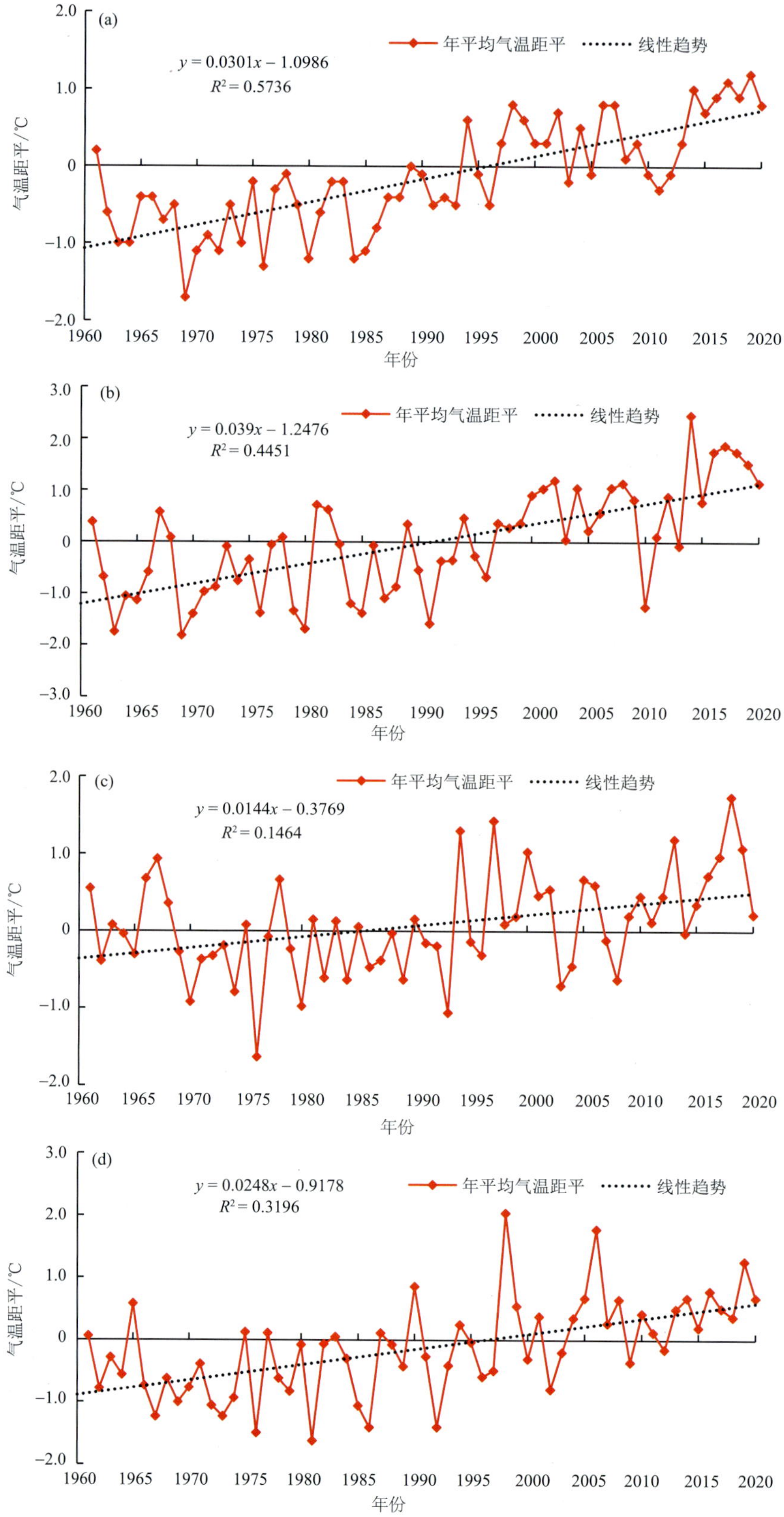
(a)
年平均气温距平
线性趋势
y = 0.0301x − 1.0986
R² = 0.5736
气温距平/℃
年份
(b)
年平均气温距平
线性趋势
y = 0.039x − 1.2476
R² = 0.4451
气温距平/℃
年份
(c)
年平均气温距平
线性趋势
y = 0.0144x − 0.3769
R² = 0.1464
气温距平/℃
年份
(d)
y = 0.0248x − 0.9178
R² = 0.3196
年平均气温距平
线性趋势
气温距平/℃
年份

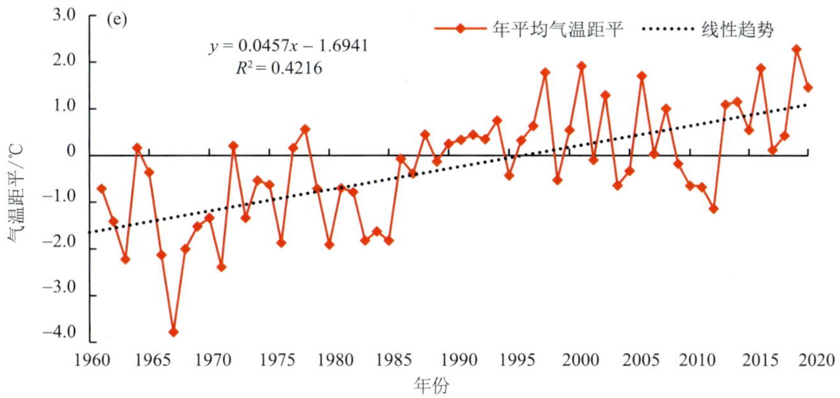

图 1.23　1961—2020 年山东省全年(a)、春季(b)、夏季(c)、秋季(d)、冬季(e)平均气温距平演变图

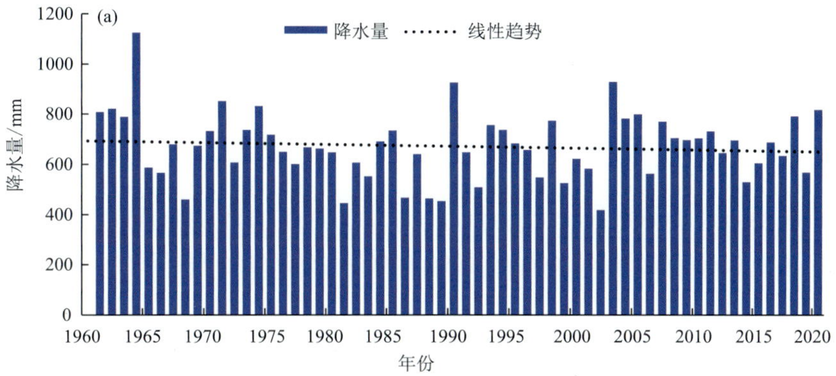

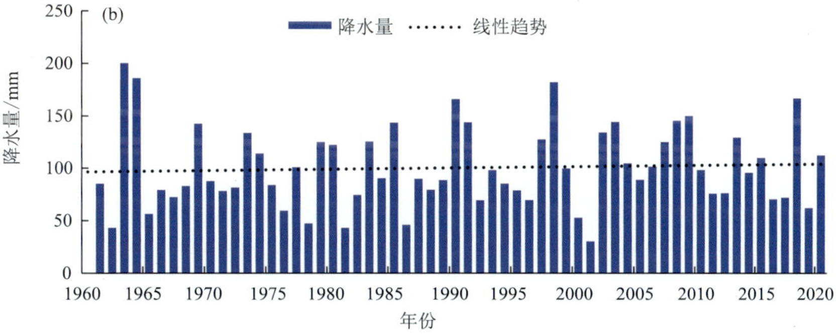

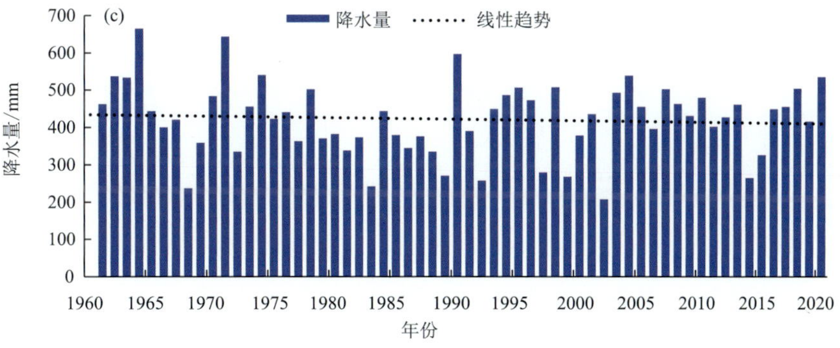

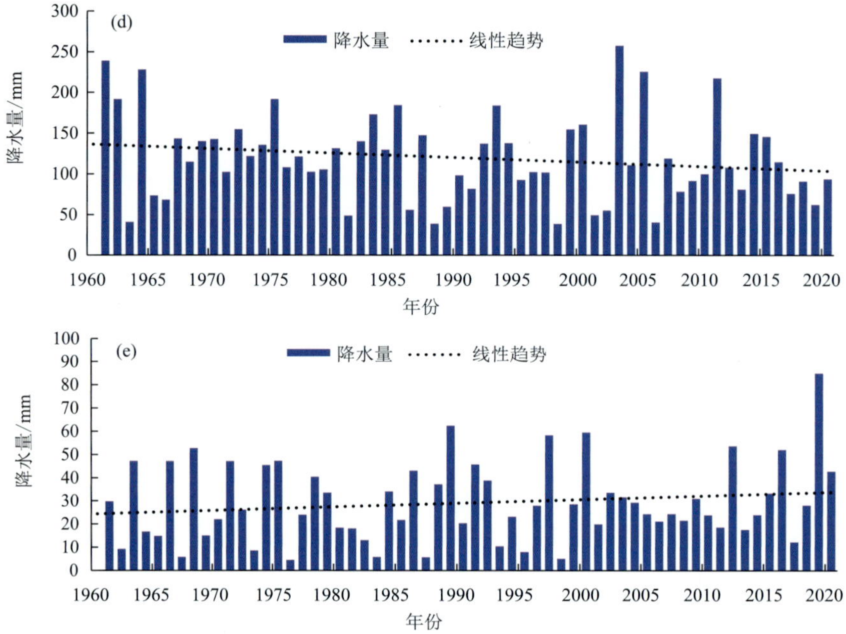

图 1.24　1961—2020 年山东省全年(a)、春季(b)、夏季(c)、秋季(d)、冬季(e)降水量演变图

1.3.2.3　日照时数显著减少

1961—2020 年，山东省平均年日照时数显著减少(显著性达 99.99%)，每 10 a 减少 73.5 h，60 a 间共减少 441.0 h。全省各地日照时数均显著减少，减少幅度西部大于东部。各季全省平均日照时数均减少，夏季减少幅度最大，每 10 a 减少约 27.3 h，其次是秋季和冬季，分别减少约 20.2 h/(10 a)和 18.5 h/(10 a)，春季减少幅度最小，为 5.2 h/(10 a)。春季未通过显著性检验，其他各季均达 99%显著性检验(图 1.25)。

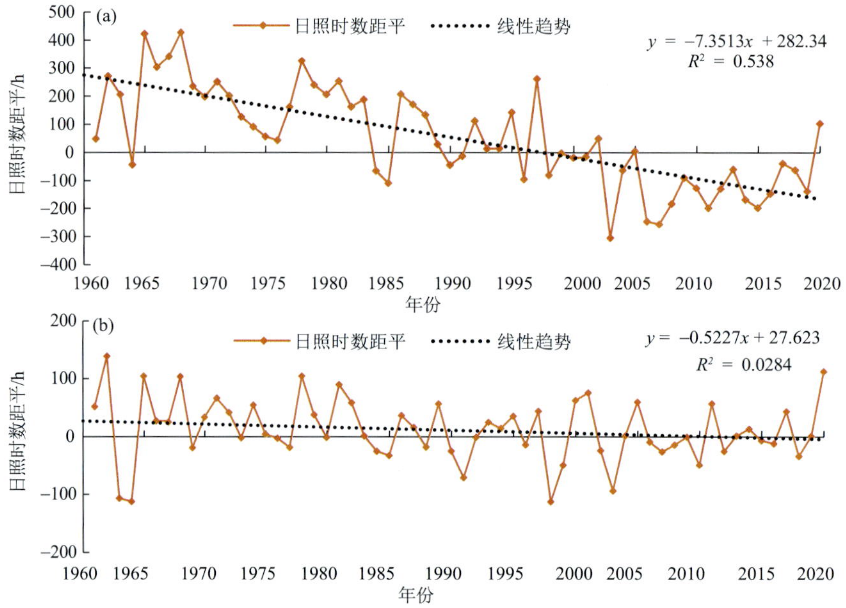

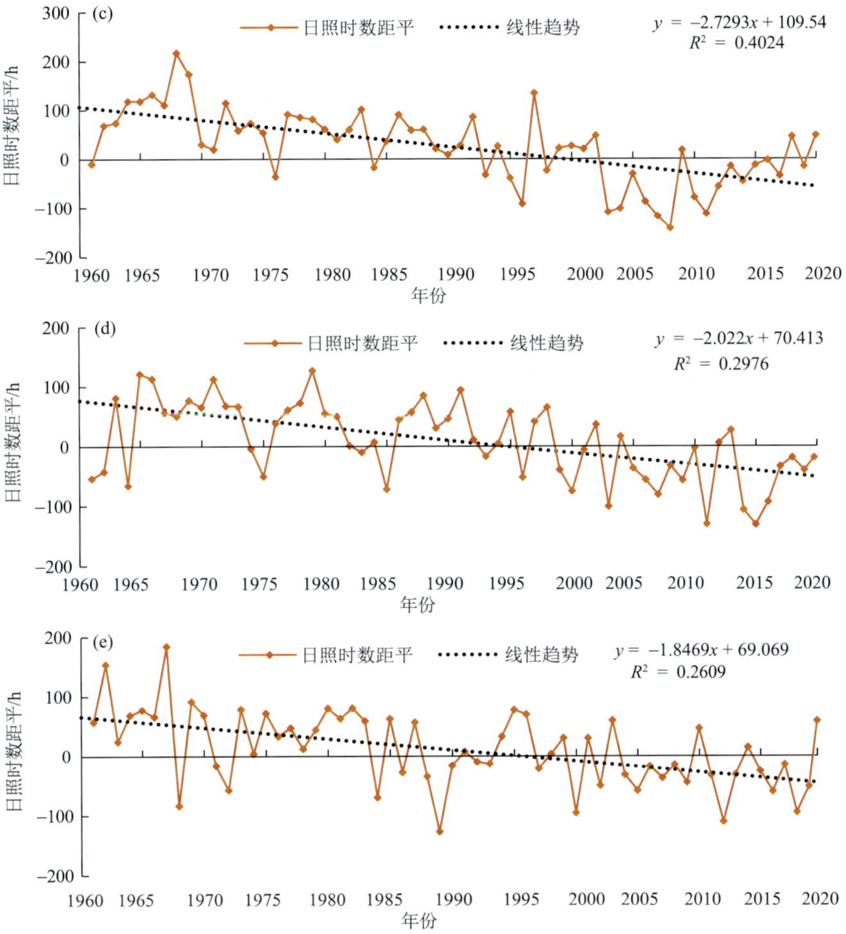

图 1.25　1961—2020 年山东省全年(a)、春季(b)、夏季(c)、秋季(d)、冬季(e)平均日照时数距平演变图

1.3.3　高影响天气

在气候变暖背景下，山东省大范围暴雨明显增多增强，高温显著增多升高，低温显著减少，阶段干旱发生频繁。

1.3.3.1　暴雨

(1)大范围暴雨增多

利用暴雨(日降水量≥50 mm)达 40 个以上县(市、区)的日数变化，分析山东省大范围暴雨事件演变特征。可知：山东大范围暴雨日数呈明显增多趋势(显著性达 90%)，60 a 间共出现31 d，其中 22 d(占 71%)出现在 1990—2020 年。特别是进入 21 世纪后更为频繁，20 a 中有 10 a 出现大范围暴雨，其中 2003—2008 年连年出现，2004—2005 年、2018—2019 年连年出现 2 d(图 1.26)。

(2)暴雨强度增强

1961—2020 年，山东省日暴雨强度呈明显增强趋势(显著性达 90%)，每 10 a 增加 0.8 mm/d，60 a 间增加了 4.8 mm，平均为 77.5 mm/d，2019 年达最强为 100.3 mm/d(图 1.27a)。全省

大部分地区呈增强趋势(图 1.27b)。

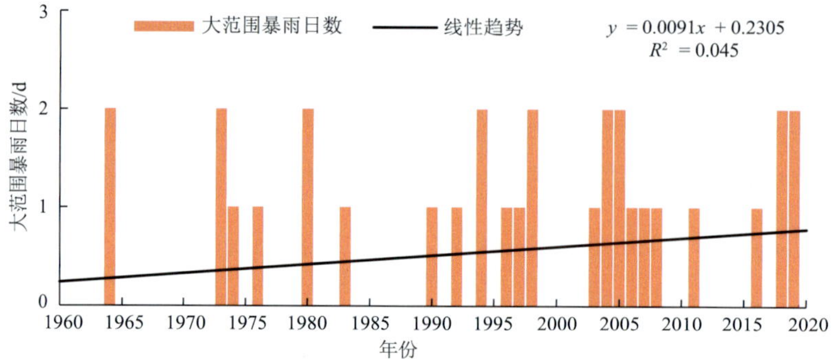

图 1.26　山东省大范围暴雨日数演变图

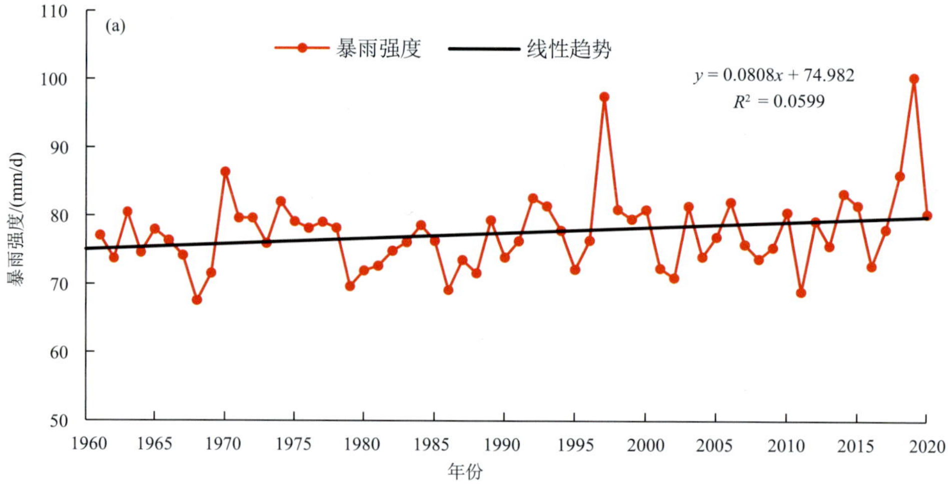

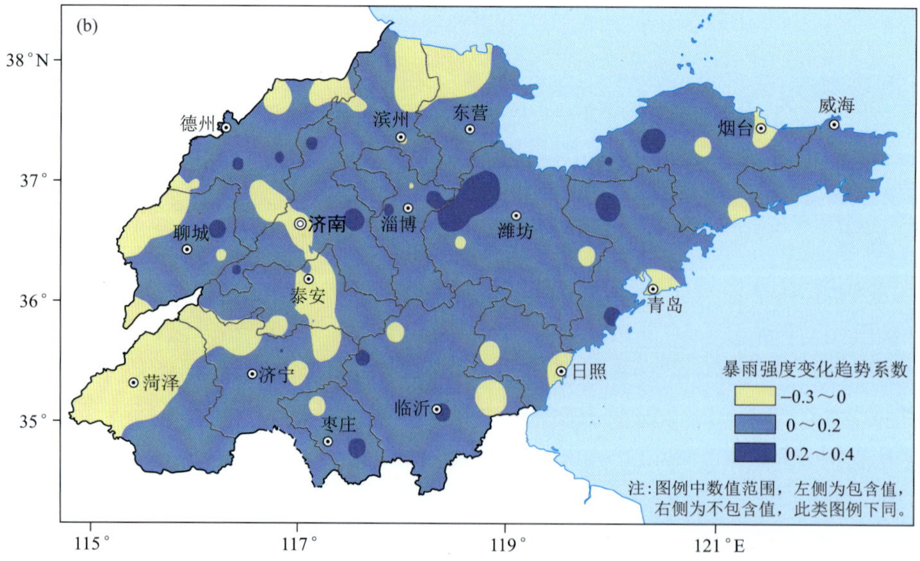

图 1.27　山东省暴雨强度演变(a)及各地变化趋势系数分布(b)图

1.3.3.2 高温

(1)大范围高温事件增多

利用高温(最高气温≥35 ℃)达 80 个以上县(市、区)的日数变化,分析山东省大范围高温事件演变特征。可知:山东大范围高温日数呈显著增多趋势(显著性达 95%),1961—2020 年,平均每年出现 2.8 d,最多为 9.0 d,发生在 1968、1997、2002、2019 年;出现 6.0 d 以上的年份有10 a,其中 8 a 发生在 1991 年之后。进入 21 世纪之后,除 2008 年外,每年均有大范围高温事件发生(图 1.28)。

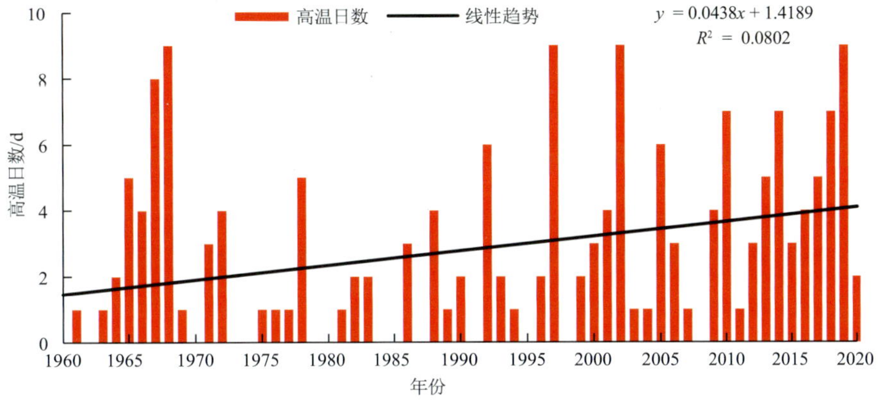

图 1.28 山东省大范围高温日数演变图

(2)最高气温显著升高

1961—2020 年,山东省年平均最高气温显著升高(显著性达 99.99%),每 10 a 升高 0.2 ℃,60 a 间升高了 1.2 ℃(图 1.29a)。各地最高气温均显著升高,中东部地区升高幅度明显大于西部,东营、淄博、日照、烟台、威海等地升高 0.2 ℃以上(图 1.29b)。20 世纪 80 年代之后,大部分地区极端最高气温呈升高趋势,平均每 10 a 升高 0.3 ℃,鲁东南、鲁中北部和半岛东部的部分地区显著升高,部分地区升高幅度达 0.5 ℃。

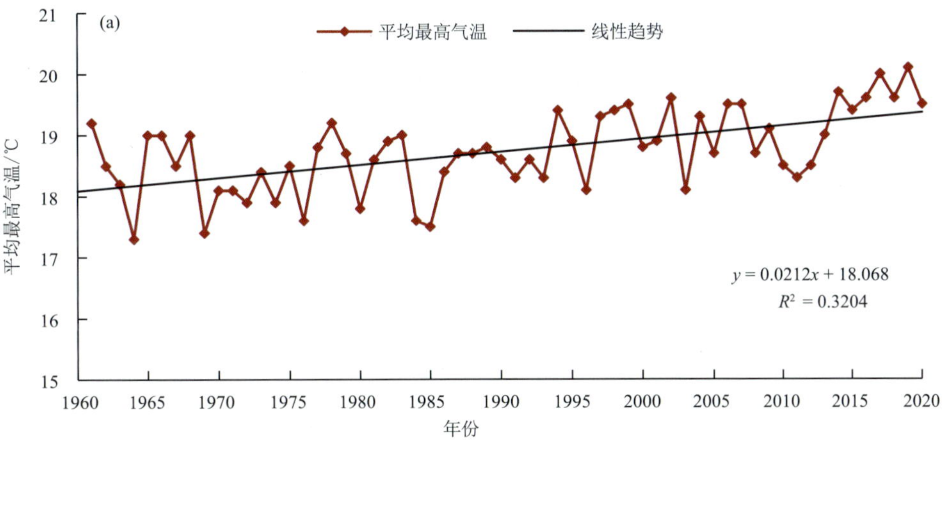

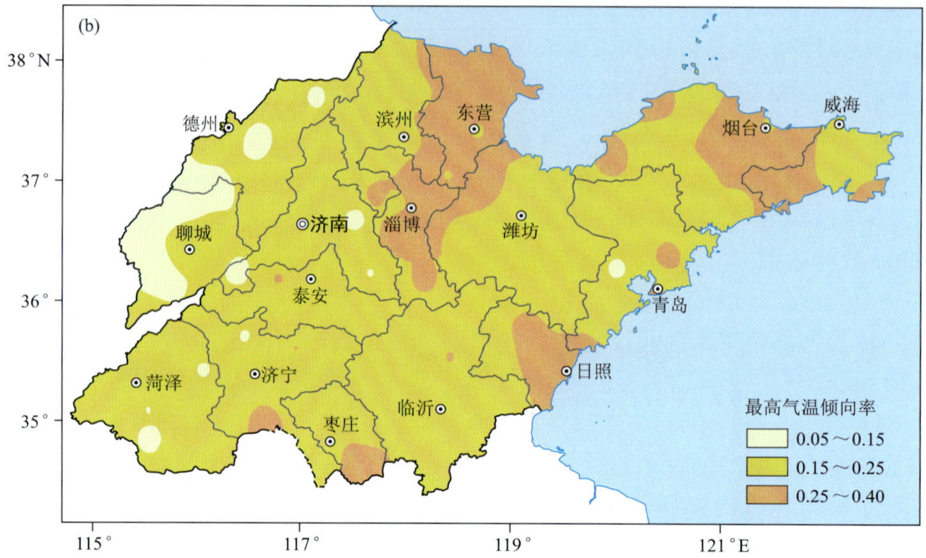

图 1.29　1961—2020 年山东省平均最高气温演变(a)及各地倾向率分布(单位:℃/(10 a))(b)图

1.3.3.3　低温

(1)低温日数显著减少

1961—2020 年,山东省平均年低温(日最低气温≤ −10 ℃)日数显著减少(显著性达 99.99%),平均每 10 a 减少 2.6 d,20 世纪 80 年代中期之后大多数年份少于 10.0 d(图 1.30a)。各地低温日数均显著减少,青岛、潍坊、淄博、东营、滨州、德州 6 市的大部分地区每 10 a 减少 3.0 d 以上(图 1.30b)。

(2)最低气温显著升高

1961—2020 年,山东省年平均最低气温显著升高(显著性达 99.99%),每 10 a 升高 0.4 ℃,60 a 间升高了 2.4 ℃(图 1.31a)。各地最低气温均显著升高,除烟台、威海、聊城、菏泽、济宁、泰安等市的部分地区外,其他大部分地区极端最低气温显著升高,全省平均升高达 0.6 ℃/(10 a)(图 1.31b)。

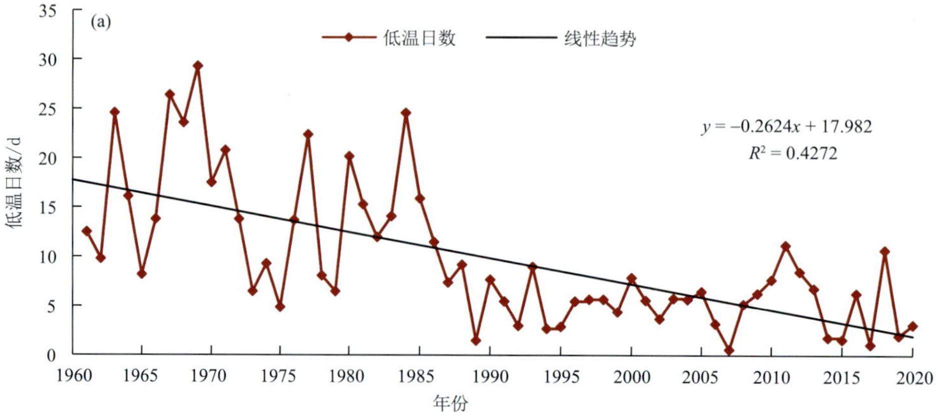

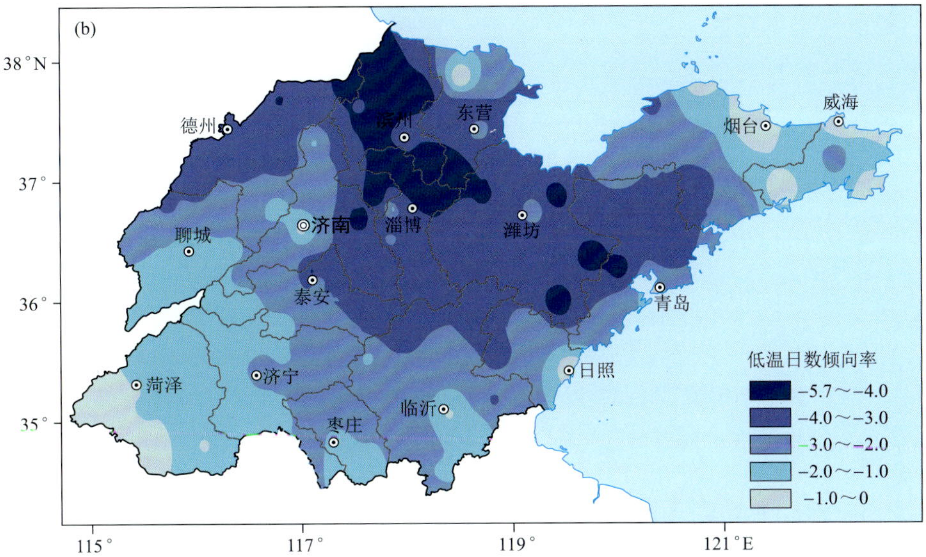

图 1.30　山东省平均年低温日数演变(a)和各地倾向率分布(单位:d/(10 a))(b)图

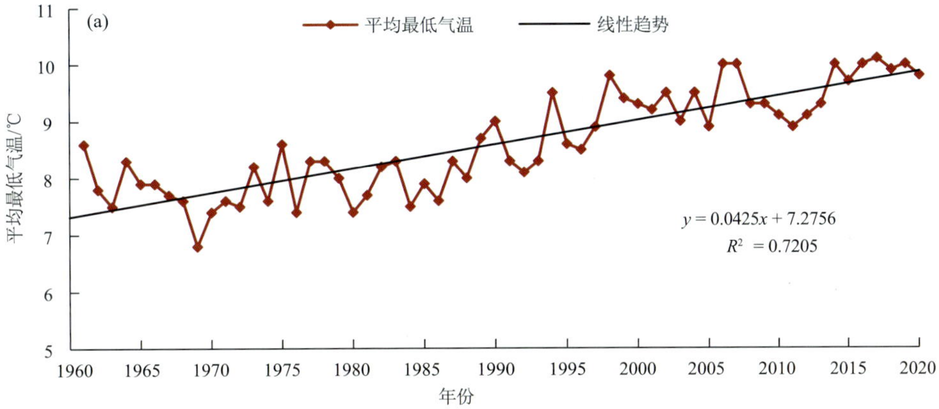

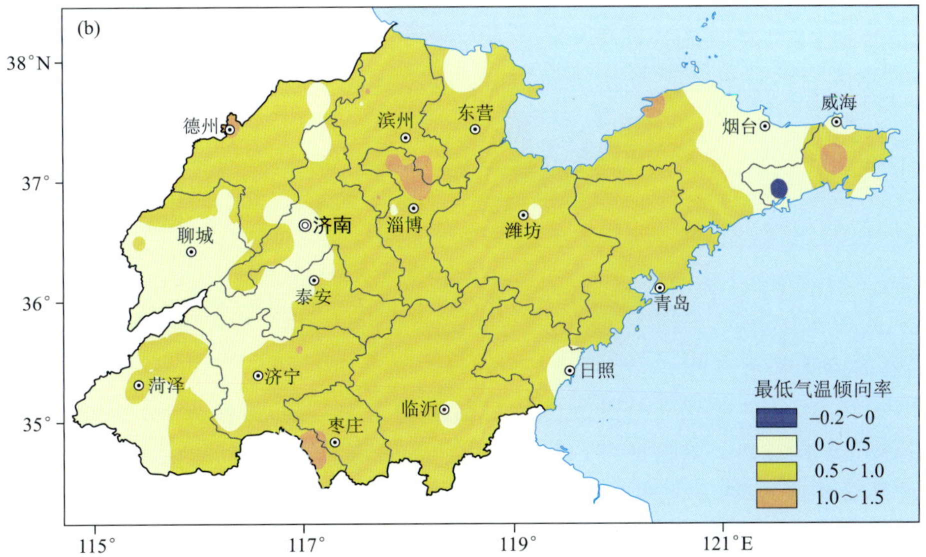

图 1.31　山东省年平均最低气温演变(a)和极端最低气温倾向率分布(单位:℃/(10 a))(b)图

1.3.3.4 阶段性干旱频繁

（1）无降水日数显著增多

1961—2020 年，山东省年平均无降水日数呈显著增加趋势（显著性达 99.99%），每 10 a 增加约 1.9 d（图 1.32a）。20 世纪 60—90 年代，平均无降水日数逐年代递增，分别为 281.1 d，287.6 d，290.1 d 和 293.5 d；21 世纪后略减少，21 世纪 00 年代和 21 世纪 10 年代平均为 291.0 d 和 290.6 d，但仍高于 20 世纪 90 年代之前的各年代平均值。全省大部分地区无降水日数显著增多，其中，山东半岛及淄博、济宁、聊城的个别县（市）每 10 a 增加 5.0 d 以上（图 1.32b）。

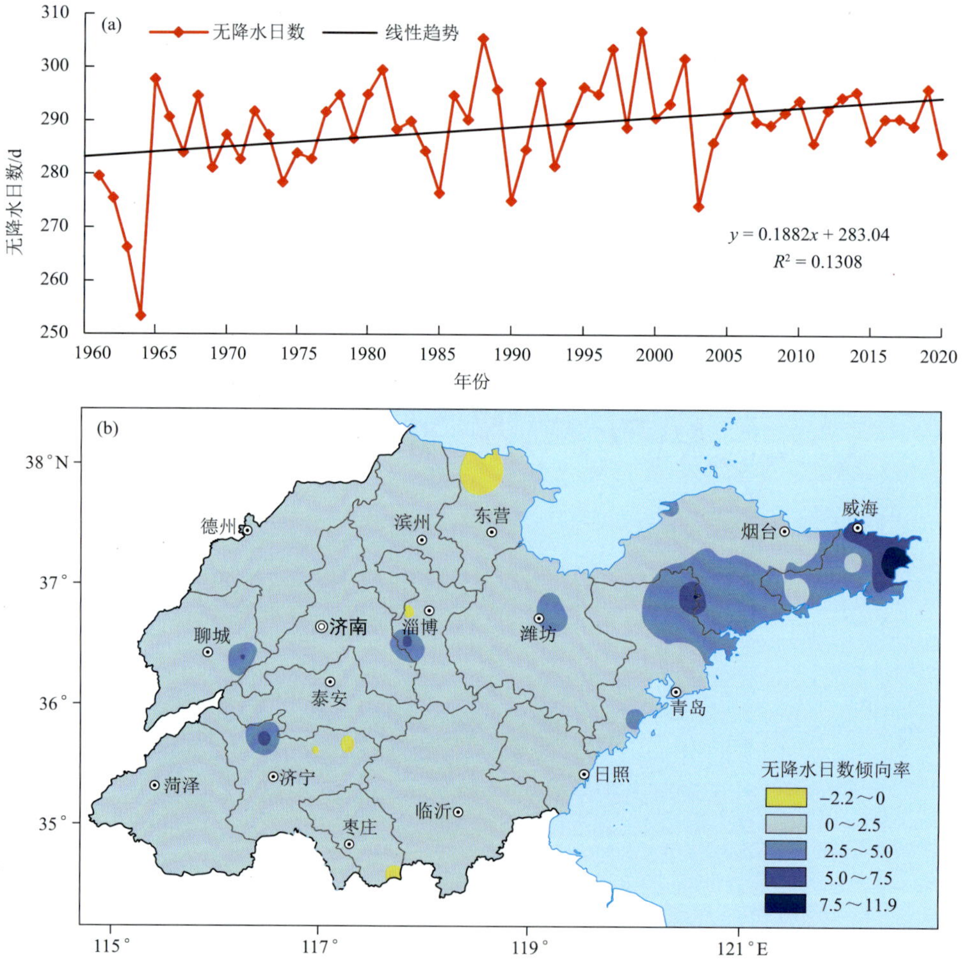

图 1.32　山东省平均无降水日数变化（a）及倾向率分布（单位：d/(10 a)）(b)图

（2）最长连续无降水日数

1961—2020 年，山东省最长连续无降水日数平均为 39.1 d，最长达 75.2 d（2000 年），整体略呈增加趋势（图 1.33a）。除鲁西南、鲁东南及半岛南部等地外，其他大部分地区增多，鲁西北和半岛的部分地区每 10 a 增多 2.0 d 以上（图 1.33b）。由于连续无降水日数增加，山东阶段性干旱时有发生，例如，2010 年 9 月 21 日—2011 年 2 月 7 日，山东全省平均无降水日数为 132.2 d，14 个县（市）最长连续无降水日数超过 100.0 d；2014—2016 年，由于部分时段降水持续偏少，山东出现阶段性干旱，半岛地区出现连年干旱。

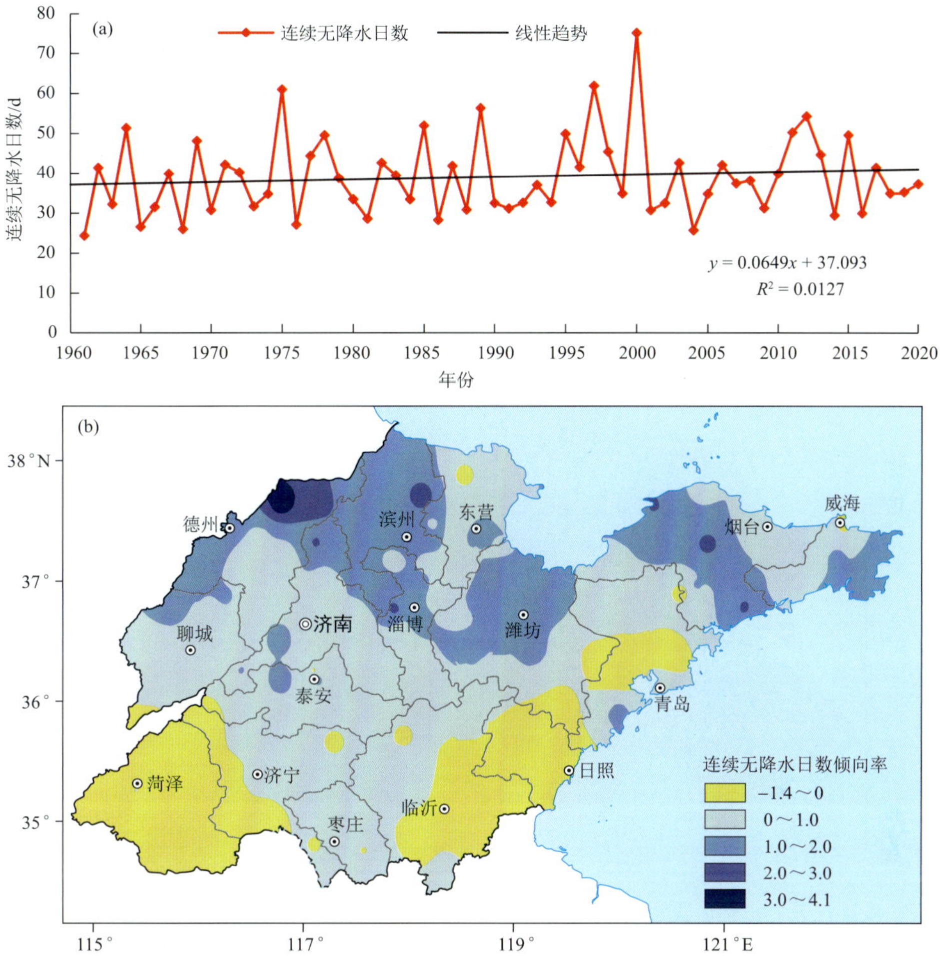

图 1.33　山东省最长连续无降水日数变化(a)及各地倾向率分布(单位：d/(10 a))(b)图

1.3.4　四季变化

1961—2020 年 60 a 来，由于气温升高，山东省各地春、夏季普遍提前，长度明显延长，秋、冬季普遍推迟，长度缩短。

1.3.4.1　四季开始

(1)入春

1961—2020 年，山东各地平均入春日期显著提前(显著性达 99.99%)，每 10 a 平均提前约 2.0 d，提前主要发生在 21 世纪(图 1.34a)。各地入春日期普遍明显提前，烟台、威海、青岛、潍坊、德州、聊城、济南、泰安、济宁等市每 10 a 大多提前 1.0～2.0 d，其他各市大多提前 2.0～3.0 d(图 1.34b)。

(2)入夏

各地平均入夏日期显著提前(显著性达 98%)，每 10 a 平均提前约 1.0 d(图 1.35a)。除聊城外，其他大部分地区入夏日期均提前，且大部分地区每 10 a 提前 1.0～2.0 d，东营和烟台

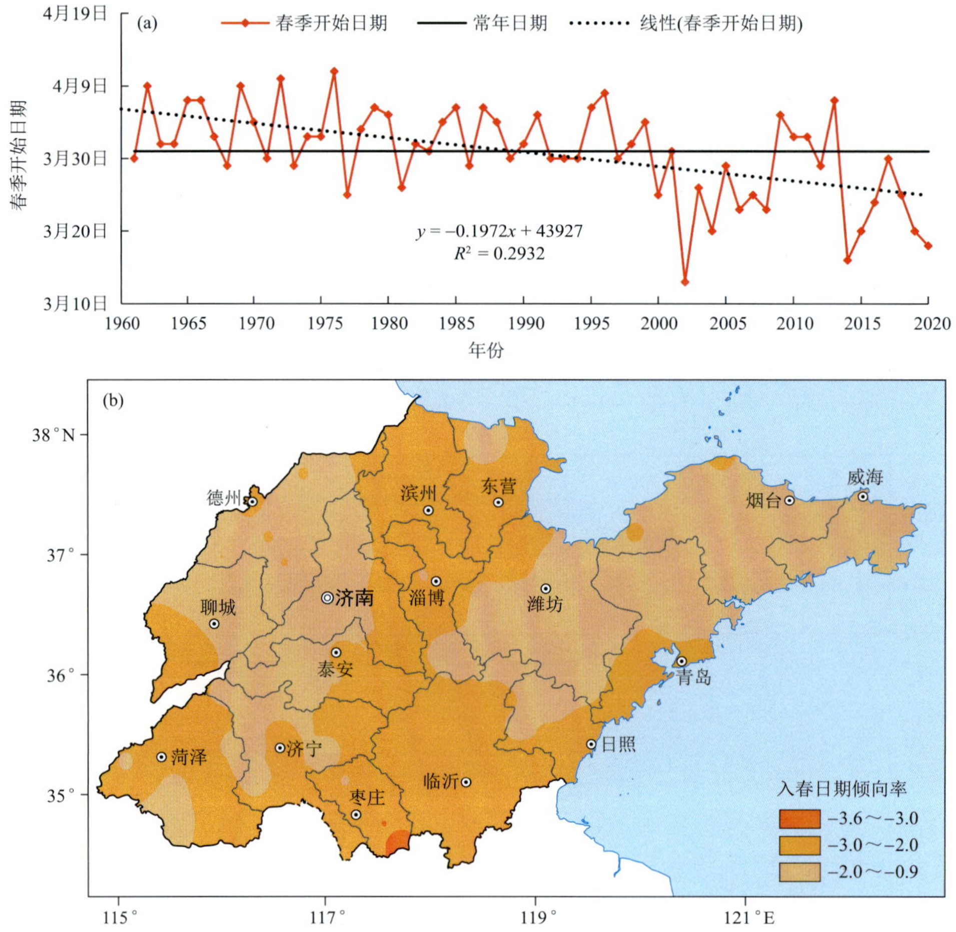

图 1.34　山东省入春日期变化(a)及各地倾向率分布(单位:d/(10 a))(b)图

2 市的个别地区提前 3.0 d 以上(图 1.35b)。

(3)入秋

各地平均入秋日期显著推迟(显著性达 99.99%),每 10 a 推迟 1.4 d(图 1.36a)。各地入秋日期普遍推迟,且大部分地区每 10 a 推迟 1.0～2.0 d,枣庄、青岛、东营等市的部分地区推迟 2.0 d 以上(图 1.36b)。

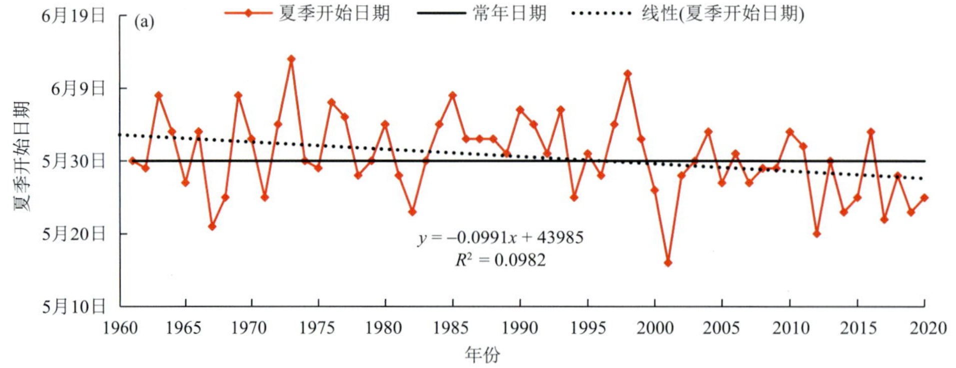

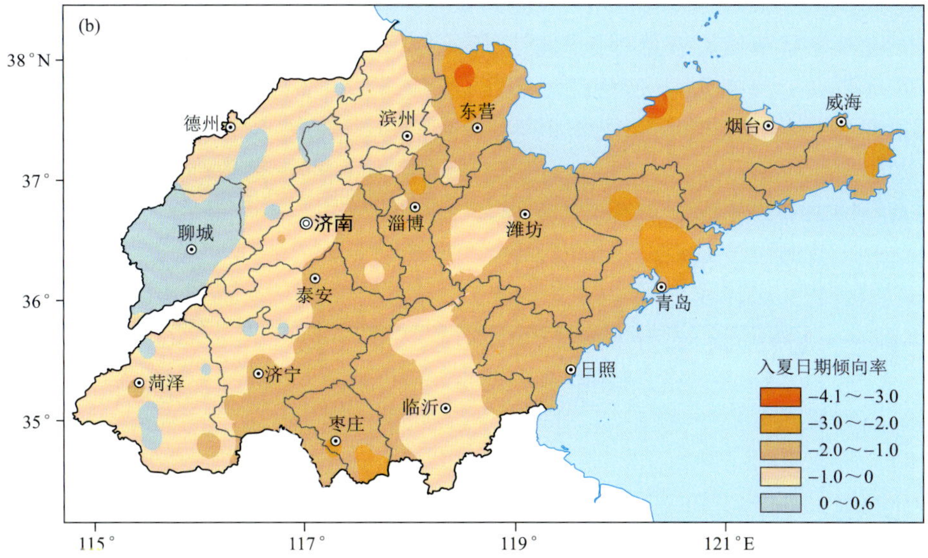

图 1.35 山东省入夏日期变化(a)及各地倾向率分布(单位:d/(10 a))(b)图

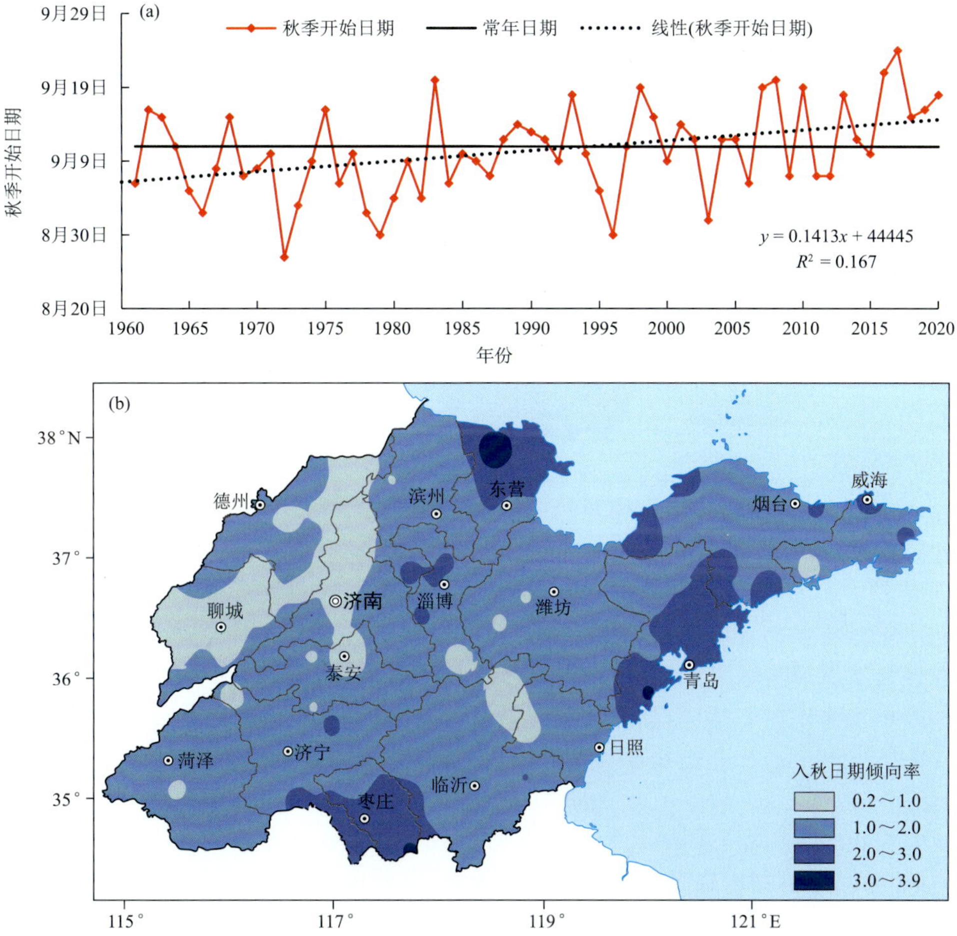

图 1.36 山东省入秋日期变化(a)及各地倾向率分布(单位:d/(10 a))(b)图

(4)入冬

各地平均入冬日期显著推迟(显著性达95%),每10 a推迟0.8 d(图1.37a)。全省大部分地区入冬日期每10 a推迟1.0 d左右,枣庄、东营、青岛、临沂等市的部分地区推迟1.0 d以上(图1.37b)。

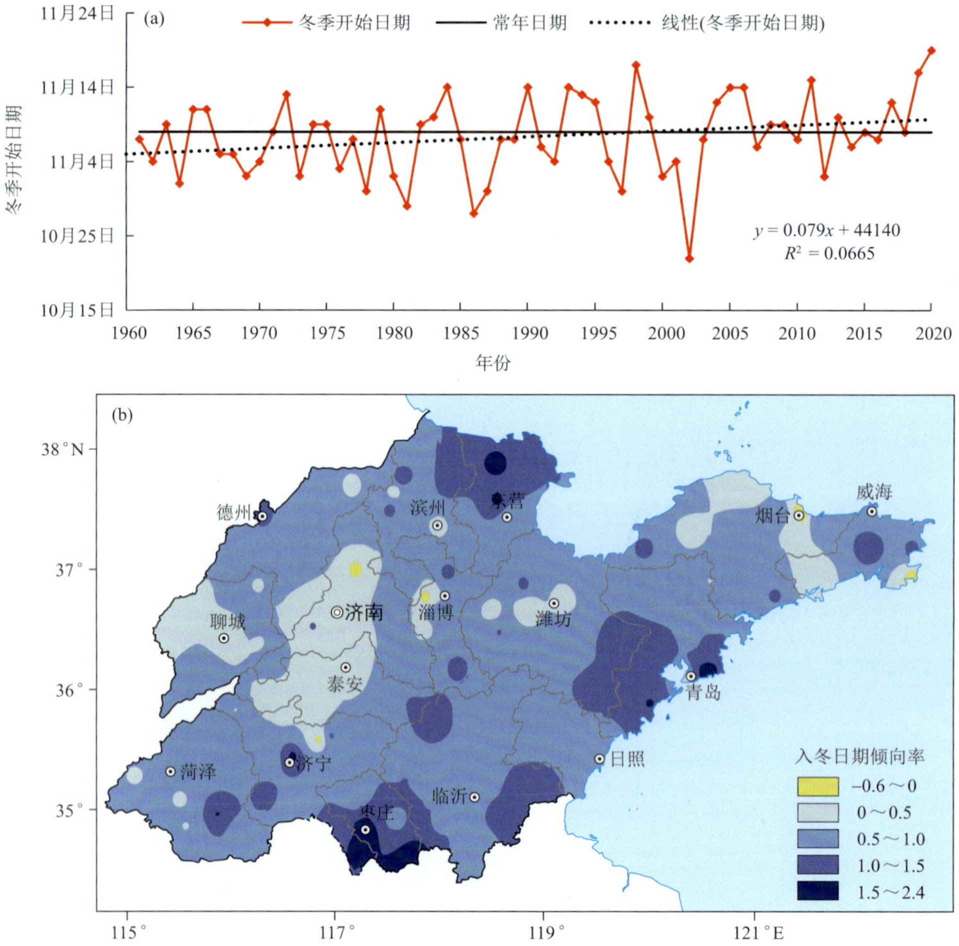

图1.37 山东省入冬日期变化(a)及各地倾向率分布(单位:d/(10 a))(b)图

1.3.4.2 四季长度

山东四季分明,春、秋短,一般为2个月左右;冬、夏长,一般夏季为3个多月,冬季为4个多月。在气候变暖背景下,山东省四季长度也发生变化。1961—2020年60 a来,山东秋、冬季缩短,春、夏季延长。

(1)春季

1961—2020年,山东各地春季平均长度明显延长(显著性为90%),平均每10 a增加约0.9 d(图1.38a)。除烟台、威海、青岛、东营市外,其他各市春季普遍延长,且临沂、菏泽、聊城、德州、滨州等市每10 a延长1.0 d以上,其中聊城大部分地区延长2.0 d以上(图1.38b)。

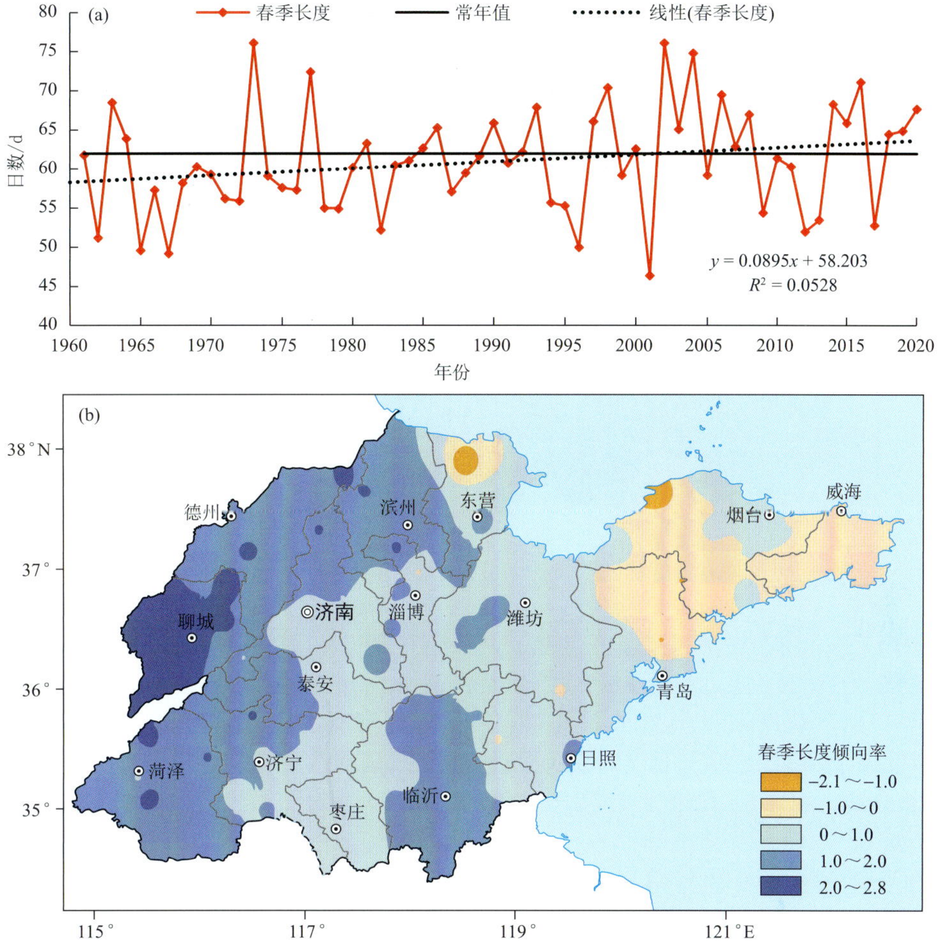

图 1.38　山东省春季平均长度变化(a)及各地倾向率分布(单位:d/(10 a))(b)图

(2)夏季

各地夏季平均长度显著延长(显著性为 99.99%),每 10 a 增加 2.4 d(图 1.39a)。全省大部分地区夏季延长 2.0～3.0 d,半岛及东营、淄博、枣庄等地延长 3.0～5.0 d,鲁北个别地区达 7.0 d(图 1.39b)。

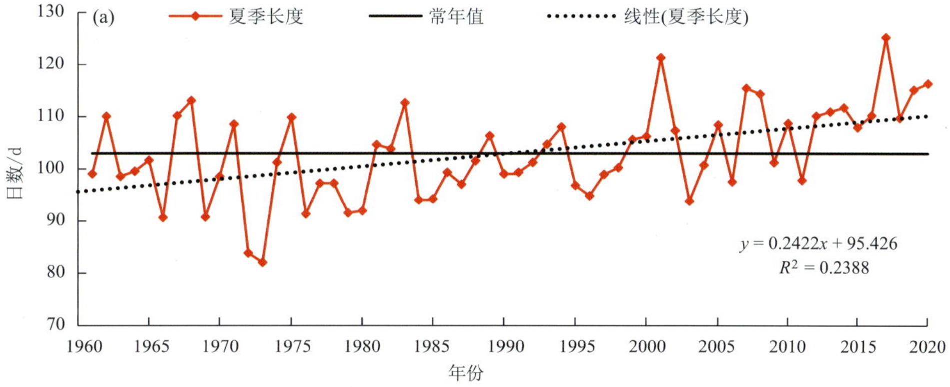

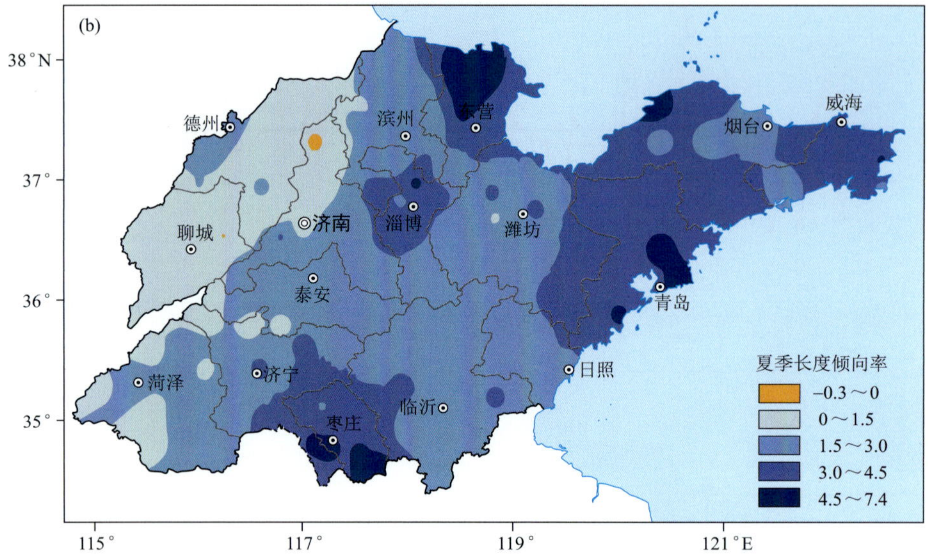

图 1.39 山东省夏季平均长度变化(a)及各地倾向率分布(单位:d/(10 a))(b)图

(3)秋季

全省平均秋季长度缩短趋势不显著,每 10 a 减少约 0.7 d(图 1.40a)。除济南、淄博、临沂、日照等市的个别地区外,其他大部分地区秋季日数呈减少趋势,半岛大部及东营、淄博、枣庄等地的部分地区每 10 a 减少 1.0～3.0 d(图 1.40b)。

(4)冬季

全省平均冬季长度显著缩短(显著性为 99.99%),每 10 a 平均减少约 2.7 d(图 1.41a)。各地冬季日数均减少,东营、滨州、菏泽、枣庄、临沂、青岛等市的部分地区每 10 a 减少 3.0 d 以上,其中枣庄南部减少达 5.0 d 以上(图 1.41b)。

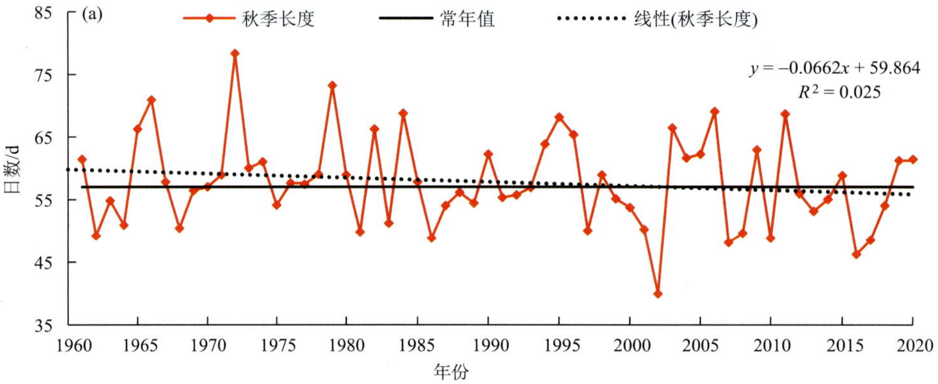

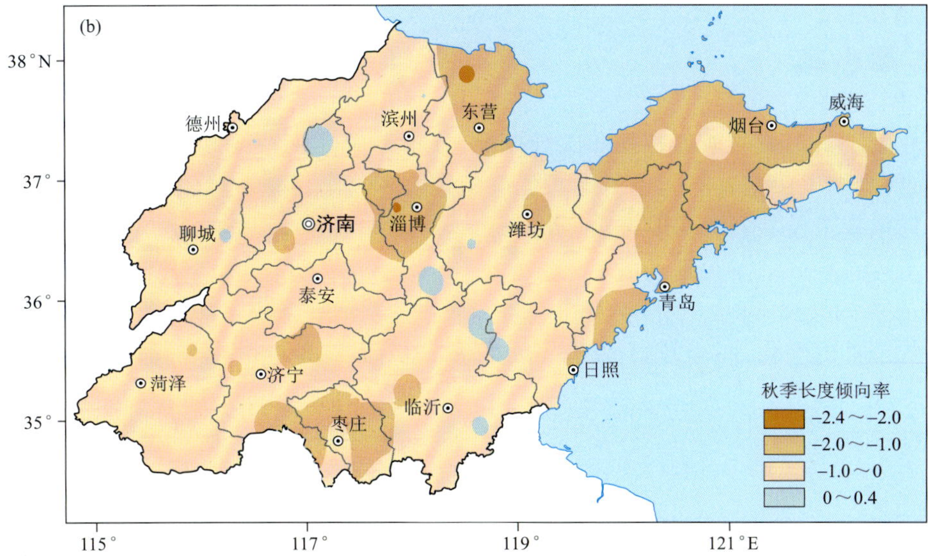

图 1.40　山东省秋季平均长度变化(a)及各地倾向率分布(单位:d/(10 a))(b)图

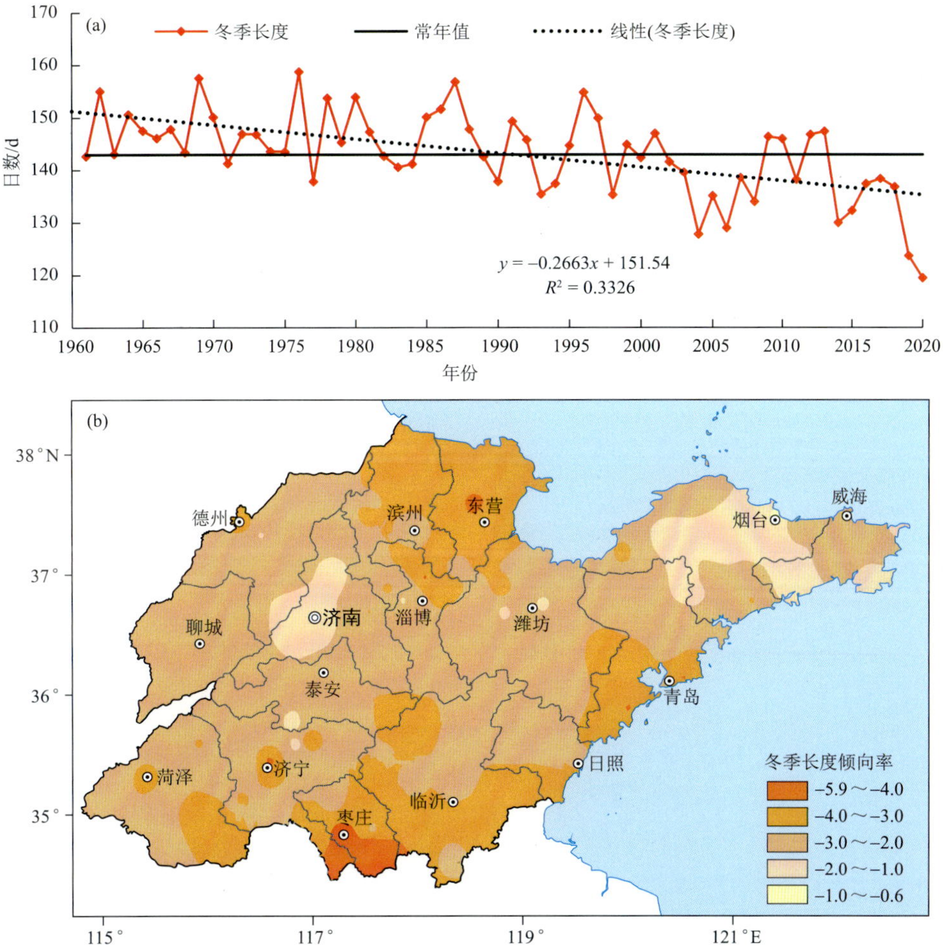

图 1.41　山东省冬季平均长度变化(a)及各地倾向率分布(单位:d/(10 a))(b)图

1.4 本章小结

本章介绍了山东省的地理特征和气候概况，分季节对环流特征和主要的天气系统进行了描述，并简要介绍了山东省不同季节的常见气象灾害和气温、降水、风、气压、相对湿度、日照时数等基本气候要素及其极值的时空分布特征。

分析了近百年来济南和青岛的基本气候变化特征。在全球气候变暖背景下，针对1961—2020年山东省的气温、降水、日照时数等基本气象要素的年、季变化，暴雨、高温、低温、干旱等高影响天气事件的变化，四季开始和四季长短的变化等及各地的气候变化特征进行了分析。

第 2 章
气候生态环境

2.1 气象灾害分析

2.1.1 山东省气象灾害类别

根据 1983—2019 年山东省气象灾情普查数据，有记录的灾害共 19 种，其中，暴雨洪涝、大风和冰雹记录最多，分别为 1659、1358 和 1344 条，占各类灾情记录条数比例分别达 25%、21%和 20%，其余灾害记录数由大到小依次为干旱、台风、雷电、雪灾、冻害、低温冷害、连阴雨、风暴潮、干热风、大雾、高温热浪、气象地质灾害、凌汛、沙尘暴、森林草原火灾等(图 2.1)。根据灾情年际变化图可知，1983—2019 年，灾情记录数呈现先增多后减少的趋势，2001—2010 年，灾情记录数明显多于其他年份，其中 2010、2005 年灾情记录数最多，为 307 和 301 条(图 2.2)。

本节主要分析山东省灾害性天气时空特征，干旱、干热风等农业气象灾害将在第 3 章“农田生态气象”中专节阐述。

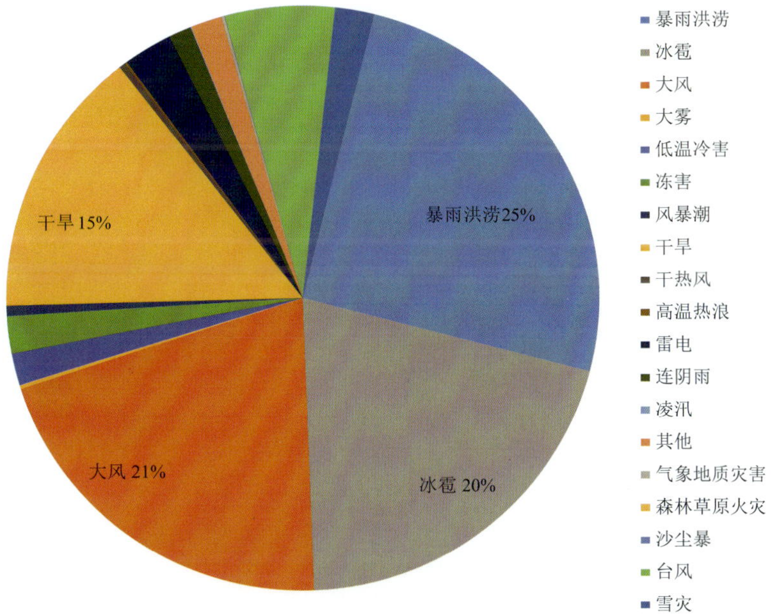

图 2.1 灾情记录数比例图

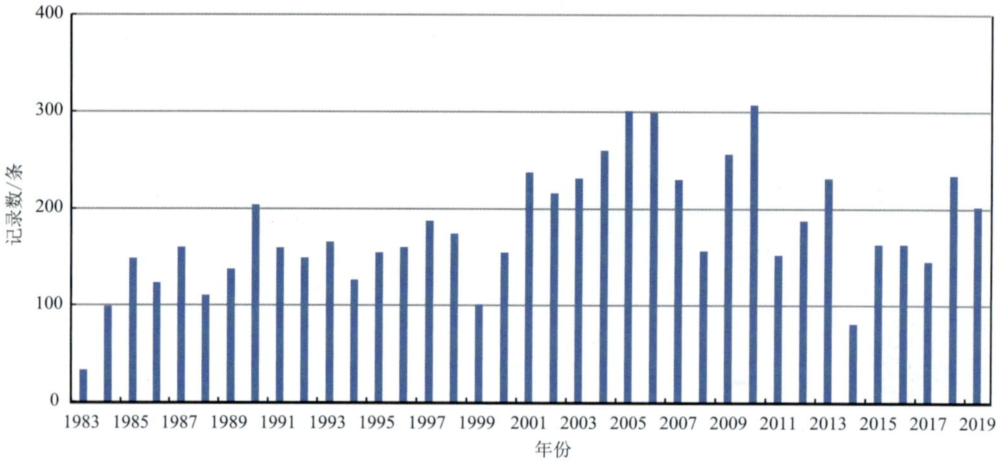

图 2.2　1983—2019 年灾情记录数量

2.1.2　山东省主要气象灾害空间分布特征

2.1.2.1　暴雨空间分布特征

山东省年平均暴雨(50 mm ≤日降水量≤99.9 mm)日数为 2.0 d,东南部多西北部少。鲁东南大部在 2.0 d 以上,其中临沂年平均暴雨日数最多,为 3.0 d;鲁西北东部、鲁中北部地区年平均暴雨日数较少,其中沾化的年平均暴雨日数最少,为 1.2 d(图 2.3)。

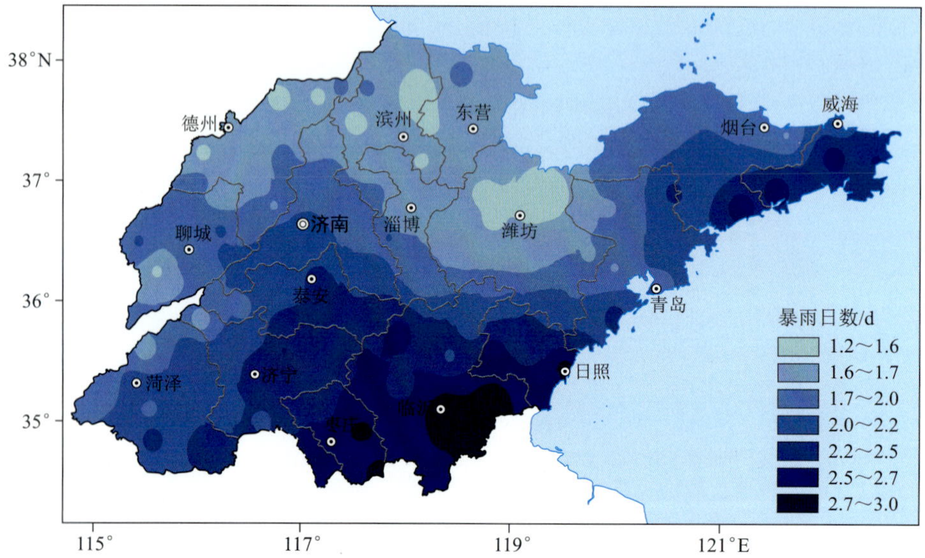

图 2.3　山东省年平均暴雨日数分布图

山东省年平均大暴雨(100 mm≤日降水量≤249.9 mm)日数为 0.4 d,东南多西北少。鲁东南、半岛东部部分地区在 0.5 d 以上,其中石岛年平均大暴雨日数最多,为 0.8 d;鲁中北部、鲁西北西部年平均大暴雨日数较少,部分地区少于 0.2 d,其中临淄的年平均大暴雨日数最少,为 0.1 d(图 2.4)。

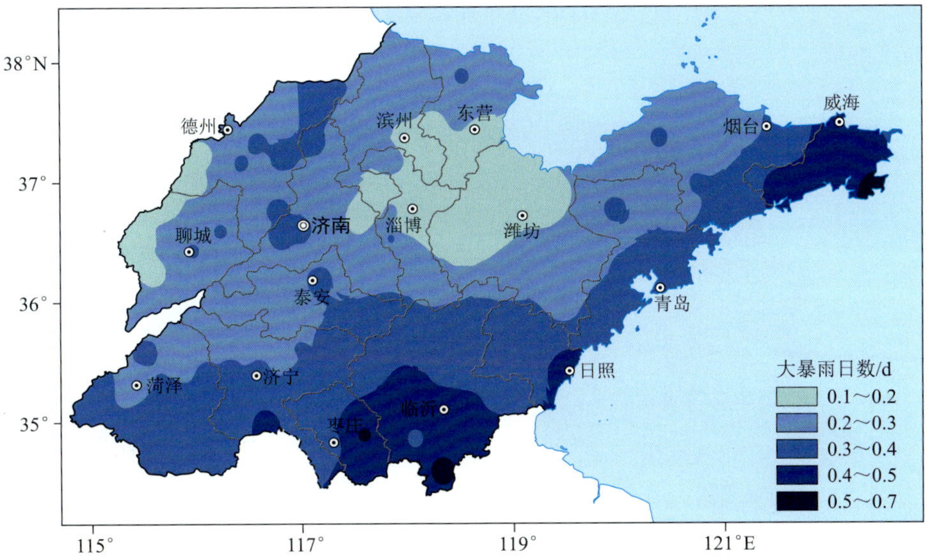

图 2.4 山东省年平均大暴雨日数分布图

2.1.2.2 高温空间分布特征

山东省年平均高温(日最高气温≥35 ℃)日数为 8.5 d,呈西北向东南递减分布趋势。鲁西北、鲁西南大部、鲁中北部在 10.0 d 以上,其中淄博年平均高温日数最多,为 16.1 d;半岛东部和东南沿海地区年平均高温日数少于 3.0 d,其中成山头、石岛年平均高温日数为 0 d(图 2.5)。

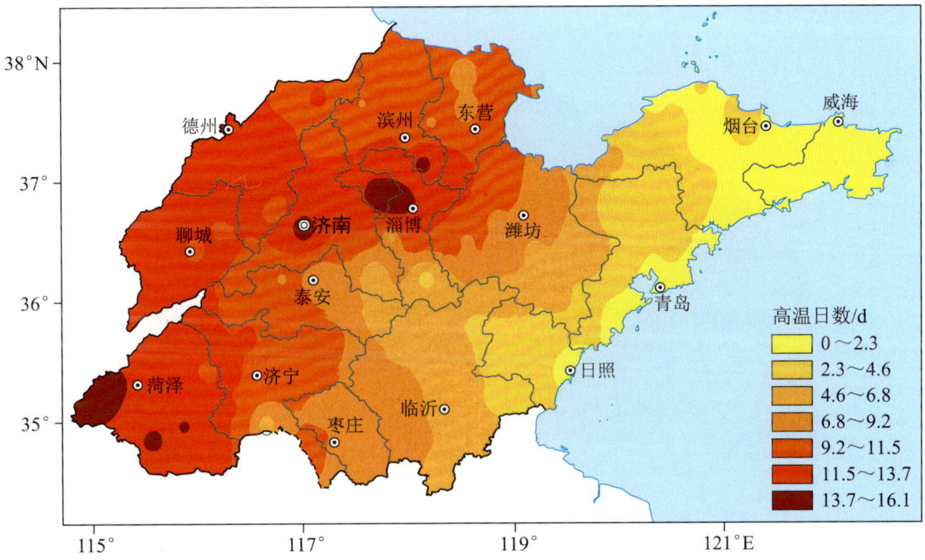

图 2.5 山东省年平均高温日数分布图

山东省历年≥35 ℃的高温日最早出现在 5 月 16 日(1955 年),最晚出现在 8 月 31 日(2002 年);≥37 ℃的高温日最早出现在 5 月 8 日(1981 年),最晚出现在 9 月 1 日(2002 年);≥40 ℃酷热日最早出现在 5 月 25 日(1982 年),最晚出现在 8 月 9 日(1967 年)。山东省最高气温呈现东部沿海向内陆逐渐升高的趋势，菏泽地区最高，在 42 ℃以上（图 2.6）。

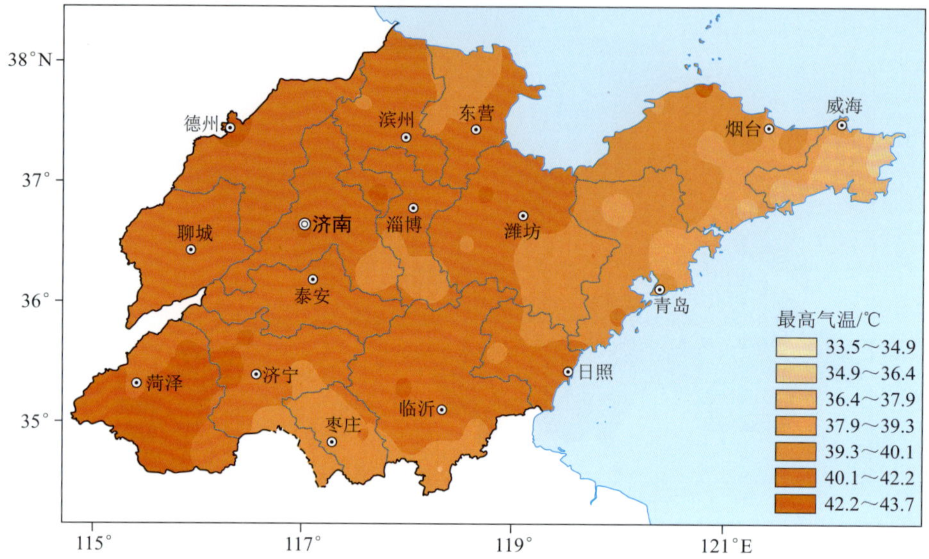

图 2.6　山东省最高气温分布图

2.1.2.3　低温空间分布特征

山东省年平均低温日数为 9.5 d。鲁中、鲁西北大部和半岛部分地区在 10.0 d 以上，其中宁津年平均低温日数最多，为 19.8 d；鲁西南和鲁东南沿海地区较少，其中成山头站的年平均低温日数最少，为 0.9 d（图 2.7）。

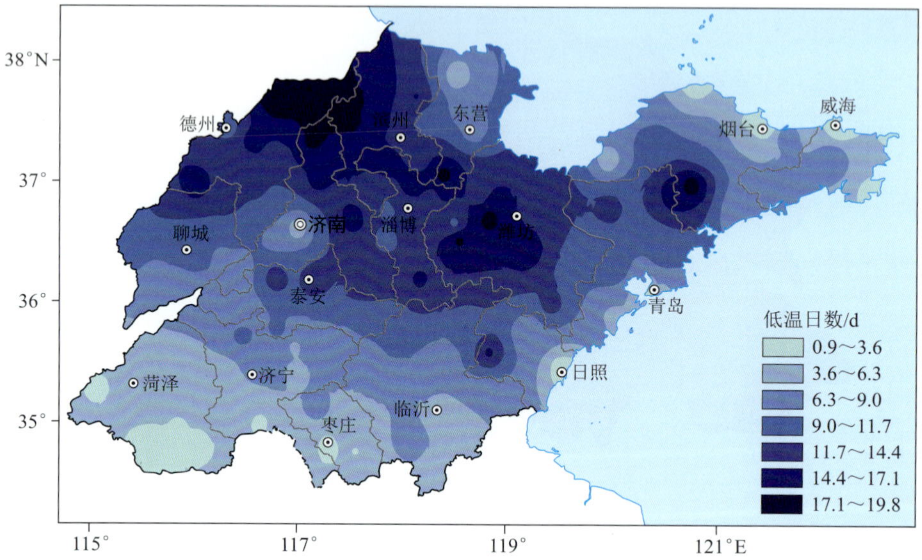

图 2.7　山东省年平均低温日数分布图

2.1.2.4　冰雹空间分布特征

山东省年平均冰雹日数为 0.5 d，呈西南向东北递增趋势。半岛、鲁中大部、鲁西北东部，以及鲁东南部分地区在 0.4 d 以上，其中泰安年平均冰雹日数最多，为 0.9 d；鲁西南和鲁东南部分地区年平均冰雹日数较少，其中台儿庄、成武、单县、定陶、金乡、峄城的年平均冰雹日数最少，为 0.1 d(图 2.8)。

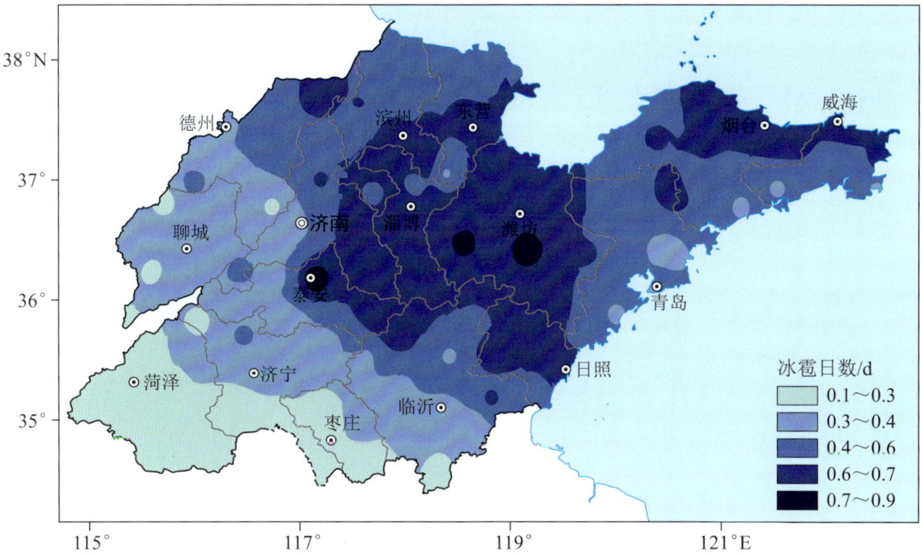

图 2.8 山东省年平均冰雹日数分布图

2.1.2.5 大风空间分布特征

山东省年平均大风日数为 12.7 d，东北部多、西南部少。半岛东部地区平均大风日数在 25.0 d 以上，其中成山头年平均大风日数最多；山东南部地区年平均大风日数少于 9.0 d，其中台儿庄的年平均大风日数最少，为 2.1 d(图 2.9)。

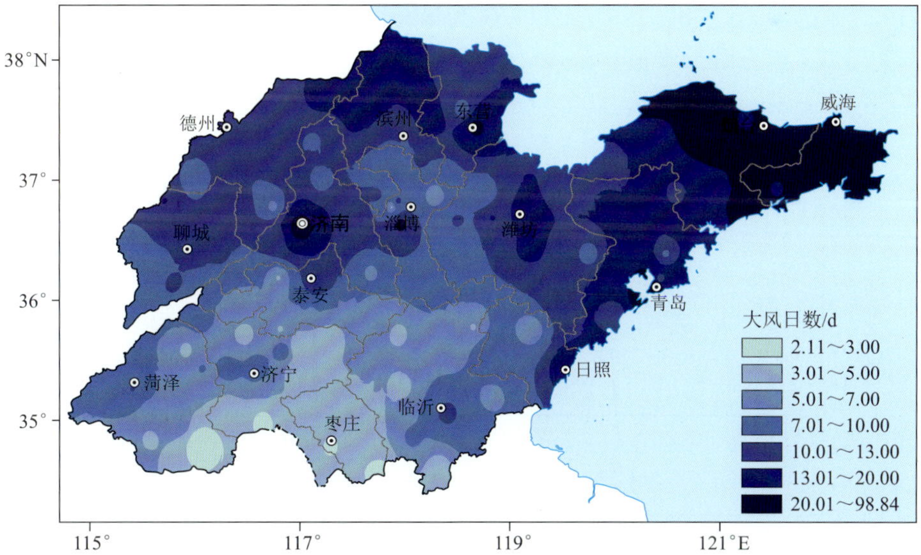

图 2.9 山东省年平均大风日数分布图

2.1.3 山东省主要气象灾害年际变化特征

2.1.3.1 暴雨年际变化

1951—2020 年，山东省多年平均暴雨日数为 1.9 d。暴雨日数 3.0 d 以上的年份共计出现 3 a，分别为 1964 年、1990 年和 2003 年。1964 年最高为 3.9 d，1990 年次之，为 3.2 d，2002 年最少，为 0.6 d。1990—2020 年为第一多值年阶段，大于 2.5 d 暴雨日有 7 a；1954—1973 年为第二多值年阶段，大于 2.5 d 的暴雨日有 4 a；2016—2020 年来，暴雨日数呈明显增多趋势(图 2.10)。

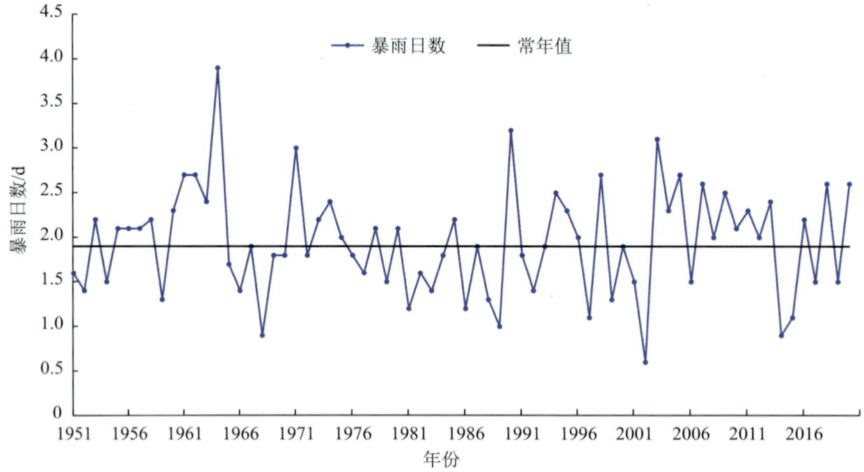

图 2.10 山东省暴雨日数年际变化图(常年值时段为 1991—2020 年，下同)

1951—2020 年，山东省多年平均大暴雨日数为 0.4 d，2018 年最高为 0.9 d，2003 年次之，为 0.8 d，1952 年最少，为 0 d。1997—2007 年为第一多值年阶段，大暴雨日数 0.6 d 及以上的有 5 a；1955—1964 年为第二多值年阶段，大暴雨日数 0.6 d 及以上的有 4 a；进入 21 世纪以来，呈现波动增多趋势(图 2.11)。

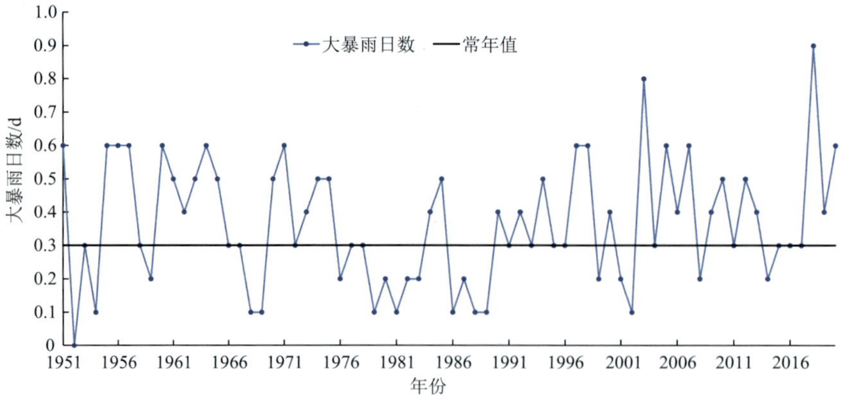

图 2.11 山东省大暴雨日数年际变化图

2.1.3.2 台风年际变化

根据中国气象局《热带气旋年鉴》记录，1949—2019 年期间共有 136 个台风影响山东，71 a 间，平均每年有 2 个台风直接影响山东，年际变化(图 2.12)显示，除 1968 年、1988 年、1993 年、1996 年、1998 年、2003 年、2010 年、2013 年、2016 年外，其他年份均有台风影响山东，其中，2018 年最多，为 6 个，其次是 1956 年、1985 年、1994 年、2012 年，为 5 个；1962 年、1964 年、1990 年，为 4 个，其余年份多为 1～3 个(图 2.12)。

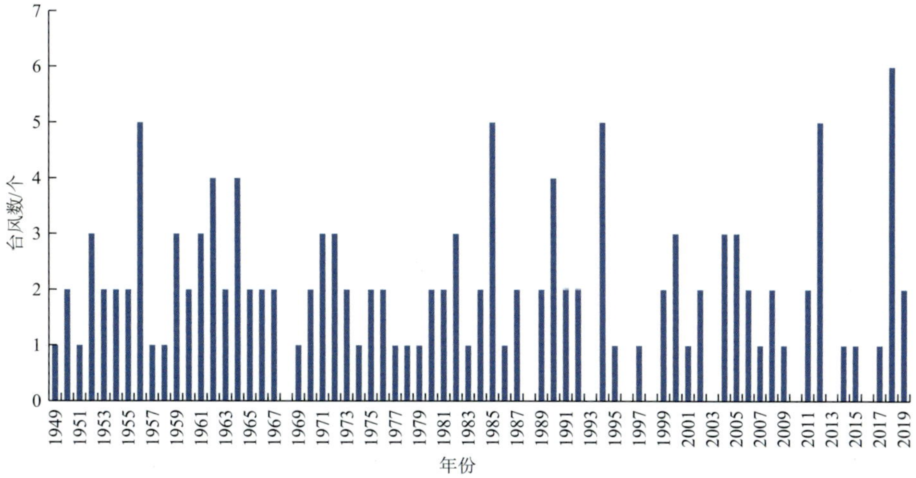

图 2.12 影响山东的台风数年际变化图

2.1.3.3 高温年际变化

1951—2020 年，山东省多年平均高温日数为 8.7 d。出现 18 d 以上高温日数的年份有 4 a，分别为 1959 年、1967 年、1968 年和 2019 年；其中 1959 年最多，为 20.1 d，1967 年次之，为 19.4 d，2008 年最少，为 1.5 d。1951—1968 年为第一多值年阶段，大于 15 d 高温日有 7 a；1997—2020 年为第二多值年阶段，大于 15 d 高温日有 5 a；1979—1991 年为少值年阶段，高温日数少于 10 d(图 2.13)。

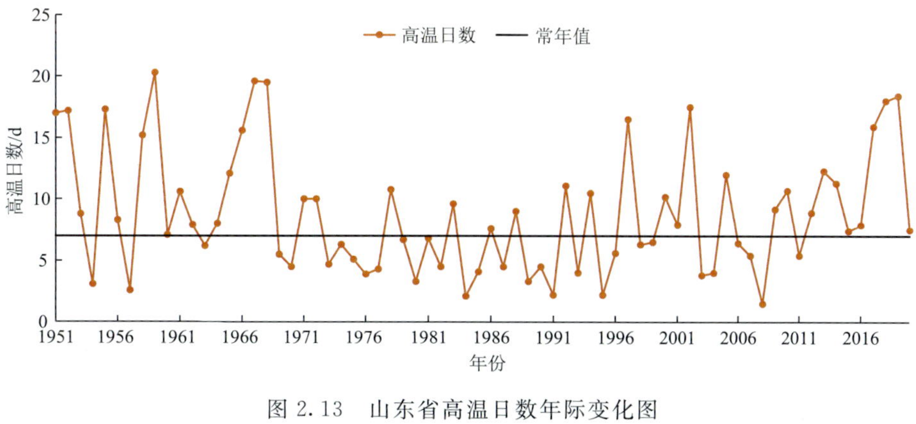

图 2.13 山东省高温日数年际变化图

2.1.3.4 低温年际变化

1951—2020 年，山东省多年平均低温日数为 10.3 d。出现 25 d 以上低温日数的年份有 3 a，分别出现在 1963 年、1967 年和 1969 年。1969 年最多，为 28.9 d，1967 年次之，为 26.1 d。2007 年最少，为 0.4 d。1956—1971 年为第一多值年阶段，大于 20 d 低温日数有 7 a；1977—1984 年为第二多值年阶段，大于 20 d 低温日数有 3 a；1987 年以来低温日数减少趋势显著(图 2.14)。

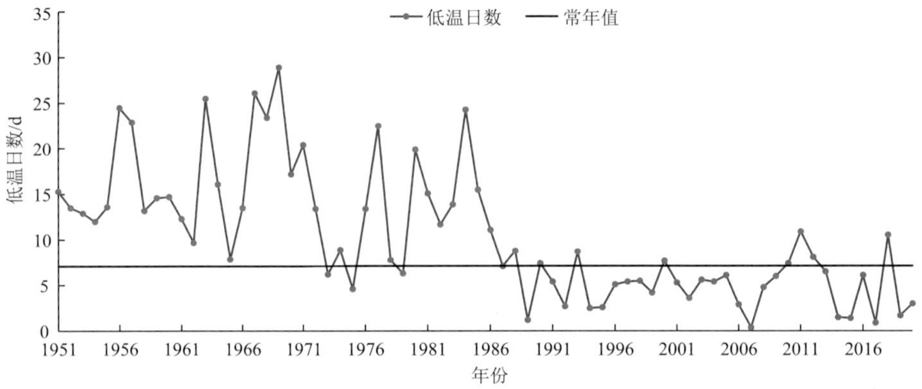

图 2.14 山东省低温日数年际变化图

2.1.3.5 冰雹年际变化

1951—2020 年，山东省多年平均冰雹日数为 0.5 d。出现 1.0 d 及以上冰雹日数的年份有 6 a，分别出现在 1953 年、1955 年、1956 年、1967 年、1974 年和 1979 年，1956 年最多，为 1.1 d，其他 5 a 次之，为 1.0 d；1952 年最少为 0 d。1953—1981 年为冰雹日数多值年阶段，2006—2019 年为少值年阶段，2014 年以来呈阶梯状上升趋势(图 2.15)。

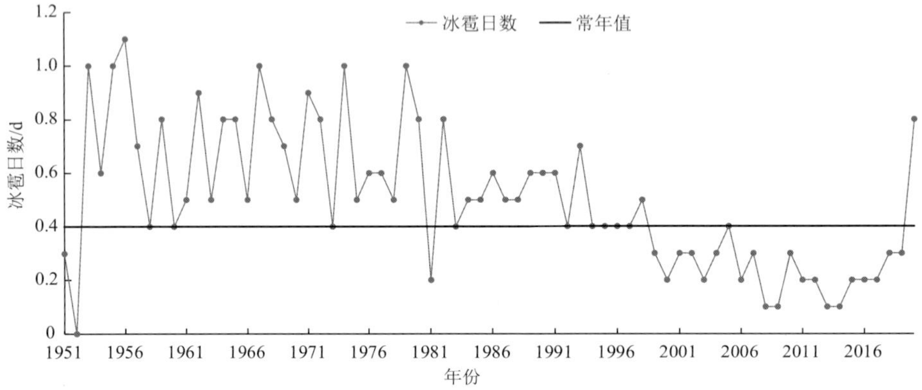

图 2.15 山东省冰雹日数年际变化图

2.1.3.6 大风年际变化

1951—2020 年，山东省多年平均大风日数为 14 d。出现 30 d 以上大风日数的年份有 6 a，分别出现在 1955 年、1956 年、1965 年、1966 年、1968 年和 1969 年，1966 年最高，为 37.7 d，1956 年次之，为 34.8 d；2011 年最少，为 4.2 d。1979 年以来大风日数呈显著减少趋势(图 2.16)。

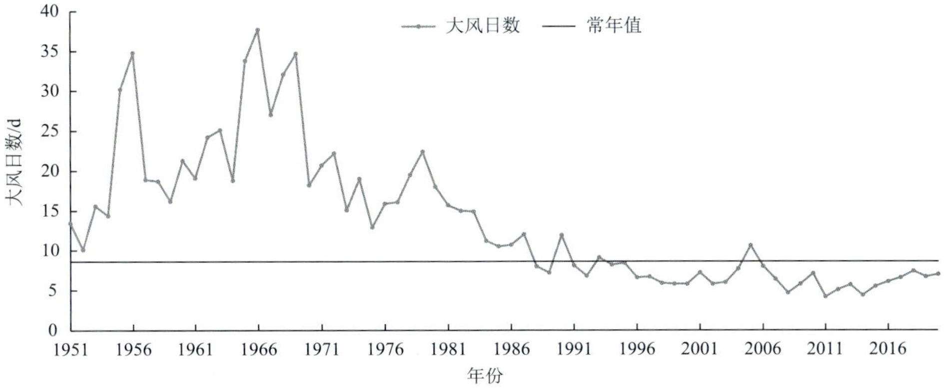

图 2.16　山东省大风日数年际变化图

2.2　气象条件对大气自净能力的影响评估

2.2.1　大气自净能力的影响评估研究概述

随着社会经济的发展和城市化进程的加快，人类活动导致的污染物排放量日益增加，使得大气浑浊度升高，能见度降低，大气污染范围和程度越来越严重。空气质量受自然和人为因素共同作用，当外界污染物排放量比较稳定时，空气污染的程度和变化特征主要取决于气象条件(吴兑，2005；吴蓉 等，2017)。在不同气象条件下，同一污染物排放所造成的大气污染物浓度可相差几十倍至上百倍，这是由于大气对污染物的稀释扩散能力随着气象条件的不同而发生巨大变化(蒋维楣 等，1993)。逆温、低压、高湿、弱风、稳定大气层结、低混合层厚度和弱降水等气象条件容易造成污染物的堆积(张人禾 等，2014；刘厚凤 等，2015)，是产生重污染天气的主要气象条件。王晓云等(2001)研究表明，在静稳气象条件下，污染物浓度常出现高值，贴地逆温层极不利于污染物扩散。较低的边界层高度限制污染物的垂直扩散，大气自净能力指数(ASI)的减小使污染加剧。杨欣等(2014)研究了北京市 2013 年 1 月 10—16 日强污染过程指出，连续静稳的天气形势和区域污染是其主要原因，而高湿天气则加剧了污染状况。于庚康等(2015)发现，雾/霾期间低层存在不同程度的逆温现象，混合层高度与空气污染指数(API)呈反相关关系，混合层高度越低，API 就越高，污染就越严重，能见度就越差。吴兑等(2008)发现，珠江三角洲霾天气过程和区域内静小风过程密切相关，清洁对照过程和强平流输送有关。戴竹君等(2016)对江苏秋冬季重度霾的环流背景、边界层特征、热力条件、动力条件及气流轨迹进行了分析，探讨重度霾的形成机制，发现重度霾发生时主要是贴地逆温，风速在 4.0 m/s 以下。

大气自净能力指数是在给定的空间和时间范围内，大气污染物平均浓度不超过大气质量标准的条件下，可以向该空间内排放的污染物的总量(徐大海 等，1989)。大气自净能力指数估算方法包括 A 值法、大气扩散模型法、线性规划法等，大气扩散模型法包括美国国家环保局和美国气象学会联合开发的大气扩散模型(AERMOD)(王海超 等，2010)、西格玛研究公司开发的大气扩散模型(CALPUFF)(任重 等，2011)和英国剑桥环境研究公司开发的大气扩散模型系统(ADMS)(徐鹤 等，2010)等，其输入参数多、计算量大，模拟需要详细的污染源数据和气象数据。中国国家标准《大气自净能力等级》(GB/T 34299—2017)给出了A值的计算方法,A值法是基于箱模式计算出一段时间内大气运动能清除的大气污染物总量,其计算简单,实用性强。郁珍艳等(2017)、许启慧等(2017)、吴蓉等(2017)采用A值法分别对浙江省、河北省、安徽省的ASI时空变化特征进行了分析,得到一些有意义的结论。

山东开展大气污染和气象条件关系的研究不多见,山东各地区下垫面特征差异明显,沿海和内陆气候背景不同,各地大气环境质量和变化差异较大,同时由于城市化和经济的快速发展,大气环境问题日益突出。山东霾日数呈增加趋势,21世纪以来增加明显,霾的分布受城市工业和污染排放影响较大,典型的雾/霾过程发生时,山东上空以平直的纬向环流为主,多短波槽活动,冷空气较弱,山东受偏西或者西南气流影响,大范围霾出现前空气湿度相对较低(张莉等,2015)。郭丽娜等(2014)应用青岛站2006—2012年探空资料研究发现,青岛08时接地逆温强度与污染日API指数相关系数达0.99。马艳等(2015)应用青岛2006—2012年雾日数与污染物浓度监测资料研究发现,雾天气常伴随着不同程度的空气污染。在仅考虑大气通风和湿沉降等因素时,大气自净能力指数仅涉及气象参数和地域面积,与排放源的配置参数无关,完全是自然属性量(吴蓉 等,2017)。本研究采用《大气自净能力等级》(GB/T 34299—2017)国家标准中的A值法,利用山东22个基本(准)站地面小时气象观测数据,对山东大气自净能力指数的时空变化特征进行研究,探讨大气自净能力指数的气候变化特征,对深入理解气候变化背景下大气环境有效改善具有积极的意义,亦可为山东空气质量影响评价业务提供技术支持。

2.2.2 大气自净能力指数及其计算方法

2.2.2.1 大气自净能力指数的定义

大气自身的运动对大气中的污染物有清除作用,如冷空气过境造成的大风具有扩散和稀释作用;降水对大气污染物有湿清除作用。类似于水的净化能力,将大气自身运动对大气中污染物的扩散、稀释和湿清除能力定义为大气自净能力。由于大气自净能力与大气污染源排放没有关系,一方面,可用于定量化气象条件对空气污染的贡献,评估大气污染防治措施的实施效果;另一方面,可用于对未来大气污染潜势的预测,为提前实施大气污染防控措施提供依据(朱蓉 等,2018)。

城市大气污染数值预报系统(CAPPS)(徐大海 等,2000;朱蓉 等,2001;张恺 等,2005)通过有限体积法求解大气平流扩散方程,得到的平均浓度预报方程为:

$$\frac{\partial \overline{C}}{\partial t} = \frac{Q}{\tau} - \frac{1}{\tau}\oiint_S C(\mathbf{V} + \mathbf{V}_t + \mathbf{V}_d + \mathbf{V}_w) \cdot d\overline{S} + I \tag{2.1}$$

式中,C为大气中的污染物浓度,$\overline{C}$为C平均,即平衡浓度,Q为大气污染物在空气体积τ内的排放量,$\mathbf{V}$为风矢量,$\mathbf{V}_t$为湍流风速矢量,$\mathbf{V}_d$为干沉降速度,$\mathbf{V}_w$为湿沉降速度,S为底面积,I为化学转化作用造成的污染物生成或消失量。化学转化在空气污染过程中的作用比较复杂,它对一些污染物有清除作用,但同时又可能促使另一些污染物生成,需要开展深入研究。本研究重点考虑平流扩散和湿沉降对污染物的清除,暂时不考虑化学转化作用。因此,不考虑化学转化作用的大气对污染物的清除能力可表示为:

$$V_c = \frac{1}{C}\oiint_S C(\mathbf{V} + \mathbf{V}_t + \mathbf{V}_d + \mathbf{V}_w) \cdot d\overline{S} \tag{2.2}$$

式中,大气对污染物的清除能力V_c包括平流扩散、湍流扩散、干沉降和湿沉降。假设城市是一

个底面积为 S 的箱体，其水平尺度即为 $2\sqrt{S/\pi}$，大气污染物的扩散发生在混合层高度以内，坐标轴 x 与风向保持一致，则大气污染物的平衡浓度为：

$$\overline{C} = \frac{Q}{V_c} \tag{2.3}$$

干沉降与大气湍流状况、污染物化学性质和下垫面特性有关，由于常规气象观测中还没有湍流特性测量，本研究为了根据历史气象观测数据分析大气对污染物清除作用的常年变化，因此，暂时不考虑大气湍流扩散和干沉降作用。根据箱模式原理，式(2.2)可转变为：

$$V_c = \left(\frac{\sqrt{\pi}}{2}V_E + V_w\sqrt{S}\right)\sqrt{S} \tag{2.4}$$

式中：V_E 为大气通风量，定义为：

$$V_E = \int_0^H u(z)\mathrm{d}z \tag{2.5}$$

式中：V_E 单位为 m^2/s；$u(z)$ 为大气边界层内的风速，它随距离地面的高度而变化，是高度的函数。式(2.4)中湿沉降速度 V_w 表达为雨洗常数 W_r 与降水率 R 的乘积，即 $V_w = W_rR$，S 为底面积。假设典型污染物的空气质量控制浓度为 C_s，则由式(2.3)和(2.4)可得到箱体内典型污染物最大允许排放总量为：

$$Q = \left(\frac{\sqrt{\pi}}{2}V_E + W_rR\sqrt{S}\right)\cdot C_s \cdot \sqrt{S} \tag{2.6}$$

式中：雨洗常数 W_r 取 6×10^5；R 为降水率，即单位时间内的降水量(Mcmahon et al.,1979)。在 C_s 为 $PM_{2.5}$ 达标浓度 0.075 mg/m^3 的约束条件下，定义单位时间、单位面积上大气平流扩散和降水所能清除的最大污染物总量为大气自净能力指数 ASI，即

$$\mathrm{ASI} = \frac{Q}{S} = \left(\frac{\sqrt{\pi}}{2}V_E + W_rR\sqrt{S}\right)\cdot C_s/\sqrt{S} \tag{2.7}$$

因此，大气自净能力指数与大气污染排放量和空气质量都没有任何关系，仅仅表示大气自身运动对大气污染物的通风扩散和降水清除能力。大气自净能力指数值越大，表示大气对污染物的清除能力较强，大气自净能力强；反之，表示大气自净能力弱。

2.2.2.2 大气自净能力指数计算方法

基于地面气象观测的大气自净能力指数计算方法，采用地面气象站观测资料计算大气自净能力指数的优势在于可以对近几十年大气自净能力指数的气候和气候变化特征进行分析。由式(2.5)和式(2.7)可知，大气通风量 V_E 是计算大气自净能力指数的关键，而计算大气通风量首先需要计算混合层高度。根据国家标准《制定地方大气污染物排放标准的技术方法》(GB/T 13201—91)，在已知云量和地面风速的前提下，通过计算太阳高度角，再查算出帕斯奎尔(Pasquill)大气稳定度等级，最终可计算出混合层高度和大气通风量。由于气象站在夜间的云量观测资料十分有限，因此，可以只计算每日 14:00(北京时，下同)的大气自净能力指数。其与一天中大气对污染物的最大清除能力接近，分析每日 14:00 大气自净能力的多年变化，同样可以得到大气自净能力的多年代变化特征。根据式(2.7)表征全天大气对污染物总体清除能力的大气自净能力指数的计算公式为：

$$\mathrm{ASI} = 8.64\times10^{-2}\times\left[\frac{\sqrt{\pi}}{2}\times V_E + \sum_{i=1}^{n}(0.17\times R_i\times\sqrt{S}\times10^3)\right]\cdot C_s/\sqrt{S} \tag{2.8}$$

式中：ASI 为大气自净能力指数，单位为 t/(d·km²)；n 为一天中降水的小时数；R_i 为每小时降水量，单位为 mm/h；面积 S 统一取值 100 km²。

在计算大气自净能力指数过程中需得到大气稳定度和大气混合层厚度等中间变量，两者均是影响大气污染物扩散的重要参数。大气越稳定，越不利于污染物的扩散，大气混合层厚度越大，越有利于污染物垂直方向的扩散和稀释。大气稳定度有里查森数、莫宁—奥布霍夫长度、温差法、风速比法等计算方法（陈泮勤，1983），本研究采用 Pasquill 稳定度分类法（GB/T 34299—2017），该方法将大气稳定度分为强不稳定、不稳定、弱不稳定、中性、较稳定和稳定 6 类。大气混合层厚度确定方法包括环境影响评价导则法、罗氏法、干绝热法等，本研究采用仅使用地面常规气象观测资料的《大气自净能力等级》（GB/T 34299—2017）中推荐的方法计算大气混合层厚度，其使用的气象资料包括总低云量、平均风速及计算的太阳高度角等。

朱蓉等（2018）通过统计分析 2013—2017 年京津冀地区发生大气重污染期间的大气自净能力指数，总结出大气自净能力指数低于 1.4 t/(d·km²)时，容易出现空气质量指数（AQI）超过 200 的空气重污染等级。由此定义 14:00 大气自净能力指数低于 1.4 t/(d·km²)的当天为一个低自净能力日。低自净能力日表明大气混合层高度低、混合层内整体水平风速小且无降水，大气扩散条件很差，容易引起空气质量重度污染。

2.2.2.3 气候倾向率

采用气候趋势（董旭光 等，2018）分析大气自净能力指数的空间分布特征，气候趋势为正值表示要素序列为上升趋势，负值表示下降趋势，并进行显著性检验。

假设数据系列 x_i 可用一元线性回归的数学模拟拟合（$x = a + bt$），其气候趋势系数为 r_{xt}，其定义为 n 个时刻（年）的要素序列与自然数列 1，2，3，…，n 的相关系数：

$$r_{xt} = \frac{\sum_{i=1}^{n}(x_i - \bar{x})(i - \bar{t})}{\sqrt{\sum_{i=1}^{n}(x_i - \bar{x})^2 \sum_{i=1}^{n}(i - \bar{t})^2}} \tag{2.9}$$

式中：n 为年数；x_i 是第 i 年要素值；$\bar{x}$ 为其样本均值；$\bar{t} = n + 1/2$。显然，气候倾向率（为气候趋势 10 a 的变化量）为正（负）时表示该要素在所计算的 n 年内有线性增加（减少）的趋势。$r_{xt}\sqrt{n-2}/\sqrt{1-r_{xt}^2}$ 符合自由度 $n-2$ 的 t 分布，从而检验这种气候趋势是否有意义，是否是一种随机振动。

2.2.2.4 突变检验方法

在实际序列趋势分析中，曼—肯德尔（Mann-Kendall）检验法（尹云鹤 等，2009）是世界气象组织推荐并已广泛使用的非参数检验方法。Mann-Kendall 非参数突变检验正序列曲线超过临界值信度线的前提下，若正序列和反序列两个 MK 统计量序列仅有一个明显的交叉点，且位于信度线之间，则表明该交叉点为突变点，且统计上显著；若交叉点位于信度线之外，或者是存在多个明显的交叉点，则不确定是否为突变点，可结合滑动 t 检验（MT）方法综合判断该点是否为突变点。MT 方法主要用来检验两随机样本平均值的显著性差异，如果两段子序列的均值差异超过了一定的显著性水平，可以认为均值发生了质变，有突变发生，文中对 6～10 a 的不同子序列对 ASI 的时间序列进行 MT 突变检验。采用两种方法综合判断突变是否真实发生。

2.2.3 大气自净能力指数计算的资料与来源

选取山东省气象信息中心经过气象数据质量控制后的逐日小时观测资料计算大气自净能力指数，2014 年以来，仅基本(准)站保留总低云量的记录，因此，最终确定利用山东 22 个(除泰山站)基本(准)站 1961—2018 年的平均风速、总云量、低云量、降水量等 14:00 的观测资料计算各站的大气自净能力指数。选取的气象台站空间分布见图 2.17，山东省基本(准)站空间分布均匀，各站大气自净能力指数计算结果能够较好地反映大气自净能力空间分布情况。

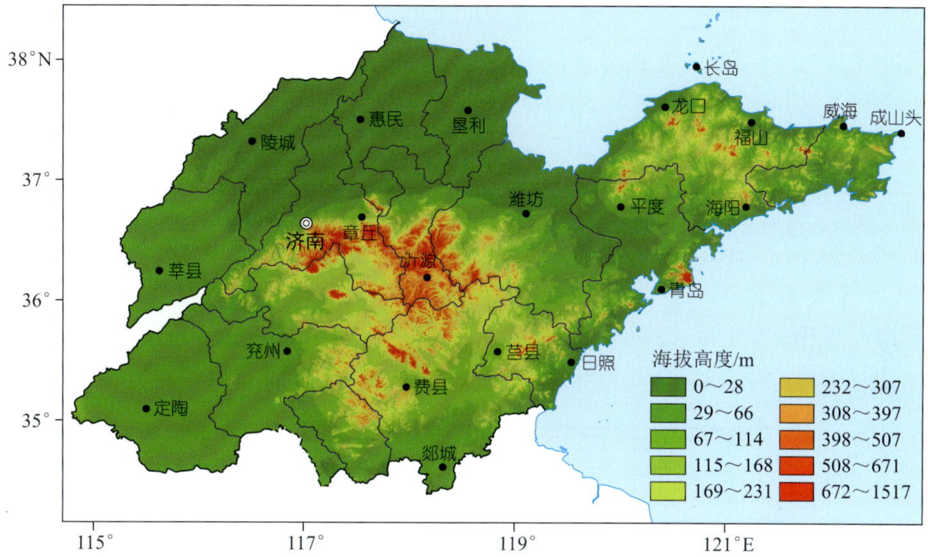

图 2.17 山东行政区划及使用的气象站点地理位置分布图

2.2.4 大气自净能力指数的气候特征

2.2.4.1 时间变化

(1)历年变化

1961—2018 年山东平均大气自净能力指数呈显著减小变化趋势(图 2.18)，气候倾向率为 −0.32 t/(d · km^2 · 10 a)，通过了显著性水平检验($P<0.01$)。从各年代均值看，山东大气自净能力指数具有明显的年代际减小趋势，20 世纪 60—70 年代各年大气自净能力指数普遍大于平均值，20 世纪 80—90 年代则接近平均值，2000 年以来小于平均值且减小趋势相对最明显。全省平均大气自净能力指数仅 1961—1964 年及 1971 年大于 8.0 t/(d · km^2)，其中以 1962 年最大，为 8.5 t/(d · km^2)，2008 年以来逐年大气自净能力指数普遍小于 6.5 t/(d · km^2)，其中 2014 年最小，为 5.5 t/(d · km^2)。

(2)逐月变化

1961—2018 年山东平均大气自净能力指数的年内逐月变化明显(图 2.19)，夏季(6—8 月)大气自净能力指数相对较大，均大于 7.9 t/(d · km^2)，其中 7 月最大，为 10.7 t/(d · km^2)，冬季(12 月—次年 2 月)相对较小，均小于 5.5 t/(d · km^2)，其中 1 月最小，为 4.9 t/(d · km^2)，山

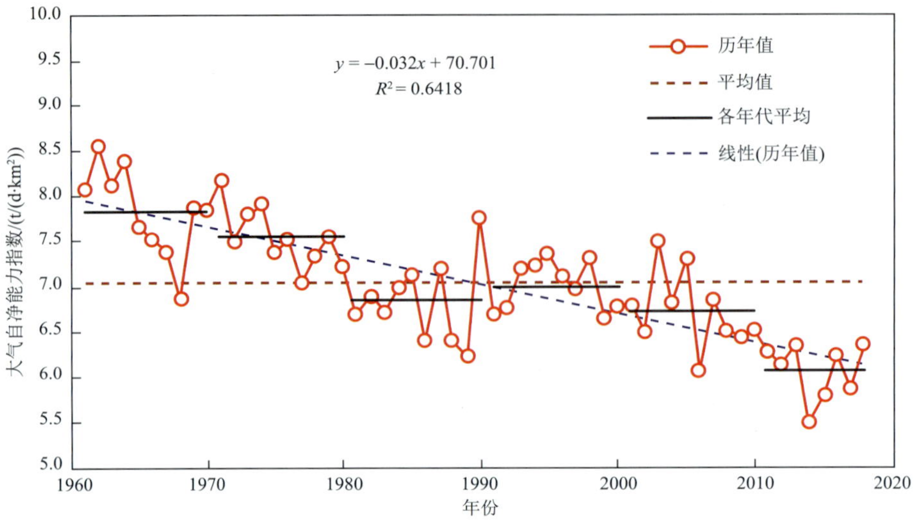

图 2.18　1961—2018 年山东平均大气自净能力指数历年变化图

东春季大风天气较多，夏季对流性天气较多，湍流较强，是大气自净能力指数年内相对较高的时段，秋、冬季太阳辐射较弱，湍流活动较弱，大气稳定度高，是大气自净能力指数年内相对较低的时段。

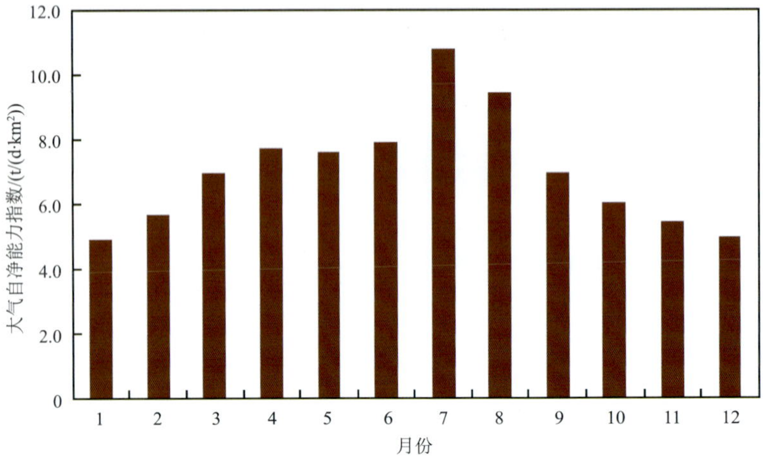

图 2.19　1961—2018 年山东平均大气自净能力指数逐月变化图

1961—2018 年山东历年各月平均大气自净能力指数表现出明显的年际和年内变化（图 2.20），也是夏季各月大，冬季各月小，历年各月大气自净能力指数总体上呈现随时间明显减小的变化趋势。20 世纪 60—70 年代夏季各月大气自净能力指数一般大于 7.5 t/(d·km^2)，冬季各月则小于 7.0 t/(d·km^2)，之后逐渐减小，2000 年以来，春季各月多小于 7.0 t/(d·km^2)，冬季各月则小于 6.5 t/(d·km^2)。

2.2.4.2　空间分布

1961—2018 年山东年和四季平均大气自净能力指数的空间分布类似（图 2.21），但数值略有不同。山东中西部地区大气自净能力指数普遍小于 7.5 t/(d·km^2)，山东半岛地区相对较

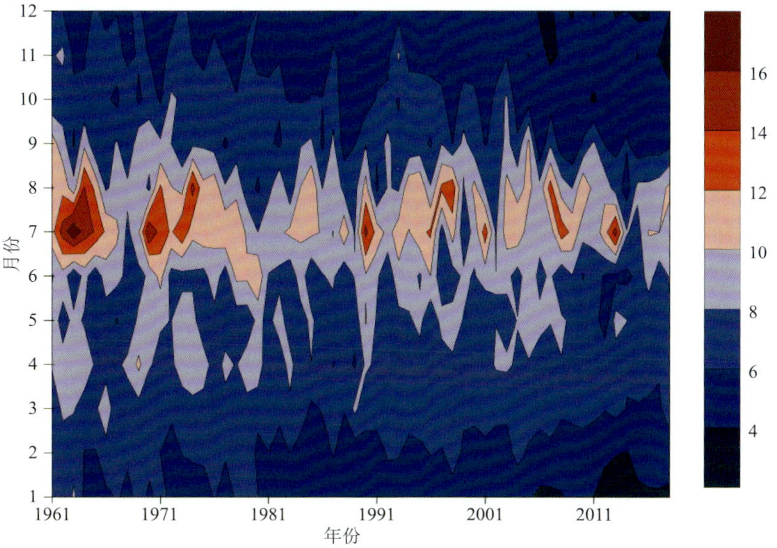

图 2.20 1961—2018 年山东历年各月平均大气自净能力指数变化图(单位：t/(d·km²))

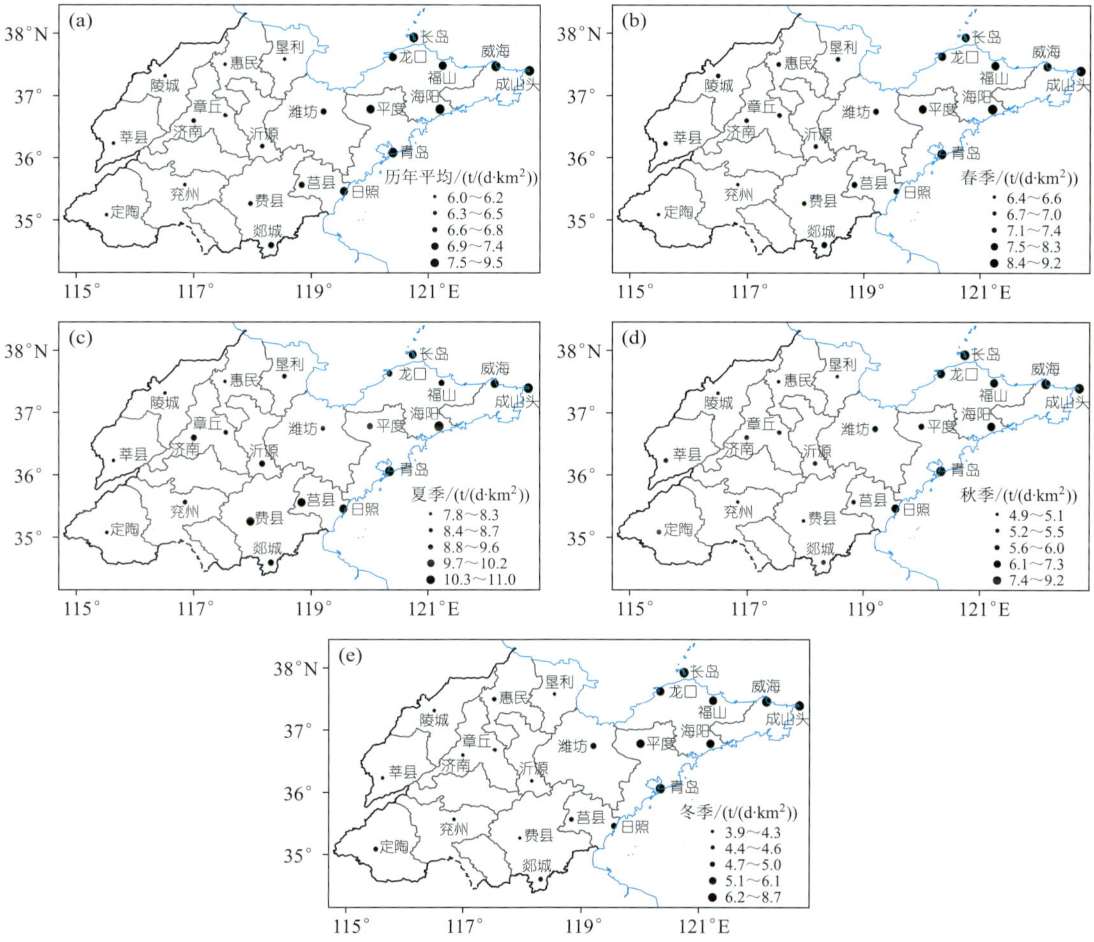

图 2.21 1961—2018 年山东年(a)、春季(b)、夏季(c)、秋季(d)、冬季(e)平均大气自净能力指数空间分布图

大，其中成山头、青岛、长岛、威海、海阳等地区大气自净能力指数大于 8.2 t/(d·km^2)(图 2.21a)。春季(图 2.21b)各地大气自净能力指数相对较大，山东半岛地区最大，大于 8.0 t/(d·km^2)，山东中西部地区最小，小于 7.0 t/(d·km^2)。夏季大气自净能力指数普遍大于其他季节(图 2.21c)，山东半岛东部地区最大，大于 10.0 t/(d·km^2)，秋季(图 2.21d)和冬季(图 2.21e)各地大气自净能力指数相对较小。

2.2.4.3 气候倾向率

山东各地大气自净能力指数呈一致的减小趋势(图 2.22)，各地气候倾向率在－0.510～－0.088 t/(d·km^2·10 a)之间，除福山和威海减小趋势没有通过 0.05 显著性水平检验外，其他各地减小趋势均极显著，均通过 0.01 显著性水平检验。鲁中和半岛东南减小趋势相对较小，大于－0.323 t/(d·km^2·10 a)，鲁东南、鲁北部分地区减小趋势最显著，小于－0.473 t/(d·km^2·10 a)。

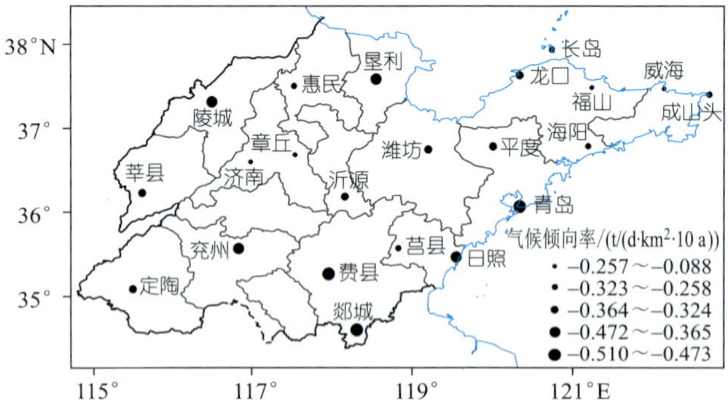

图 2.22 1961—2018 年山东平均大气自净能力指数的气候倾向率空间分布图

1961—2018 年山东省平均全年低自净能力日数空间分布差异明显(图 2.23)，各地低自净能力日数在 15.1～75.0 d 之间，山东半岛中东部地区低自净能力日数最少，一般少于 30.8 d，山东中西部地区低自净能力日数相对较多，一般多于 49.1 d，其中兖州地区最多，为 75.0 d。

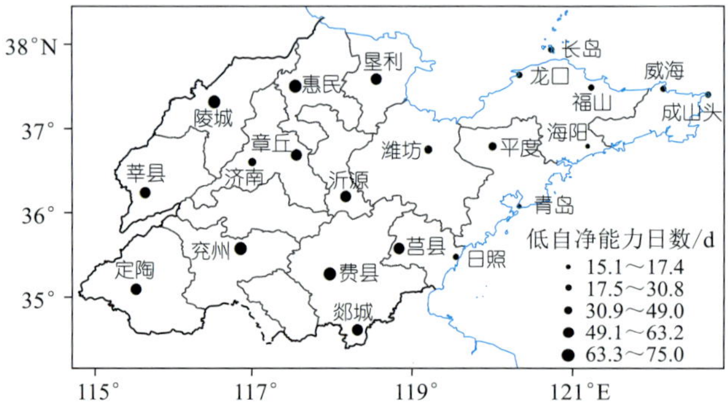

图 2.23 1961—2018 年山东平均全年低自净能力日数的空间分布图

2.2.4.4 突变期

采用 Mann-Kendall 法对山东年和各季平均大气自净能力指数序列进行突变检验(图 2.24)，图中蓝色实线是平均大气自净能力指数的顺序统计曲线(UF)，红色实线是逆序统计曲线(UB),并给定显著性水平 0.05,临界线为±1.96(图中虚直线)。从图中可知,年和四季大气自净能力指数呈逐年波动减小变化趋势,UF 和 UB 线相交于两条临界线以外,不能确定交点是否为突变年,因此,结合 MT 检验结果分析年和四季大气自净能力指数的突变年份。表 2.1 给出了 MK 检验 UF 和 UB 的交点年份和 6~10 a MT 检验超过显著性水平的峰值年份。MK 检验的 UF 和 UB 线相交年份和 MT 检验超过显著性水平的峰值年份不一致,因此,分别比较年和四季大气自净能力指数的 MK 检验的相交年份和 MT 检验的峰值年份前后两段多年平均值的差值,取差值大的年份定为突变年(图 2.25,表 2.1)。比如年大气自净能力指数序列,MK 检验的交点年为 1982 年,其前后大气自净能力指数平均值的差值为 0.954 t/(d·km^2),MT 检验 6~10 a 峰值年份多为 1979 年、1980 年,前后时段差值分别为 0.998 t/(d·km^2)、1.010 t/(d·km^2),因此,综合确定年大气自净能力指数突变年为 1980 年,同理得到春季突变年为 2010 年、夏季为 1979 年、秋季为 1975 年、冬季为 1980 年。

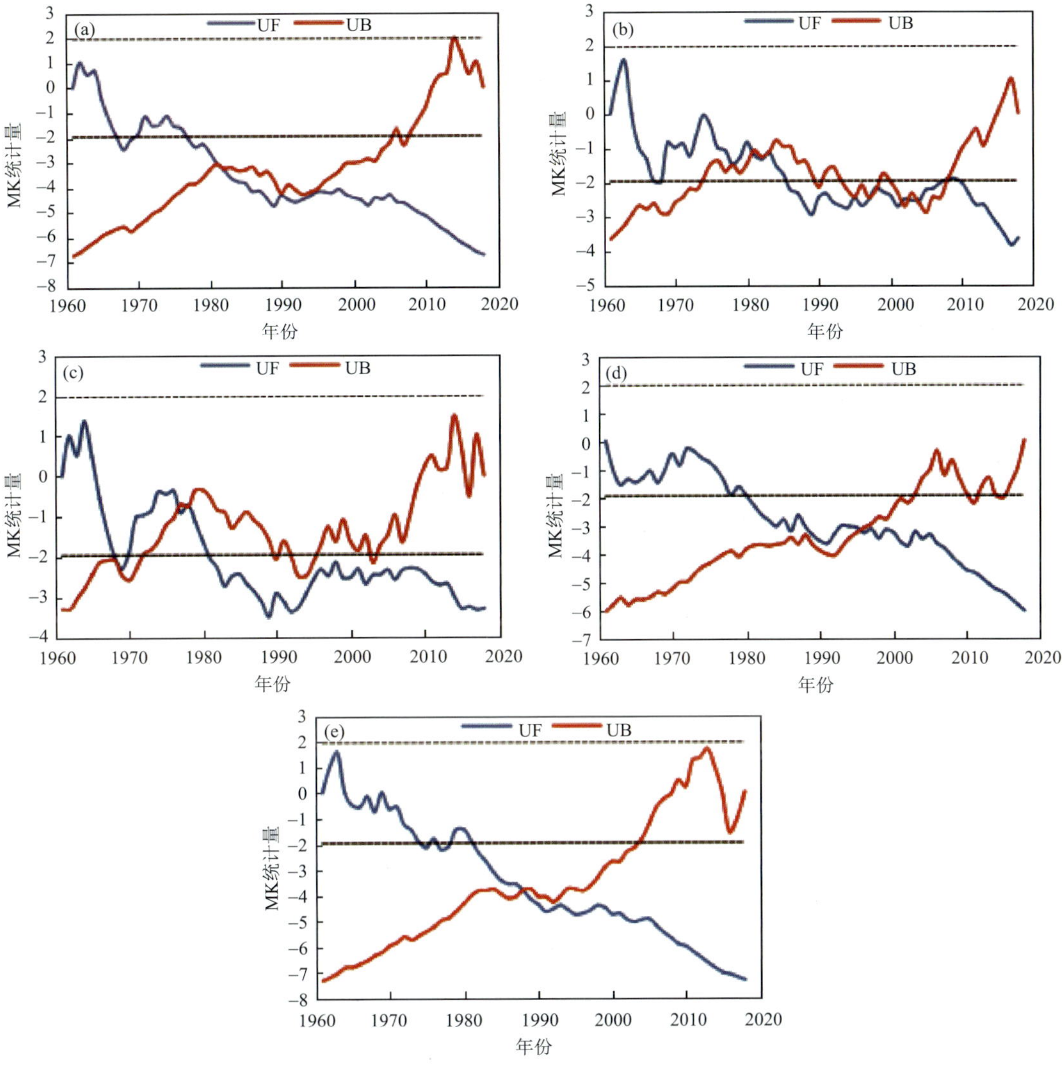

图 2.24 1961—2018 年年(a)、春季(b)、夏季(c)、秋季(d)、冬季(e)平均大气自净能力指数序列 MK 突变检验图(虚直线为临界线)

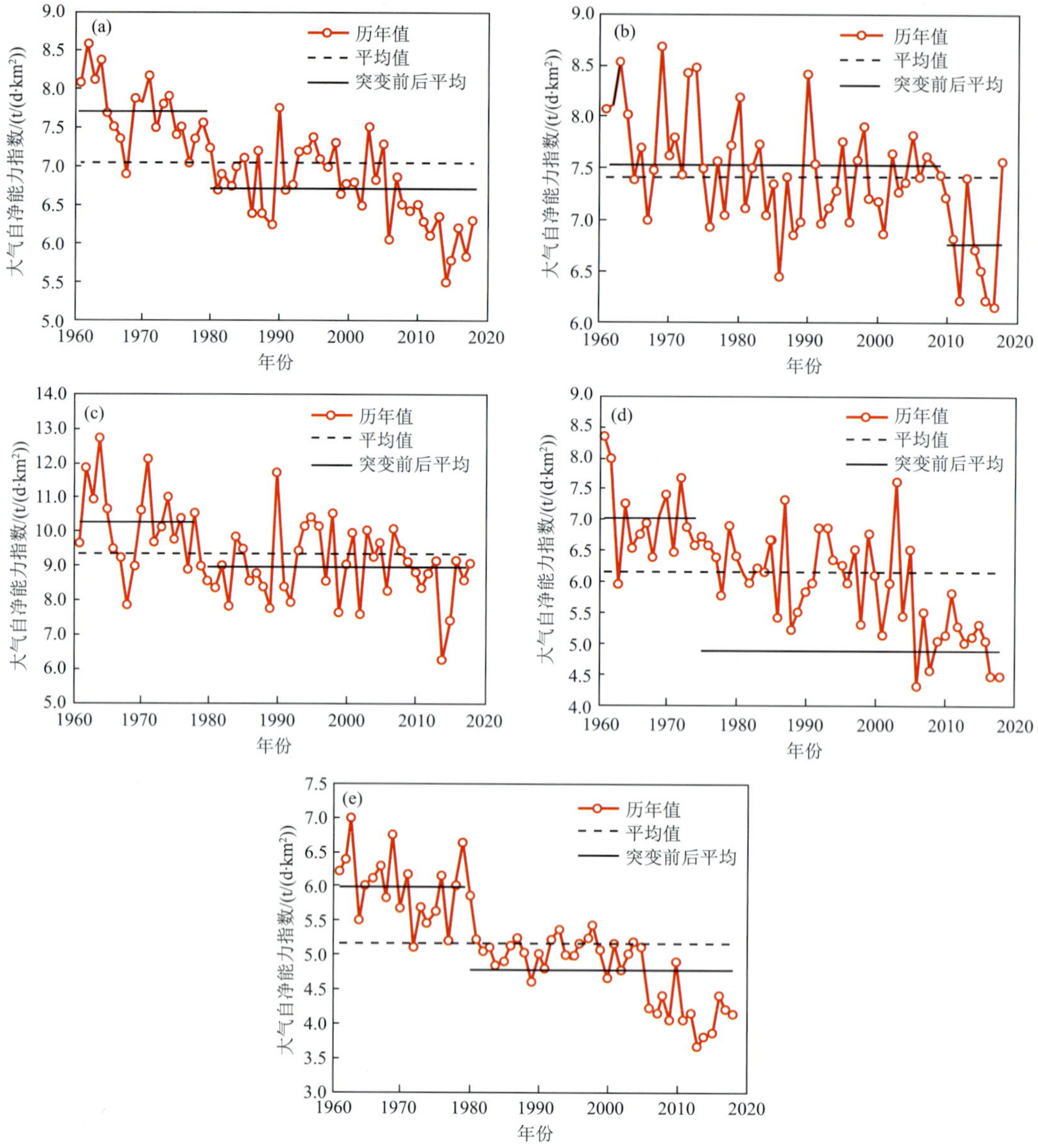

图 2.25　1961—2018 年年(a)、春季(b)、夏季(c)、秋季(d)、冬季(e)平均大气自净能力指数历年变化图

表 2.1　MK 检验的 UF 线和 UB 线相交年份和 MT 检验超过显著水平的峰值年份表

检验时段	不同子序列长度 MT 检验超过显著水平的峰值年份					MK 检验 UF 和 UB 相交年份
	6 a	7 a	8 a	9 a	10 a	
全年	1980	1979	1976	1980	1979	1982
春季	2010	2010	2009	2008	2007	1981
夏季	1978	1978	1978	1978	1979	1979
秋季		1975	1976	1975	1976	1996
冬季	1980	1980	1980	1981	1980	1988

注:“空白”表示无此项,下同。

2.2.5 大气自净能力指数减小的可能原因

山东各地历年平均风速和平均大气自净能力指数之间的相关系数达到0.814(图2.26),表明平均大气自净能力指数与平均风速的变化趋势较一致,由大气自净能力指数公式可看出,通风量是影响大气自净能力指数大小的关键因素,而通风量主要是由风速大小决定的(GB/T 34299—2017)。福山和威海历年平均风速呈减小变化趋势,但减小趋势没有通过0.05显著性水平检验(图略),平均风速变化较小可能是两地大气自净能力指数变化较小的主要原因之一。

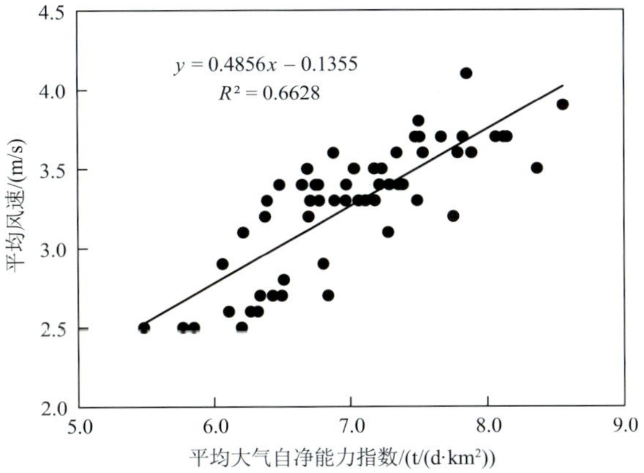

图2.26 1961—2018年山东平均风速和平均大气自净能力指数相关图

造成近地面风速减小的原因主要有大气环流变化和人类活动改变地面粗糙度。在东亚,大尺度环流主要由东亚季风系统代表,包括东亚夏季季风和东亚冬季季风。Ding等(2014)、Zhu等(2012)研究指出,过去50多年,东亚冬季风和东亚夏季风均有减弱变化趋势,Xu等(2006)指出,1969—2000年东亚季风的减弱造成中国近地面风速减小,其中中国东南部近地面风速是受东亚季风影响最显著的地区。Jiang等(2010)对中国174个城市站和180个乡村站的风速对比结果表明,城市的风速比乡村更低,城市的近地面风速减小趋势更明显。Li等(2011)也发现,城市的近地面风速减小最明显,其次是中小城市,乡村站减小趋势最弱。

山东各地基本(准)站在1961—2018年均有不同次数的迁站、测风仪器变更、测风高度变化。成山头站在1964年以前为定时观测,且测风高度略高,是造成1961—1964年平均风速较高的主要因素,1965年以后为逐时观测,且未迁站,观测环境没有较大变化,历年平均风速变化趋势较小,但2014年以来平均风速明显偏低(图2.27),可综合认为大气环流(包括东亚冬、夏季风)的减弱是造成成山头2014年以来平均风速明显偏小的关键因素之一。长岛站在20世纪70—80年代平均风速变化较小,之后逐年减小(图2.27),主要原因是由于测站周围树木高大浓密影响了测风结果,近几年也是平均风速最低时段。济南和章丘在迁站前历年平均风速呈波动变化,但变化趋势较小,迁站后达到风速高值,之后呈逐年减小的变化趋势,近年来达到风速最低值(图2.27),测站观测环境恶化和大气环流减弱是造成该区域风速持续减小的关键因素。

气象要素观测环境的改变以及大气环流减弱导致地面观测风速的减小是造成山东各地大气自净能力指数呈减小变化趋势的主要原因,而各气象站迁站、观测环境变化差异可能是导致不同地区大气自净能力指数变化趋势不一致的关键因素。

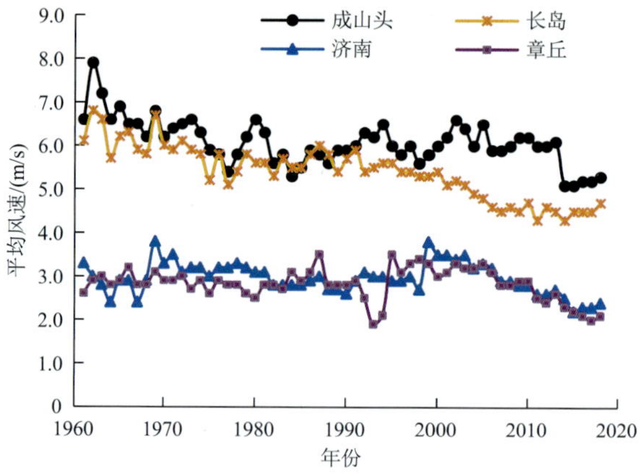

图 2.27　1961—2018 年成山头、长岛、济南、章丘站历年平均风速变化特征图

2.2.6　山东大气自净能力主要结论

(1)1961—2018 年山东平均大气自净能力指数气候倾向率为 $-0.32\ t/(d \cdot km^2 \cdot 10\ a)$，减小趋势极显著($P<0.01$)，20 世纪 60—70 年代各年均值大于平均值，20 世纪 80—90 年代则接近平均值，2000 年以来各年均值小于平均值且减小趋势相对最明显。年平均和历年夏季各月大气自净能力指数相对较大，其中 7 月最大，冬季各月相对较小，其中 1 月最小。

(2)1961—2018 年山东年和四季平均大气自净能力指数的空间分布类似，半岛地区较大，山东中西部等内陆地区相对较小，各季节中夏季较大，春季次之，秋、冬季较小。山东各地大气自净能力指数呈一致的减小趋势，除福山和威海减小趋势不显著外($P>0.05$)，其他各地减小趋势均极显著($P<0.01$)。

(3)1961—2018 年山东年和四季平均大气自净能力指数均存在突变，其中全年、冬季大气自净能力指数突变年为 1980 年，春季为 2010 年，夏季为 1979 年，秋季为 1975 年。

近年来，人类活动、城市化进程等产生的大气污染物排放增加是造成山东环境空气质量日益恶化的原因之一，而从 ASI 的年际和年代际分析来看，即使近年来人为排放污染物不增加，由于气象要素变化导致的山东 ASI 持续下降等对空气污染持续加重也应该有不可忽视的贡献(张莉 等，2015)。由于大气环流变化和人类活动日益频繁导致的近地面风速的减小(任国玉 等，2005b；Guo et al.，2015)使得近地层大气输送扩散能力减弱，有可能导致局地大气污染物累积，致使空气污染加重。由于环境空气质量受自然和人为两方面因素影响，在经济活动比较密集的地区，受复杂的局地外源排放和频繁的人类活动影响，即使大气自净能力较好，空气质量也有可能受到影响，因此，需要根据不同区域特点，合理利用环境资源做好城市规划布局(吴蓉 等，2017)。

2.3　气候舒适性

2.3.1　气候舒适性指数定义

本书中气候舒适性主要包括人体舒适度指数、气候度假指数和气候旅游指数。

(1)人体舒适度指数(BCMI)

人体感觉的舒适程度是一地气候是否宜居的最重要评价指标。人体舒适度指数考虑了平均气温、相对湿度和风速3个要素对人体的综合影响,可用来表征人体感觉的舒适程度。计算公式为:

$$\mathrm{BCMI}=(1.8T+32)-0.55(1-\mathrm{RH})(1.8T-26)-3.2\sqrt{V} \tag{2.10}$$

式中,T、RH、V 分别代表平均气温(单位:℃)、相对湿度(用小数表示)、风速(单位:m/s)。BCMI指数等级划分如表2.2所示。

表2.2 人体舒适度指数等级划分

BCMI	等级	感觉程度
≥90	10级	酷热,很不舒适
86~89	9级	暑热,不舒适
80~85	8级	炎热,大部分人不舒适
76~79	7级	闷热,少部分人不舒适
71~75	6级	偏热,大部分人舒适
59~70	5级	最为舒适
51~58	4级	偏凉,大部分人舒适
39~50	3级	清凉,少部分人不舒适
26~38	2级	较冷,大部分人不舒适
0~25	1级	寒冷,不舒适

(2)气候度假指数(HCI)

气候度假指数表征人体对温度的感觉(有效温度)、降水和风速的影响以及审美(云量)等因素的综合指标。气候度假指数由3个因子按照不同比例构成。有效温度(T_e)通过日最高气温和日平均相对湿度来表征;审美因子(A)通过云量的多寡来表征;物理因子(P)通过降水量(R)和风速(V)来表征。公式如下:

$$T_e=T_a-0.55(1-\mathrm{RH})(T_a-14.4) \tag{2.11}$$

$$\mathrm{HCI}=4T_e+2A+(3R+V) \tag{2.12}$$

式中,T_e 为有效温度(单位:℃),T_a 为日最高气温(单位:℃),RH为日平均相对湿度(%),A 为云量(%),R 为日降水量(单位:mm),V 为风速(单位:km/h)。气候度假指数评分方案和指数分级见表2.3和表2.4。

表2.3 气候度假指数的评分方案表

得分	有效温度/℃	日降水量/mm	云量/%	风速/(km/h)
10	23~25	0	11~20	1~9
9	20~22、26	<3	1~10、21~30	10~19
8	27~28	3~5	0、31~40	0、20~29
7	18~19、29~30		41~50	

续表

得分	有效温度/℃	日降水量/mm	云量/%	风速/(km/h)
6	15～17、31～32		51～60	30～39
5	11～14、33～34	6～8	61～70	
4	7～10、35～36		71～80	
3	0～6		81～90	40～49
2	−5～−1、37～39	9～12	>90	
1	<−5			
0	>39	>12		50～70
−1		>25		
−10				>70

表 2.4　气候度假指数分级表

HCI	等级	描述
≥90	9	理想状态
80～89	8	特别适宜
70～79	7	很适宜
60～69	6	适宜
50～59	5	可以接受
40～49	4	一般
30～39	3	不适宜
20～29	2	很不适宜
≤19	1	特别不适宜

(3)气候旅游指数(TCI)

气候旅游指数考虑气温、降水、日照、风速等因子对出行旅游影响的综合指标。公式如下：

$$TCI = 2(4THI_d + THI_a + 2P + 2S + W) \tag{2.13}$$

式中，THI_d 为白天温湿指数，由最高气温和最小相对湿度组成，THI_a 为全天温湿指数，由日平均气温和平均相对湿度组成，P 为降水，S 为日照时数，W 为风速。

根据专家打分法对这五个子指数分别赋予权重，并进行等级划分和评分。温湿指数(THI_d 和 THI_a)为−3～5 分，为 11 级；其他 3 个指数均为 0～5 分，其中降水和日照时数分 11 级，风速分 9 级(表 2.5)，TCI 分 11 级(表 2.6)。

当日最高气温<15 ℃时，采用风寒指数 KI 代替月平均风速进行赋分，计算公式见式(2.14)，

$$KI = (12.1452 + 11.6222\sqrt{V} - 1.1622V) \times (33 - T) \tag{2.14}$$

式中，V 为月平均风速，T 为月最高气温。

表 2.5 气候旅游指数各指标分级表

等级分数	有效温度/℃	月降水量/mm	日照时数/(h/d)	月平均风速/(km/h)			风寒指数/(W/(m^2·h))
				15~24 ℃	24~33 ℃	>33 ℃	<15 ℃
5.00	20~26	0~14.9	≥10	<2.88	12.24~19.79		
4.50	19、27	15.0~29.9	9	2.88~5.75			
4.00	18、28	30.0~44.9	8	5.76~9.03	9.04~12.23、19.80~24.29		<500
3.50	17、29	45.0~59.9	7	9.04~12.23			
3.00	16、30	60.0~74.9	6	12.24~19.79	5.76~9.03、24.30~28.79		500~625
2.50	10~15、31	75.0~89.9	5	19.80~24.29	2.88~5.75		
2.00	5~9、32	90.0~104.9	4	24.30~28.79	<2.88、28.80~38.52	<2.88	625~750
1.50	0~4、33	105.0~119.9	3	28.80~38.52		2.88~5.75	750~875
1.00	−5~1、34	120.0~134.9	2			5.76~9.03	875~1000
0.50	35	135.0~149.9	1			9.04~12.23	1000~1125
0.25							1125~1250
0	>36、−10~−6	>150.0	<1	>38.52	>38.52	>12.24	>1250
−1.00	−15~−11						
−2.00	−20~−16						
−3.00	<−20						

表 2.6 气候旅游指数等级划分表

TCI 值	分级	分类描述
90~100	9	特别舒适
80~89	8	非常舒适
70~79	7	很舒适
60~69	6	舒适
50~59	5	较舒适
40~49	4	一般舒适
30~39	3	不舒适
20~29	2	不太舒适
10~19	1	非常不舒适
−9~9	0	极度不舒适
−20~−10	−1	极度不舒适

2.3.2 人体舒适度评价

在自然条件下，山东省全年体感舒适以上（人体舒适度指数等级为 4～6 级）的日数为 155.1～195.3 d，长达半年左右，鲁中山区、鲁南部分地区舒适日数最多（图 2.28）；最舒适（人体舒适度指数等级为 5 级）的日数为 83.1～100.8 d，最舒适日数最多的地区主要分布在鲁中山区和半岛地区（图 2.29）。

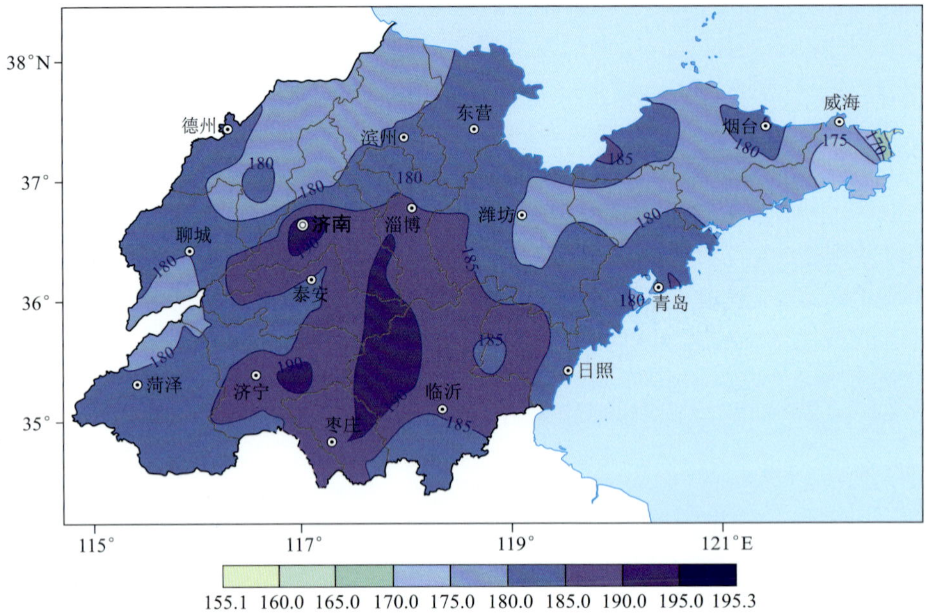

图 2.28　1981—2010 年山东省年平均人体舒适（4～6 级）日数分布图（单位：d）

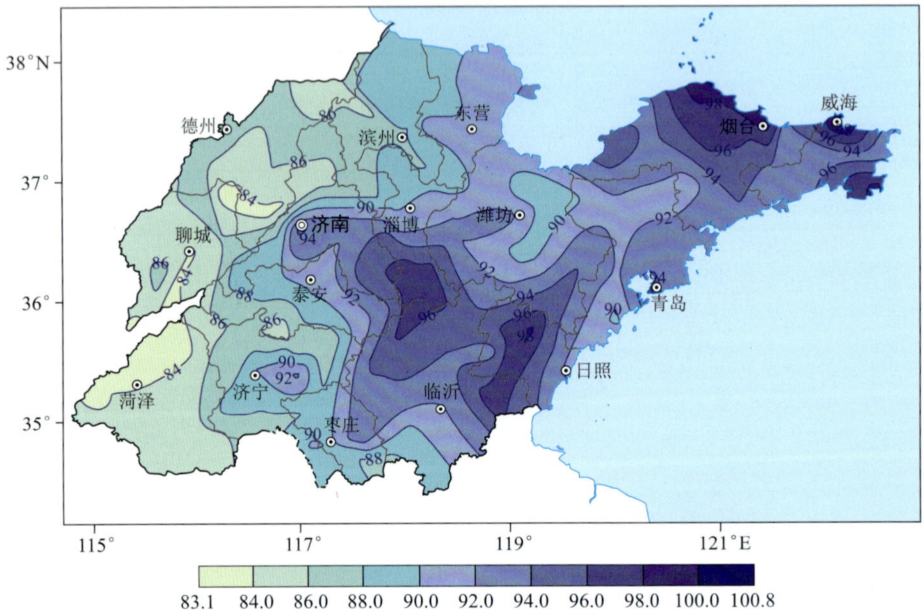

图 2.29　1981—2010 年山东省年平均人体舒适（5 级）日数分布图（单位：d）

根据省内气候特点，选取鲁西北的聊城、半岛的荣成、鲁南的枣庄三站作为代表站点，分别分析年内逐月人体舒适度情况。聊城体感舒适以上的月份为 5 月和 9 月，几乎全月舒适，其次为 6 月，最为舒适的月份为 9 月，其次为 5 月和 6 月；荣成体感舒适以上的月份为 6—9 月，几乎全月舒适，其次为 5 月、10 月，最为舒适的月份 6 月、9 月，最为舒适日数在 6—9 月占比超过 66%，说明夏季凉爽；枣庄体感舒适以上的月份为 5 月、9 月，几乎全月舒适，其次为 6 月、10 月，最为舒适的月份 9 月，其次 5 月、6 月（图 2.30）。冬季，三地均不舒适，其中聊城、枣庄盛夏舒适日较少，而荣成夏季仍较为舒适。

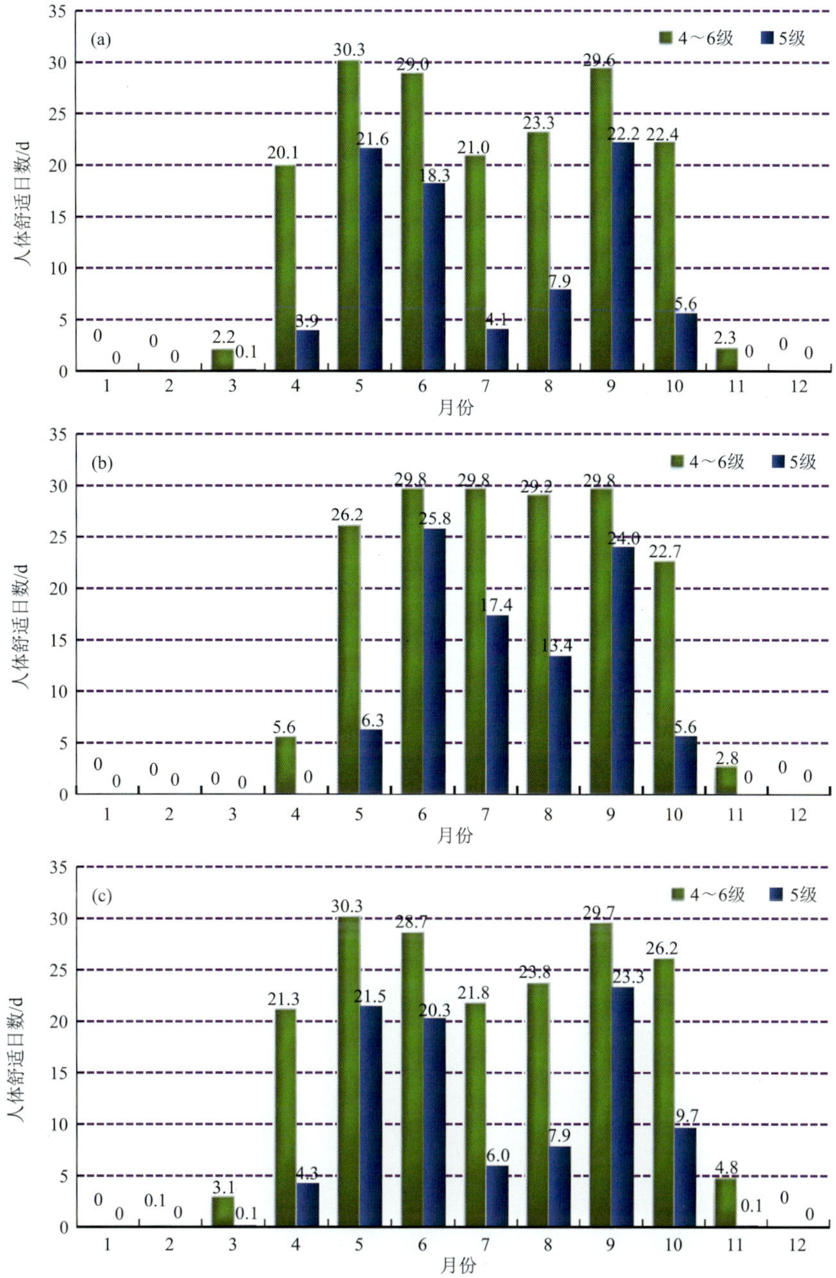

图 2.30 1981—2010 年聊城(a)、荣成(b)、枣庄(c)月平均人体舒适日数逐月分布图

逐月人体舒适度指数显示，三地人体舒适均介于较冷至闷热之间，无极端寒冷或炎热的感受。聊城、枣庄最为舒适的月份仅三个月，为5、6、9月，荣成为四个月，为6—9月(图2.31)。偏凉到偏热之间较为舒适的月份，聊城、枣庄均为长达7个月，即4—10月；而荣成则为夏半年5—10月。

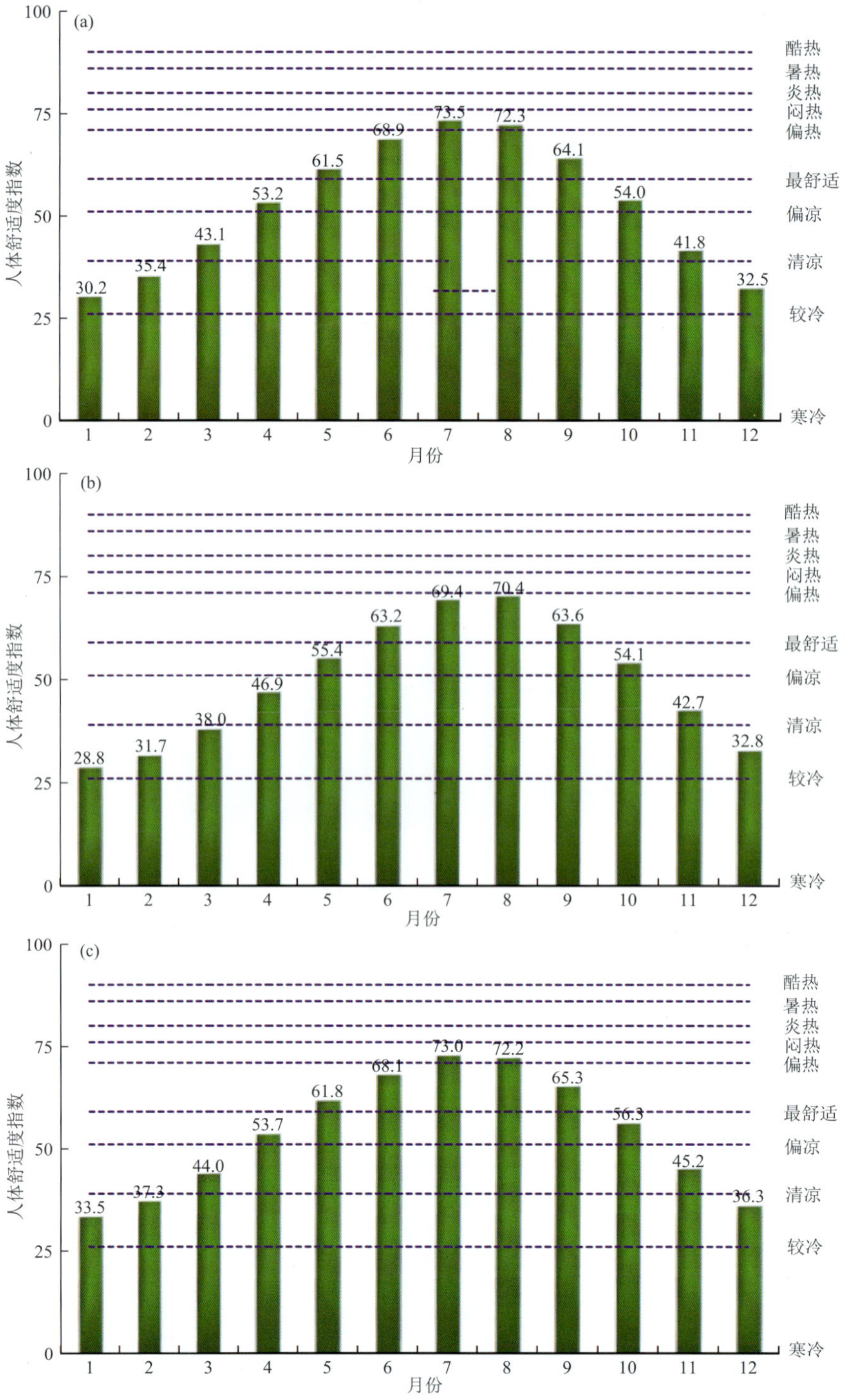

图2.31 1981—2010年聊城(a)、荣成(b)、枣庄(c)月平均人体舒适度指数逐月分布图

2.3.3 气候度假适宜度评价

从常年平均来看，山东省气候度假指数适宜及以上日数由西南向东北递减，鲁西南适宜日数在 270 d 左右，半岛为 250 d 左右（图 2.32）。聊城春夏秋三季均适宜度假，尤其 4—10 月，适宜日数占比 99.6%，冬季适宜日数较少，仅为 8.2 d，占比 9.1%；荣成同样为春夏秋三季均适宜度假，尤其 4—10 月，适宜日数占比 98.0%，3 月和 11 月度假适宜日数较聊城少，冬季适宜日数较少，仅为 5.5 d，占比 6.1%；枣庄适宜度假与聊城类似，春夏秋三季均适宜度假，4—10 月适宜日数占比 99.3%，冬季适宜日数虽较其他季节少，但较聊城、荣成多，为 13.9 d，占比 15.4%（图 2.33）。

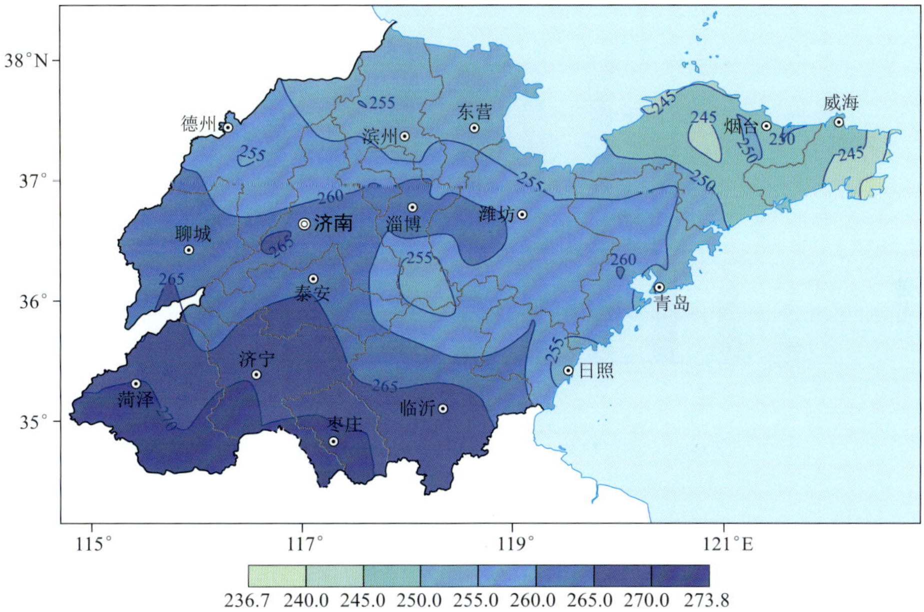

图 2.32 1981—2010 年山东省年平均气候度假指数适宜及以上日数分布图（单位：d）

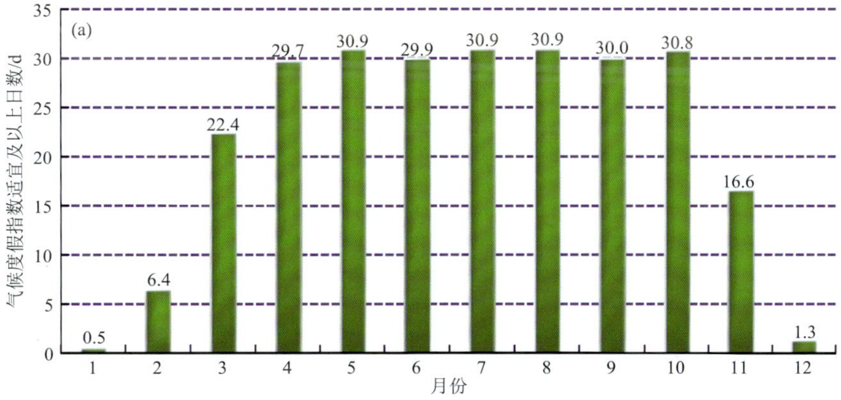

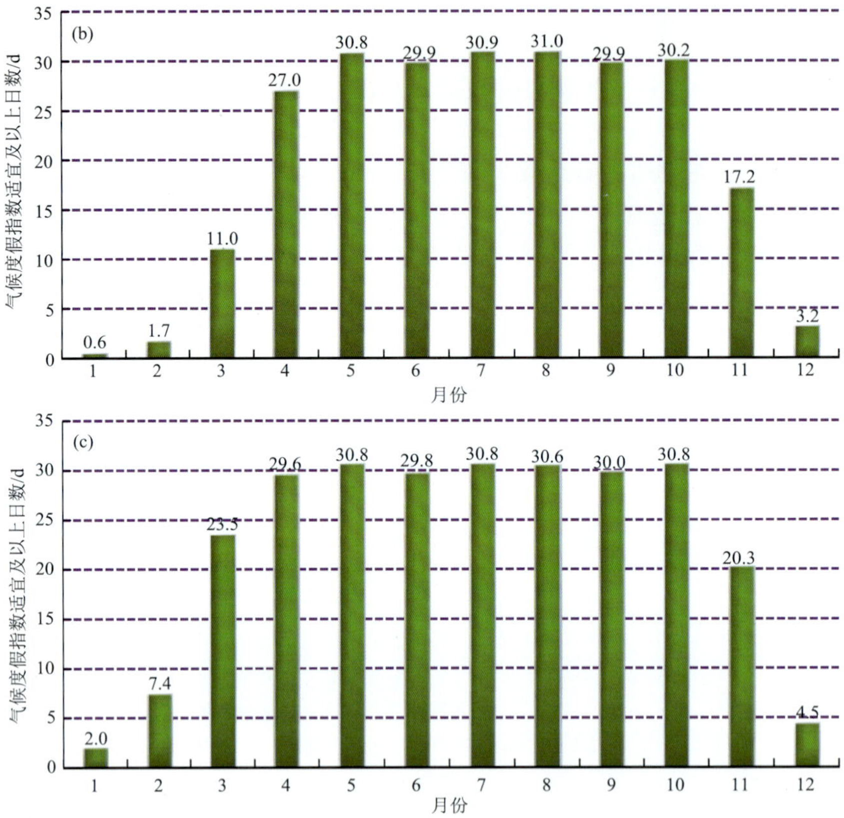

图 2.33　1981—2010 年聊城(a)、荣成(b)、枣庄(c)月平均气候度假指数适宜及以上日数逐月分布图

2.3.4　气候旅游舒适度评价

从常年平均来看，山东省气候旅游指数舒适及以上日数，由东向西递增，半岛东部在 240 d 以下，中西部大部地区舒适日数在 250 d 以上(图 2.34)。聊城、荣成和枣庄，春夏秋三季均适宜旅游，全年气候旅游指数舒适及以上的日数全年占比分别为 67.6%、65.6%、67.7%。从各月舒适日数分布来看，冬季均较其他季节日数少，尤其 1 月和 12 月，气候旅游舒适日数均在 10 d 以下(图 2.35)。不同地区舒适日数月际变化存在差异，荣成在 5—10 月日数较为一致，而枣庄夏季舒适日数较春秋季明显偏少。

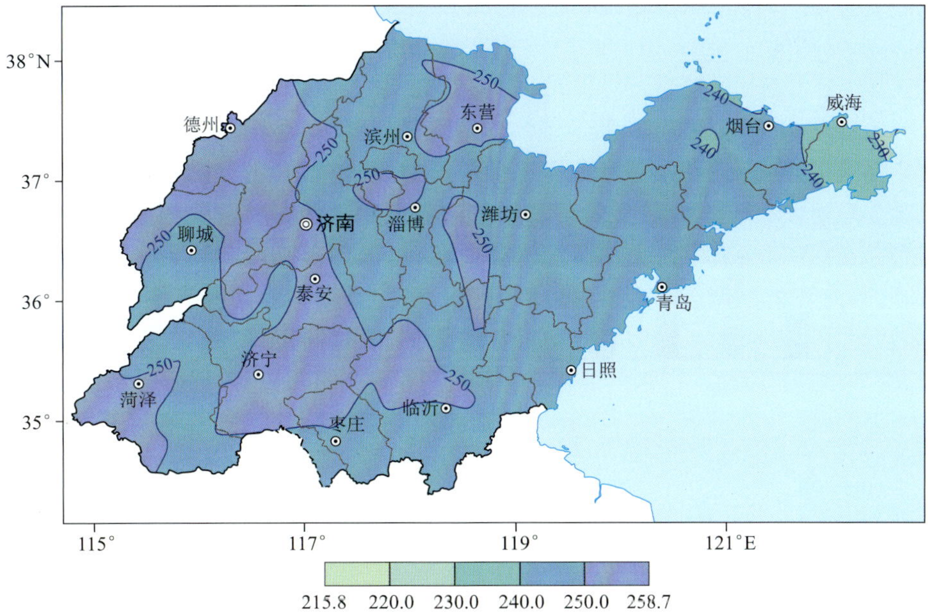

图 2.34 1981—2010 年山东省年平均气候旅游指数舒适及以上日数分布图(单位:d)

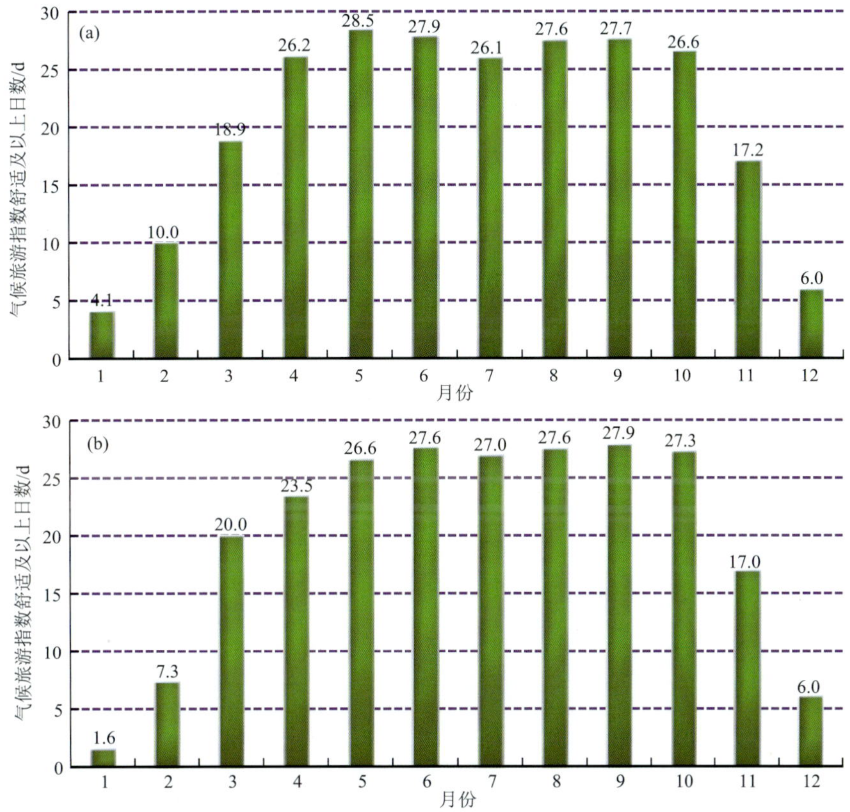

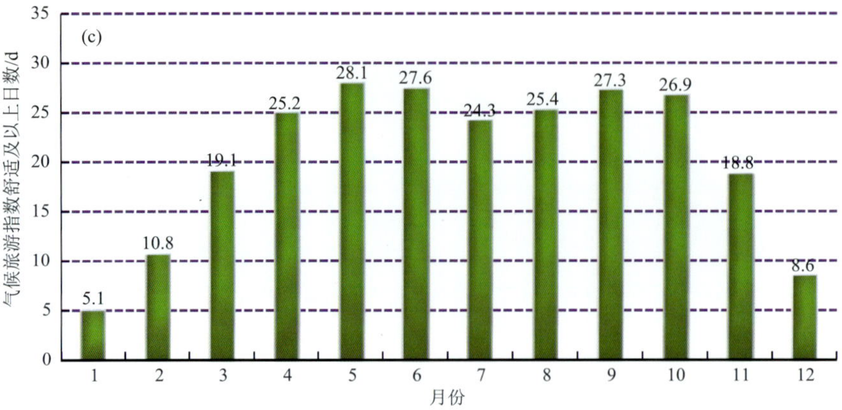

图 2.35　1981—2010 年聊城(a)、荣成(b)、枣庄(c)月平均气候旅游指数舒适及以上日数逐月分布图

2.4　本章小结

本章介绍了山东省气象灾害类别、发生频次，并针对暴雨洪涝、台风、高温、低温、冰雹、大风等主要气象灾害的年际变化趋势和空间分布特征进行了具体分析。干旱、干热风等农业气象灾害在第 3 章“农田生态气象”中专节阐述。

介绍了大气自净能力指数的计算方法，分析了 1961—2018 年山东省大气自净能力指数的时间变化、空间变化及突变等特征，并总结了山东省大气自净能力指数减小的可能原因。

从气候舒适性的角度描述了山东气候生态环境的时空变化，针对人体舒适度指数、气候度假指数和气候旅游指数，分别给出了评价指标，并介绍了不同指数舒适日数的历史变化和地理空间差异。

第 3 章
农田生态气象

3.1 主要农作物种植结构

3.1.1 主要农作物种植概述

山东是全国粮食作物和经济作物重点产区，冬小麦、夏玉米、蔬菜、地瓜、大豆、谷子、高粱、棉花、花生、烤烟、麻类等在全国均占有重要地位。其中，粮食产量占全国 8%，花生占全国 19%，蔬菜占全国 13%，水果占全国 12%，农产品出口占全国 24%。

作为全国重要的商品粮基地，山东 1979—2016 年粮食总产增长了约 90%，其中冬小麦总产增幅逾 140%，播种面积增幅约 3%；夏玉米总产增幅逾 180%，播种面积增幅约 47%。棉花作为山东最主要的经济作物，其产量与种植面积约占全国的四分之一，1979—2016 年，棉花总产增幅约 100%，受市场、自然灾害及种植业结构调整等多种因素影响，棉花种植面积减少逾 4 成。作为最重要的油料作物之一，花生 2016 年播种面积和总产分别占到全国的 17%和 21%，1979—2016 年增幅分别为近 200%和 20%（山东省统计局 等，1980，2017）。

冬小麦与夏玉米是山东最主要的粮食作物，在全国粮食生产中占有举足轻重的地位，隶属于黄淮粮食产区，其中冬小麦生长季主要在 10 月—次年 6 月，夏玉米生长季为 6—9 月。山东棉区气候资源丰富，雨热同季，对棉花生长发育非常有利，且光照条件优越，棉花烂铃相对较少，比较有利于获得高产；棉花生长季主要集中在 4—10 月。山东是我国花生生产大省，花生种植面积与总产分别占全国的 21.2%与 26.3%；花生生长季一般在 5—10 月。

3.1.2 主要农作物种植面积遥感提取技术方法

3.1.2.1 山东省冬小麦种植面积遥感提取方法

（1）概述

作物种植面积是进行农业结构调整的依据，是研究粮食区域平衡的重要数据源。及时、准确地获取作物种植面积信息及其空间分布状况，对于准确估计和预测作物产量，加强作物生产管理，优化作物种植空间格局，确保国家粮食安全具有重要意义（陈仲新 等，2000）。山东是我国冬小麦生产大省，占全国总产量的 20%以上，因此，冬小麦种植面积的估算尤为重要。

目前，中国法定发布的农作物种植面积数据一直采用两种传统的方式进行统计，一种是按行政单元逐级统计并层层上报的全面统计，另一种方式是抽样调查。多年来，这两种方式发挥了重要的作用，加快了农业的发展，但也存在着很大的局限性。层层上报受人为因素干扰严重，且费时费力，准确性差，难以达到理想精度。抽样调查方法虽然人为干扰小、准确性高，但工作量大，人力、物力、财力投入大，且只适用于省级以上大范围农作物种植面积监测，难以获得县(区)级别的小区域作物种植面积(焦险峰 等，2006)。此外，这两种方法都无法提供农作物种植的空间分布状况，因此，已经不适应社会发展的新要求。

20 世纪 80 年代以来，遥感技术以其宏观、客观、快速、经济和信息量大等特点，被国内外广泛应用于作物长势监测和种植面积估算(马强 等，2003)。能用于作物信息提取的遥感数据种类较多，各有其优缺点。低分辨率卫星数据如美国国家海洋和大气管理局(NOAA)气象卫星/甚高分辨率扫描辐射计(NOAA/AVHRR)、地球观测系统/中分辨率成像光谱仪(EOS/MODIS)和风云三号/中分辨率成像光谱仪(FY-3/MERSI)重访周期短，在作物整个发育期中可获得多时相晴空数据，但由于空间分辨率低，使其解译精度难以保证(王茂新 等，1998；景毅刚，2008；林子晶 等，2016)。而中高分辨率遥感数据如专题制图仪(TM)和地球观测系统(SPOT)空间分辨率高，估算精度高，但其访问周期长，扫描较窄，受天气影响大，获取作物关键生育期的全覆盖数据困难且获取费用昂贵，难以在业务化中推广。因此，空间分辨率与时间分辨率的矛盾成了影响作物种植面积遥感估算的关键因素。

我国在 2013 年 4 月发射了高分系列卫星(GF)的第一颗卫星(GF-1)，配置了 2 台 2 m 分辨率全色/8 m 分辨率多光谱相机(PMS)；4 台 16 m 分辨率多光谱宽幅相机(WFV)，组合幅宽达到 800 km，重访周期为 4 d 左右，且数据通过网站可以免费下载，这些特点使 GF-1 成为作物监测和分类较好的遥感数据源。

目前，国内许多研究人员已开始利用 GF-1/WFV 16 m 卫星遥感影像在作物种植面积提取方面开展了相关的研究，并取得较好效果。其中黄振国等(2014)根据以往中高分辨率数据应用的经验，对 GF-1/WFV 数据在作物种植面积提取方面的应用前景进行了综述。刘吉凯等(2014)利用多时相 GF-1/WFV 数据，采用多时相迭代方法构建甘蔗提取特征向量决策树模型，提取了广西江州区的甘蔗种植面积，经野外实地调查验证，用户精度为 90.13%，生产精度为 88.78%。王利民等(2016)基于 GF-1/WFV 16 m 数据，采用分层决策树分类的方法，对北京市顺义区冬小麦种植面积进行提取，并利用地面样方数据对分类结果进行了精度验证，分类总体精度达到 96.7%。黄健熙等(2015)利用 GF-1/WFV 16 m 卫星影像，通过计算不同特征波段，构建了多特征水稻和玉米种植区识别方法，水稻和玉米的用户精度分别为 97.64% 和 97.89%。贺鹏等(2016)利用 GF-1/WFV 16 m 影像，基于分区和决策树分类的方法，成功提取出研究区内主要作物的空间种植信息，总体精度在 97% 以上。贾玉秋等(2015)利用 GF-1/WFV 16 m 数据，结合陆地卫星 8 号(Landsat-8)和快眼(RapidEye)数据，采用支持向量机和光谱角法在许昌进行玉米的识别和种植面积提取及其精度对比分析。这些研究成果为本项目研究提供了丰富的方法技术借鉴。但这些研究成果多是应用 GF-1/WFV 16 m 数据在县(区)一级等相对较小范围内开展作物面积提取，应用 GF-1 卫星数据，在种植结构更复杂的地(市)一级区域进行冬小麦面积提取的研究却少见报道。

本研究以山东省冬小麦主产区菏泽市为研究区域，探讨利用 GF-1/WFV 16 m 影像，采用决策树分类和监督分类相结合的方法，利用菏泽市土地利用类型和野外地面调查数据，通过分区解译方式，提取出菏泽市 2014 年和 2015 年的冬小麦种植面积信息并检验其精度，同时尝试开展冬小麦种植面积年际变化动态监测研究，为冬小麦种植产业区划、气象灾害监测和估产提供参考依据，对促进国产卫星遥感数据在地方经济建设中的示范应用也具有重要的实际意义。

(2)技术方法

①研究区概况

菏泽市位于山东省西南部(34°39′—35°52′N、114°45′—116°25′E),与江苏、河南和安徽三省接壤(来源:菏泽市人民政府官网)。地势平坦,土壤肥沃,物产丰富,属温带季风型大陆性气候,四季分明,雨热同季,光照充足,年平均气温 13.6 ℃,日照时数年平均 2579 h,年降雨量平均 680.8 mm,无霜期年平均达 212 d,为农作物生长提供了极为有利的条件。春冬季种植的农作物主要有冬小麦、大蒜和西瓜等,其中冬小麦在全市各县(区)均有大面积种植。

②GF-1/WFV 影像的获取及处理

GF-1 卫星是中国高分辨率对地观测系统国家科技重大专项的首发星,配置的 4 台 16 m 分辨率多光谱宽幅相机(WFV)组合幅宽达到 800 km,为国际同类卫星观测幅宽的最高水平,重访周期为 4 d 左右。GF-1 卫星突破了高空间分辨率、多光谱与高时间分辨率结合的光学遥感技术,实现在同一颗卫星上高分辨率和宽幅成像能力的结合,有效地解决了空间分辨率和时间分辨率的矛盾。WFV 相机技术指标见表 3.1,其影像数据宽幅、高分辨率的特点,适用于区域的大范围中尺度覆盖监测,是日常监测较好的数据源,能够满足大尺度冬小麦种植面积业务化监测对光谱信息的要求。

表 3.1　GF-1/WFV 影像光谱特征及其应用领域表

波段名称	光谱范围/μm	主要应用领域
蓝光波段	0.43～0.52	水体
绿光波段	0.52～0.59	植被
红光波段	0.63～0.69	叶绿素、水中悬浮泥沙、陆地
近红外波段	0.77～0.89	植被识别、水陆边界、土壤湿度

根据菏泽市冬小麦种植物候特征及遥感影像质量,本研究所需的 2014 年和 2015 年 GF-1/WFV 16 m 影像都是选择在 4 月 14 日,从中国资源卫星应用中心网站(http://www.cresda.com/n16/index.html)下载。影像时间选择在 4 月中旬,因为该时期菏泽市的冬小麦处于拔节期,土壤背景影响非常小,其余绿色植被除大蒜和常绿植被外均处于枯萎状态,非常适合冬小麦种植面积的提取,并且也符合政府决策的时间范围。

在进行冬小麦种植区提取前,首先对 GF-1/WFV 16 m 遥感影像进行正射校正,利用高分影像自带的有理多项式系数(RPC)信息,结合地面高程数据对影像进行倾斜改正和投影差改正,进而消除地形起伏和传感器误差引起的像元位移,将影像重采样为正射影像,校正误差控制在 1 个像元以内。然后利用 GF-1/WFV 传感器对应的辐射定标参数和大气校正 FLASSH (Fast Line-of-sight Atmospheric Analysis of Hypercubes)模块对影像进行辐射定标和大气校正。最后利用矢量边界精确裁剪出菏泽市 GF-1/WFV 影像图。

③地理背景资料

主要包括菏泽市 2013 年土地利用类型数据,由 TM 数据分类而得。菏泽市各县(区)行政边界 1∶5 万矢量数据来自国家测绘局。

④野外调查数据

为了对菏泽市的地形地貌、作物种植结构和冬小麦种植等情况有全面、真实的了解,研究期间分别于 2014 年 2 月、2015 年 3 月和 4 月携带 GPS(全球定位系统)等仪器,赴菏泽 9 个县

(区)进行了作物种植结构野外调查,获取了比较详实的研究区作物特征数据和经纬度样点资料。

在选择样方时,主要挑选冬小麦种植连片、面积较大的小麦种植区域,同时对大蒜、常绿植被等也进行了样方选取,以用于处理遥感影像时的识别和验证。

(3)冬小麦遥感监测分区方法

菏泽市南北长 157 km,东西宽 140 km,总面积为 12238.62 km^2,各地作物种植制度和方式有很大不同,如在巨野、成武等地大蒜和冬小麦种植面积都很大,东明麦田套种西瓜现象比较普遍。遥感数据的同物异谱与异物同谱现象严重,直接影响冬小麦种植面积的解译精度。因此,在利用遥感分类方法准确提取冬小麦种植面积时,必须对全市进行分区,否则,达不到理想的效果。根据全市农业气候区划的结果,综合考虑作物发育期、地貌、气候条件、种植制度等要素,在原始遥感影像背景下,通过目视分析和实地调查,将全市划为 4 个区域,详见表 3.2。

表 3.2 遥感提取冬小麦信息分布区划

区号	县(区)
1 区	东明、定陶
2 区	郓城、鄄城、牡丹
3 区	巨野、成武
4 区	曹县、单县

(4)冬小麦种植信息提取方法

菏泽冬小麦一般在每年的 10 月上中旬播种,次年的 6 月上中旬收获。4 月中旬,冬小麦处于拔节期,作物长势较好,光谱特征较稳定,易于识别。同时,菏泽也是我国大蒜的主产地,大蒜一般于每年的 9 月下旬—10 月上旬播种,次年的 5 月中下旬收获,冬、春季的生长状态与冬小麦极为相似,是冬小麦种植信息提取的重要障碍因素。此外,调查发现,常绿植被(柏树和松树)等也会影响冬小麦的提取精度。

为了排除大蒜和常绿植被等地物的干扰,本研究基于 GF-1/WFV 16 m 影像图,利用不同地物在不同波段、不同时相与其他地物明显的差异,采用决策树分类和监督分类相结合的方法,同时以菏泽市土地利用类型数据和野外调查数据作为辅助,进行冬小麦种植面积提取,技术流程见图 3.1。

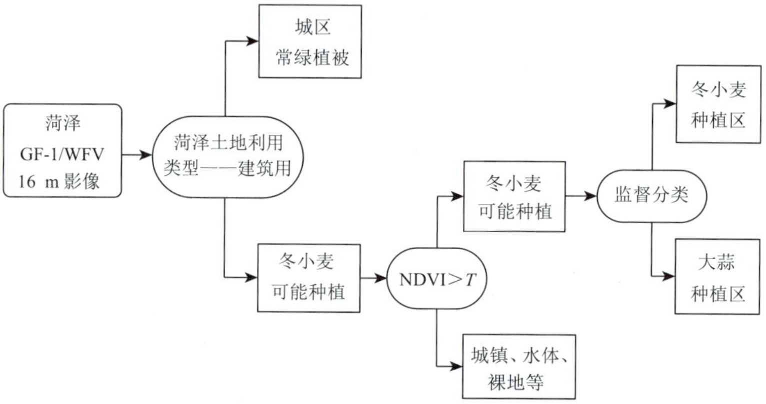

图 3.1 技术流程图(NDVI 为归一化植被指数,T 为阈值)

具体步骤如下。

①首先将 GF-1/WFV 16 m 影像，通过叠加菏泽市土地利用类型数据——建筑用地信息，剔除研究区内的常绿植被，获取冬小麦可能种植区域。

②在利用决策树分类法进行冬小麦种植区的提取过程中，由于需要进行归一化植被指数(NDVI)的分析，因而本节在对 GF-1/WFV 16 m 影像进行几何校正和辐射校正得到对应的反射率影像后，首先计算归一化植被指数 NDVI，即

$$NDVI = \frac{\rho_4 - \rho_3}{\rho_4 + \rho_3} \tag{3.1}$$

式中，ρ_3 和 ρ_4 分别为 WFV 相机第 3(红外)和第 4(近红外)波段的反射率。

根据野外调查采集的典型地物样本点信息，从研究区(以巨野和成武县为例)2015 年 4 月 14 日主要地物类型的 NDVI 值来看，居民地、水体、裸地等 NDVI 值均在 0.21 以下，因此，利用 NDVI 值可以直接剔除居民地、水体、裸地等地物的干扰。大蒜的 NDVI 值域范围为 0.31～0.42，冬小麦的 NDVI 值域范围为 0.32～0.58，二者存在重叠。但大蒜和冬小麦在 GF-1/WFV 16 m 影像上的光谱信息却有很大差别(图 3.2)，可分离系数达到 1.99。因此，可以利用监督分类方法，剔除大蒜的干扰。最后对影像进行掩膜处理后，得出冬小麦种植空间分布范围。

通过采用上述分类法，分别得到各分区内的冬小麦种植空间分布范围后，再利用地理信息系统(ArcGIS)将各分区的分类图拼接在一起，最终获得基于 GF-1/WFV 16 m 影像提取的菏泽市 2014 年和 2015 年冬小麦种植空间分布示意图，图中绿色为冬小麦(图 3.3)。

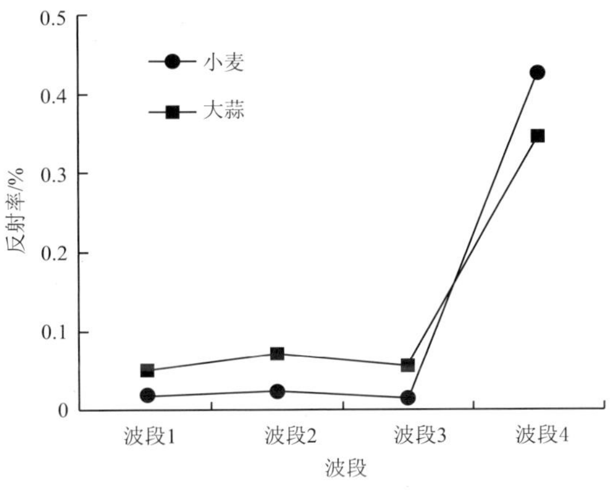

图 3.2　冬小麦和大蒜在 GF-1/WFV 16 m 影像上的光谱特征图

(5)冬小麦种植区提取精度及年际变化监测结果

冬小麦种植区提取的精度结果必须从位置精度和面积总量精度两个方面进行精度评价。位置精度评价通常是通过研究区样本像元的分类结果与参照数据的比较而实现的。在 ArcGIS 平台下(以 2015 年为例)，利用野外调查的 300 个冬小麦种植区 GPS 定位点数据与冬小麦解译结果进行空间叠加分析，如表 3.3 所示，占 96.7%(290 个)的定位点位于所解译的冬小麦种植区域里，仅 3.3%(10 个)未在所解译的冬小麦种植区域里，出现漏判的主要原因为漏判点位于冬小麦和大蒜的混种区域或冬小麦套种比较稀疏的区域，不具备冬小麦光谱特征或光谱特征不明显所致。利用上述方法得出 2014 年菏泽市冬小麦种植区提取精度为 96.5%。

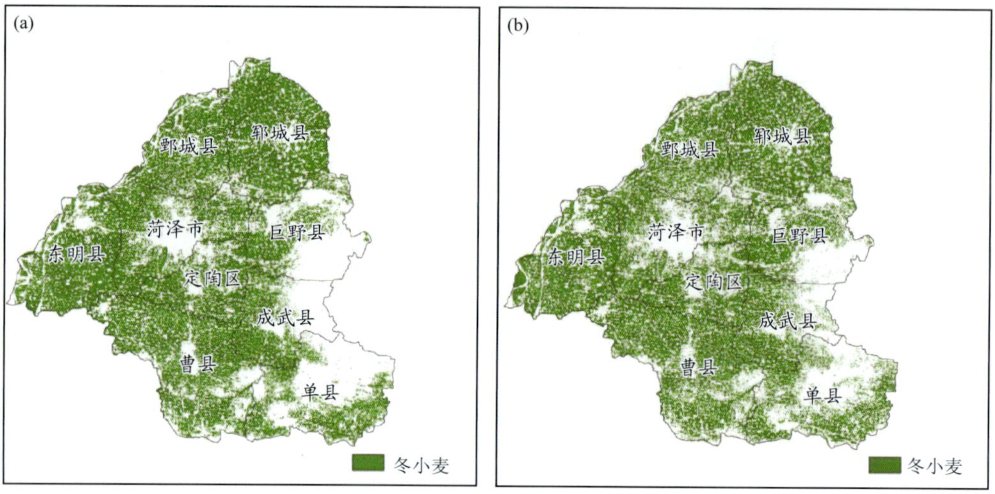

图 3.3　2014 年(a)和 2015 年(b)菏泽市冬小麦种植空间分布示意图

表 3.3　冬小麦种植区提取精度评价表

作物	点数		
	GPS	正确	漏判
冬小麦	300	290	10

最后，在 ArcGIS 平台下，将冬小麦种植区分类结果与菏泽市矢量数据进行叠加处理，得到基于 GF-1/WFV 16 m 影像提取的菏泽市冬小麦种植面积，详见表 3.4。结果表明：基于 GF-1 影像提取出的 2014 年和 2015 年菏泽市 9 个县(区)的冬小麦种植面积与统计局提供的数据相比，除曹县、鄄城、定陶和东明外均有很大差别。究其原因，除去统计数据自身的误差外，其原因可能有如下几个方面。

①本研究中使用的菏泽市土地利用类型数据——建筑用地信息是基于 TM 数据获得，所以解译精度会对冬小麦种植面积提取产生影响。

②在实际种植冬小麦时，为了便于田间管理，麦田中会有田间道路和水利灌溉设施，但在本研究中未对此信息进行有效剔除。

③本研究只考虑了对冬小麦种植区遥感提取影响最大的常绿植被和大蒜种植信息，并未考虑同期其他田间作物对冬小麦种植区提取精度的影响。

④虽然 GF-1/WFV 影像的空间分辨率为 16 m，但在种植结构复杂区域仍容易形成混合像元影响提取精度。

表 3.4　基于 GF-1/WFV 16 m 影像冬小麦种植面积提取与统计部门数据比较

县(区)	统计局小麦面积/亩		变化率/%	遥感提取小麦面积/亩		变化率/%
	2014 年	2015 年		2014 年	2015 年	
牡丹区	1012000	929800	−8.1	996586	827393	−17.0
曹县	1404000	1448700	3.2	1517719	1457088	−4.0
单县	1096413	957200	−12.7	657150	715057	8.8

续表

县(区)	统计局小麦面积/亩		变化率/%	遥感提取小麦面积/亩		变化率/%
	2014 年	2015 年		2014 年	2015 年	
成武县	728000	628000	−13.7	559466	606700	8.4
巨野县	767000	811800	5.8	503244	636892	26.6
郓城县	1255000	1271000	1.3	1513754	1366152	−9.8
鄄城县	834000	845000	1.3	880968	801242	−9.0
定陶区	664000	709100	6.8	686100	632214	−7.9
东明县	1017000	1006300	−1.1	1180152	1130154	−4.2
总面积	8777413	8606900	−1.9	8495139	8172891	−8.0

注：1 亩＝666.7 m^2（下同）；该结果为试验数据，仅供参考。

(6)小结

本研究在综合考虑冬小麦大尺度种植面积监测业务运行成本和信息提取精度的前提下，主要基于 GF-1/WFV 16 m 影像对山东省菏泽市 2014 年和 2015 年冬小麦进行了种植面积提取和年际间变化动态监测，主要得到以下结论。

①GF-1/WFV 16 m 影像空间分辨率高，重访时间短，扫描幅宽宽，可以有效地解决作物种植信息遥感测量业务运行时空分辨率的矛盾。

②考虑到冬小麦发育期、地貌、气候条件、种植制度等要素对冬小麦光谱信息的影响，将全市分成 4 个冬小麦种植区域，有效提高了冬小麦种植面积遥感解译精度，2014 年和 2015 年菏泽市冬小麦种植面积提取精度分别达到 96.5%和 96.7%。

③基于 GF-1/WFV 16 m 影像提取的菏泽市冬小麦种植面积与统计局提供的数据相比，除曹县、鄄城、定陶和东明外均有很大差别，本节研究只是初步分析了误差来源，至于其他原因还有待于下一步继续深入研究。

基于以上研究成果，以 GF-1/WFV 16 m 影像为数据源，将多源信息引入决策树分层分类和监测分类模型进行冬小麦种植面积遥感估算业务运行的方法是可行的。同时将高分卫星应用于该研究对于其他国产卫星的推广应用具有很好的示范作用。

但是，本研究的方法仍存在一些问题有待解决。经检验，误判的像元主要是位于各类作物交界处的像元。这主要是由于 GF-1/WFV 影像的分辨率虽然为 16 m，但仍容易形成混合像元，通过目视解译也很难区分，这在很大程度上也限制了提取精度的进一步提高。因此，下一步研究的重点是在现有的基础上融合更高分辨率的遥感影像来提高提取精度。而且，在不同地区由于气候和冬小麦种植时间等差异，会造成冬小麦在 GF-1/WFV 影像上呈现不同的光谱特征，如果差异较大，应进行更精细化的分区域提取，不应以行政区划作为分区的唯一标准。同时对于发育期与冬小麦相近的其他干扰作物，也可采用多时相生长时序 GF-1/WFV 遥感影像来进行面积提取。这些问题都需要在后续的应用和研究中进一步加强。

3.1.2.2 山东省夏玉米种植面积遥感提取方法

(1)概述

玉米是山东省仅次于小麦的第二大粮食作物，也是最主要的秋粮作物，还是重要的工业原料和饲料来源，因此，玉米的种植面积估算尤为重要。目前玉米种植面积主要依靠基层农业生产部门人工调查，逐级上报统计而成，由于人力物力有限，数据的主观性较大，且无法提供相对客观的玉米种植面积和空间分布状况，给政府及相关部门对农业生产决策带来一定的影响。

目前，遥感技术被国内外广泛应用于作物长势监测和种植面积信息提取。能用于作物信息提取的遥感数据种类较多，各有其优缺点。低分辨率卫星数据（如 NOAA/AVHRR、EOS/MODIS 和 FY-3/MERSI），重访周期短，在作物整个发育期中可获得多时相晴空数据，但由于空间分辨率低（最高仅为 250 m），使其解译精度难以保证。而中高分辨率遥感数据（如 TM 和 SPOT），虽然空间分辨率高，估算精度高，但其访问周期长，扫描较窄，受天气影响大，获取作物关键生育期的全覆盖数据困难且获取费用昂贵，难以在业务化中推广应用。

我国在 2008 年 9 月发射了“环境与减灾监测预报小卫星星座系统”A、B 星（简称 HJ-1A/B），每颗星上均装载了两台中分辨率多光谱电荷耦合器件（CCD）相机，组网后重访周期仅为 48 h，空间分辨率为 30 m，两台扫描幅宽为 720 km，且数据可以免费下载，这些特点使 HJ-1A/B 成为作物监测和分类较好的遥感数据源。

目前国内许多研究学者已利用 HJ-1A/B CCD 影像在作物种植面积提取方面开展了相关的研究，取得较好效果（钟仕全 等，2010；梁益同 等，2012；丁美花 等，2012；余凌翔 等，2013；李峰 等，2015）。但大多数都是针对种植模式单一作物，由于我国玉米主要种植区普遍存在作物混杂种植的现象，提取难度较大，所以目前利用 HJ-1 等中高分辨率卫星影像提取玉米分布信息的研究并不多见。郭伟等（2011）利用多时相 HJ-CCD 影像，采用决策树分类模型，对吉林省长春市的玉米种植面积信息进行提取，面积总量提取精度为 92.57%。马丽等（2009）利用多时相 TM 影像，结合地块边界数据，采用决策树分类等方法对河南省原阳县的玉米种植面积进行提取，总量精度为 91.1%。顾晓鹤等（2012）利用 MODIS 时序影像和 TM 影像，采用小波变换融合等方法，获得原阳县玉米种植面积总量信息和空间分布，并以野外实测地块样本进行精度评价。杨桃等（2006）基于 TM 影像，设计了基于多特征空间的玉米信息自动提取专家库，并对吉林中部和辽宁东北部进行玉米种植面积提取，精度达到 92.9%。刘庆生等（2014）利用 HJ 星遥感数据，通过增强植被指数（EVI）时序数据分析，采用支持向量机（SVM）方法对山东省无棣县玉米、棉花等主要作物种植空间分布信息进行提取，面积总量精度超过 93%。本研究以 HJ-1 CCD 影像为主要数据源，FY-3 和 GF-1 等卫星影像为辅助数据源，选取种植结构复杂的山东省菏泽市为试验区。根据菏泽市夏玉米种植及生长特点，结合野外实地调查和 1∶5 万矢量等资料，通过分析训练样本区内玉米和其他作物的光谱特征，建立玉米遥感信息识别模型，探讨采用多时相 NDVI 阈值剔除和监督分类等遥感方法提取玉米种植信息，并检验其精度。旨在为山东玉米种植产业区划、灾害预警以及估产提供参考依据。

（2）技术方法

①研究区概况

菏泽市位于山东省西南部（34°39′—35°52′N、114°45′—116°25′E），与江苏、河南和安徽三省接壤（来源：菏泽市人民政府官网）。地势平坦，土壤肥沃，物产丰富。气候属温带季风型大陆性气候，四季分明，雨热同季，光照充足，年平均气温为 13.6 ℃，日照时数年平均为 2579 h，年降雨量平均为 680.8 mm，无霜期年平均达 212 d，这些都为农作物的生长提供了极为有利的条件。夏秋季种植的农作物主要有夏玉米、棉花、花生、大豆等（表 3.5），其中玉米在全市各县（区）均有大面积的种植。

表 3.5　菏泽市夏秋季主要农作物物候历

月份	5月			6月			7月			8月			9月			10月		
旬	上	中	下	上	中	下	上	中	下	上	中	下	上	中	下	上	中	下
夏玉米				播种	出苗	三叶		七叶	拔节	抽雄		乳熟			成熟			
棉花			三叶		五叶		现蕾		开花					裂铃				
大豆				播种	出苗	三叶		开花		结荚			成熟					
花生		出苗	三叶	开花		花针		荚果膨大		成熟								

②卫星影像的获取及处理

根据菏泽市玉米种植物候特征及遥感影像质量，本节选取 2014 年 6 月 5 日和 7 月 21 日两景 HJ-1 CCD 晴空影像。另外选取一景 2014 年 6 月 15 日 GF-1 16 m 影像，作为对研究区作物种植信息地面调查的辅助资料。FY-3/MERSI 主要选取了 2014 年 6 月 5 日、7 月 21 日、8 月 10 日和 8 月 25 日四景卫星影像，以便了解菏泽市玉米整体种植情况。本节所需的 2014 年 HJ-1 和 GF-1 遥感影像均从中国资源卫星应用中心网站下载获得，FY-3 遥感影像来源于山东省气象局。

在进行玉米种植面积提取前，首先对 HJ-1 CCD 遥感影像进行辐射校正和几何校正，得到对应的反射率影像，并计算归一化植被指数（NDVI），见式（3.2），最后利用菏泽市矢量边界精确裁剪出菏泽市 HJ-1 CCD 影像图。

$$\mathrm{NDVI}=\frac{\rho_{\mathrm{NIR}}-\rho_{\mathrm{R}}}{\rho_{\mathrm{NIR}}+\rho_{\mathrm{R}}} \tag{3.2}$$

式中，ρ_{NIR}和 ρ_{R}分别为 HJ-1 CCD 影像的第 4 波段（近红外波段，0.76～0.90 μm）和第 3 波段（红光波段，0.63～0.69 μm）反射率。

③地理背景资料

地理背景资料主要包括菏泽市 2013 年土地利用类型数据，由 TM 数据分类而得。菏泽市各县（区）行政边界 1∶5 万矢量数据来自国家测绘局。

④野外调查数据

为了对菏泽市的地形地貌、作物种植结构和玉米种植等情况有全面、真实的了解，研究期间分别于 2014 年 6 月和 7 月携带 GPS 等仪器，赴菏泽 9 个县(区)进行了野外调查，获取了比较详实的研究区作物特征数据和经纬度样点资料。

在选择训练样本区时，主要挑选玉米种植连片、面积较大的玉米种植区域作为训练样本区，同时对棉花、花生和大豆也进行了训练样本区选取，以用于处理遥感影像时的识别和验证。

(3)训练样本区光谱特征分析

通过对所取的作物样点的综合统计数值和光谱特征分析研究(图 3.4)，可以发现：①在 HJ 星的蓝光波段(波段 1)各类地物之间的反射率值差异较小；②在绿光波段(波段 2)和红光波段(波段 3)花生和玉米的反射率值明显区别于大豆和棉花；③在近红外波段(波段 4)，玉米的反射率值与其他三类相比有明显区别，可以很好地区别开。据此分析，选择 HJ 星中的绿光、红光和近红外波段可以较好地提取玉米信息，并且使之与其他作物类别区别开来。

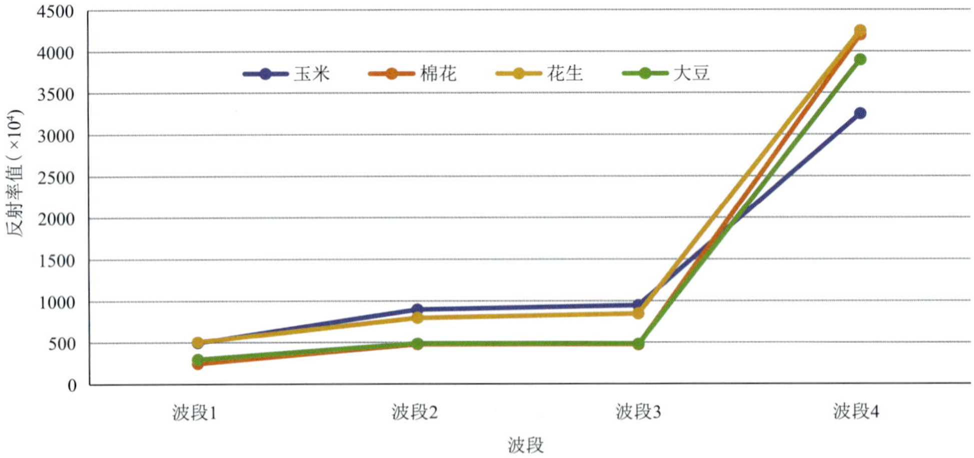

图 3.4　训练样本区玉米、棉花、花生、大豆作物光谱特征图

(4)玉米种植信息提取方法

通过对多个时相 NDVI 图像分别设置阈值和监督分类相结合的方法，逐步排除非玉米信息，并对非玉米信息进行掩膜处理，最终获得较准确的玉米种植面积和分布信息，具体步骤如下。

①根据菏泽市主要农作物物候历与实地调查情况的分析，并结合 GF-1 16 m 影像数据分析可得，2014 年 6 月上中旬菏泽市冬春季主要农作物冬小麦和大蒜已经收获完毕，而玉米、棉花、花生和大豆基本都处于苗期没有封垄，从影像上区分比较困难，在卫星影像上主要表现为土壤信息，且 NDVI 植被指数低，绿度值明显低于大田里种植的蔬菜、果树和苗木等。因此，可以利用 6 月上旬(6 月 5 号)的 HJ-1 CCD 影像，通过设定 NDVI 植被指数阈值，消除蔬菜、果树和苗木对玉米种植面积提取的影响，并建立 NDVI 掩膜数据。

②首先利用步骤一建立的 NDVI 掩膜数据对 7 月(7 月 21 日)的 HJ-1 CCD 影像数据进行掩膜处理，去除蔬菜、果树和苗木等信息。而且 7 月与玉米等农田作物相比，水体、城镇等的 NDVI 值明显较低，同样可以通过设定 NDVI 阈值的方法，建立掩膜数据，去掉水体、城镇等对玉米种植面积提取的影响。

③经过两次 NDVI 掩膜后，剩下的大田作物主要为玉米、棉花、大豆和花生四种作物。根

据实地调查的数据，进行训练样本区的选取。但由于菏泽市各县（区）玉米的长势和种植模式的不同，本研究玉米的训练样本区共选取了三类，分别是：长势较好、长势中等和长势较差，大豆、花生、棉花都只选取了一类。最后，利用环境可视化图像软件 4.7 版（ENVI4.7），采用监督分类中的最大似然法对图像进行监督分类，得到菏泽市玉米种植空间分布图（图 3.5）。

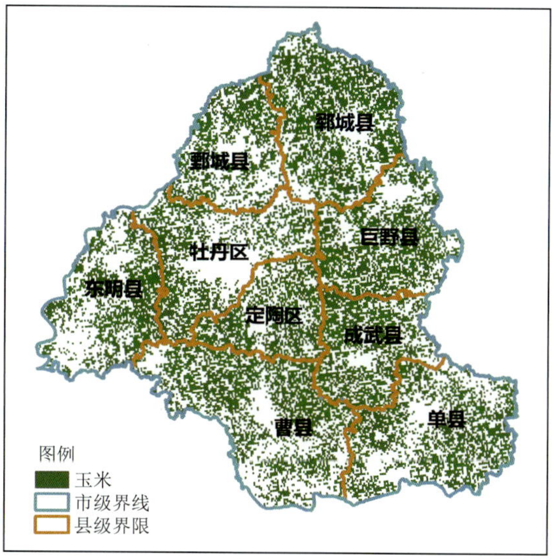

图 3.5　2014 年菏泽市玉米种植空间分布示意图

（5）野外验证和分类精度分析

分类结果的好坏要用分类精度来衡量，分类精度计算方法：结合玉米和其他地类的野外实地调查记录的经纬度资料，准确地在遥感图像上选取玉米和非玉米的真实感兴趣区，通过计算混淆矩阵进行精度评价。

2014 年 6—7 月，分别对菏泽 9 个县（区）进行了多次野外调查。获取了玉米和其他作物如花生、大豆和棉花等的验证点。结合玉米和其他作物的野外实地调查记录的经纬度位置，在遥感图像上准确选取玉米和非玉米的真实感兴趣区，通过计算混淆矩阵的方法进行分类精度评价。由表 3.6 可见，野外验证实测点中，玉米验证点为 369 个，其他作物为 322 个。遥感解译总体精度达到 90.2%，卡帕（Kappa）系数为 0.8270，分类精度较高，能够达到生产和用户要求。经分析，误差来源主要是：有部分玉米漏分到其他作物中，主要是鄄城、成武和巨野等，当地大豆和棉花种植面积较大。

表 3.6　玉米分类精度混淆矩阵分析表

实测数据类型	分类数据类型			
	玉米/个	其他作物/个	总计/个	用户精度/%
玉米	337	32	369	91.3
其他作物	36	286	322	88.8
总计	373	318	691	
生产精度/%	90.3	89.9		
总体精度/%				90.2
Kappa 系数				0.8270

(6)玉米种植面积估算

玉米种植面积即投影图像中监测区域内被判识为玉米的所有单个像元面积的总和，HJ-1 CCD 影像为通用横轴墨卡托投影(UTM 投影)，先求出单个像元面积 ΔS(式(3.3))：

$$\Delta S = N_p \times N_l = 0.09 \tag{3.3}$$

式中，N_p 为纬度方向距离，N_l 为经度方向距离，ΔS 单位为 hm^2。

再求算所有判识为玉米的像元总面积 S(式(3.4))：

$$S = \sum_{i=1}^{n} \Delta S_i \tag{3.4}$$

式中，i 为像元序号，n 为玉米的总像元数，ΔS 为单个像元面积。

最后利用 ArcGIS 软件计算得到 2014 年菏泽市玉米种植面积约为 652 万亩，统计局数据为 598 万亩，面积总量精度约为 91.7%。基于 HJ-1 CCD 影像提取的玉米种植面积结果和统计部门提供的数据之间有所区别，其原因可能有如下几个方面：①由于卫星数据分辨率本身的影响，在一个像元内，因田间小路细长，且面积较小，为玉米所遮掩，导致部分田间小路被误判为玉米，但在本节中未对此信息进行剔除。②各县(区)都存在不同程度的插花种植现象。③本节只考虑了对玉米遥感提取影响最大的大豆、花生和棉花种植信息，并未考虑同期其他田间作物对玉米提取精度的影响。

(7)小结

本研究基于 HJ-1 CCD、FY-3 和 GF-1 等遥感影像，采用多时相 NDVI 阈值剔除和监督分类相结合的分类方法，以土地利用类型和训练样本区数据作为辅助，较为准确地提取出菏泽市玉米种植面积和分布范围，主要得到以下结论。

①根据研究区内作物物候规律，利用 HJ-1 CCD 影像采用多时相 NDVI 阈值剔除和监督分类相结合的分类方法，可在复杂的作物混杂种植区准确提取出玉米种植面积信息，地物总的分类精度为 90.2%，面积总量精度为 91.7%。

②在监督分类前，先通过两次 NDVI 阈值的设定，剔除蔬菜、苗木、果树、城镇和水体等的影响，最终得到仅剩玉米、棉花、花生和大豆的影像，通过此步骤有效减少了监督分类数，提高了分类精度，为大范围玉米种植面积遥感估算提供了一种可行的方法。

③FY-3 等低分辨率卫星影像和 GF-1 等高分辨率卫星影像可以作为地面调查资料的有效补充，尤其是在大尺度区域开展作物种植面积提取。

但是，在不同地区由于气候和玉米种植时间等差异，会造成玉米在 HJ-1 CCD 影像上呈现不同的光谱特征，如果差异较大，应分区域进行提取。同时也可采用 HJ-1 多时相生长时序的遥感影像进行种植面积变化提取研究。这些问题都需要在后续的应用和研究中进一步加强。

3.1.2.3 基于深度学习算法的冬小麦种植面积提取方法

(1)概述

确定冬小麦的空间分布对于农业生产管理、作物产量估算和国家粮食安全具有重要意义。遥感图像目前已经成为获取农作物空间分布信息的主要数据源。通过逐像元图像分割技术为每个像元确定一个类别标签，从而得到大范围的农作物空间分布信息，是目前普遍采用的基本方法。在进行逐像元分割时，像元特征提取技术和分类器的性能对分割效果有着决定性影响。

有效的特征可以提高分类结果的准确性。特征提取方法的基本目标是明确区分给定对象类型的特征值与其他类型的特征值。基于统计分析，可以得到一种有效的特征提取方法。例如，光谱指数是通过对像元的光谱信息进行统计分析得到的，而光谱指数在中、低分辨率遥感影像分类中得到了广泛的应用。常用的方法包括各种植被指数、自动水体提取指数(AWEI)、归一化建筑物指数(NDBI)和遥感生态指数(RSEI)。增强植被指数(EVI)、归一化植被指数(NDVI)等指数是提取植被信息的有效指标，已广泛用于从低分辨率遥感影像中提取作物空间分布。一些研究者利用中、低空间分辨率遥感影像的高时间分辨率，获取时间序列的光谱指数特征，然后提取作物信息，取得了较好的效果。在将统计分析技术应用于高分辨率遥感图像时，需要充分考虑不断细化的像元信息对提取结果的影响。

在对高空间分辨率遥感图像进行分类时，必须同时考虑目标像元和相邻像元的信息。纹理特征常用来表示相邻像元的相关信息，可以采用灰度共生矩阵、加伯(Gabor)滤波器、马尔可夫随机场、小波变换等方法提取。由于纹理特征能够准确表达像元间的空间相关性，将纹理特征与光谱特征相结合可以有效提高高分辨率遥感影像的分类精度。结合传统的纹理特征提取方法可以获得更有效的特征。

机器学习方法的发展允许研究人员使用机器学习方法来改善像元特征提取。然而，早期的机器学习方法如神经网络、支持向量机、决策树、随机森林等仍然使用像元光谱信息作为输入。虽然这些方法可以有效地获取特征，但这些仍然是单像元特征，没有利用相邻像元之间的空间关系。

卷积神经网络(CNN)的发展极大地改进了特征提取。卷积神经网络使用训练好的卷积核形成特征提取器，然后为输入图像块中的每个像元生成特征向量。不同于其他特征提取方法，CNN 可以同时提取给定像元的特征和相邻像元之间的空间相关特征。经典 CNN 包括全卷积神经网络(FCNS)、深度全卷积神经网络(SegNet)、空洞卷积(DeepLab)、多分辨率特征融合(RefineNet)和医学图像分割的全卷积神经网络(U-Net)。FCNS 和 SegNet 只使用高级语义特征生成像元的特征向量，产生非常粗糙的对象边缘。DeepLab 使用条件随机场(CRFs)对 CNN 输出的分割结果进行后处理，这显著提高了结果的质量。RefineNet 和 U-Net 使用低级精细特征和高级粗糙特征生成像元级特征向量，这种策略有利于多级别特征的表达。

RefineNet 和大多数其他经典 CNN 都使用二维卷积。二维卷积方法适用于处理通道数较少的图像，如相机图像和光学遥感图像。改进的经典 CNN 被广泛应用于遥感图像分割以及目标识别、监测等领域。例如，CNN 已经成功地用于提取各种作物的空间分布信息，包括小麦、水稻和玉米。二维卷积方法不适用于多通道图像的处理，如高光谱遥感图像。为了保持高光谱遥感图像的光谱和空间特征，研究者采用三维卷积提取光谱空间信息。由于三维卷积可以充分利用高光谱图像丰富的光谱和空间信息，三维卷积在高光谱图像分类中取得了显著的成功。

CNN 对遥感图像进行分割时，只有根据图像的特征，采用适当的特征提取方法和分类方法才能获得预期的结果。CNN 和传统的特征提取方法有不同的优势，CNN 不能完全取代传统的特征提取方法。不同特征提取方法的融合可以提高分割结果的准确性。

使用 CNN 进行像元分类时，内部区域精度高，边缘区域精度低，导致边缘粗糙。粗糙边缘是由于同类型像元之间特征值的差异造成的，因此，有必要引入适当的后处理方法来提高边缘像元分类的精度。全连通 CRFs 综合利用了 CNN 生成的像元空间距离信息和语义信息，有效提高了分割的边缘精度，但模型计算所需的数据量过大。研究者使用了递归神经网络和卷积网络来提高计算效率。综合利用像元空间距离信息和类别信息作为网络训练的约束，提高了图像分割结果的准确性。

对象级信息是后处理方法中常用的信息类别，它包括物体形状信息和位置信息。利用对象级信息对 CNN 分割结果进行后处理，可以起到细化边缘的作用。多分辨率分割算法和基于补丁的学习已经被成功地用于生成图像对象信息。分类器同样重要，使用决策树等功能更强大的分类器，得到的结果优于简单的线性分类器。更多的先验知识和更合适的后处理方法还需要进一步研究。

为了从高空间分辨率遥感影像中获取高精度冬小麦的空间分布信息，提出了神经网络后处理(Post-Processing CNN，PP-CNN)方法，该方法利用目标类型内部像元和边缘像元在颜色和纹理上的相似性以及它们与其他类型的差异性的先验知识，对 CNN 的分割结果进行后处理，有效地提高了边缘像元分类的准确性(从而提高了整体分类)。这项工作的主要贡献如下。

①PP-CNN 使用置信度对 CNN 得到的逐像元分类结果的可靠性进行评估，明确置信度的计算方法。

②CNN 提出了一种新的分层分类策略。标准 CNN 从大的感受野中生成的特征用于第一级分类器；由小的感受野生成的特性用于二级分类器。这种分级分类策略结合了大感受野和小感受野的优点，从而达到了获得精细边缘的目的。

(2)技术与方法

①研究区域

肥城是山东省中西部的一个县级市，面积 1277 km^2，地理位置在 35°53′—36°19′N、116°28′—116°59′E 之间，图 3.6 为实验区位置示意图。肥城市地形呈东北高、西南低之势，有低山、丘陵、平原和涝洼等多种地貌类型。考虑到肥城市的气候、地形等具有代表性意义，因此，选择肥城市作为研究区。

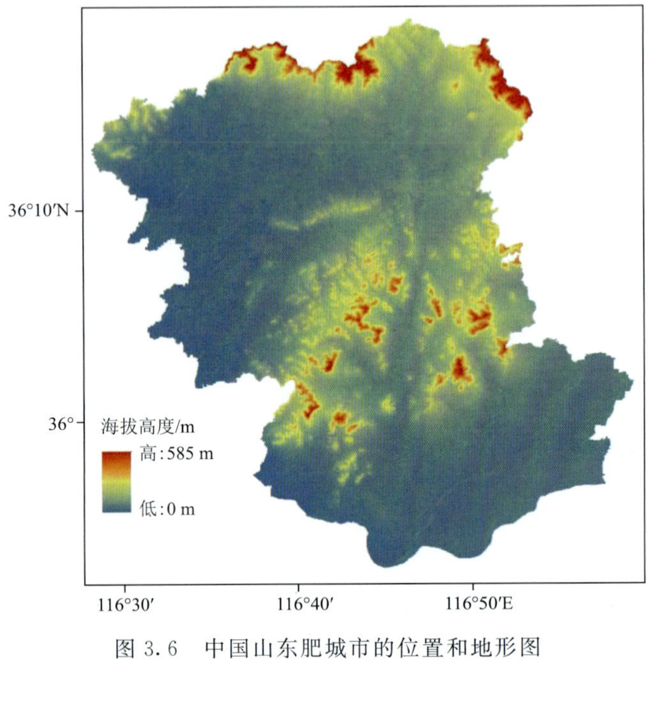

图 3.6　中国山东肥城市的位置和地形图

②遥感影像

选择了63幅高分2号(GF-2)影像作为实验数据，其中，2017年影像为19幅，2018年影像为23幅，2019年影像为21幅。每幅GF-2影像包含多光谱波段(蓝光、绿光、红光、近红外)和全色波段，其中多光谱波段的空间分辨率为4 m，全色波段的空间分辨为1 m。由于冬小麦在冬季具有明显的特征，为了提高提取结果的准确性，所有图像获取时间均为冬季。

使用环境可视化图像(ENVI)软件对所有图像进行四个预处理步骤。首先，基于航天飞机雷达地形任务(https://earthexplorer.usgs.gov/)的30 m分辨率数字高程模型(DEM)数据，利用地面控制点和有理多项式系数(RPC)模型完成多光谱和全色正投影校正。

其次，基于辐射定标将多光谱数据从原始像元亮度(Digital Number，DN)值定标到等效辐射亮度：

$$l = \mathrm{DN} \times g + b \tag{3.5}$$

式中，l表示转换后得到的等效辐射亮度，DN为像元的DN值，g表示定标系数，b表示定标的偏移量，定标系数g和偏移量均为中国资源卫星应用中心网站发布的公开资料。

然后，使用ENVI中的FLAASH模块对影像进行大气校正。根据影像拍摄时间、纬度位置和实际地表覆盖，在校正过程中，大气模型采用中纬度冬季(Mid-Latitude Winter)模型，气溶胶模型采用Rural模型，初始能见度为40 km。

最后，采用ENVI中的格拉姆—施密特全色锐化(Gram-Schmidt Pan Sharpening)模块完成全色波段和多光谱数据的融合处理，融合后得到图像空间分辨率为1 m，共包括红光、蓝光、绿光和近红外四个波段。每幅图像的尺寸均为7300 × 6900像元。

③地面调查数据

研究区冬季主要土地利用类型有冬小麦、建筑物、道路、林地、水体、农业建筑物、非种植农田等。在GF-2图像中，建筑物、道路、水体、农业建筑、未种植的农田等都具有明显的颜色和纹理特征，在视觉上很容易区分。然而，冬小麦和林地(特别是一些常青树)在颜色和纹理上更相似。为此，于2017年12月—2019年1月在研究区进行了地面调查，获得119个样品(83个冬小麦和36个林地)，记录了这些样品的坐标、类型等信息，并提供了照片，图3.7为地面调查数据示意图。

④标记图像数据集

在融合图像中选择317个不重叠的960×720像元的子区域，然后手动标记每个区域。标注完成后，每个子区域对应一个标签文件，形成一个图像标记对，图3.8为图像标记对。这些文件是单波段文件，像元行数和列数与对应图像一致。给每个标记像元一个类别编号：冬小麦(1)、建筑(2)、道路(3)、水体(4)、农业建筑(5)、未种植农田(6)、林地(7)和其他(8)。

(3)方法

方法包括三个步骤。首先，改进的RefineNet生成初始分割，并为每个像元输出类别概率向量。其次，这些初始分割使用人工标记作为参考进行统计分析，以确定置信阈值。最后，对所有低于置信阈值的像元进行后处理，生成最终的类别标记。

①CNN最初的分割

在常见的CNN结构中，特征提取器由多个重叠的卷积层组成，每个卷积层之后依次是池化层、批量归一化层(BN)层和激活层。卷积层包含多个卷积核，大多数卷积核为3×3。池化层对特征进行了聚合，有利于筛选出判别性较好的特征。采用批处理归一化层对特征值进行

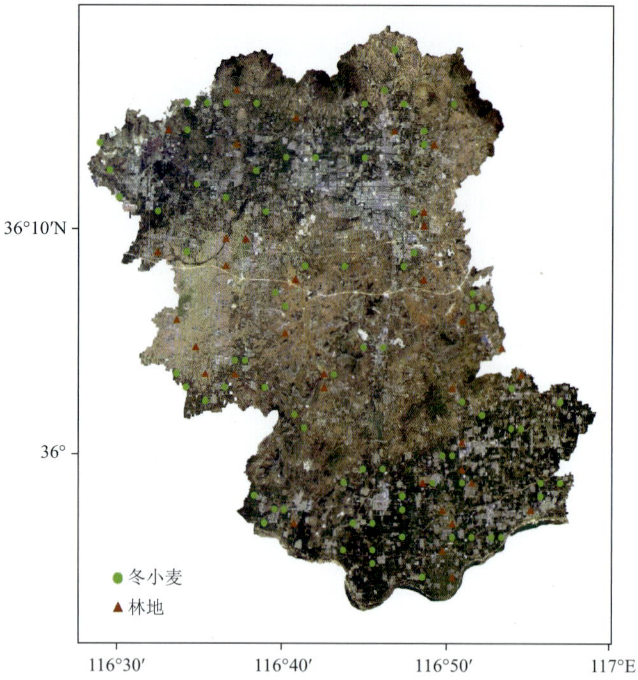

图 3.7　研究区内区分冬小麦和林地的地面取样点分布图

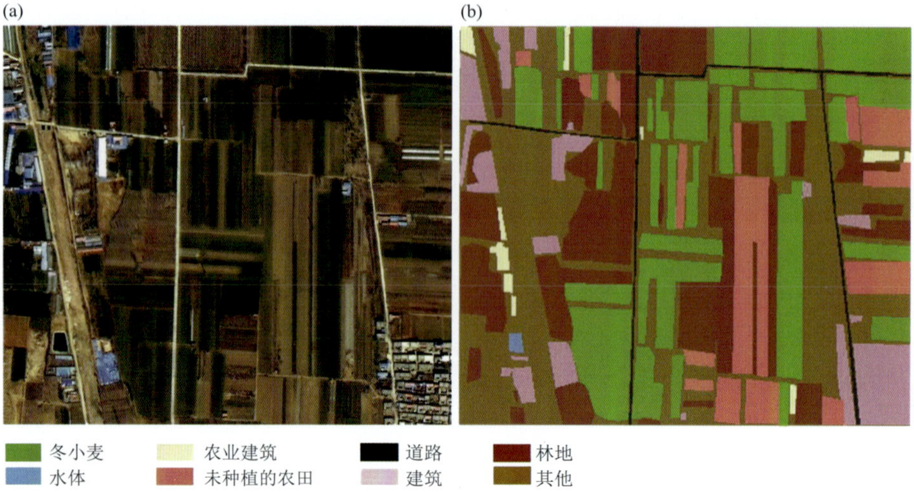

图 3.8　图像标记对图

(a)原始 GF-2 图像;(b)标记图像

归一化,并在激活层采用非线性函数。目的是更好地表达相似像元之间的相关特征,并更好地优化特征。

特征向量生成器一般由反卷积层组成,能够为每个像元生成相等长度的特征向量,这些生成的特征向量将作为分类器的输入,用于确定像元所归属的类别,因此,反卷积部分的性能直接决定了模型的性能。目前,多数用于图像分割的卷积神经网络模型中,特征提取器的结构都是类似的,模型间的区别主要体现在特征向量生成器部分。FCNs 模型采用了插值方法生成特征向量，SegNet 模型采用的反卷积核生成特征向量，此后发展起来的卷积神经网络模型多通过训练反卷积核的方法为每个像元生成特征向量。

与其他卷积神经网络模型相比，RefineNet 模型提出了一种被称为“多路径”的新的特征向量生成技术，这种技术能够很好地融合精细的低级特征和粗糙的高级特征，有效地提高了特征的区分能力，从而极大地提高了分割结果的精度。从图 3.9 给出的 RefineNet 模型结构图可以看出，RefineNet 的特征向量生成器共有 4 级组成，每一级均同时使用上一级高级语义特征反卷积的结果和本级的特征提取器的结果作为输入，通过多级细化融合策略，达到了提高特征区分度的目标。

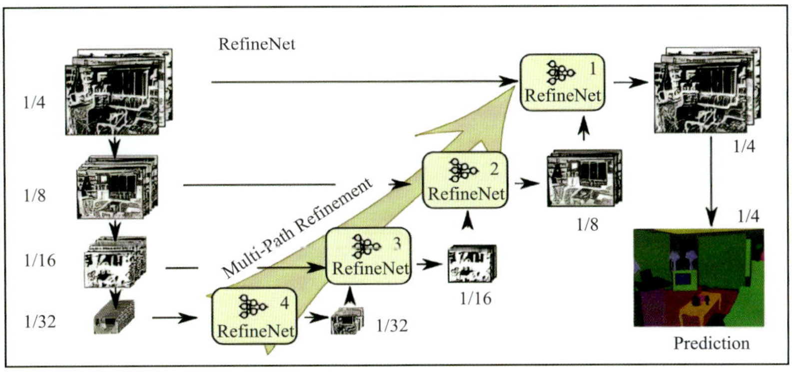

图 3.9 RefineNet 模型结构图
（Multi-Path Refinement 为多路径网络，Prediction 为预测结果）

考虑到 RefineNet 模型所具有的突出的性能，在研究中选择 RefineNet 模型作为初分割模型。与其他卷积神经网络相似，RefineNet 模型同样采样 SoftMax 模型作为分类器。

对传统的 SoftMax 模型的输出部分进行了修改，将模型计算得到的概率组织成一个向量，称之为类别概率向量，同时输出像元的类别和类别概率向量。

②初步分类结果的统计

通过对分类结果进行统计发现，位于对象内部的像元分类结果的准确率要远高于位于对象边缘的像元的分类结果的准确率。与此同时，位于对象内部的像元的类别概率向量中，最大概率值与次大概率值的差值一般比较大，而位于对象边缘的像元的类别概率向量中，最大概率值与次大概率值的差值一般比较小，有的甚至非常接近。

提出了置信度（CL）作为 CNN 分割结果的可信度指标。类别概率向量的 CL 计算为：

$$CL = p_i - p_j \tag{3.6}$$

式中，$\boldsymbol{p}$ 为类别概率向量，p_i 为 $\boldsymbol{p}$ 中的最大值，p_j 为 $\boldsymbol{p}$ 中的第二大值。

本研究中，根据对训练结果进行的统计分析，选择 0.21 作为最低置信度阈值，记为 minCL。根据上述分析，高于 minCL 的像元的分类结果被认为是可信的，而低于 minCL 的像元的分类结果被认为是不可信的，需要进行后处理。

③低置信度的像元后处理

(a)特征选择

根据先验知识，在农作物种植区域，对象内部像元与边缘像元在颜色、纹理上非常接近，同时考虑到 GF-2 遥感影像的近红外波段具有对农作物敏感的特点，选择红光、蓝光、绿光、近红外共四个通道值、NDVI 指数、均匀性（UNI）、对比（CON）、熵（ENT）和逆差分（INV）组成特征向量。

$$\mathrm{NDVI}=\frac{\mathrm{NIR}-\mathrm{Red}}{\mathrm{NIR}+\mathrm{Red}} \tag{3.7}$$

式中，NIR 为近红外波段反射率，Red 为红光波段反射率。

UNI、CON、ENT 和 INV 的提取采用 Yang 等（2016）提出的方法，基于灰度共生矩阵（GLCM）：

$$\mathrm{UNI}=\sum_{i=1}^{q}\sum_{j=1}^{q}[g(i,j)]^2 \tag{3.8}$$

$$\mathrm{CON}=\sum_{n=0}^{q-1}n^2\Big[\sum_{i=1}^{q}\sum_{j=1}^{q}g(i,j)\Big],\ |i-j|=n \tag{3.9}$$

$$\mathrm{ENT}=-\sum_{i=1}^{q}\sum_{j=1}^{q}g(i,j)\log g(i,j) \tag{3.10}$$

$$\mathrm{INV}=\sum_{i=1}^{q}\sum_{j=1}^{q}\frac{g(i,j)}{1+(i-j)^2} \tag{3.11}$$

式(3.8)—(3.11)中，q 是灰度量化，$g(i,j)$是 GLCM 的元素。每个像元的特征向量 $\boldsymbol{v}$ 有 9 个元素，结构如下：

$$\boldsymbol{v}=(\mathrm{Red},\ \mathrm{Green},\ \mathrm{Blue},\ \mathrm{NIR},\ \mathrm{NDVI},\ \mathrm{UNI},\ \mathrm{CON},\ \mathrm{ENT},\mathrm{INV}) \tag{3.12}$$

式中，Green 为绿光波段反射率，Blue 为蓝光波段反射率。

（b）向量距离计算法

使用改进的欧式距离来度量两个特征向量的向量距离，标准欧式距离的定义为：

$$\mathrm{d}(\boldsymbol{x},\boldsymbol{y})=\sqrt{\sum_{i=1}^{b}(\boldsymbol{x}_i-\boldsymbol{y}_i)^2} \tag{3.13}$$

式中，$\boldsymbol{x}$，$\boldsymbol{y}$ 表示待比较的特征向量，$\boldsymbol{x}_i$，$\boldsymbol{y}_i$ 表示特征分量，b 表示特征向量长度。两个特征向量的距离越小，说明两者的相似性越好。在传统的欧氏距离中，认为所有分量是等权的，没有考虑分量的聚集度对距离的影响。

根据统计学知识，同一类别样本的特征向量中，某个分量的值越集中，说明样本在该分量上的差异性越小，代表性越强，应当赋予较大的权重；反之，某个分量的值越分散，说明样本在该分量上的差异性越大，代表性也越弱，应当赋予较小的权重。因此，本研究引入分量值距离的倒数作为权重因子，对欧式距离进行改进，从而更好地体现分量的聚集程度对向量距离的影响。权重因子的计算公式为：

$$w_i=\frac{1}{|\mathrm{max}i-\mathrm{min}i|} \tag{3.14}$$

式中，i 表示分量在特征向量中的位置编号，w_i代表该分量的权重，max$i$ 表示该分量的最大值，min$i$ 表示该分量的最小值。通过训练结果的统计得到 max$i$ 和 min$i$ 的值。在此基础上，本研究使用的距离计算公式如(3.15)所示：

$$\mathrm{d}(\boldsymbol{x},\boldsymbol{y})=\sqrt{\sum_{i=1}^{n}w_i(\boldsymbol{x}_i-\boldsymbol{y}_i)^2} \tag{3.15}$$

式中，$\boldsymbol{x}$，$\boldsymbol{y}$ 表示待比较的特征向量，$\boldsymbol{x}_i$，$\boldsymbol{y}_i$ 表示特征分量，w_i代表该分量的权重，n 代表特征向量个数。

（c）向量距离阈值确定

首先，将训练图像中的每个完整作物种植面积设置为一个统计单元；分别计算每个像元与其他像元之间的向量距离 d，并记录该单元的最大向量距离 d_i，其中 i 为统计单元的个数。

其次，通过向量距离阈值（vdt）算法得到向量距离阈值：

$$vdt = \max d_i,\ 1 \leqslant i \leqslant n \tag{3.16}$$

式中，n 表示统计单元数，$\max d_i$ 为 d_i 的最大值。

（d）低可信度像元分类

使用以下步骤对 RefineNet 模型分割得到的农作物种植区域结果进行优化。

（i）计算每个像元的 NDVI；

（ii）计算每个像元的 UNI、CON、ENT 和 INV；

（iii）逐像元计算向量距离阈值（vdt）；

（iiii）将位置连续且 vdt＞minCL 的农作物像元分为一组。

对每一组农作物像元，搜索相邻的 vdt＜minCL 的像元，得到像元集合 ps；对 ps 中的每个像元 p，计算 p 与该组内每个冬小麦像元的距离，得到最小距离 min$d$，如果 min$d$＜vdt，将 p 归类为冬小麦像元。

④实验装置

在一台图形工作站上开展对比实验，该工作站安装了一个 12 GB 内在的显卡，操作系统为 Linux Ubuntu 16.04，以 TensorFlow 1.10 为基础，利用 python 语言编写了统计分析和后处理代码。并以从 github 网站上获取的 RefineNet 模型为基础，修改了该模型使用的 SoftMax 模型的输出部分。

选择 SegNet 和未修改的 RefineNet 模型作为标准 CNN，CRF 作为后处理方法与 PP-CNN 进行比较（表 3.7）。SegNet 的工作方式与 RefineNet 相似，但 SegNet 只使用高级语义特征为每个像元生成特征向量。

表 3.7 比较实验中使用的模型表

模型名称	描述
PP-CNN	本研究提出模型
SegNet	只使用高级语义特征
SegNet-CRF	SegNet 作为初始分割模型，CRF 作为后处理
PP-SegNet	在 PP-CNN 中，使用 SegNet 作为初始分割模型
RefineNet	采用线性模型进行特征融合
RefineNet-CRF	RefineNet 作为初始分割模型，CRF 作为后处理

通过对比 SegNet 和 RefineNet 的结果，希望验证使用 RefineNet 生成特征的策略优于使用 SegNet 生成特征的策略。通过将 SegNet-CRF、RefineNet 和 RefineNet-CRF 的结果与 PP-CNN 进行对比，希望表明后处理可以有效提高分割结果的准确性。通过对比 SegNet 和 PP-SegNet 的结果，希望表明本研究提出的后处理方法具有较强的适应性。

在训练数据集上应用了数据增强技术，包括水平翻转、颜色调整和垂直翻转步骤。使用的色彩调整因素包括亮度、色调、饱和度和对比度。对训练数据集中的每张图像进行 10 次处理。所有由数据增强技术生成的图像仅用于训练 CNN。在比较实验中使用了交叉验证技术。每个 CNN 模型都经过四轮训练，每轮选取 87 张图像作为测试图像，其余图像作为训练图像。每个图像至少被用作测试图像一次（表 3.8）。

表 3.8　实验中使用的每个类别样本的百分比表 %

分类	总样本百分比
冬小麦	39.00
农业建筑物	0.10
林地	9.01
建筑物	19.01
道路	0.81
水体	0.90
未种植农田	24.12
其他	7.05

表 3.9 显示了用来训练模型的超参数设置。在对比实验中，超参数也被应用到对比模型中。

表 3.9　超参数设置表

超参数名称	参数值
批次大小	32
初始学习率	0.0001
动量	0.9
迭代次数	20000

(4)结果

从测试数据集中随机选取了 10 张测试图像，并使用 SegNet、SegNet-CRF、PP-SegNet、RefineNet、RefineNet-CRF 和 PP-CNN 模型评估了它们的分割结果(图 3.10)。在冬小麦种植区域内部，六种方法的性能非常接近，基本上都没有被错分的像元。在冬小麦种植区域的边缘差别非常明显。PP-CNN 只错分类了非常少量的离散像元，而在 SegNet 模型分割结果中的错误最多，而且有较多被错分的像元都是连续出现的，从被错分像元出现的位置来看，出现在拐角处的错误要多于出现在边缘处的错误；与 SegNet 模型相比，RefineNet 的误差明显更小，被错分像元多数位于拐角处，同时，连续的像元被错分的情况明显得到改善。

将 SegNet-CRF 与 PP-SegNet、RefineNet、PP-CNN 分别进行比较可以看出，在初始分割结果相同的前提下，采用本研究方法进行后处理得到的结果要优于采用 CRF 方法。考虑到 CRF 对相机图像的处理性能非常好，这可能是因为遥感图像的分辨率低于相机图像的分辨率，从而降低了 CRF 的性能。结果表明，应根据图像的特点选择合适的后处理方法。无论是使用 CRF 还是本研究提出的方法，后处理结果的准确性都得到了提高，这也说明了在 CNN 应用于图像分割时，后处理方法的重要性。

对所有方法的分割结果生成一个混淆矩阵(表 3.10)，其中每一列表示分割结果得到的分类结果，每一行表示人工分类定义的实际类别。PP-CNN 分类错误仅占 5.6%，低于 SegNet 的 13.7%、SegNet-CRF 的 9.8%、PP-SegNet 的 6.2%、RefineNet 的 7.2%和 RefineNet-CRF 的 5.9%。使用准确率、精度、查全率和 Kappa 系数来评价四个模型的性能(表 3.11)。PP-CNN 的平均准确率比 SegNet 高 13.7%，比 RefineNet 高 7.2%，比 PP-SegNet 高 6.2%。

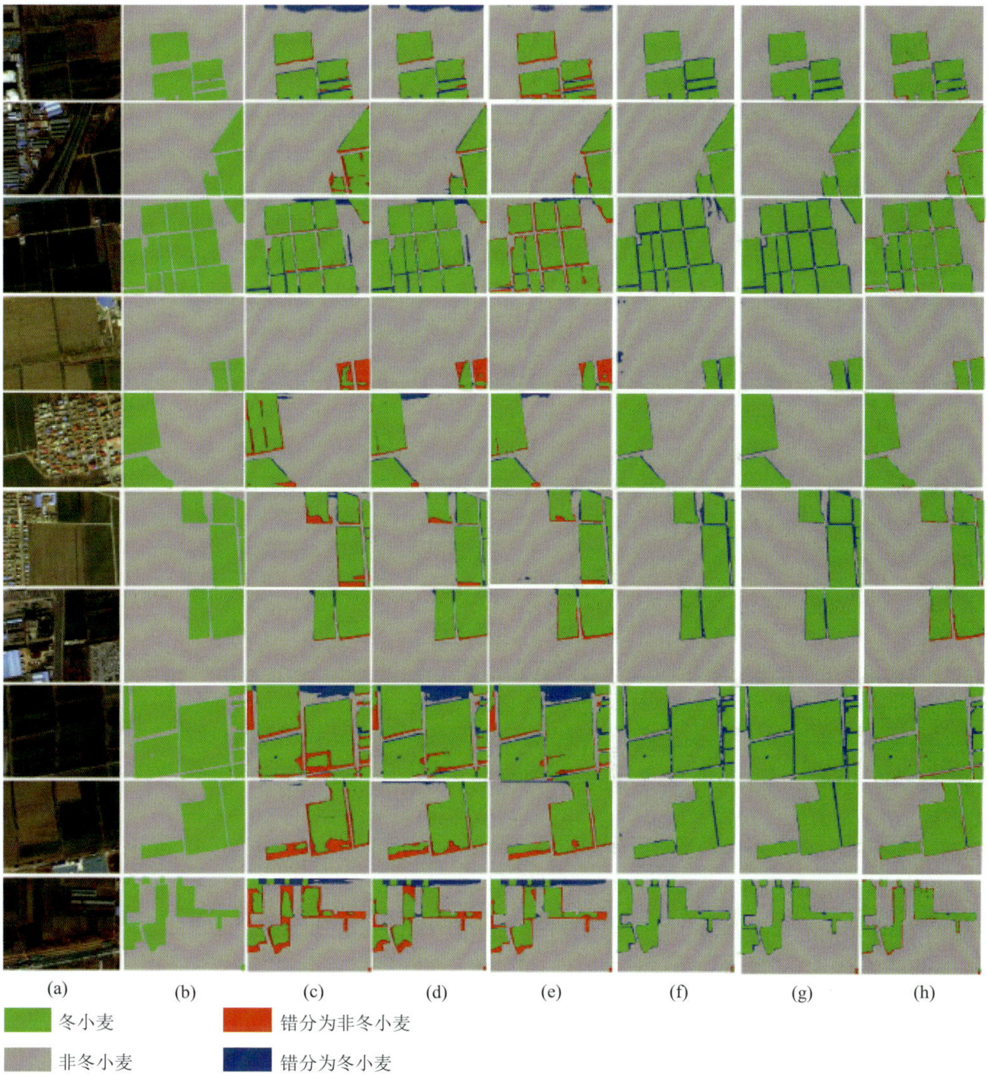

图 3.10 GF-2 卫星图像 10 幅测试图像分割结果比较
(a)原始图像；(b)手动标记图像；(c) SegNet；(d) SegNet-CRF；(e) PP-SegNet；(f) RefineNet；(g) RefineNet-CRF；(h) PP-CNN

表 3.10 冬小麦分类混淆矩阵表 %

方法	预测	冬小麦	非冬小麦
SegNet	冬小麦	29.6	9.4
	非冬小麦	9.9	51.1
SegNet-CRF	冬小麦	31.9	7.1
	非冬小麦	8.3	52.7
PP-SegNet	冬小麦	33.1	5.9
	非冬小麦	5.9	55.1

续表

方法	预测	冬小麦	非冬小麦
RefineNet	冬小麦	32.5	6.5
	非冬小麦	6.3	54.7
RefineNet-CRF	冬小麦	35.3	3.7
	非冬小麦	7.8	53.2
PP-CNN	冬小麦	36.9	2.1
	非冬小麦	3.5	57.5

表 3.11　模型性能的统计比较表

参数	SegNet	SegNet-CRF	PP-SegNet	RefineNet	RefineNet-CRF	PP-CNN
准确率/%	80.7	84.6	88.2	87.2	88.5	94.4
精度/%	79.7	83.7	87.6	86.6	87.7	93.9
查全率/%	79.8	84.1	87.6	86.5	88.9	94.4
Kappa	0.663	0.722	0.779	0.763	0.786	0.889

表 3.12 显示了每种方法完成一个图像测试所需的平均时间。所提出的后处理方法需要增加约 2%的时间，提高了 7.2%的精度。由于 CRF 需要计算单个图像中所有像元之间的距离，而本研究方法只需要计算少量像元对之间的距离，因此，CRF 所消耗的时间要高于本研究方法。

表 3.12　模型性能的统计比较表

参数	SegNet	SegNet-CRF	PP-SegNet	RefineNet	RefineNet-CRF	PP-CNN
时间/ms	295	375	301	297	361	302

(5)小结

①PP-CNN 的优势

当 CNN 对图像进行像元级分割时，结果的准确性由特征提取器、特征生成器和分类器决定。前两种方法使用训练好的特征提取规则对遥感图像进行处理，获得每个像元的特征向量。第三种方法使用训练好的分类规则对获取的特征向量进行处理，确定像元类别。因此，这两套规则的目的都是表达相似对象的主要共同特征。在遥感图像中，大多数目标的内像元数远大于边缘像元数，这样训练出来的规则更容易反映目标的内部特征，更容易在目标的边缘处出现分类错误。

为了进一步说明像元位置对特征提取的影响，将用于计算特征值的像元块定义为三种类型：内部(A 类)，其中所使用的像元块均由同一类像元组成；边缘(B 类)，其中所使用的像元块包含 50% 的其他类别像元；角落(C 类)，像元块使用含有 75%或更多的其他类别的像元(图 3.11)。考虑到 CNN 使用相同的卷积核特征提取，很明显，当其他类别的通道值计算像元的像元块与感兴趣的类别不同，类型 A、B、C 中像元的特征值会有很大的不同。特别是对于 C 类像元，如果像元值与相邻像元值的差较大，则计算出的特征值可能更接近相邻类别的特征值范围。这使得单纯使用 CNN 很难有效解决边缘像元分割中出错率较高的问题。

图 3.11　像元位置对特征提取结果影响示意图(红框表示在边缘或拐角处的像元，提取特征时会包含 50%甚至更多的非冬小麦像元)

统计分析表明,尽管作物种植区域内像元和边缘像元在高级语义特征上可能存在明显差异,但在低级语义特征(如颜色或纹理)上仍保持相似。考虑到提取结果中种植区域内像元分类的准确性较高,PP-CNN 清晰地融合了 CNN 和统计特征的优势,从而显著提高了提取结果的准确性。

②最大向量距离阈值对 PP-CNN 分割结果的影响

PP-CNN 通过使用颜色、纹理等特征组成特征向量,结合统计分析技术,对 CNN 模型的结果进行后处理,从而达到了提高农作物空间分布结果的目标。在进行后处理时,首先计算低置信度像元与距离相近、可信度高的农作物像元间的向量距离,然后将得到的向量距离与统计分析得到的最大向量距离阈值进行比较,确定低置信度像元是否能够归类为农作物像元。

以所有统计单元计算得到的最大向量距离作为最大向量距离阈值。在实验中,分别选择所有统计单元计算得到的最大向量距离中的最小值(方法 i)、所有统计单元计算得到的最大向量距离的平均值(方法 ii),与本研究使用的所有统计单元计算得到的最大向量距离的最大值(方法 iii)进行了对比实验,实验结果如表 3.13 所示。

从表 3.13 可以看出,方法 iii 结果的准确率最低,但查全率最高,这是因为,由于采用了最大距离作为阈值,会有一部分其他类别的相似像元会被归类为冬小麦像元,从而降低了准确率,但方法 iii 能够保证尽可能多地提取出冬小麦。因此,在实际工作中应用本研究提出的方法时,可以根据提取目标,从方法 i、ii、iii 三者中进行选择。

表 3.13 最小(i)、平均(ii)和最大(iii)向量距离的 PP-CNN 模型性能比较表 %

指标	i	ii	iii
准确率	96.1	94.8	93.9
查全率	90.1	92.5	94.4

③特征策略对分类结果的影响

在对比实验中,分别选择了 SegNet 模型和 RefineNet 模型进行了对比实验,比较分析了这两种模型各自的特征提取策略对分类结果的影响。从 SegNet 模型和 RefineNet 模型的最后一层中选取了差异最大的一组语义特征进行对比分析,为了更好地进行对比,将特征分为冬小麦内部像元、冬小麦边缘像元、非冬小麦的像元三组,图 3.12 分别显示了其统计结果。所谓冬小麦内部像元是指在提取该像元的特征时,参与运算的像元块中仅有冬小麦像元;所谓冬小麦边缘像元是指在提取该像元的特征时,参与运算的像元块中混杂有其他类别的像元。RefineNet 模型提取的特征结果中,特征的集中程度比较好,而且特征间的区分度比较大。而在 SegNet 模型提取的特征结果中,存在较严重的混淆情况,不同类别的特征间区分度较小。说明 RefineNet 模型的特征提取策略要优于 SegNet 的特征提取策略。

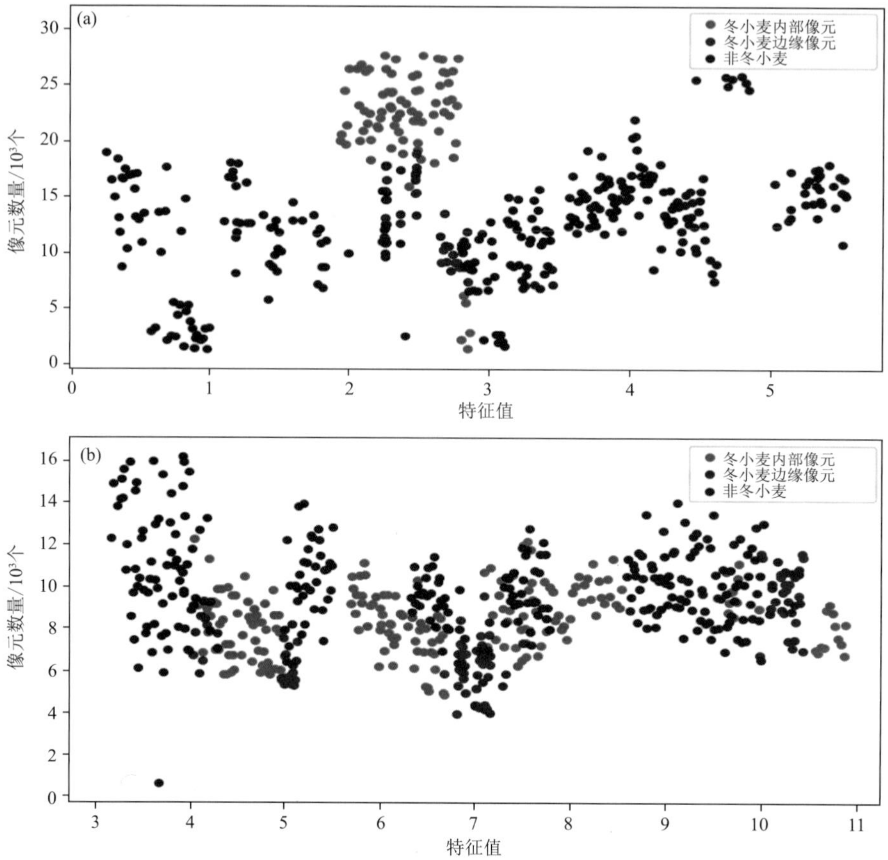

图 3.12 RefineNet(a)和 SegNet(b)提取特征的统计比较图

④结论

利用卷积神经网络从卫星遥感影像提取农作物空间分布信息已经成为一种获取农作物空间分布信息的主要方法，但是仅利用卷积神经网络进行提取时，得到的结果中农作物种植区域边缘通常很粗糙，导致整体精度降低。利用先验知识和统计分析方法对卷积神经网络提取的结果进行优化，大大提高了边缘提取结果的准确性。

深入分析了导致卷积神经网络提取结果中边缘像元分类错误较多的根本原因，利用卷积神经网络输出的类别概率向量计算像元结果的置信度，从而将边缘结果分为高置信度像元和低置信度像元，便于后续处理；然后利用分割结果的先验知识，通过分析种植面积像元的特征，优化后者的分类精度。这种新的提取策略有效地提高了作物提取结果的准确性。

本研究提出的PP-CNN后处理方法主要是为农作物提取而建立的，它可以应用于水、森林、草地等内部像元差异较小的土地利用类型的提取。然而，对于内部差异较大的土地利用类型，如居住用地，需要为后处理方法探索新的特征组织方式。本研究提出的方法主要缺点是需要更多的手工分类图像，未来的研究应该检验半监督分类的使用以减少这种依赖。

3.1.2.4 基于面向对象分类的烟台苹果种植面积提取方法

(1)概述

苹果是世界四大水果之冠，也是中国种植面积最广的温带水果之一。近些年，随着人们对苹果经济价值的追求，苹果树种植面积逐年扩大，各大主要产区的地方政府对苹果树种植面积和空间分布的重视程度也逐渐加大。栖霞市是渤海湾苹果产区中规模化程度最高的苹果种植区，其种植面积与产量对渤海湾苹果产区有很大影响。传统的苹果资源信息统计数据多是通过人工调查统计获得，这种方法效率低、时效差、精度不高，在大尺度空间分布调查时存在较多问题，难以满足现代农业发展的需求。快速、有效、准确地获取苹果树种植面积及空间分布，可为政府部门进行苹果树种植布局调整、苹果估产及灾害预防应急等提供数据支撑。

遥感技术作为一门前沿的现代信息技术，具有快速、客观、监测范围广等优点。自应用以来，国内外学者开展了大量利用遥感技术提取农作物种植信息的研究。如Wardlow等(2008)、Sun等(2012)和许文波等(2007)使用MODIS产品数据，通过构建时间序列的方法对农作物进行分类和提取，取得了较好的效果；顾晓鹤等(2012)、程乾等(2005)和樊香所等(2015)通过MODIS、FY-3等数据，采用特征指数法对玉米、水稻和冬小麦种植面积进行提取研究，结果精度都达到80%以上。以上学者的研究多是基于中等分辨率卫星数据，其空间分辨率较低，分类精度会受到一定限制。随着卫星数据在空间分辨率上的不断提高，采用面向对象分类方法(Dujardin et al.，2011)或者基于高分辨率卫星数据(Al-Kofahi et al.，2012)进行作物提取的研究逐渐增多，陈燕丽等(2011)和任传帅等(2017)利用SPOT卫星影像通过多尺度分割，建立分类规则对水稻和芒果林进行了提取研究；石涛等(2015)和于新洋等(2012)基于TM影像数据通过特征参数分析建立提取模型对冬小麦和果园信息进行提取，提取精度均在85%以上；罗卫等(2014)以环境卫星的CCD影像为数据源，综合NDVI、波段信息、地形地貌等特征构建决策树模型，对东江源果园进行提取，提取精度达89%；姬忠林等(2017)基于GF-1影像对扬州市冬小麦和油菜进行了提取，总体精度分别达97%和96%；黄健熙等(2015)基于GF-1/WFV影像对影像进行主成分变换建立多特征数据集，通过构建决策树模型，分别提取水稻和玉米，精度达95%以上。上述研究充分说明采用面向对象分类方法或者基于高分辨率卫星数据在农作物信息提取方面有巨大的应用潜力。

综上所述,MODIS、FY-3 等卫星影像空间分辨率偏低,在作物提取精度方面会受到限制;TM、SPOT 和 GF-1 等高分辨率卫星影像可以提供更丰富的空间信息,但分类多是应用在小麦、水稻、玉米等大宗农作物,对山地丘陵苹果树信息提取的研究相对较少,以往的研究中很少将国产高分辨率卫星 GF-1 影像用于山地丘陵苹果树的提取。基于此,本研究基于 GF-1/WFV 卫星影像数据,以山地丘陵城市栖霞为研究区,采用面向对象决策树分类方法,将植被覆盖度和坡度信息融入影像的多尺度分割,以 DEM、坡度、光谱信息为辅助数据,开展山地丘陵地区苹果树种植信息分层提取方法研究,建立适合山地丘陵地区苹果树种植信息遥感提取模型,以期为国产高分辨率卫星 GF-1 在山地丘陵地区果园信息遥感提取方面提供科学的参考和技术支撑。

(2)技术与方法

①研究区概况

本研究选取山地丘陵城市栖霞为研究区,该区域地形复杂,下垫面信息丰富,丘陵、山地和平原均种植苹果树,是渤海湾重要的苹果产区,同时苹果也是该区域的支柱产业。栖霞市位于山东半岛东部,属山区丘陵地形,有"胶东屋脊"之称,海拔 800 多米,四季分明,光照充足,年平均气温 11.3 ℃,年降雨量 650 mm 左右,年日照时数 2690 h,属暖温带季风型半湿润气候,是我国最适宜果树生长的地区之一,研究区地理位置如图 3.13 所示。据统计,2016 年栖霞累积出口鲜苹果 10.9 万 t,出口量位居全国县级市首位,全市苹果年总收入近 100 亿元,80%的农民经济收入来源于苹果业。

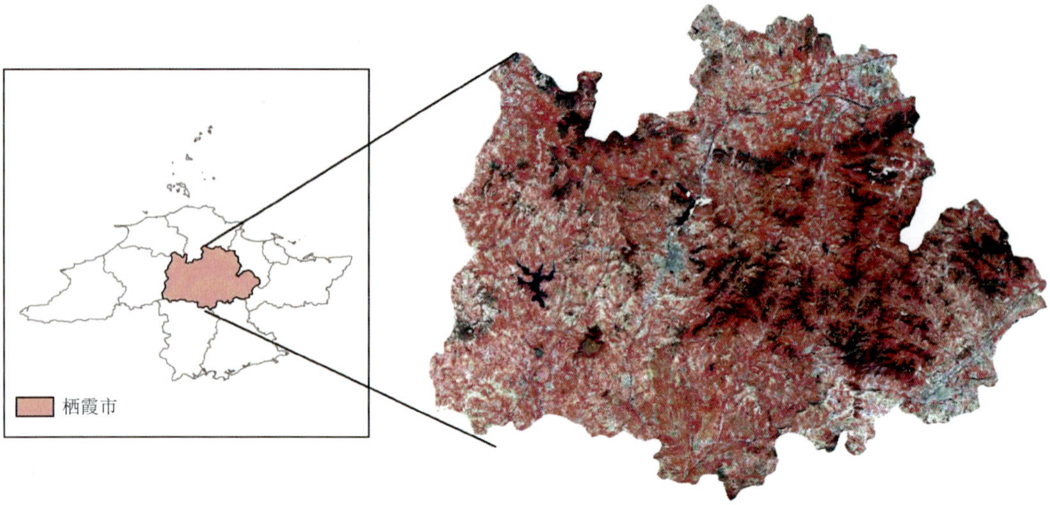

图 3.13　研究区地理位置和 GF-1 假彩色合成影像图

②数据源及预处理

GF-1 号卫星作为中国高分辨率对地观测系统的第一颗卫星,搭载了 4 台 16 m 分辨率多光谱相机,包括绿光、蓝光、红光和近红外 4 个波段,其主要卫星参数见表 3.14。本研究使用的 GF-1/WFV 卫星影像数据获取时间为 2016 年 4 月 25 日,产品级别为 1 级(相对辐射校正产品),云量小于 3%,数据来自中国资源卫星应用中心网站。

表 3.14　GF-1 卫星参数表

名称	参数	名称	参数
波段	4	轨道高度	645 km
波长	蓝光：0.45～0.52 μm	空间分辨率	16 m
	绿光：0.52～0.59 μm	幅宽	800 km
	红光：0.63～0.69 μm	重返周期	4 d
	近红外：0.77～0.89 μm	侧摆能力	±35°

GF-1/WFV 卫星影像数据预处理主要包括正射校正、辐射定标和大气校正，预处理所有过程在 ENVI 软件环境中完成。借助 30 m 分辨率 DEM 数据对影像进行正射校正，将影像的误差控制在一个像元内；通过中国资源卫星应用中心提供的辐射定标系数进行辐射定标；利用 ENVI 的 FLAASH 模块进行大气校正，以消除大气在传输过程中对地物反射的影响。

坡度(SLOPE)作为重要的地形因素之一，能在一定程度上反映土地利用类型及植被的分布状况(王莉 等，2010)，特别对于山地丘陵地区，坡度信息可作为识别地物的一个重要因子。研究区坡度信息通过 30 m 分辨率 DEM 数据进行提取，DEM 数据来自地理空间数据云(www.gscloud.cn)，通过三次卷积内插进行重采样与卫星数据进行匹配。

植被遥感监测中，归一化植被指数(NDVI)是植被生长状况和植被覆盖度的重要指示因子，本节通过 NDVI 进行植被覆盖度的估算，NDVI 计算公式如下：

$$\mathrm{NDVI} = (\mathrm{NIR} - R)/(\mathrm{NIR} + R) \tag{3.17}$$

式中，NIR 为近红外波段反射率，R 为红光波段反射率。

植被覆盖度(VC)是指植被地面垂直投影面积与统计区地面总面积的百分比(冯莉莉等，2014)。它能反映植被的生长状况和空间分布密度，可有效剔除非植被及植被覆盖较低的地物。根据像元二分模型，假设每个像元地表均为无植被覆盖和植被覆盖两个部分构成，因此，可通过 NDVI 进行植被覆盖度的估算。计算公式为：

$$\mathrm{VC} = (\mathrm{NDVI} - \mathrm{NDVI}_{soil})/(\mathrm{NDVI}_{veg} - \mathrm{NDVI}_{soil}) \tag{3.18}$$

式中，NDVI_{soil} 为无植被覆盖地表或裸地 NDVI 值，NDVI_{veg} 为植被完全覆盖地表 NDVI 值。为保证植被覆盖度精度，NDVI_{soil} 值选取 NDVI 影像频率累积率为 5%的 NDVI 值，NDVI_{veg} 值选取 NDVI 影像频率累积率为 95%的 NDVI 值。

为掌握研究区苹果树的种植分布情况，本研究对研究区进行了野外实地调查，同时结合在线高分辨率影像，按照样本点数量充足、均匀分布的原则，共选取 456 个苹果树样本点及 125 个非苹果树样本点。

③研究方法

(a)分类方法

面向对象决策树分类以影像分割后的同质区域为分析目标，通过构建特征指数及分割后所得对象的形状、语义等多种特征作为建立决策树的判断准则，对影像的各个对象进行逐层识别和归类，逐步将目标地物分离出来。多尺度影像分割是面向对象决策树分类的关键，分割尺度直接影响目标地物的提取精度(梁守真 等，2015；周静平 等，2016)。根据目标地物及研究区的不同，融入辅助信息参与影像分割可以提高分类精度(马洋洋 等，2015)。本研究区属于山地丘陵地形，影像分割时将 SLOPE 和 VC 数据融入影像分割，经过多次对比分析，将分割尺度设为15,合并尺度设为70,苹果树大多被分割到同一多边形区域,同时对零碎地块也有较好的分割,通过对研究区不同地物样本的统计分析,建立决策树分类模型对目标地物进行提取。

最大似然监督分类是最常用的遥感影像监督分类方法之一,该方法基本原理是通过对遥感数据像元统计分析,假定各类地物均为正态分布,通过训练样本,根据判决准则构建非线性判别函数,判定每个对象的归属度,把各对象分配到相应类别中去(徐文斌 等,2013)。

(b)研究方案

分别利用面向对象决策树分类和最大似然监督分类法对研究区苹果树进行识别提取,通过对分类结果分析及精度验证,得到山地丘陵的苹果树最优提取方法。在面向对象决策树分类中,为了验证辅助信息参与影像分割是否能进一步提高苹果树提取精度,将面向对象决策树分类按辅助信息SLOPE和VC数据是否参与影像分割分为两种方法。研究方案分为以下三种方法:SLOPE和VC数据作为辅助信息参与遥感影像的多尺度分割的面向对象决策树分类,记为K1;无辅助信息参与遥感影像的多尺度分割的面向对象决策树分类,记为K2;最大似然监督分类,记为K3。具体技术路线如图3.14所示。

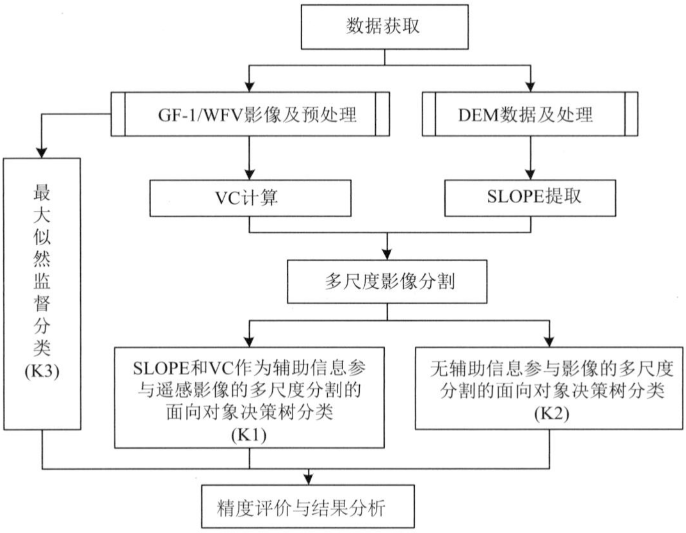

图3.14　本研究技术路线图

(3)特征参数的分析与选取

地物特征参数的选取和确定是构建决策树的重要前提,尤其是在复杂下垫面的区域,不同地物的光谱特征及其周围的地形环境因子是遥感影像中最直观的特征。光谱特征是光学遥感进行地物识别的基础,地物光谱特征分析有助于提取目标地物;而地形因子是植被种植生长的特征之一。相比于平原地区,山地丘陵地形较为复杂,因此,植被具有显著的地带性空间分布特征(李爱农 等,2016)。

通过调查和查阅研究区的相关资料发现,研究区地物类型主要为苹果树、林地、冬小麦、水体、建设用地和未利用地。基于此,本研究对研究区典型地物样本光谱及环境地形特征进行选取和分析。由于本研究主要讨论的对象为苹果树,故先将地物类型分为非植被和植被两大类,其中,非植被主要包括水体、建设用地和未利用地,植被主要包括冬小麦、林地和苹果树。然后，统计样本数据并且生成非植被和植被的植被覆盖度（VC）的概率密度柱状图（图 3.15）。从图 3.15 中可以看出，非植被地物 VC 值分布在 0～0.6 范围（主要集中在 0～0.4 区间），并且随着 VC 值的增加概率密度逐渐减小。相比而言，植被地物的 VC 值范围在 0.3～0.9 之间，主要集中在 0.5～0.9 区间，并且随着 VC 值的增加概率密度逐渐增大。考虑到非植被与植被的 VC 值在部分区间存在交集，但是所占比例较小，因此，本研究可以通过设置 VC 阈值来区分植被与非植被。

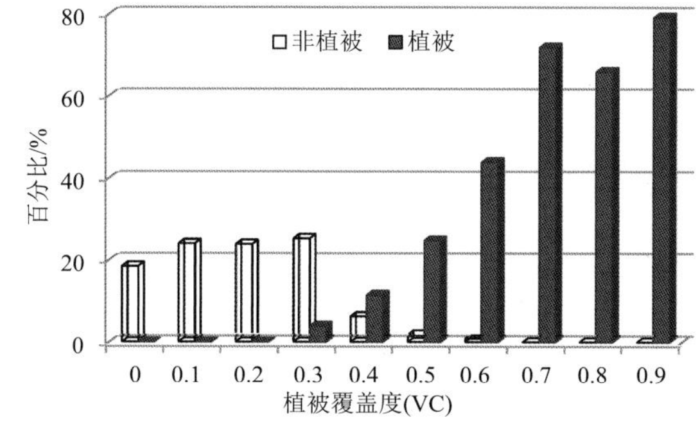

图 3.15　2016 年 4 月研究区植被与非植被地物植被覆盖度（VC）概率密度对比图

研究区的苹果树在 4 月下旬处于花期，其光谱表现为花与叶的综合光谱特征，而冬小麦处于孕穗—抽穗期。苹果树的光谱特性与冬小麦和林地存在一定差异，如图 3.16 所示。从图 3.16 可以看出，三种植被在蓝光和红光波段表现为吸收谷，在绿光和近红外波段表现为反射峰。在可见光波段范围，苹果树的反射率最高，其次为林地，冬小麦最低。在近红外波段处，苹果树和冬小麦的反射率相近，并且高于林地。基于上述分析，通过绿光和近红外波段反射率阈值可以实现苹果树与冬小麦和林地的区分。

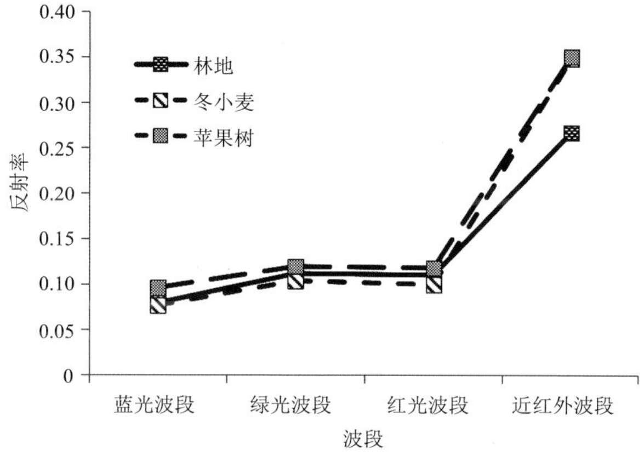

图 3.16　2016 年 4 月研究区植被光谱曲线图

坡度作为一个重要的地形因子，其在一定程度上反映植被的种植分布情况，特别在山地丘陵地区。针对本节的研究区，其中部及东部山区坡度较大，北部、西部和南部地势较低缓，林地多分布在海拔较高且坡度较陡的地方。通过实地调查和相关文献的查阅可知，栖霞苹果树种植坡度在不同 DEM 区域存在一定差异性。因此，在前人研究的基础上，通过 DEM 对研究区进行具体分层，进而对不同层的苹果树种植坡度进行分层统计分析。在本研究中，依据研究区的地形特征，将 DEM 共分为三层，即①DEM 小于 150 m；②150～250 m；③250～400 m。在此基础上，对不同 DEM 层的苹果树样本点进行统计，生成不同 DEM 层的苹果树种植坡度柱状图，如图 3.17 所示。从图 3.17 中统计结果可以看出，DEM 在 150 m 以下，苹果树种植坡度在 3.0°以下；DEM 在 150～250 m，苹果树种植坡度在 9.3°以下；DEM 在 250～400 m，苹果树种植坡度在 13.5°以下。由此可见，苹果树种植坡度特征可作为提取苹果树种植信息的一个重要参数。

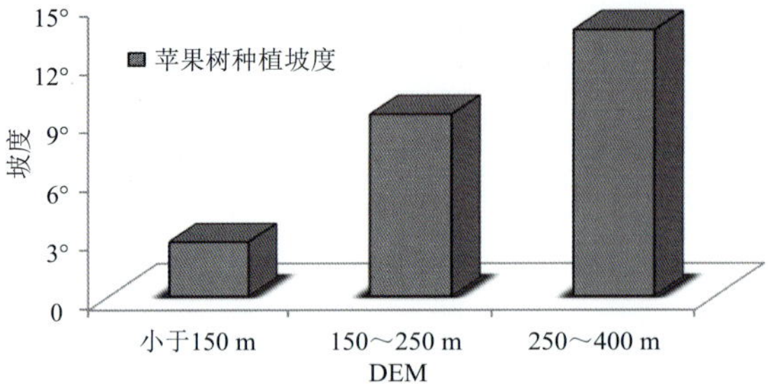

图 3.17　研究区不同 DEM 层的苹果树种植坡度统计结果图

（4）面向对象的决策树模型构建

基于研究区地物特征分析结果，本研究选择植被覆盖度（VC）、DEM、坡度和光谱参数进行决策树分类方法的构建。图 3.18 为决策树分类规则路线图。通过各节点的分类规则，逐层分类，最终提取苹果树信息。首先，通过 DEM 阈值筛选出苹果树种植区；其次，通过植被覆盖度阈值进行植被与非植被的分离；然后通过 DEM 阈值对苹果树种植区进行分层提取，即 DEM 在 150 m 以下的区域，通过绿光波段反射率阈值进行苹果树与冬小麦的区分；DEM 在 150～250 m 的区域，通过坡度和绿光波段反射率阈值进行苹果树与冬小麦和林地的区分，DEM 在 250～400 m 的区域，通过坡度和近红外波段反射率阈值进行苹果树与林地的区分。

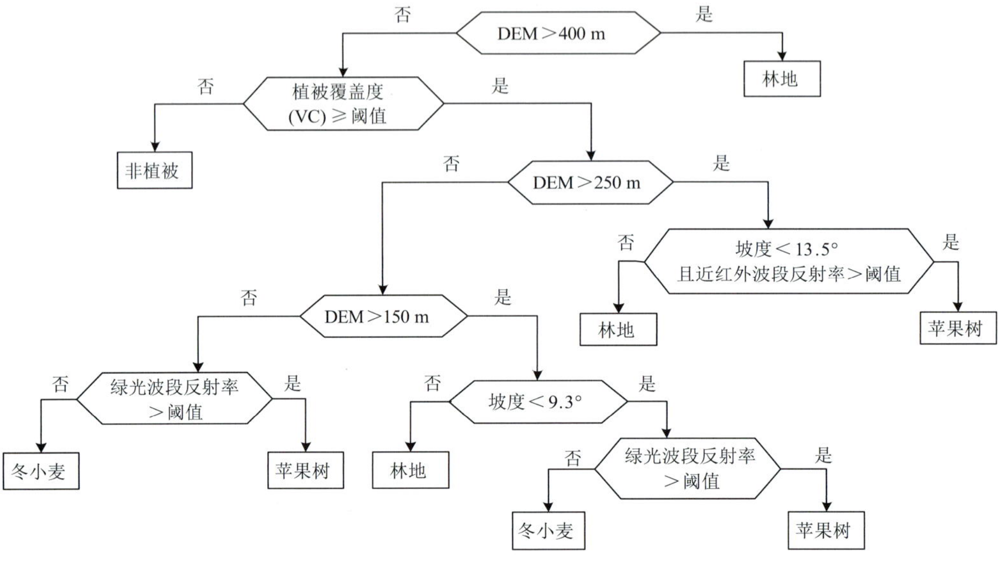

图 3.18　决策树分类规则图

根据上述决策树分类规则，同时应用到 SLOPE 和 VC 数据作为辅助信息参与遥感影像的多尺度分割的面向对象和无辅助信息参与影像分割的面向对象中，以作为对比。

(5)提取结果及精度检验

根据上述决策树分类规则，通过统计得到的合理阈值对研究区进行分类，最终得到三种不同分类方法提取的苹果树种植分布结果，如图 3.19 所示。在空间上，三种方法在北部和南部海拔较低的区域提取苹果树种植信息效果较为理想。栖霞北部和南部多为平原，其地势平坦，苹果树种植区多为连片种植的大面积地块，种植面积比例较大。中部地区多为山地丘陵，特别是中东部山区，苹果树种植区地块较为破碎，由于受到地形及种植条件的影响，大多种植在村庄附近或者地势坡度较缓区域，种植面积相对较少。从分类结果(图 3.19)可以看出，栖霞苹果树种植分布存在差异性，随着 DEM 和坡度的增加苹果树种植区域呈现递减趋势，这与张迎萍(2014)对胶东山区苹果树种植适宜性分布的研究结果较为吻合。

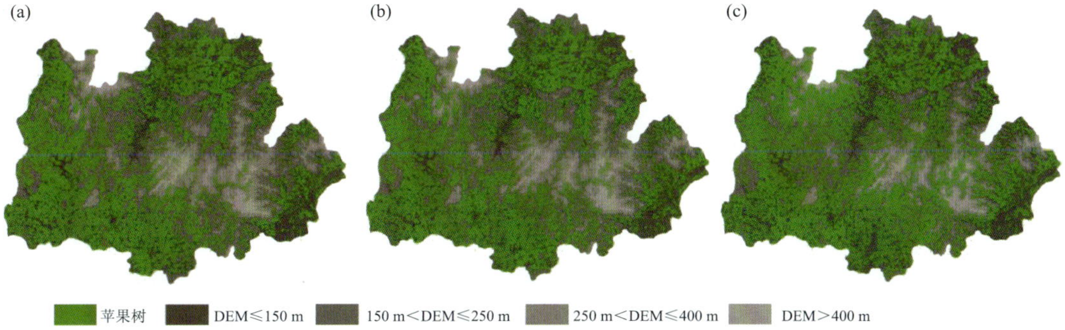

图 3.19　三种不同分类方法提取的苹果树种植分布图
(a)K1；(b)K2；(c)K3

为了定量地评估三种分类方法的分类结果精度，本研究采用实测样本点与在线高分辨率影像数据选取的混合样本点为真值，采用混淆矩阵生成的生产精度和用户精度定量评估其分类结果的精度，如表 3.15 所示。三种分类方法中 K1 精度最高，利用混合样本点验证的生产精度为 87.3%，用户精度为 90.3%，相较于其他两种分类方法(K2 和 K3)，K1 分类方法的生产精度提高了 2.6%和 10.1%，用户精度提高了 2.8%和 10.1%；利用实测样本点验证的生产精度为 91.6%，用户精度为 90.8%，相较于其他两种分类方法(K2 和 K3)，K1 分类方法的生产精度提高了 2.4%和 7.3%，用户精度提高了 2.1%和 5.4%。由此可见，在山地丘陵地区，单纯依靠地物光谱信息并不能有效地提取苹果树种植信息。然而，通过引入辅助信息的面向

表 3.15　三种分类方法的苹果树分类精度表　%

分类方法	样本点类型	生产精度	用户精度
K1	混合样本点	87.3	90.3
	实测样本点	91.6	90.8
K2	混合样本点	84.7	87.5
	实测样本点	89.2	88.7
K3	混合样本点	77.2	80.2
	实测样本点	84.3	85.4

对象决策树分类可以明显提高苹果树种植面积的提取精度，此外，将辅助信息（SLOPE 和 VC 参数）融合到遥感影像多尺度分割的面向对象决策树分类，则可以进一步提高其提取精度。

此外，通过将三种分类方法提取苹果树种植面积结果与当地农业部门统计数据进行对比分析（表 3.16）发现，两种面向对象决策树分类法提取苹果树种植面积精度要高于最大似然监督分类。其中，SLOPE 和 VC 数据作为辅助信息参与遥感影像的多尺度分割的面向对象决策树分类（K1）提取面积精度达到了 94.1%，相较于无辅助信息参与遥感影像的多尺度分割的面向对象决策树分类（K2）和最大似然监督分类（K3）提取面积精度分别提高了 0.3%和 17.4%。

表 3.16　三种分类方法的苹果树种植面积分类精度表

分类方法	提取面积/万亩	统计面积/万亩	提取精度/%
K1	105.9	100	94.1
K2	106.2	100	93.8
K3	123.3	100	76.7

为了较好地比较上述三种分类方法在本节研究区的效果和精度，本节计算和对比分析了这三种方法针对不同 DEM 层苹果树种植面积的提取结果，如表 3.17 所示。从表 3.17 可知，针对 K1 和 K2 分类方法，这两种方法提取的苹果树种植面积在三种 DEM 层（DEM≤150 m、150 m<DEM≤250 m 和 250 m<DEM≤400 m）所占比例均差异不大，分别在 64%、32%和 4%左右，并且不同 DEM 层的提取比例相差在 0.4%以内。相比而言，K3 分类方法在三种 DEM 层下苹果树的提取面积占总种植面积的 53.1%、38.8%和 8.1%，这与前两种分类方法（K1 和 K2）的提取结果差异较为明显。通过分类结果与影像对比分析，在 DEM≤150 m 的平原地区，最大似然监督分类（K3）表现出漏分或错分苹果树的情况比较多，特别是苹果树与其他地物的交界处容易混分，而 SLOPE 和 VC 数据作为辅助信息参与遥感影像的多尺度分割的面向对象决策树分类（K1）和无辅助信息参与遥感影像的多尺度分割的面向对象决策树分类（K2）通过 VC 数据阈值较好地将苹果树与非植被进行了分离，但存在与其他植被混分的情况。在 150 m<DEM≤250 m 和 250 m<DEM≤400 m 的山地丘陵地区，由于混合像元的存在，最大似然监督分类（K3）容易将林地、冬小麦和未利用地等像元混淆或错分，进而影响其分类精度。相比而言，引入 SLOPE 和 VC 数据作为辅助信息参与遥感影像的多尺度分割的面向对象决策树分类（K1）和无辅助信息参与遥感影像的多尺度分割的面向对象决策树分类（K2）通过坡度阈值较好提取出苹果树种植区，但在山地与丘陵交接地带也存在一定的混分现象。综上分析可知，引入 SLOPE 和 VC 数据作为辅助信息参与遥感影像的多尺度分割面向对象决策树分类（K1）和无辅助信息参与遥感影像的多尺度分割的面向对象决策树分类（K2）的提取结果较为合理，并且优于最大似然监督分类（K3）。

表 3.17　三种分类方法分层提取苹果树面积比例表

分类方法	DEM≤150 m	150 m<DEM≤250 m	250 m<DEM≤400 m
	提取苹果树种植面积比例/%	提取苹果树种植面积比例/%	提取苹果树种植面积比例/%
K1	64.1	32.3	3.6
K2	63.7	32.4	3.9
K3	53.1	38.8	8.1

(6)小结

面向对象决策树分类方法多用于高分辨率卫星影像，不仅可以避免基于像元分类的“椒盐现象”（“椒盐现象”指在遥感影像分类结果中，同一种地物被错误地分类成多种不同类别，导致原本应该均一的地块看起来像被“打碎”了一样），同时可以融合多种辅助信息对目标地物进行提取。针对山地丘陵地区，本研究对比分析了基于 GF-1/WFV 卫星影像的苹果树信息三种提取方法，面向对象决策树分类中将植被覆盖度和坡度信息融入影像的多尺度分割，以 DEM、坡度、光谱信息为辅助数据，构建决策树模型对山地丘陵地区苹果树种植信息进行提取，苹果树种植面积提取精度达 94.1%，生产精度达 87.3%，用户精度达 90.3%，相较于无辅助信息参与遥感影像的多尺度分割的面向对象决策树分类和最大似然监督分类面积提取精度提高了 0.3%和 17.4%，生产精度分别提高了 2.6%和 10.1%，用户精度分别提高了 2.8%和 10.1%。说明基于国产高分辨率卫星 GF-1 影像数据的面向对象决策树分类法通过引入目标地物自身特征及地形因素作为辅助分类信息，一定程度上可以提高山地丘陵地区苹果树种植信息提取精度。

在山地丘陵地区，苹果树种植受到土地开发、水浇、管理等条件的限制，随着 DEM 和坡度的增加，种植面积分布逐渐减小，根据不同 DEM 层苹果树种植分布的地形特点进行相应坡度阈值的设定，可有效地提高信息提取精度。山地丘陵地区作物种植结构相对零散，面向对象决策树分类虽然可以充分利用光谱和辅助信息，但分割尺度太大或太小都会对提取结果有一定的影响，因此，针对不同目标地物，确定最优分割尺度仍是今后研究的重点。

3.2 主要农作物农业气候资源

3.2.1 冬小麦

冬小麦按照春化时间长短，主要可以分为强冬性、冬性、半冬性、偏春性与春性品种。不同冬春性品种对低温持续时间和温度需求不同，一般春化时间越长，则抗寒性越强（蒋代章 等，1988；钟秀丽 等，2007；张爱芝 等，2007）。冬性品种需要在 0～5 ℃持续 30～45 d 通过春化，半冬性品种需要在 0～7 ℃持续 15～35 d 通过春化，春性品种在 0～12 ℃持续不到 15 d 即可通过春化（中国农林作物气候区划协作组，1987）。赵虹等（2010）研究表明，冬性品种在 0～7 ℃下 30 d 以上即可通过春化，强冬性在 40 d 以上；半冬性品种需要在 3～15 ℃持续 20～30 d。冯岳等（2018）研究表明，春性、偏春性、半冬性、冬性和强冬性小麦品种在 2 ℃条件下完成春化所需时间分别为 0 d、0～20 d、20～30 d、30～40 d 和 40 d 以上。

山东冬小麦品种以冬性和半冬性为主，1981—2010 年半冬性品种种植北界向北移动至山东南部和山东半岛东部、北部一带（李克南 等，2013）。根据山东麦区农业气象观测站观测资料分析得出，冬性品种在 20 世纪 80 年代主要分布在鲁西北、鲁中山区和山东半岛西北部，1990 年后扩大到鲁东南，2010 年后向北收缩，主要分布在鲁西北和山东半岛西北部；半冬性品种 1980 年主要分布在鲁西南、鲁东南、山东半岛东南部，20 世纪 90 年代鲁东南分布减少，2010 年后向北扩大到鲁中、鲁东南和山东半岛南部。

选择 1981—2017 年农业气象观测资料较完整的菏泽、泰安、莱阳 3 个农业气象观测站为代表站，其中菏泽以半冬性品种为主，泰安先以冬性品种为主，2010 年后逐渐种植半冬性品种，莱阳先以半冬性品种为主，2000 年后逐渐以冬性品种为主。

山东冬小麦全生育期内热量资源由北向南、由沿海向内陆递增，全生育期天数随之递减，热量资源年际变化均呈现增加趋势，生育期天数基本呈减少趋势。1981—2017 年，山东冬小麦生育期(10 月—次年 6 月)≥0 ℃积温在 2500～3300 ℃・d之间，热量资源与种植品种分布一致；麦区≥0 ℃积温变化呈现增加趋势，大部地区增幅在 60～140 ℃・d/(10 a)(图 3.20)；菏泽、泰安、莱阳全生育期≥0 ℃积温平均值分别为 3061.3 ℃・d、2819.3 ℃・d、2464.6 ℃・d，年际变化均呈增加趋势，平均每 10 a 分别增加 140.6 ℃・d、111.7 ℃・d、103.3 ℃・d(图 3.21)；菏泽、泰安、莱阳冬小麦全生育期天数平均分别为 236.1 d、244.9 d、253.8 d，不同地区随着热量资源的增加而递减，各代表站全生育期天数年际变化均呈减少趋势，减幅平均每 10 a 分别为 3.1 d、1.8 d、4.9 d(图 3.22)。

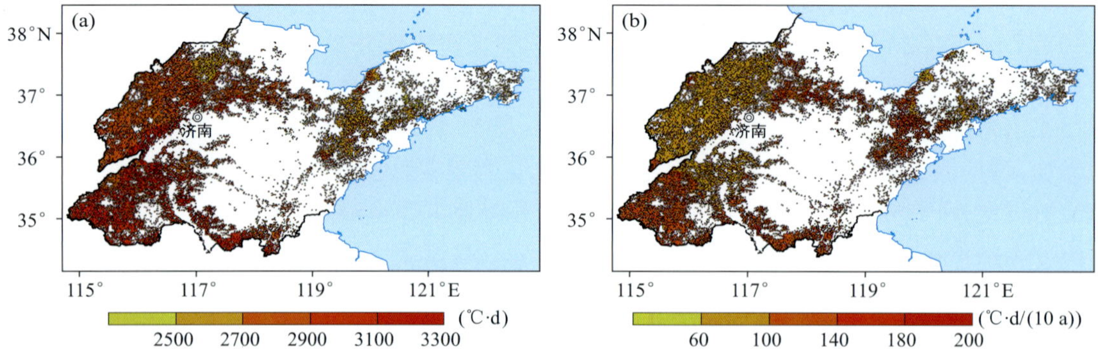

图 3.20　1981—2017 年山东麦区 10 月—次年 6 月≥0 ℃积温分布(单位：℃・d)(a)与变化倾向率(单位：℃・d/(10 a))(b)图

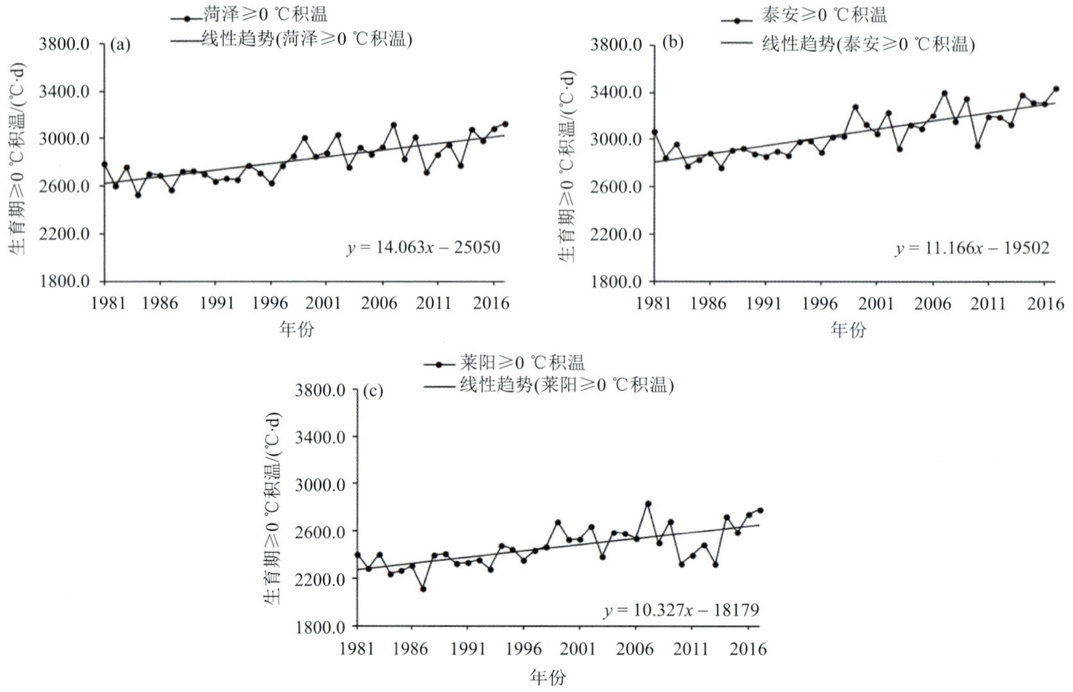

图 3.21　1981—2017 年山东麦区各代表站小麦全生育期≥0 ℃积温年际变化图

(a)菏泽；(b)泰安；(c)莱阳

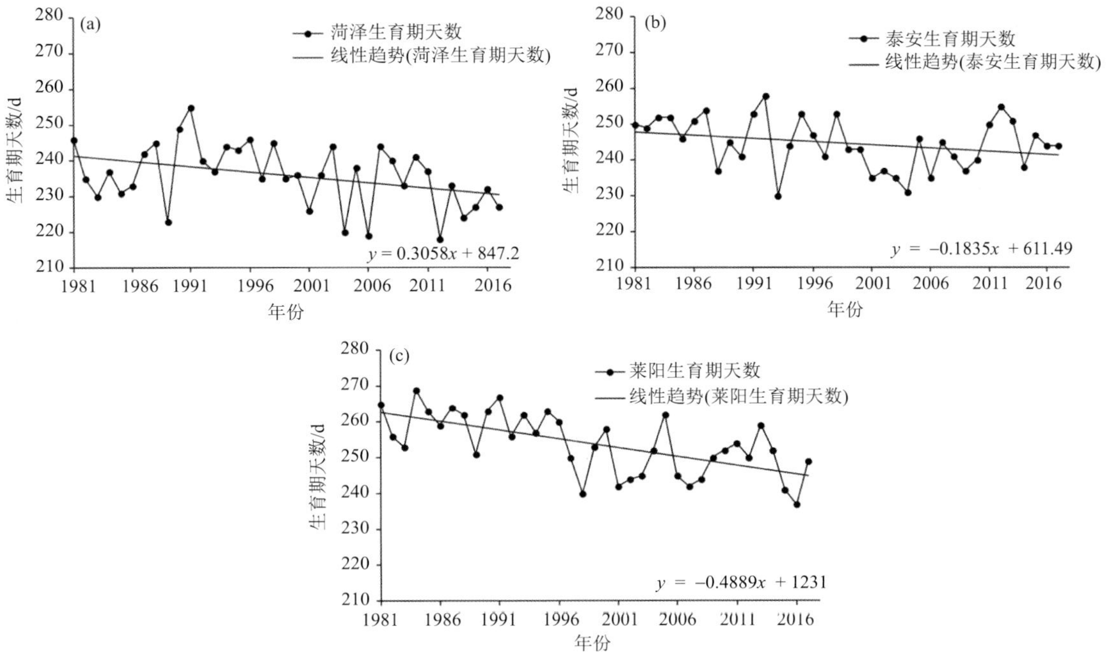

图 3.22　1981—2017 年山东麦区各代表站冬小麦全生育期天数年际变化图

(a)菏泽;(b)泰安;(c)莱阳

热量资源明显增加对冬小麦单产的影响最为显著(Tao et al.,2008;You et al.,2009;吴冰洁 等,2018)。研究表明,20 世纪 90 年代热量资源增加对山东区域冬小麦单产的影响以正效应为主,平均单产提高了 2.6%左右,21 世纪以来则以负效应为主,平均单产降低 0.7%左右,其中生育期内热量资源增加,特别是最低气温升高对单产的负效应最为显著(李瑞英 等,2013;许朗 等,2016;孙新素 等,2017;秦晓晨,2018)。不同发育阶段热量资源增加对单产的贡献不同,出苗—抽穗期有正效应,抽穗—成熟期则表现为负效应(罗蒋梅 等,2009;房世波 等,2012;刘淑云 等,2013;张文博 等,2015)。

山东冬小麦全生育期内降水量由北向南递增,年际波动大且增减趋势较小,大部麦区不能满足生长需求。全区降水量集中在 200～360 mm 之间。大部地区冬小麦生育期内降水量在 400 mm 以下,不能满足 400～550 mm 的正常需水量,缺水是冬小麦生长的主要矛盾。冬小麦生育期内降水量年际变化倾向率呈增加趋势,一般在每 10 a 增加 5～15 mm(图 3.23)。菏泽、泰安、莱阳生育期间平均降水量分别为 248.0 mm、256.9 mm、249.2 mm。各代表站点降水量变化趋势不明显,年际间波动较大(图 3.24)。

研究表明,生育前期降水增加利于产量提高,后期尤其是成熟期降水增加,则会导致一定减产,而关键发育期降水不足,往往引起产量波动性加大(Asseng et al.,2004;肖登攀 等,2014;刘涛 等,2016),特别是多季连旱的负效应更为明显(吴寅 等,2010;徐建文 等,2015)。

山东冬小麦全生育期内日照时数由北向南递减,年际变化呈减少趋势。1981—2017 年,生育期内日照时数在 1000～2000 h 之间,自北向南减少。年际变化总体呈现减少趋势(图 3.25)。菏泽、泰安、莱阳分别为 1697.6 h、1813.1 h、1875.6 h,年际变化均呈现减少趋势,平均每 10 a 减少分别为 10.0 h、65.1 h、57.2 h(图 3.26)。

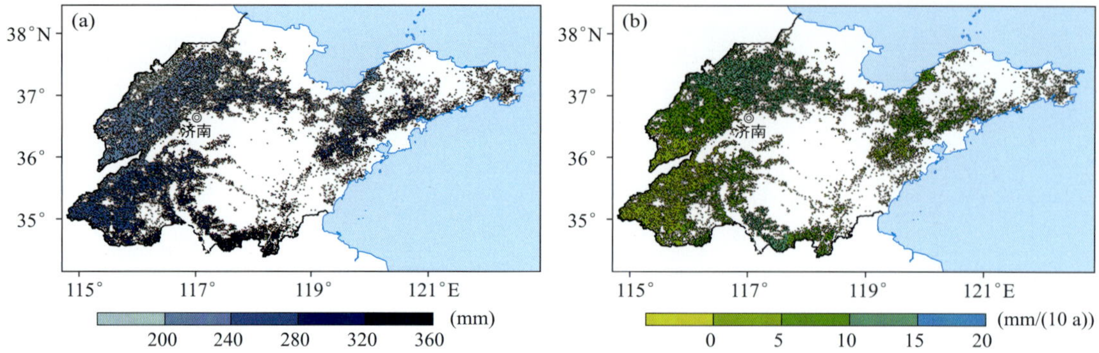

图 3.23　1981—2017 年山东麦区 10 月—次年 6 月降水量分布(单位:mm)(a)与变化倾向率(单位:mm/(10 a))(b)图

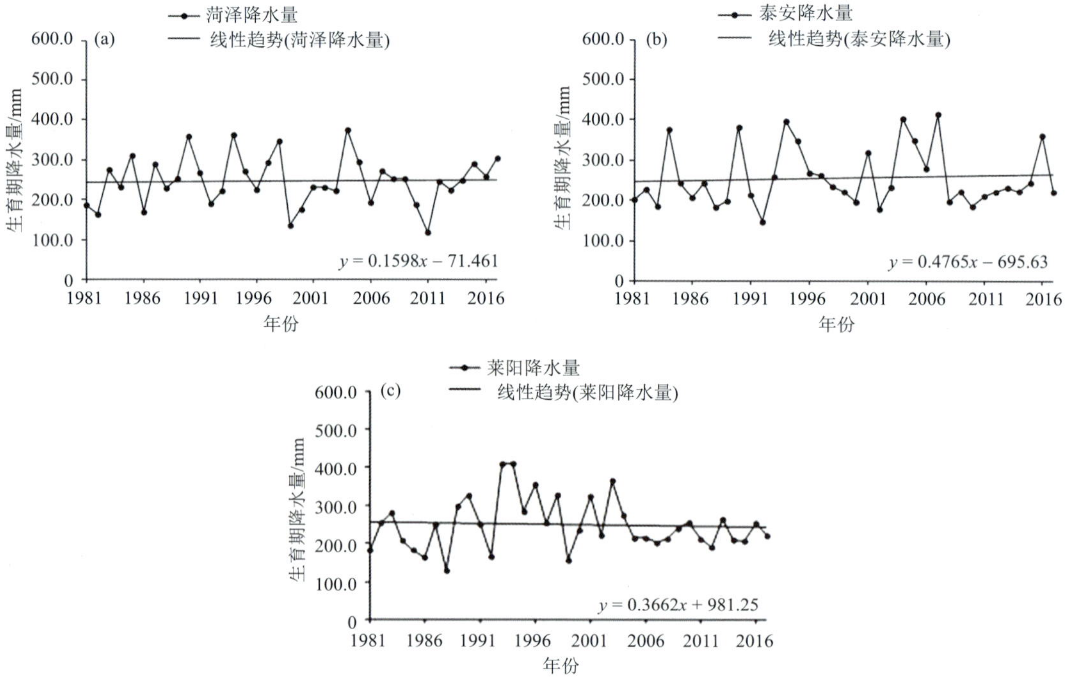

图 3.24　1981—2017 年山东麦区各代表站冬小麦生育期间降水量年际变化图

(a)菏泽;(b)泰安;(c)莱阳

冬小麦对光照资源比较敏感,光强和光质都会影响冬小麦生长发育和产量形成,光照资源丰富利于生长发育和产量形成,而光照不足则会减少冬小麦分蘖数、每亩粒数及粒重(郑娜等,2014;孙爽,2018)。中后期日照时数减少,弱光胁迫的负效应尤为明显,从而显著降低产量(闫素辉 等,2011)。

3.2.2 夏玉米

根据生育期的长短,可将夏玉米品种分为早、中、晚熟类型,早熟品种生育期不超过 95 d,中熟品种生育期为 96～105 d,晚熟品种生育期在 105 d 以上。受前后两茬作物生长的约束,

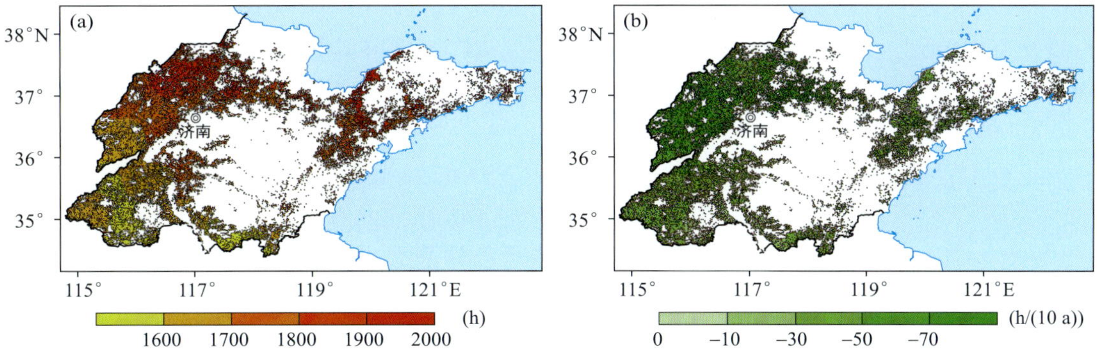

图 3.25　1981—2017 年山东麦区 10 月—次年 6 月日照时数分布(a)(单位:h)与变化倾向率(单位:h/(10 a))(b)图

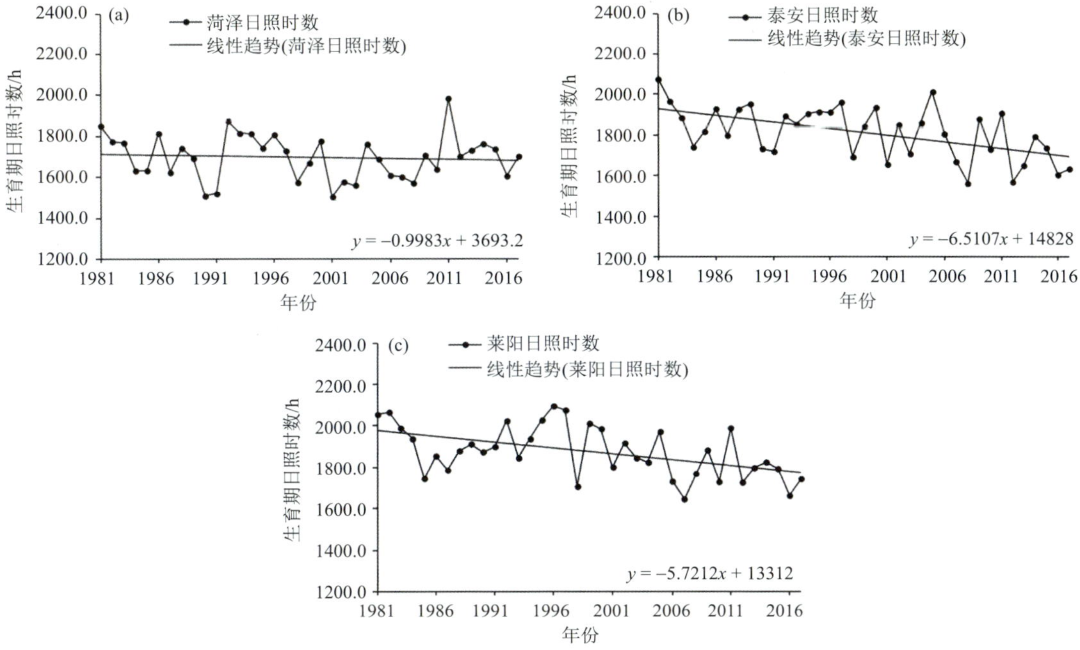

图 3.26　1981—2017 年山东麦区各代表站冬小麦生育期间日照时数年际变化图
(a)菏泽;(b)泰安;(c)莱阳

山东区域主要种植中熟品种(何奇瑾 等,2011)。

根据山东区域农业气象观测站观测资料和文献分析,中熟品种主要分布在鲁中、鲁西南、山东半岛地区,1996 年后种植区域扩大到鲁东南部分地区,2006 年后扩大到鲁西北;晚熟品种在 20 世纪 80—90 年代主要分布在鲁东南、鲁西北和山东半岛部分地区;早熟品种主要分布在鲁中地区,2000 年之后种植范围扩大到鲁东南地区。选择农业气象观测资料较完整、代表性较强的菏泽、泰安、莱阳等农业气象观测站,分析夏玉米生育期内气候资源特征,其中菏泽以中熟品种为主;泰安以早熟品种为主;莱阳 20 世纪 80 年代以中熟品种为主,20 世纪 90 年代以晚熟品种为主,2000 年后以中熟品种为主。

山东夏玉米生长季≥10 ℃积温由北到南、由沿海到内陆递增，年际变化总体呈现增加趋势，热量条件适宜。1981—2017 年，山东夏玉米主产区 6—9 月≥10 ℃积温由北到南、由沿海到内陆递增，多在 2900～3300 ℃·d 之间；6—9 月≥10℃积温总体呈现增加趋势，大部地区每 10 a 的增幅为 20～40 ℃·d(图 3.27)。菏泽、泰安、莱阳≥10 ℃积温均呈现缓慢增加趋势，平均每 10 a 的增幅分别为 47.48 ℃·d、32.20 ℃·d、42.16 ℃·d(图 3.28)。一般情况下，夏玉米所需≥10 ℃积温早熟品种为 2000～2300 ℃·d，中熟品种为 2300～2700 ℃·d，晚熟品种为 2700 ℃·d 以上，山东夏玉米主要产区热量条件十分适宜(王文毅 等，2009)。玉米籽粒产量与生育期内有效积温呈正相关(任佰朝 等，2018)。

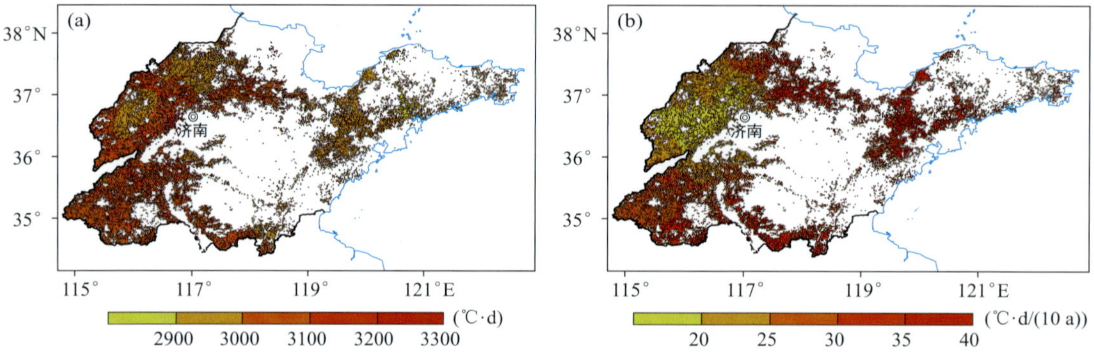

图 3.27　1981—2017 年山东夏玉米主要产区 6—9 月≥10 ℃积温(单位：℃·d)(a)及变化倾向率(单位：℃·d/(10 a))(b)图

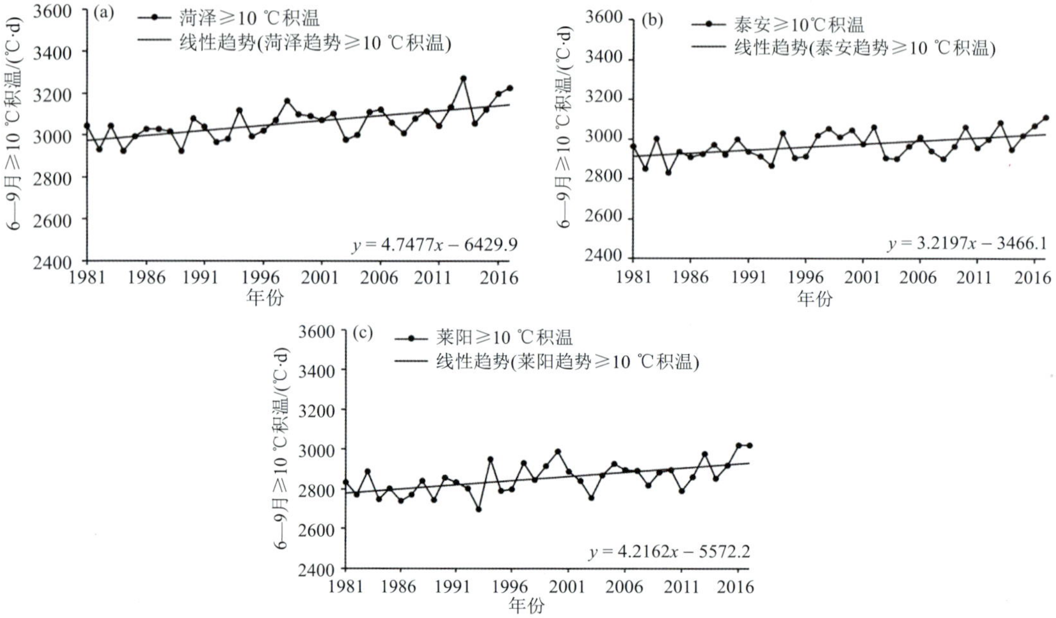

图 3.28　1981—2017 年山东夏玉米主要产区各代表站 6—9 月≥10 ℃积温年际变化图

(a)菏泽；(b)泰安；(c)莱阳

夏玉米生长季降水量自北向南递增，大部分地区年际变化呈略增趋势。1981—2017 年，全区 6—9 月降水量多在 400～600 mm 之间，其中北部在 400～550 mm 之间，南部大多在 550～600 mm 之间；大部分地区年际变化呈现略增趋势，增幅一般在每 10 a 10～40 mm（图 3.29）。菏泽、泰安、莱阳的年际波动较大，其中菏泽、莱阳平均每 10 a 分别增加 22.0 mm、8.3 mm，泰安平均每 10 a 减少 2.0 mm（图 3.30）。夏玉米需水量一般在 350～530 mm（郑伟 等，2007；肖俊夫 等，2008；王文毅 等，2009），受季风气候影响，生长季降水分布不均，干旱时有发生，适时灌溉可提高夏玉米产量。

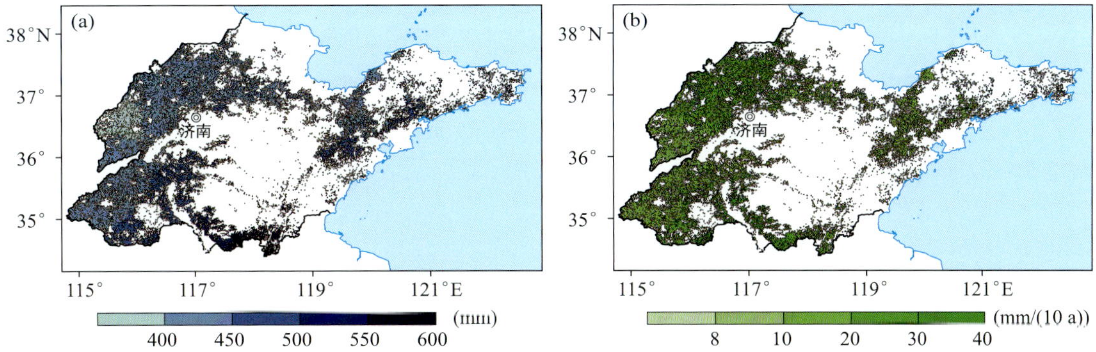

图 3.29　1981—2017 年山东夏玉米主要产区 6—9 月降水量（单位：mm）(a)与变化倾向率（单位：mm/(10 a)）(b)图

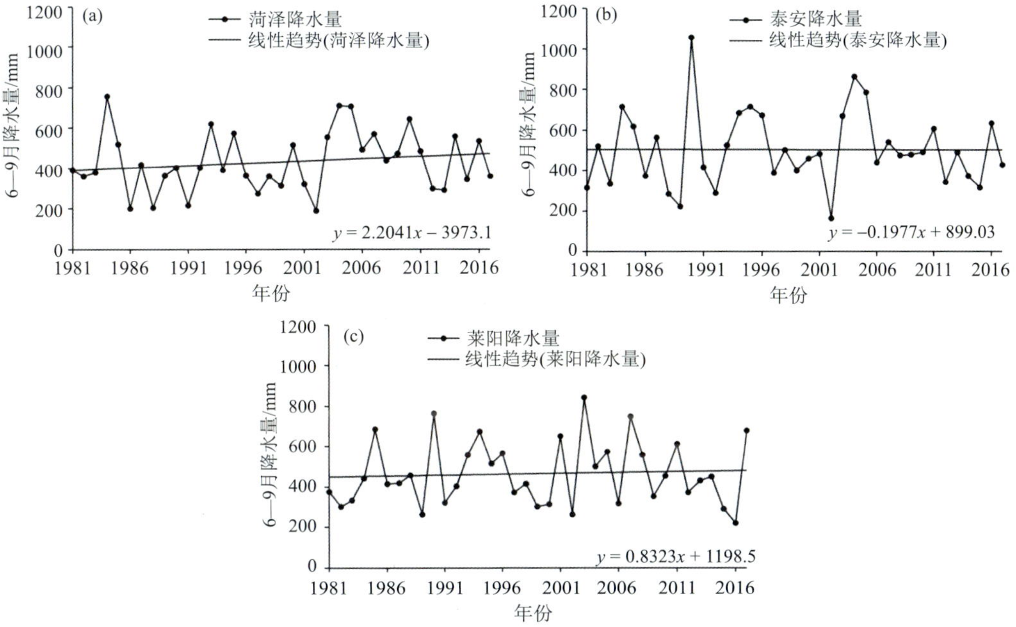

图 3.30　1981—2017 年山东夏玉米主要产区各代表站 6—9 月降水量年际变化图

(a)菏泽；(b)泰安；(c)莱阳

夏玉米生长季日照时数自北向南递减，年际变化呈减少趋势。1981—2017 年，主产区日照时数大多在 750～950 h 之间，年际变化呈现减少趋势，大部分地区减少幅度为每 10 a 10～70 h

(图 3.31)。菏泽、泰安、莱阳 6—9 月日照时数均呈现减少趋势,平均每 10 a 的减幅分别为 9.03 h、60.14 h、43.44 h,年际变化比较大,其中泰安、莱阳的减少趋势比较明显(图 3.32)。

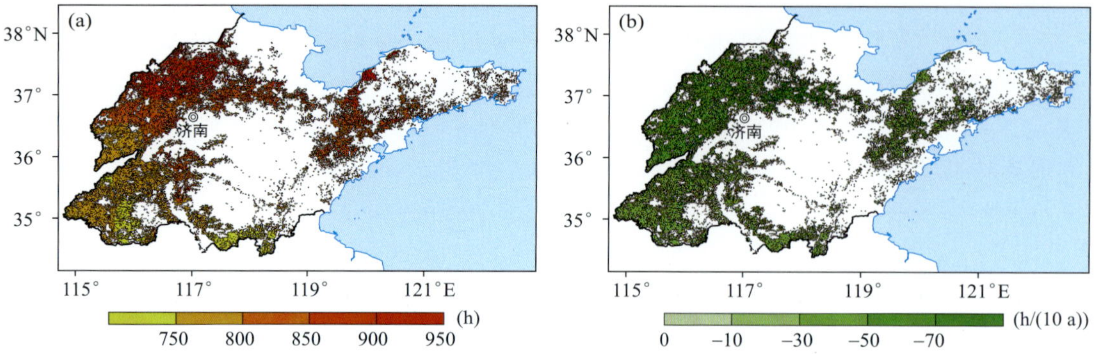

图 3.31 1981—2017 年山东夏玉米主要产区 6—9 月日照时数(单位:h)(a)及变化倾向率(单位:h/(10 a))(b)图

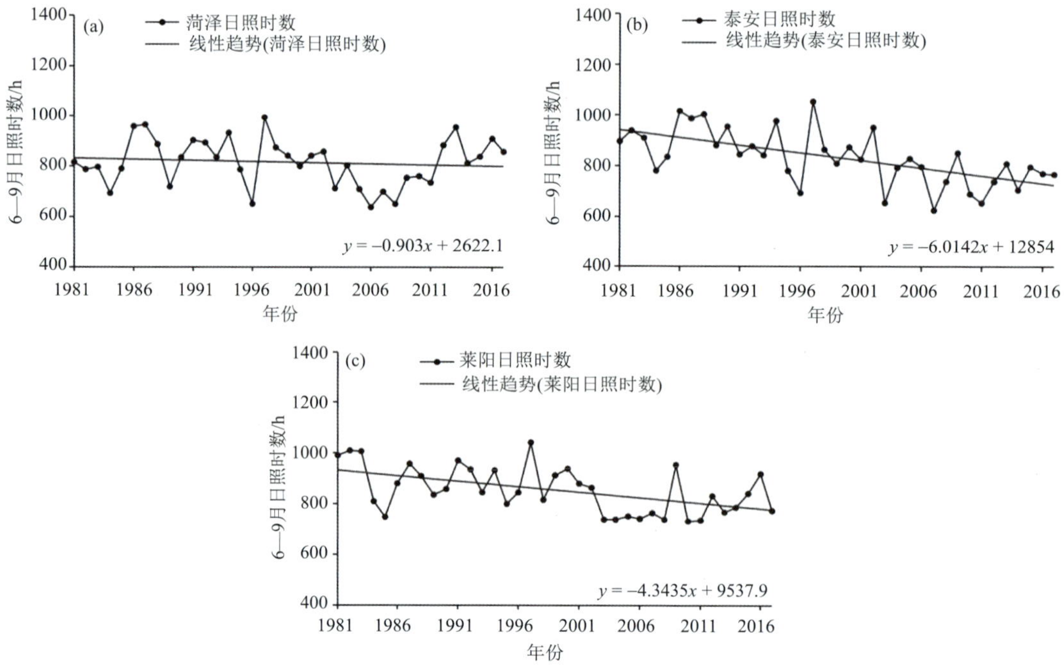

图 3.32 1981—2017 年山东夏玉米主产区代表站 6—9 月日照时数年际变化图

(a)菏泽;(b)泰安;(c)莱阳

3.2.3 棉花

棉花具有广泛的适应性,对生态环境要求比其他作物低,属于喜温作物,≥15 ℃·d 积温高于 2600 ℃·d,满足一定的水分条件即可种植早熟棉花。我国棉花集中产区可分为黄河流域棉区、长江流域棉区与新疆棉区。黄河流域棉区气候干燥、温差大,有利于干物质的积累及棉花的生长发育,部分不宜种植其他作物的盐碱地,可以种植棉花(李文炳 等,2001)。

山东属于黄河流域棉区，气候条件适宜种植棉花，热量、降水条件比新疆、河北等省丰富，但光照及温差比新疆小，品质不如新疆；虽然热量条件比长江中下游棉区差，但雨热与棉花的生长需要同步。春播低温连阴雨造成苗期病害、初夏梅雨导致蕾期营养过旺、伏旱高温造成大量蕾铃脱落等比长江流域轻（李文炳 等，2001）。山东棉花种植区域的气候资源丰富，雨热同季，对发展棉花非常有利，与我国北部棉区相比，降水充沛、热量丰富；与南部棉区相比，光照条件优越。但同时，山东旱、涝、风、雹灾较多，年际间棉花单产波动较大（李文炳 等，2001）。

山东棉花种植范围很广，集中种植地区在鲁西北、鲁西南、鲁北及胶莱河流域，鲁东也有分散种植。山东棉区属温带季风气候，四季分明，雨量集中，水、热、光资源丰富。受季风气候影响，雨季和高温期基本一致，雨热同季，对棉花生长十分有利；春季雨量少，温度回升快，相应延长了生长期，棉苗期受低温阴雨、霜冻危害较南方棉区少；秋季日照充足，有利于棉花成熟、吐絮。由于气象要素的时空分布不均，降水的稳定度差，各地的水热资源差异大，旱、涝、风、冻、雹等气象灾害时有发生。

3.2.4 花生

花生原产于热带，属于喜温作物，对热量条件要求较高，在整个生长发育过程中，均要求较高的温度条件。山东省是我国花生生产大省，花生种植遍及全省各地，主要分布于胶东丘陵、鲁中南山区和鲁西、鲁北平原区（万书波 等，2003）。全省土壤养分状况大体是有机质含量偏低，氮素不足，严重缺磷，微量元素缺乏，花生田养分更趋偏低。

山东省栽培的花生品种20世纪50年代以普通型大花生为主，20世纪60—70年代以珍珠豆型品种为主。20世纪80年代以来以中间型大花生为主，部分为普通型品种和珍珠豆型品种。

根据全省的自然条件及花生分布情况花生集中分布于三个产区。胶东丘陵区主要包括青岛、烟台、威海及潍坊的部分县（市），为山东省的主要花生产区，种植面积占全省总面积的近40%，总产占全省总产的42%；以春花生为主，部分麦田套作花生。鲁中南山区包括临沂、日照和泰安、济宁、淄博、济南的部分地区，种植面积和总产均占全省总面积和总产的30%左右；种植花生的土壤类型比较复杂，既有山岭梯田、河床沙地，也有风沙地；以春花生为主，部分麦田套作和夏直播花生。鲁西、鲁北黄河沙土区包括聊城、菏泽、德州、济南、滨州及淄博、济宁、枣庄的部分地区，种植花生的县（市）主要有莘县、冠县、阳谷、鄄城、单县、巨野、东明、曹县、东昌府区、惠民、阳信、齐河、高青；均以麦套和夏直播花生为主。

12 ℃一般作为珍珠豆型和多粒型品种花生发芽出苗的下限温度，15 ℃作为普通型和龙生型品种发芽出苗的下限温度。针对花生营养生长，在15 ℃的气温条件下，生长几乎停止，要正常生长，必须20 ℃以上的气温；大量的气象资料及花生长相分析表明，我国北方花生产区，花生生长期间气温越高，生长越好，幼苗期日平均气温应达到20 ℃左右。花生的开花数量与气温高低关系极为密切，一般认为，开花的适宜气温为日平均气温在23～28 ℃之间，在此气温范围内，气温越高，开花量越大。当日平均气温降到21 ℃时，开花数量显著减少；若低于19 ℃，则受精过程受阻；若超过30 ℃，开花数量也减少，受精过程受到严重影响，成针率显著降低。花生荚果发育所需时间的长短以及荚果发育的好坏，与气温高低有密切关系。一般认为，荚果发育的最适气温为25～33 ℃，最低气温为15～17 ℃，最高气温为37～39 ℃。据试验测定，结荚区地温保持在30.6 ℃时，荚果发育最快，体积最大，重量也最重，若高达38.6 ℃时，荚果则发育缓慢；若低于 15 ℃，荚果则停止发育。

花生是比较耐旱的作物，但整个生育期的各个阶段，都需要有适量的水分才能满足其生长发育的要求。总的需水趋势是幼苗期少，开花下针和结荚期较多，生育后期荚果成熟阶段又少，形成“两头少、中间多”的需水规律。种子发芽出苗时需要吸收足够的水分，水分不足种子不能萌发；发芽出苗时土壤水分以土壤最大持水量的 60%～70% 为宜，低于 40% 时，种子容易落干而造成缺苗，若高于 80% 时，则会造成土壤中的空气减少，也会降低发芽出苗率，水分过多甚至会造成烂种；出苗之后开花之前为幼苗阶段，这一阶段根系生长快，地上部的营养体较小，耗水量不多，土壤水分以土壤最大持水量的 50%～60% 为宜，若低于 40% 时，根系生长受阻，幼苗生长缓慢，还会影响花芽分化；若高于 70% 时，也会造成根系发育不良，地上部生长瘦弱，节间伸长，影响开花结果。花生开花下针阶段，既是植株营养体迅速生长的盛期，也是大量开花、下针、形成幼果进行生殖生长的盛期，是花生生长期中需水最多的阶段；这一阶段土壤水分以土壤最大持水量的 60%～70% 为宜，若低于 50% 时，开花数量显著减少，土壤水分过低时，甚至会造成中断开花；若土壤水分过多，排水不良，土壤通透性差，会影响根系和荚果的发育，甚至会造成植株徒长倒伏。结荚至成熟阶段，植株地上部营养体的生长逐渐缓慢以至停止，需水量逐渐减少；荚果发育需要有适量的水分，土壤水分以土壤最大持水量的 50%～60% 为宜，若低于 40%，会影响荚果的饱满度，若高于 70%，也不利于荚果发育，甚至会造成烂果。

花生属于短日照作物，一般来说，花生对光照时间的要求不太严格。日照时间的长短对花生开花过程有一定的影响，长日照有利于营养体生长，短日照能使盛花期提前，但出现总开花数量略有减少的趋势。由于短日照可以促进早开花，而营养体生长受到一定的抑制，因而造成开花量的减少。另据试验，不同类型花生品种对日照的敏感性有一定的差异，北方品种对日照的反应不敏感。花生幼苗期、结荚成熟期的日照时数对植株生育影响不大，而开花下针期的日照时数对植株生育有一定的影响，增产年份每天日照 8～9 h，减产年份多为 7 h 或 10 h。花生整个生育期间均要求较强的光照，如光照不足，易引起地上部徒长，干物质积累减少，产量降低。

3.3 主要农业气象灾害

3.3.1 冬小麦干旱

3.3.1.1 播期干旱

分析 1981—2017 年山东麦区 9 月中旬—10 月中旬降水量分布特征，大部地区一般在 80 mm 以下，部分地区不足 60 mm(图 3.33a)；麦区大部 9 月中旬—10 月中旬降水量平均每 10 a 变化幅度在 10 mm 以内(图 3.33b)。菏泽、泰安、莱阳 9 月中旬—10 月中旬降水量，平均每 10 a 分别增加 3.6 mm、0.8 mm、6.8 mm(图 3.34)。播种期干旱对小麦生长发育影响较大，会造成出苗率降低、缺苗断垅，出苗后长势较弱，抗寒能力下降。1960—2012 年冬小麦播种期干旱面积呈增加趋势(Wang et al.，2003；徐建文 等，2014；成林 等，2014；张存杰 等，2014)。

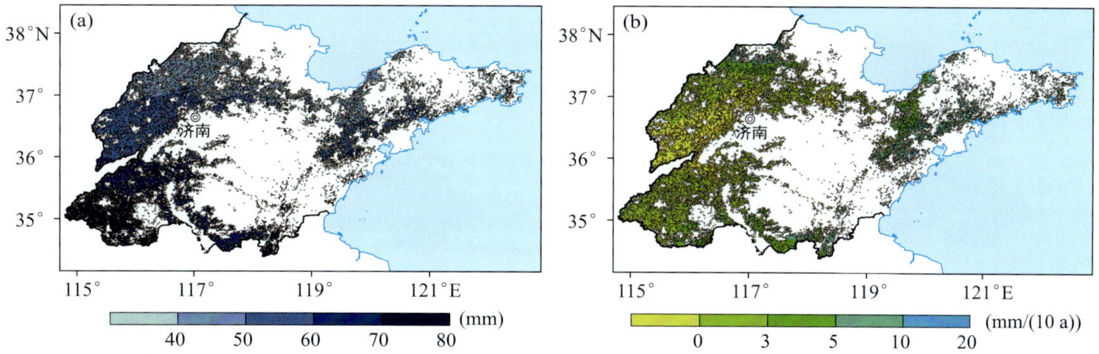

图 3.33　1981—2017 年山东麦区 9 月中旬—10 月中旬降水量分布(单位:mm)(a)与变化倾向率(单位:mm/(10 a))(b)图

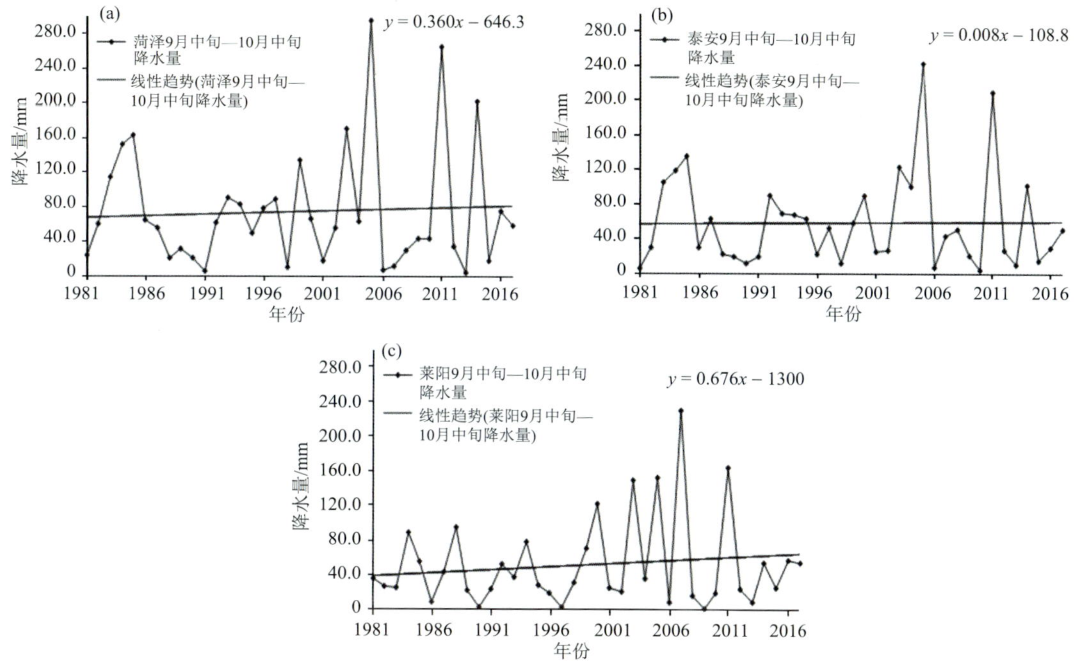

图 3.34　1981—2017 年山东麦区各代表站 9 月中旬—10 月中旬降水量年际变化图
(a)菏泽;(b)泰安;(c)莱阳

3.3.1.2　春季干旱

冬小麦拔节期降水量不足且呈减少趋势,遭受春旱的风险增大。冬小麦拔节期是重要需水时期,这一阶段如果遭受干旱灾情,对冬小麦的产量影响较大,是山东区冬小麦稳产的一大威胁(金善宝,1996;宋艳玲 等,2006)。相关研究结果表明,春季干旱等级出现加剧的现象,其影响的范围与程度有增加的趋势(罗艳青 等,2013;韩兰英,2016)。1981—2017 年 3—4 月降水量,山东麦区在 70 mm 以下,大部地区不足 50 mm。麦区大部 3—4 月降水量平均每 10 a 变化幅度在 6 mm 以内(图 3.35)。菏泽、泰安、莱阳平均每 10 a 分别变化 1.8 mm、1.2 mm、3.3 mm(图 3.36)。

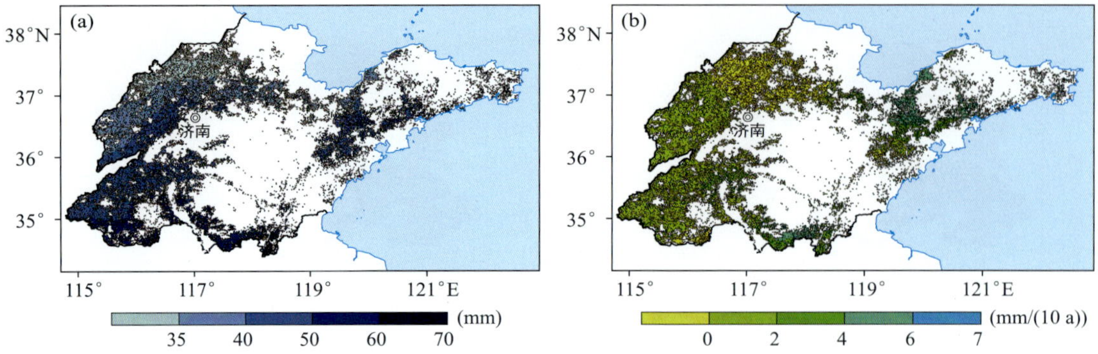

图 3.35　1981—2017 年山东麦区 3—4 月降水量分布(单位:mm)(a)与变化趋势(单位:mm/(10 a))(b)图

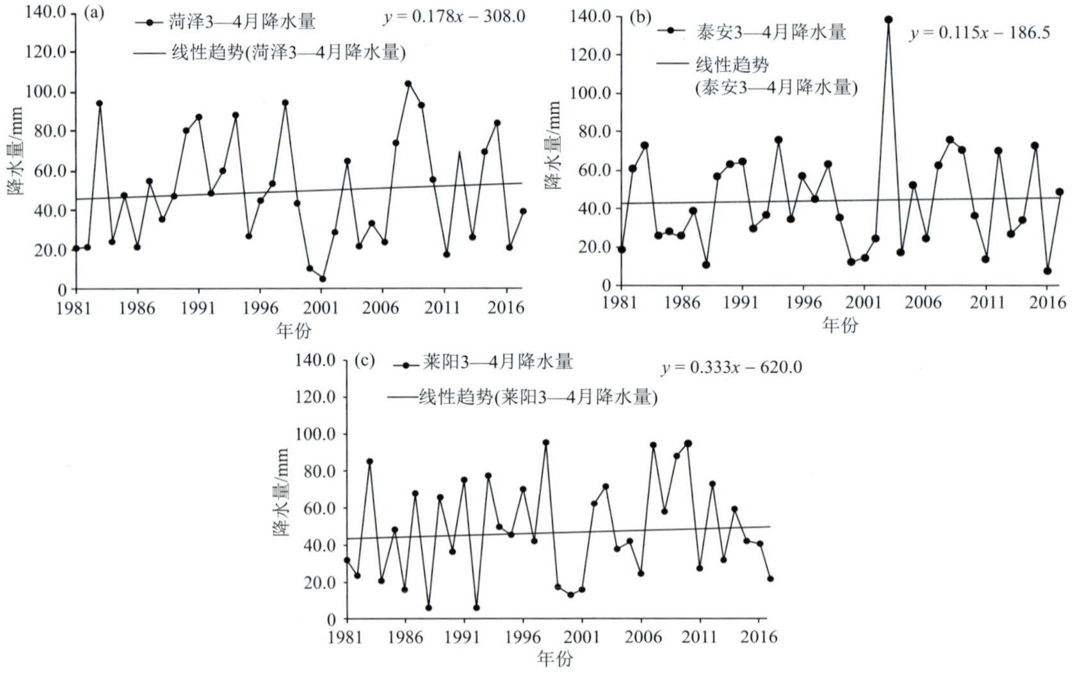

图 3.36　1981—2017 年山东麦区各代表站 3—4 月降水量年际变化图

(a)菏泽;(b)泰安;(c)莱阳

3.3.2　冬小麦低温冻害

3.3.2.1　苗期冻害

山东冬小麦适宜始播期与实际播期年际变化总体呈推迟趋势,适当晚播利于冬前形成壮苗,降低旺苗受冻风险。冬小麦冬性品种适播期一般为日平均气温稳定通过 16～18 ℃的终日,半冬性品种一般为日平均气温稳定通过 14～16 ℃的终日(张有菊,2014;丁兴民 等,2016)。通过计算分析确定,稳定通过 16 ℃终日为山东麦区冬小麦适宜始播期指标。1981—2017 年日平均气温稳定通过 16 ℃终日,年际变化均表现为推迟趋势,大部地区平均每 10 a 推迟 1.0～2.0 d(图 3.37)。菏泽、泰安、莱阳日平均气温稳定通过 16 ℃终日均呈现推迟趋势,平均每 10 a 分别推迟 2.6、1.9、0.8 d。菏泽、泰安、莱阳实际播种期平均每 10 a 分别推迟 1.6 d、1.5 d、3.3 d(图 3.38)。播种期推迟趋势与相关研究结果一致(姬兴杰 等,2011;刘玉洁 等,2018)。

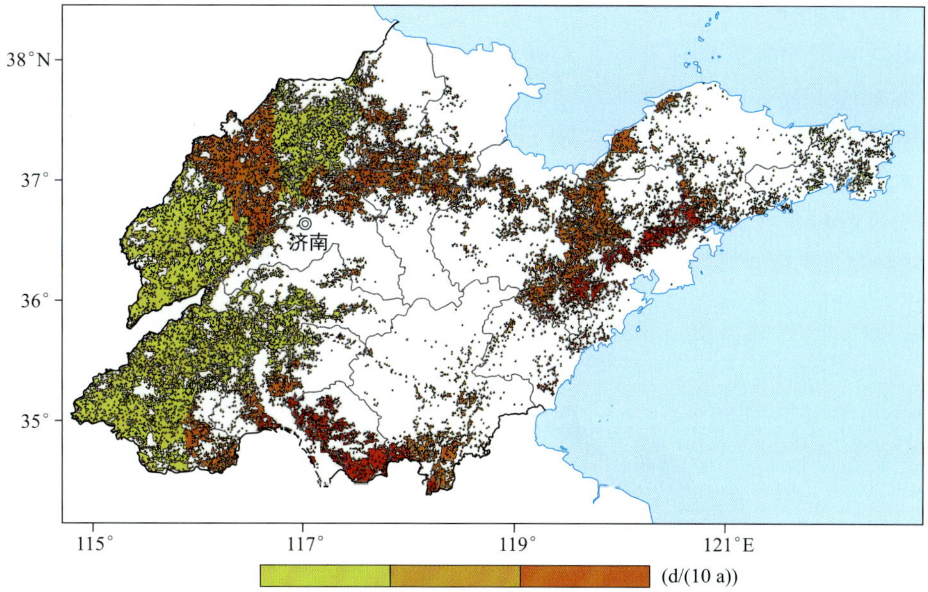

图 3.37 1981—2017 年山东麦区日平均气温稳定通过 16 ℃终日变化趋势图(单位:d/(10 a))

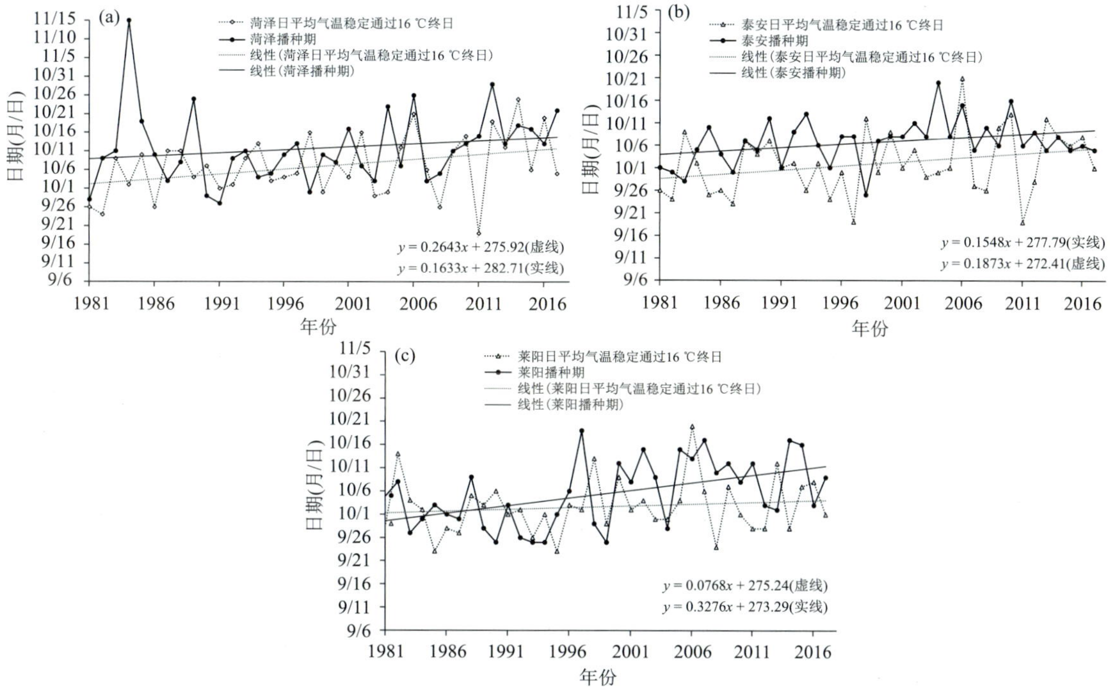

图 3.38 1981—2017 年山东麦区各代表站冬小麦实际播种期与稳定通过 16 ℃终日年际变化图
(a)菏泽;(b)泰安;(c)莱阳

气候变化背景下，如果按照传统的播种期进行播种，容易造成冬前冬小麦旺苗，越冬期及春季冻害的发生概率增大，而适当晚播，能显著形成壮苗，降低了冻害风险，还能为前茬作物生长腾出较多的积温（程玉民 等，2006；杨洪宾 等，2009；王夏 等，2011；张敏 等，2013）。

3.3.2.2　越冬期冻害

大部麦区日平均气温稳定通过 0 ℃终日呈推迟趋势，冬小麦越冬开始日期年际波动大但变化趋势不明显。越冬期日平均气温稳定通过 0 ℃之后，冬小麦停止生长，开始进入越冬期（李树军 等，2011；崔耀平 等，2018）。相关研究结果表明，山东大部地区冬小麦越冬开始日期变化趋势不明显（姬兴杰 等，2011；李树军 等，2011）。分析 1981—2017 年观测资料表明，山东麦区日平均气温稳定通过 0 ℃终日，大部地区平均每 10 a 变化幅度在 2 d 以内（图 3.39）。各代表站 1981—2017 年冬小麦越冬开始日期与日平均气温稳定通过 0 ℃终日变化趋势均不明显（图 3.40）。

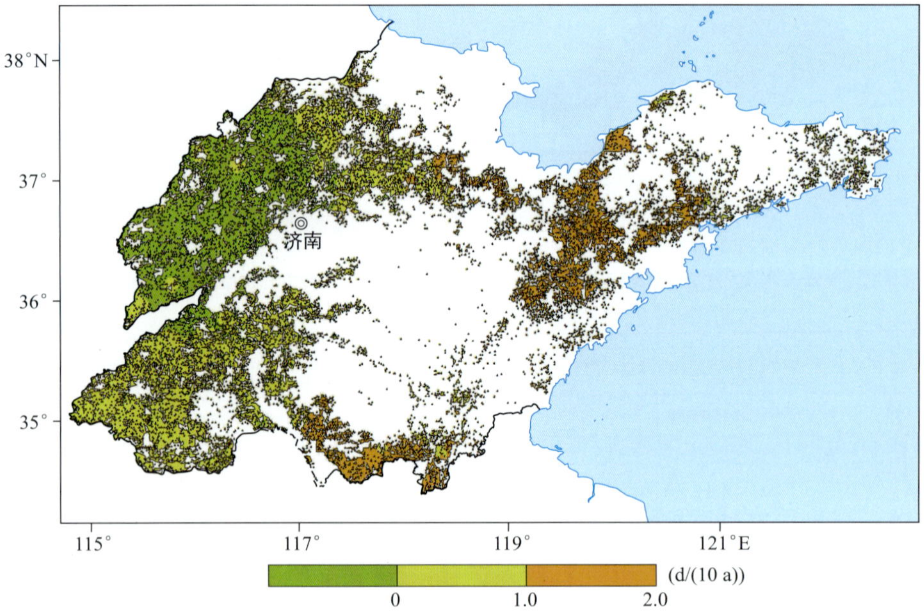

图 3.39　1981—2017 年山东麦区日平均气温稳定通过 0 ℃终日变化倾向率分布图

越冬期长度呈波动性缩短趋势，越冬期冻害风险呈减小趋势。相关研究表明，山东麦区越冬期长度呈波动性缩短趋势，当日最低气温低于−15 ℃以下，或者越冬期间负积温大于 230 ℃·d，冬小麦易遭受轻度冻害。当越冬期遭受冻害时，冬小麦主茎和大蘖不同程度死亡，亩穗数显著减少（林玉福 等，1983；郑大玮 等，1985）。研究表明，气候变化背景下，冬季气温升高明显，伴随越冬期负积温减少和越冬期缩短，山东麦区冬小麦越冬期冻害风险呈减小趋势，且减小趋势由北向南增大（任国玉 等，2005a；谭方颖 等，2009；肖登攀 等，2012；郑冬晓 等，2015）。分析山东麦区冬小麦越冬期间，最低气温与负积温分布特征表明，最低气温一般在−14～−10 ℃之间，负积温一般在−200～−20 ℃·d之间（图 3.41）。

3.3.2.3　春季冻害

日平均气温稳定通过 3 ℃终日呈提前趋势，小麦返青期总体变化趋势不明显。山东麦区

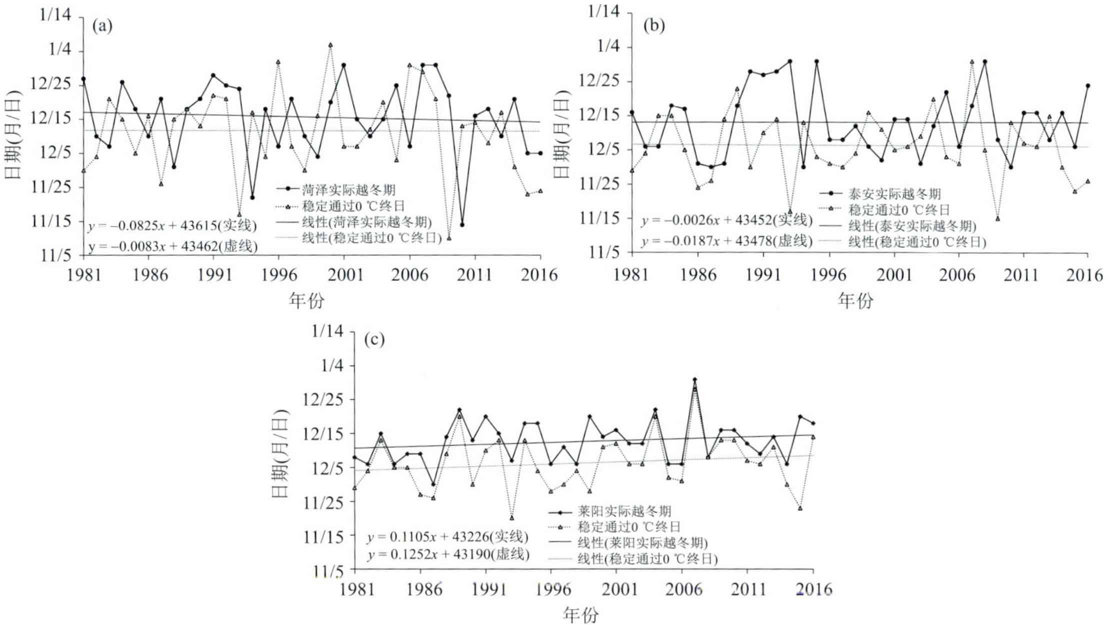

图 3.40　1981—2017 年山东麦区各代表站冬小麦实际越冬期及稳定通过 0 ℃终日年际变化图

(a)菏泽;(b)泰安;(c)莱阳

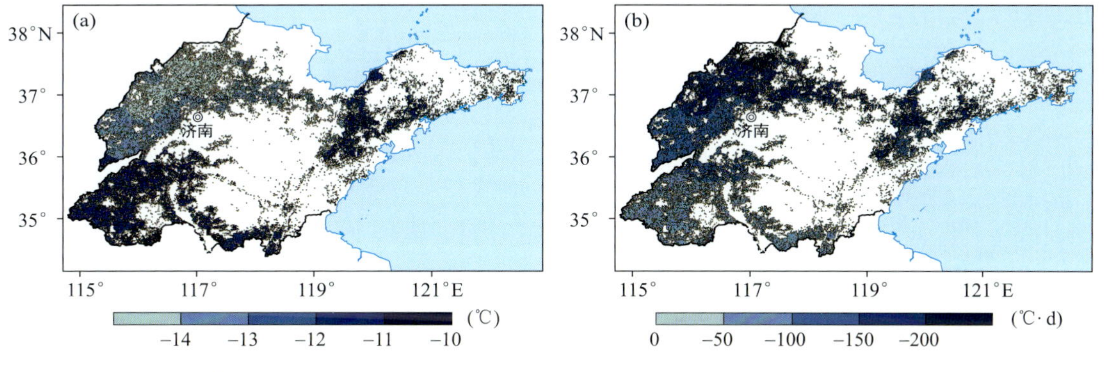

图 3.41　1981—2017 年山东麦区冬小麦越冬期间最低气温(单位:℃)(a)与负积温(单位:℃·d)(b)分布图

冬小麦返青期指标为日平均气温稳定通过 3 ℃初日。1980—2010 年山东大部地区冬小麦返青期总体变化趋势不明显,部分地区表现为提前的趋势,返青期年际波动明显(李树军 等,2011;杨建莹 等,2011;王瑞峥 等,2018)。1981—2017 年,山东麦区日平均气温稳定通过 3 ℃初日均表现为提前趋势,平均每 10 a 提前 1~3 d(图 3.42)。菏泽、泰安、莱阳 1981—2017 年返青期年际间波动幅度较大,日平均气温稳定通过 3 ℃初日,平均每 10 a 分别提前 3.4 d、2.6 d、1.4 d,实际返青期变化趋势不明显(图 3.43)。

冬小麦拔节期年际变化呈提前趋势,遭受春霜冻风险增大。研究表明,冬小麦进入拔节期后,抗寒力迅速减弱,日最低气温低于 0 ℃容易发生春霜冻,低于−2 ℃发生霜冻的风险更大(王建源 等,2013;赵虹 等,2014;杨敏 等,2016)。拔节期提前的速率大于终霜日提前的速率,拔节期提前,对低温敏感的时期提前,气温波动大,冬小麦遭受春霜冻的风险增大(王位泰 等,

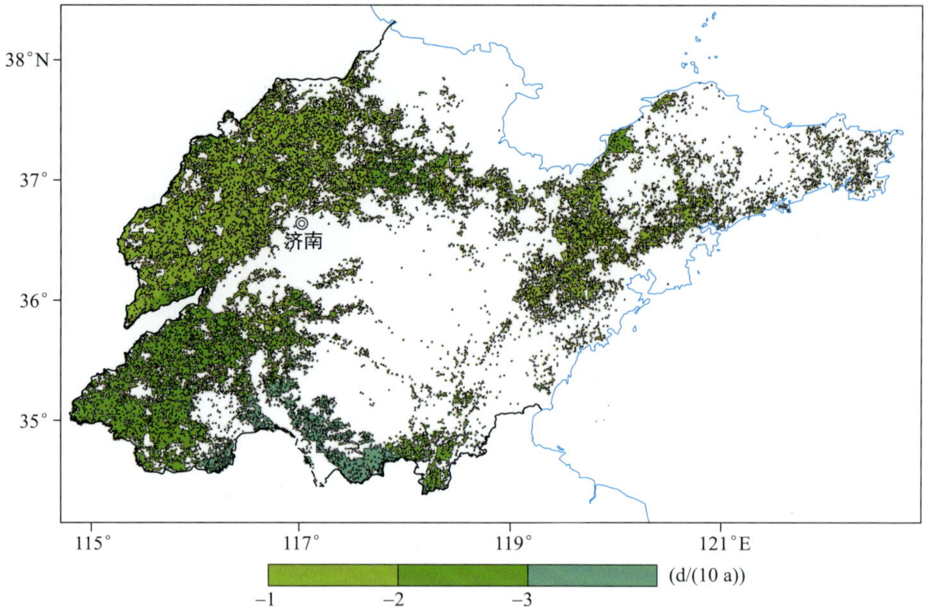

图 3.42 1981—2017 年山东麦区各地日平均气温稳定通过 3 ℃初日变化倾向率分布图

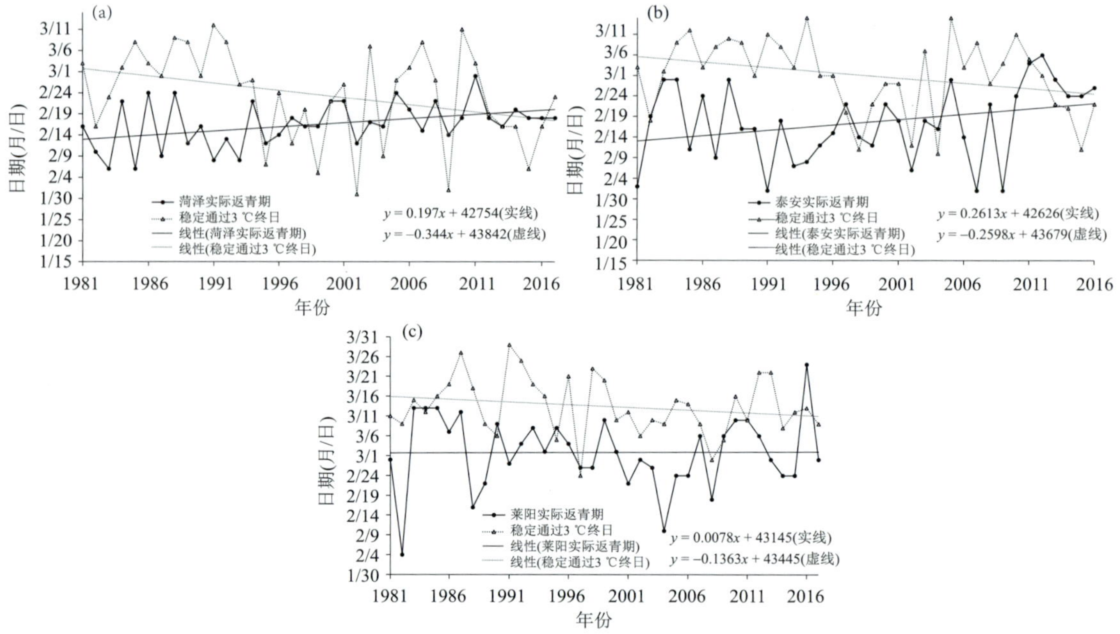

图 3.43 1981—2017 年山东麦区各代表站冬小麦实际返青期及稳定通过 3 ℃终日年际变化图

(a)菏泽；(b)泰安；(c)莱阳

2011；王胜 等，2018）。分析代表站观测资料表明，1981—2017 年冬小麦拔节期呈提前趋势，菏泽、泰安、莱阳站每 10 a 分别提前 2.3 d、2.0 d、3.0 d（图 3.44）。3 月中旬以后出现春霜冻的概率呈下降趋势，拔节越提前，发生春霜冻的概率越大（图 3.45）。

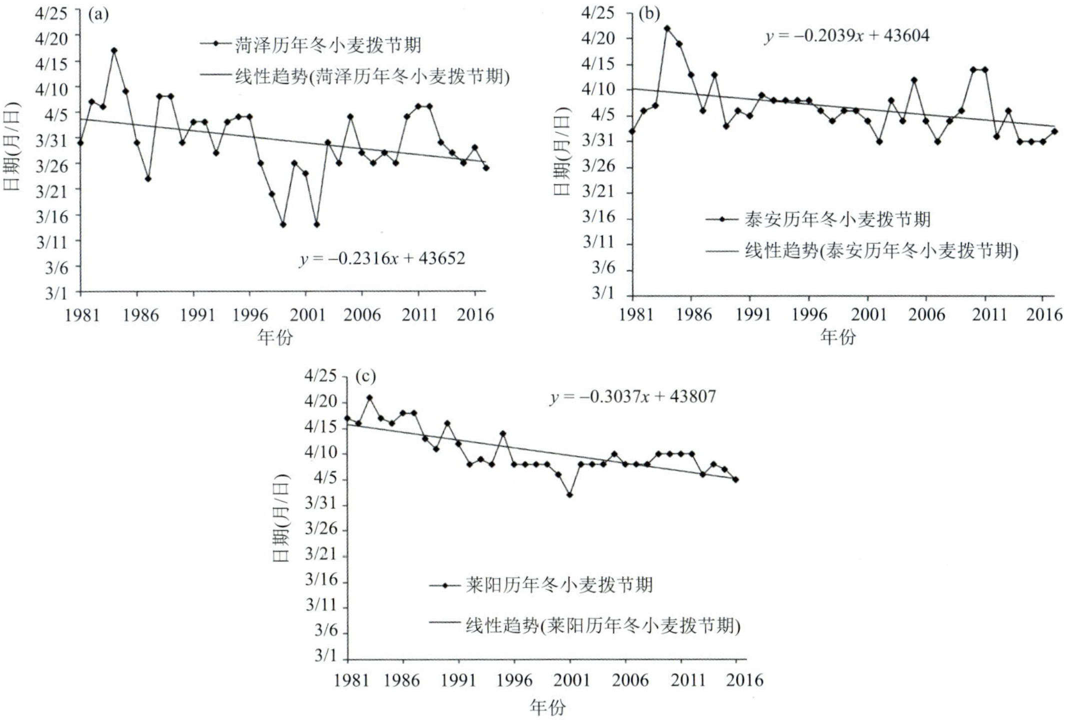

图 3.44　1981—2017 年山东麦区各代表站冬小麦实际拔节期变化趋势图
(a)菏泽;(b)泰安;(c)莱阳

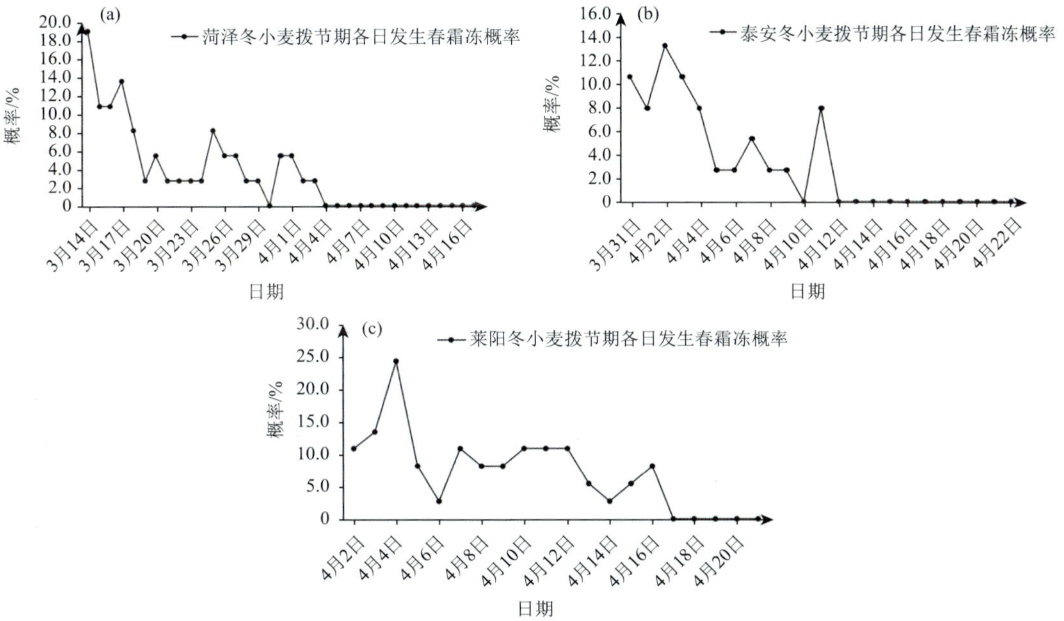

图 3.45　1981—2017 年山东麦区各代表站冬小麦拔节期各日发生春霜冻概率图
(a)菏泽;(b)泰安;(c)莱阳

3.3.3 冬小麦干热风

干热风过程主要出现在鲁中北部和鲁北东部，年际变化呈减少趋势。山东麦区冬小麦干热风主要有高温低湿型和雨后青枯型，前者易造成小麦大面积干枯逼熟死亡，发生范围广，对产量威胁很大。相关研究结果表明，干热风灾害多发生在5—6月，以5月中下旬—6月上旬为干热风发生最集中的时段（赵俊芳 等，2012）。各地受干热风危害的程度差异很大，发生天数呈现自南向北、由沿海向内陆逐渐增加的趋势，轻、重干热风的发生天数具有较高的一致性，水浇条件较好的地区，干热风危害较小（张书余，2008；邓振镛 等，2009；张玉静，2014）。1961—2010年干热风灾害总体表现为减少趋势，气候变化背景下极端天气事件频发，干热风的影响区域有轻微扩大趋势（邬定荣 等，2012；赵俊芳 等，2015；张朝 等，2013；张翠英 等，2016）。根据气象行业标准《小麦干热风灾害等级》，1981—2017年，轻干热风天气累积出现20～60 d，重干热风天气累积出现3～20 d，鲁中北部和鲁北东部出现天数较多（图3.46）。

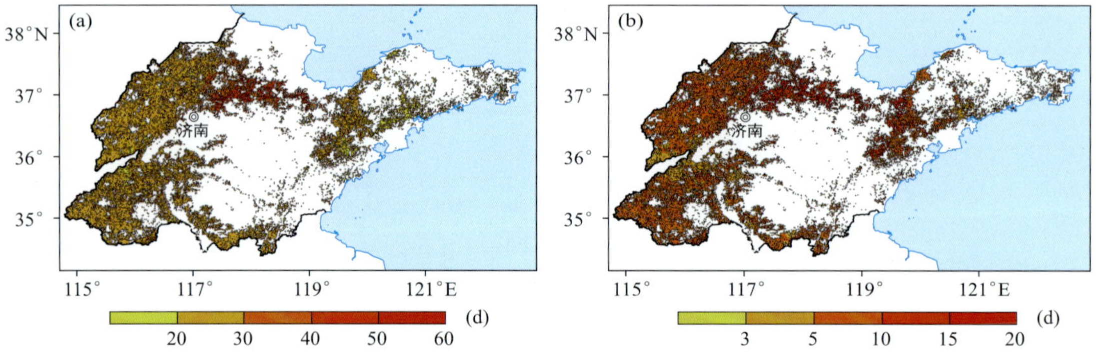

图3.46 1981—2017年山东麦区各地轻干热风(a)与重干热风(b)累计天数分布图（单位：d）

3.3.4 夏玉米芽涝与苗期涝渍害

山东大部地区夏玉米播期推迟，使得苗期正处于当地降雨集中、逐渐增大的阶段，受到渍涝灾害风险增大。20世纪80—90年代，夏玉米主产区多采用套种的栽培方式，导致病虫害发生发展较重，2000年后仍恢复了传统的腾茬直播方式，有效遏制了病虫害发展。根据农业气象观测资料，2000年后菏泽、泰安、莱阳夏玉米播种平均日期分别在6月13日、6月23日、6月21日，年际变化波动较大，播种期呈推迟趋势（图3.47）。

山东受大陆和海洋性气候的共同影响，季风气候特点显著，雨季一般开始于6月中下旬（黎清才 等，2003）。根据菏泽、泰安、莱阳代表站气象观测资料，6月11日—7月10日的日降水量随着日期的变化波动增加，6月20日之后降水增加趋势更加显著（图3.48）。由于2008—2017年平均播种日期均在6月中下旬，部分地区夏玉米由于播期推迟，使得苗期正处于当地降雨集中、逐渐增大的阶段，受到渍涝灾害风险增大。

山东夏玉米苗期旬降水超过100 mm的年平均次数由北向南递增，呈现鲁西北、山东半岛部分地区减少，鲁中、鲁南地区增加的趋势。山东夏玉米主要产区平原较多、地势低洼、受季风影响大，夏玉米生长季的降水量主要集中在6—9月，短时间强降水容易使农田积水造成涝害。芽涝和苗期渍涝是指夏玉米从播种到拔节一个月的时间内即6月中下旬—7月上旬，总降水

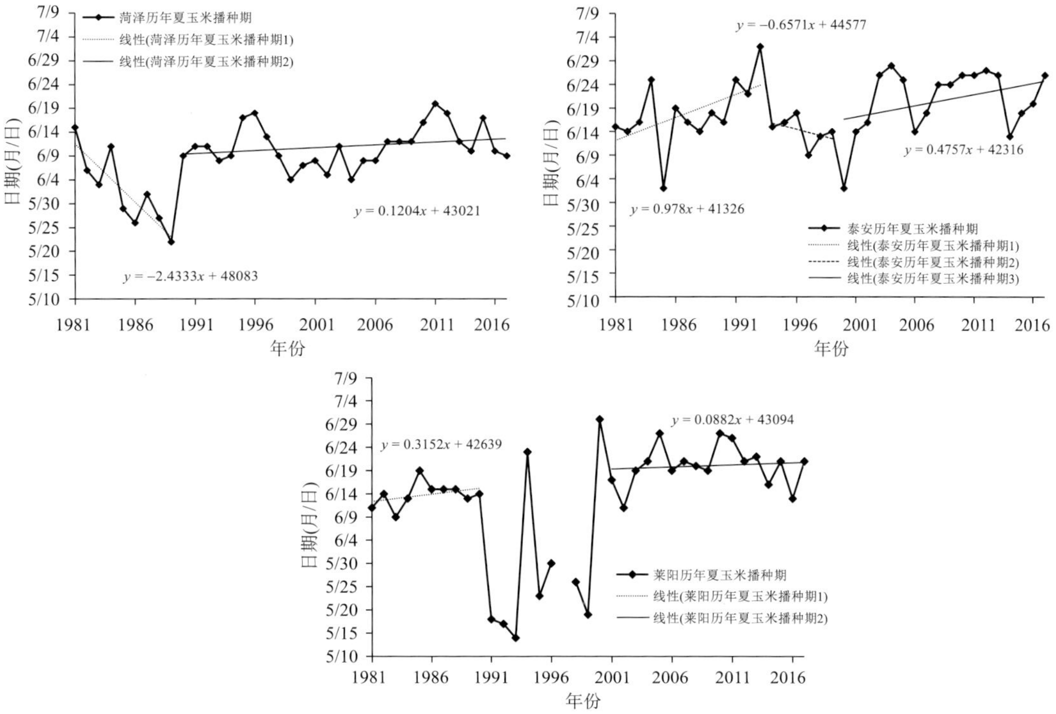

图 3.47　1981—2017 年山东夏玉米主要产区各代表站实际播种期年际变化图

(a)菏泽;(b)泰安;(c)莱阳

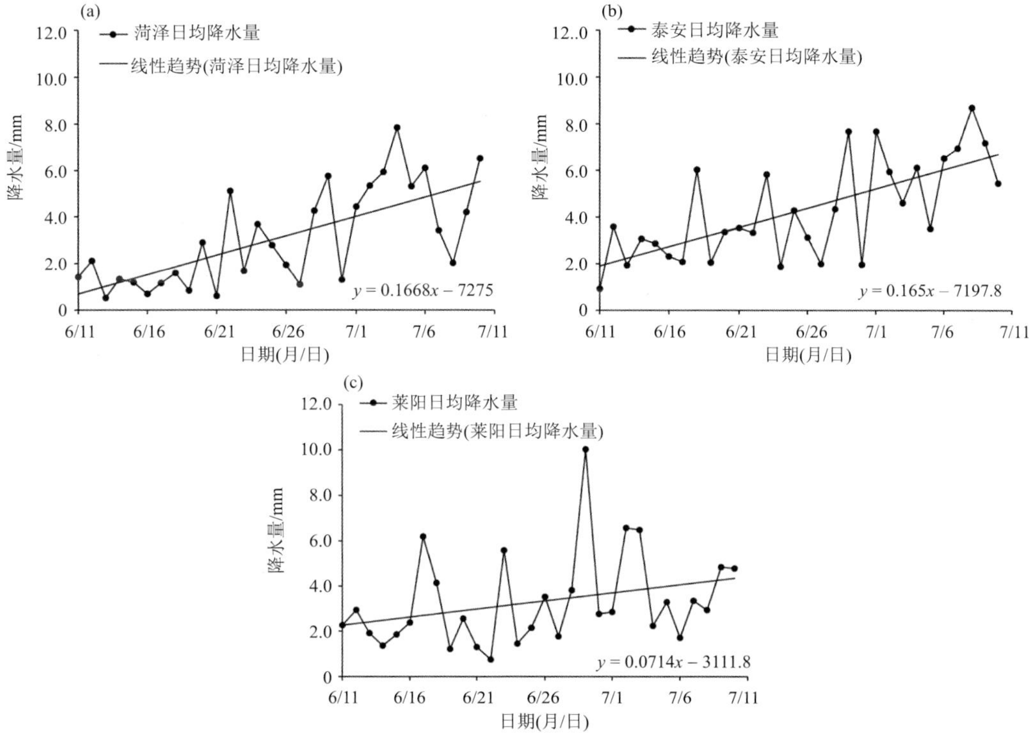

图 3.48　1981—2017 年山东夏玉米主要产区各代表站 6 月 11 日—7 月 10 日年均日降水量图

(a)菏泽;(b)泰安;(c)莱阳

量超过 200 mm，或旬降水量超过 100 mm，或一次降雨超过 150 mm 发生的渍涝灾害(郑大玮，1979；陈国平 等，1988)。

1981—2017 年间，山东夏玉米主要产区 6 月 11 日—7 月 10 日旬降水超过 100 mm 的年平均次数由北向南递增，年平均次数大多在 0.1～0.5 次之间；苗期旬降水超过 100 mm 的年平均次数总体呈现鲁西北、山东半岛部分地区减少，鲁中、鲁南地区增加的趋势，增加幅度一般为每 10 a 0.1～0.2 次(图 3.49)。

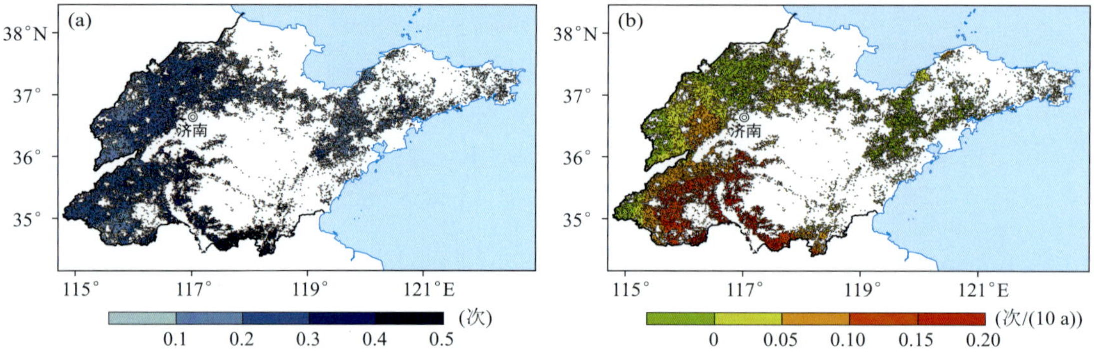

图 3.49　1981—2017 年山东夏玉米主要产区 6 月 11 日—7 月 10 日旬降水＞100 mm 的年平均次数(单位：次)(a)及变化倾向率(单位：次/(10 a))(b)图

山东主产区夏玉米苗期暴雨年平均日数由北向南递增，呈现鲁西北减少，鲁西南、鲁南增加的趋势。1981—2017 年间，山东夏玉米主产区 6 月 11 日—7 月 10 日暴雨日数自北向南递增，年平均在 0.4～0.8 d 之间，鲁西北呈现减少趋势，鲁南呈现增加趋势(图 3.50)，夏玉米芽涝和苗期渍涝风险增大。

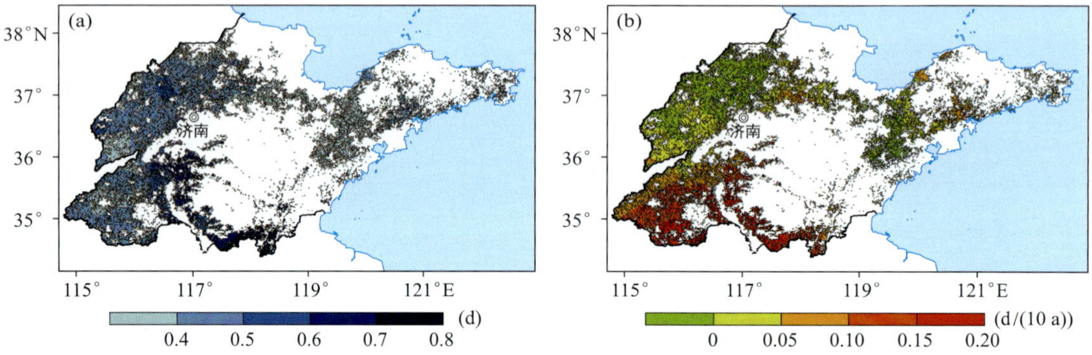

图 3.50　1981—2017 年山东夏玉米主要产区 6 月 11 日—7 月 10 日暴雨日数(单位：d)(a)及变化倾向率(单位：d/(10 a))(b)图

3.3.5　夏玉米高温热害

山东主产区夏玉米生殖期日最高气温高于 32 ℃年平均次数由北向南递增，鲁南地区呈增加趋势。山东地区 7 月下旬—9 月中下旬正处于最为炎热的夏秋交替时期，连续高温天气较多，夏玉米容易遭受高温热害(王文彬 等，2014)。以中度热害为标准，夏玉米热害温度指标分别是:苗期 36 ℃,生殖期 32 ℃,成熟期 28 ℃(吕凯,2014)。7 月下旬—8 月中下旬是夏玉米生殖发育的重要阶段,当温度高于 32 ℃时玉米花粉活力降低、吐丝困难、雌雄穗不协调,导致结实不良(王顺叶,2014);8 月下旬—9 月中下旬是夏玉米灌浆成熟的重要阶段,当温度高于 28 ℃时,容易在干旱的情况下导致玉米因高温逼熟而减产(冯春梅 等,2014)。

1981—2017 年间,山东夏玉米主产区 7 月 21 日—8 月 20 日连续 3 d 以上日最高气温高于 32 ℃年平均次数在 0.5～2.5 次之间,鲁南地区夏玉米发生生殖期高温热害风险较大且呈增加趋势(图 3.51)。

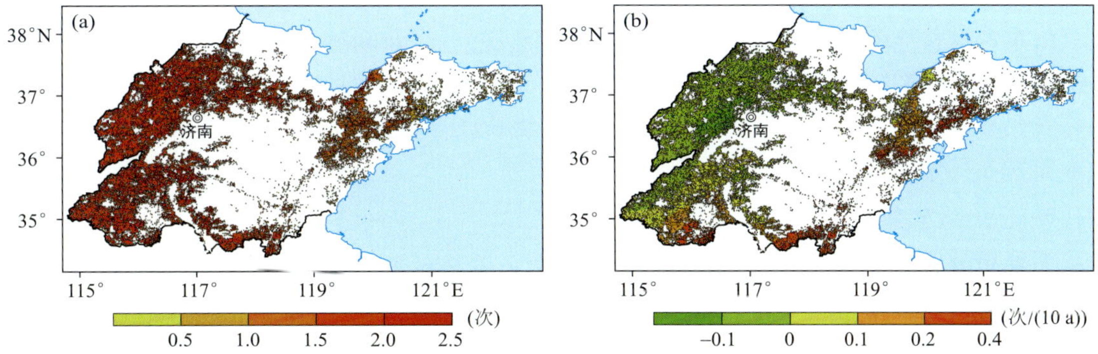

图 3.51 1981—2017 年山东夏玉米主产区 7 月 21 日—8 月 20 日连续 3 d 以上最高气温高于 32 ℃年平均次数(单位:次)(a)及变化倾向率(单位:次/(10 a))(b)图

山东主产区夏玉米成熟期日最高气温高于 28 ℃年平均次数由北向南递增。1981—2017 年间,山东夏玉米主产区 8 月 21 日—9 月 20 日连续 3 d 以上日最高气温高于 28 ℃年平均次数在 2.0～3.0 次之间,鲁西北东部、鲁中东部及半岛地区呈增大趋势(图 3.52)。

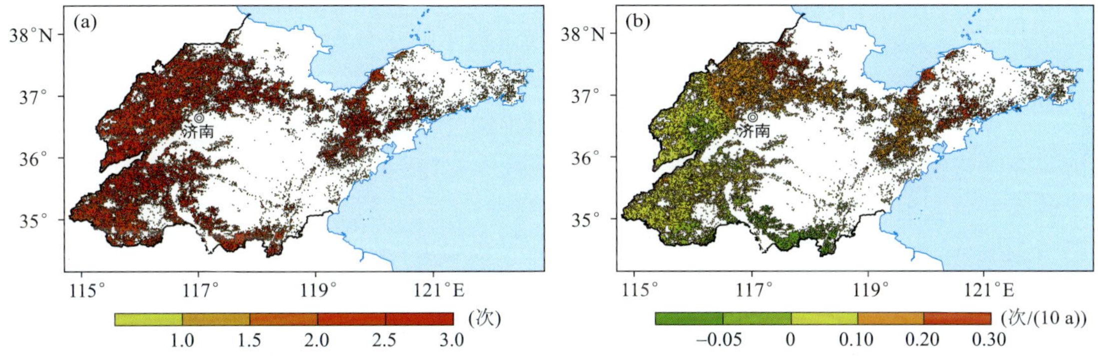

图 3.52 1981—2017 年山东夏玉米主产区 8 月 21 日—9 月 20 日连续 3 d 以上最高气温高于 28 ℃年平均次数(单位:次)(a)及变化倾向率(单位:次/(10 a))(b)图

3.3.6 棉花主要农业气象灾害

棉花春播期的干旱直接影响播种,雨季晚的年份易造成蕾期的干旱,吐絮期的干旱对产量、品质都有影响。暴雨洪涝是山东棉区的主要气象灾害之一,发生在降雨集中的 7、8 月,棉区鲁西南、鲁西北暴雨次数最多,强度最大,平均年发生 2～3 d。山东棉花多数种植在平原地区，常因降水过多造成积涝成灾。棉花花铃期正处于雨季，常因暴雨、连阴雨天气引起蕾铃脱落。春季多雨年份在棉花播期、苗期易出现低温阴雨倒春寒，造成苗期病害，形成弱苗、缺苗断垄；吐絮期的阴雨、生长后期的霜冻等对产量、品质都有影响。

3.4 农业生态监测评估

3.4.1 地基观测

山东省生态气象地基观测，已初步建成了具有一定规模、功能较为齐全、自动化程度较高的综合气象观测系统，主要包括农业气象基本观测站、农业气象试验站、自动土壤水分观测站、设施农业小气候观测站、农田小气候观测站及作物长势自动观测站等，其中农业气象试验站包括泰安农业气象试验站与临沂设施农业气象试验站。

3.4.1.1 农业气象基本观测站

全省共包括 19 个农业气象基本观测站，主要负责全省冬小麦、夏玉米、棉花、花生等主要作物发育期、产量结构等的观测，部分站点兼顾物候期观测，其中冬小麦、夏玉米、棉花和花生观测站点分别为 16 个、8 个、2 个和 1 个。

3.4.1.2 泰安农业气象试验站

泰安农业气象试验站前身是泰安专区农场气象站，始建于 1950 年，是山东省唯一的国家一级农业气象试验站。站内基础业务门类齐全，兼备大气观测、酸雨观测、紫外线观测、农业气象观测、生态气象观测，已积累了近 70 a 的气象资料。试验站承担着全省农业气候区划、农业气象适用技术研发及示范推广工作，曾主持过多项国家级科研项目，获得国家科技进步二等奖和三等奖各一项，获得省部级科研成果奖 6 项、地市级 20 余项，在专业学术刊物发表学术论文 200 余篇。“十二五”“十三五”期间，先后开展了黄淮海平原干旱监测预警技术推广、不同作物 CO_2 通量研究、农田生态系统节水灌溉关键技术与气象模型研究、小麦干热风综合防御技术、泰安主要作物干旱指标体系研究。连续 4 年承担中国气象局公益性行业（气象）科研专项，研究成果为黄淮海平原主要农作物增产增效提供了技术支撑。

试验站承担农业气象服务工作，每年发布的服务产品主要包括，春季麦田管理意见、春耕春播气象服务、果树花期预测、夏（秋）收夏（秋）种气象服务、干旱监测、农业气象旬（月）报、气候影响评价、农用天气预报、设施农业气象服务、小麦产量预报、主要农作物生育期气象条件分析、气候资源利用分析等 20 多种。每年制作各类农业气象服务产品 300 余期，为当地农业生产和政府决策保驾护航。

泰安农业气象试验站位于泰安高新区良庄镇山阳西村，整个园区占地 50 亩，通过土地流转方式承租 30 年，由山东现代农业气象服务保障工程项目资金建设，是泰安气象“十三五”期间的重要成果。试验基地立足乡村振兴和科技扶贫，围绕小麦、玉米等大宗农作物、设施农业以及林果业生产服务需求，开展农业气象立体、自动、连续精密观测；开展农业气象服务指标相关试验研究；开展防灾减灾、农业适应气候变化、气候资源高效利用等适用技术的引进、示范及推广。试验基地围绕“气候、农业和水”展开，建设思路兼顾创新和实用，每项建设内容均形成自己的知识产权，目前已形成专利 7 项、软件著作权 2 项。按照边建设边使用的原则，通过对上或者联合等方式，依托试验基地开展试验或项目研究20余项，落实科技资金100多万元。

试验站主要建设内容包括如下几个方面。

(1)建成全国一流的土壤水分控制试验场。可控规模896 m^2，水分控制小区24个，遮雨棚2组，地下观察室含12个玻璃观察窗口。设置自动感应开关棚，能自动感应外界雨雪变化，自动开启或闭合遮雨棚，设计安装了强制除湿通道，解决了因土壤饱和而无法开展干旱试验的问题。项目设计先进，技术科学，为获取科学的试验数据提供了强力支撑。已依托该项目引进中国气象局气象测探中心、中国气象科学研究院、山东省气候中心、山东农业大学、泰安农业局等合作项目共8项，协助培养山东农业大学博士研究生1人、南京信息工程大学硕士研究生1人，业务效益明显。

(2)建成野外科研试验保障用房。试验用房建筑面积450 m^2，采用新型装配式结构，节能环保。试验用房设有多个工作间，能够满足样本存放、试验分析、技术交流、野外食宿等需求。

(3)建成日光温室3栋。日光温室面积3000 m^2，设有自动控制遮阳网、多频谱补光灯等，可实现对温度、光照、水分、风速等的自动控制。目前日光温室内已开展草莓种植2期，并开展了西红柿、黄瓜等设施蔬菜的种植试验。建设设施农业小气候站1处，已投入业务运行。

(4)建成农田大型土壤蒸渗系统。本项目蒸渗仪规模大、精度高、误差小。首次独创性采用差分直称式结构，提高了称重精度，解决了传统弹簧式蒸渗仪受风、温度等外界因素干扰问题，提高了蒸渗仪的稳定性和抗干扰能力，并且在蒸渗仪防腐蚀、防边界效应、防结露影响等方面提供了更加科学的设计方法。可分层设置土壤湿度传感器及土壤热通量传感器。

(5)建成智慧农业物联网平台。智慧农业物联网平台接入大型土壤蒸渗仪控制系统、日光温室环境自动控制系统、土壤墒情监测系统、作物生长观测系统等，可实现实时监控及数据分析。

(6)建成农田智能灌溉系统。建成的智能灌溉系统覆盖大田作物区、水分控制区、日光温室区、林果区4个大区，细分为50个小分区，灌溉面积达30000 m^2，每个日光温室单独设水肥一体灌溉系统，用户可以通过电脑端或手机端控制和查看实时数据，实现物联网远程启动浇水灌溉、施肥、水量监控等功能，充分提高了灌溉用水效率。在林果区建设林果设施大棚2000 m^2，开展林果花期冻害(倒春寒)、病害等气象灾害指标试验，依托物联网平台开展林果生育期观测，开展特色农业气象服务。

试验站主要建设成果包括如下几个方面。

(1)农业气象试验站列入中国气象局气象探测中心专项(农业气象)试验外场建设规划。试验外场主要以项目方式承担相关气象观测设备外场测试。2018年中国气象局气象探测中心在试验基地组织开展宇宙射线快中子法监测土壤水分(Cosmos)试验，并于2019年5月开始国产仪器试验。

(2)加大部门高校合作共享。依托泰安农业气象试验站，全方位、多层次开展与高校、科研院所的合作与交流，共享科研成果，多项技术与课题得到了落实。组织完成中国气象局减灾司下达的冬小麦区域联合试验与中国气象局气象探测中心的农业气象自动化观测对比试验。联合山东农业大学农学院完成不同夏玉米品种光温资源利用效率研究试验。与山东农业大学、山东宇泰生物种业有限公司合作，申请泰安市科技特派员专项1项，参与山东省科技厅(公益类科技攻关)重点研发项目2项。3名科技特派员分别在岱岳区、高新区负责贫困村5个，依托项目和试验基地为农户开展科普或技术指导，助力农业增产增效。

(3)依托基地平台,凸显示范效能。2020 年 9 月,农试站依托基地试验编写的覆膜套种花生、甘薯实用技术,入选中国气象局实用技术汇编,已印发推广;依托基地物联网进一步优化肥桃专项服务,实现物联网平台与肥桃小气候站对接,开展肥桃生长膨大期到成熟期动态监测,结合果园小气候站、自动气象站和土壤水分站等观测数据,实现了肥桃全发育期生长曲线自动监测,可以开展肥桃成熟期预测,为"肥城金秋品桃节"提供预报服务;通过对历史气象资料分析和部门间合作,研发"有效积温法预测肥桃初花期模型",每年可以提前一个月提供桃花开花期预测;经过多次与实际开花时间比对证明,桃树花期实况与花期预报基本吻合,为办好桃花旅游节提供了技术保障。

现阶段主持山东省气象局面上课题 1 项"基于机器学习的土壤水分自动观测数据阈值及异常值分析方法研究";参与科技扶贫项目(山东省重点研发计划)2 项"马铃薯脱毒种薯的工厂化繁育及其产业化技术集成""果蔬菌茶绿色高效栽培技术集成示范";主持泰安市科技特派员专项 1 项"泰山大樱桃气候品质评价技术方法应用";开展山东省气象局试验 2 项"日光温室寡照控制破坏性试验观测""基于作物模型与遥感技术的小麦干旱影响评估方法研究"。

项目建设内容及目标如下。

(1)提升农业气象监测水平。结合当地气象服务需求,开展农作物、蔬菜、林果等生长发育监测,结合气象卫星遥感监测技术,实现作物发育期、田间小气候、土壤水分、林果物候期等自动化监测和判别,积累各类气象要素及作物生长发育连续性观测数据资料,进而为掌握当地气候变化规律,合理安排生产,调整农业产业布局,进行灾害防御规划等工作提供重要的气象依据。

(2)改善农业气象试验条件。建设水分指标控制试验场、土壤水分站、智慧农业气象物联网系统。建设智能化日光温室 5000 m^2,科学布设光伏发电、自动调温、补光遮阴、除湿、CO_2 控制等技术,开展棚内小气候预测及大棚蔬菜指标试验。规划林果区 20 亩,建设林果设施大棚 3000 m^2,开展林果花期冻害、病害指标试验。

(3)提升农业气象科研实验能力。建设 1000 m^2 农业气象实验室,用于作物指标分析、人工气候模拟及农业气象服务等,配置光合作用仪、CO_2 分析仪等先进的实验仪器,满足农业气象科研、适用技术开发等需求。依托实验室培养一支农业气象科技创新团队。

(4)完善现代农业气象服务体系。针对粮食生产中存在的气象灾害防御、气候变化影响、粮食安全等问题,拓展农业气象服务产品,增强服务产品技术内涵。利用新媒体技术开展面向农业新型经营主体、农业全生产链的直通式气象服务,提高服务的个性化、多样化和专业化水平。建立农业气象服务信息发布平台。

3.4.1.3 临沂设施农业气象试验站

临沂设施农业气象试验站于 2014 年 10 月由中国气象局批准立项建设,自筹资金 1150 万元,占地面积 80 亩,改扩建试验楼 1000 m^2。钢结构连栋智能温室 1 栋,建筑面积为 2304 m^2。冬暖式日光温室 8 栋,建筑面积为 6720 m^2。高效大小拱棚 4 栋,建筑面积为 3808 m^2。2015 年纳入山东省气象局"三三三一"重点工程。

2017 年 1 月 24 日,山东省发改委批复《山东现代农业气象保障项目可研性报告》,临沂设施农业气象试验站纳入山东现代农业气象保障项目,为项目建设"三中心两基地"之一,建设资金 2621.28 万元。

试验站按照国家一级农业气象试验站标准建设,满足农业气象观测、农业气象试验研究、农业气象科研成果示范推广、农业气象服务和农业气象人才培养五大功能需求，分为智能温室区、冬暖式日光温室区、高效大拱棚区、林果种植区、水生动植物养殖区、大田作物种植区6个功能试验区。

目前试验站承担临沂国家农业气象基本站业务，包括小麦、水稻、自然物候、土壤水分等全年的观测任务和数据资料上传、报表制作等工作；承担日光温室、塑料大棚小气候要素的立体、自动、连续观测；开展设施蔬菜发育期、生理生态参数与产量结构观测；开展设施农业气象服务指标相关试验研究；开展设施农业气象服务技术研究、试用、示范、推广及周边地区技术指导及设施农业服务等工作。

建筑面积1000 m^2业务楼、实验室及相关配套设施施工建设。用于保障业务值班、农业气象综合观测、农业气象预测预报、农业气象集成服务、相关科研实验和人员的实习培训。新建实验室600 m^2，建设可开展样本处理、作物生理生态测定、土壤理化分析、果实品质鉴定等工作室，建设步入式人工气候室，开展学术交流与培训等。

试验站包括设施农业小气候站9套，土壤水分自动站2套，农试站现有水肥一体机5台，空间电场设备30套，植物补光灯500盏，二氧化碳发生器15套和硫磺熏蒸器30套；LI-6400XT便携式光合作用测量系统1套，LI-830 CO_2浓度测定仪1套，LI-3000C便携式叶面积仪1套，便携式土壤养分测定仪1套，LAI-2200C植物冠层分析仪1套，SPAD502叶绿素仪1套，烘箱3台，精密天平1台，建成农田控水试验场地，可控规模500多平方米。为开展设施农业气象科研试验打下了硬件基础。

农试站承担国家公益气象行业专项、山东省财政专项、山东省气象局多项科研课题和试验项目的研究。与山东农业大学、浙江大学、南京信息工程大学、聊城大学等开展了多项合作试验项目，并承担浙江大学山东现代农业研究院服务地方经济发展项目。

农试站共制定发布山东省地方标准3项，其中山东省地方标准《农业气象观测规范 金银花》获评2017年度临沂市标准创新贡献奖、2019年度和2020年度临沂市标准化创新激励奖。农试站被评为临沂市气象局2018年度综合目标管理考核优秀达标单位；荣获全省气象部门事业单位工作人员和集体奖励；被临沂市总工会授予“工人先锋号”称号。研究开发了设施农业气象试验站标准化运行平台，并获得计算机软件著作专利。在《中国农业气象》《核农学报》《干旱气象》《气象与环境科学》等期刊发表论文10余篇。

2017年和2018年参加由山东省农业厅、省商务厅、省科技厅、省供销社、省旅游发展委、省质监局和临沂市人民政府共同主办的第五届和第六届沂蒙优质农产品交易会，参展的设施蔬菜均获“金奖产品”称号。

3.4.1.4 自动土壤水分观测站

全省共包括231个自动土壤水分观测站，主要负责冬小麦、夏玉米等作物田间土壤水分观测，观测深度包括10 cm、20 cm、30 cm、40 cm、50 cm、60 cm、80 cm和100 cm共8个层次，数据获取频次为逐小时，观测方式为自动观测，数据传输方式为无线传输，实现了农田生态系统土壤水分的自动监测。

3.4.1.5 设施农业小气候观测站

全省共包括34个设施农业小气候观测站，主要观测内容为日光温室内气温、空气相对湿度、地温、总辐射、光合有效辐射和CO_2浓度等。现已实现设施农业小气候的自动、连续观测，数据传输频次为 1 h，并同时开展设施蔬菜、果树等发育期、生长状况观测与评价、生产管理措施等相关信息记录等；编制国家标准《设施农业小气候观测规范 日光温室和塑料》，已发布实施，规范了全国设施农业小气候观测；编制《设施农业小气候数据文件规范(V1.0)》，实现了设施农业小气候观测站实时录入大数据云平台。

3.4.1.6 农田小气候观测站

全省共包括 54 个农田小气候观测站，主要观测内容为多层次气温、湿度、地温、风速、土壤相对湿度、降水量、总辐射、光合有效辐射等要素。现已实现了大田粮食作物、果业、特色作物的田间小气候自动、连续、立体观测，数据传输频次为 1 h，是对当前农业气象观测的有效补充。针对大田粮食、果业、特色作物小气候等的观测站分别为 22 个、20 个与 12 个；其中果业小气候观测主要包括苹果、鸭梨、樱桃、石榴、桃、杏、葡萄等，特色作物小气候观测主要包括生姜、大蒜、萝卜、绿茶、玫瑰、西洋参、黄烟等。

3.4.1.7 作物长势自动观测站

全省共包括 49 个作物长势自动观测站，实现了针对大田粮食作物、果业、特色作物、设施作物等的高清图像自动、连续观测，日间数据传输频次为 1 h，可实时查看观测地段高清视频。针对冬小麦、夏玉米与棉花已初步实现了发育期的图像智能解析，是农业气象基本观测站的有效补充。大田粮食、果业、特色作物、设施作物长势自动观测站数量分别为 16 个、12 个、6 个与 15 个。

3.4.2 空基监测

3.4.2.1 大蒜长势监测与评估技术

中国是世界上最大的大蒜生产和消费国，作为全国大蒜种植大省，山东大蒜种植面积达 500 多万亩，占全国的 1/3 以上。在菏泽、济宁、聊城、泰安、临沂、济南、枣庄、滨州和东营等地市均有大面积种植，大蒜产品也远销东南亚、东亚、中东、美洲和欧洲等地区。目前，山东大蒜产业已经逐步向种植规模化、生产标准化、市场均衡化、经营产业化、产品外向化和服务网络化的方向发展。大蒜已经成为山东省农业结构调整的一个新亮点，也是农民增收的重要来源。近年来，随着山东省大蒜种植面积的扩大，如何快速有效地获取大蒜长势监测评估信息，从而提高大蒜生产效率和管理水平，为合理制定大蒜储备、运输及贸易决策提供客观依据，已成为涉农部门、公司和蒜农十分关心的重要问题。

目前，传统的大蒜长势监测评估主要有两种方法，一种是按行政单元逐级统计并层层上报的全面统计，另一种方式是抽样调查。多年来，这两种方式发挥了重要的作用，但也存在着很大的局限性。此外，这两种方法都无法提供大蒜长势空间分布状况，因此，已经不适应社会发展的新要求。卫星遥感技术作为地球信息科学前沿技术，具有空间宏观性、多分辨率(光谱和空间)、周期性和信息丰富等特点，能够实现信息的快速收集和定量分析，已在农作物(主要包括小麦、玉米、水稻和大蒜等)长势监测评估等方面得到广泛应用，为国家掌握粮食生产、粮食储运、粮食调配和粮食安全提供了及时、准确的服务产品。

济宁市金乡县被国家命名为“中国大蒜之乡”，素有“世界大蒜看中国，中国大蒜看金乡”的美誉。金乡县常年大蒜种植面积 60 万亩左右，蒜头产量 75 多万吨，蒜薹 10 多万吨，均居全国首位。因此，本研究选取山东省济宁市金乡县作为大蒜长势监测主要研究区。

金乡县地处山东省鲁西南平原腹地，地跨 34°52′—35°40′N、116°07′—116°30′E 之间，属于黄淮冲积平原，地势东高西低，向西南倾斜，平均海拔 68 m。金乡县年平均气温为 13.8 ℃，年平均降水量为 694.5 mm，大蒜在全县各乡镇均有大面积种植。金乡县位置示意图见图 3.53。

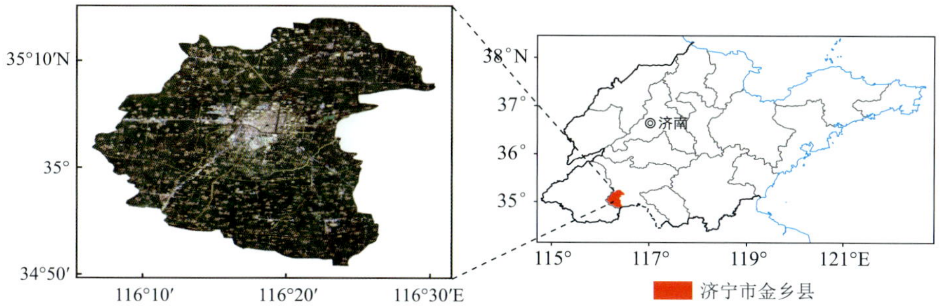

图 3.53　金乡县位置示意图

大蒜是一种百合科多年生草木，浅根性作物，大蒜栽培可分为春播蒜和秋播蒜两大类。目前，山东省主产区基本上以秋播蒜为主，因此，本研究项目主要涉及秋播蒜。秋播蒜的主要生育期包括：出苗期、幼苗期、鳞芽花芽分化期、蒜薹伸长期、鳞芽膨大期和休眠期。

其中，大蒜幼苗期为从初生叶展开到鳞芽和花芽分化为止，即生长锥停止分化幼叶二分化为花芽，总叶片数不再增加。新叶不断分化和生长，进行光合作用，积累营养物质，长成健壮的个体，为鳞芽和花芽分化奠定物质基础。

大蒜鳞芽花芽分化期为从花芽和鳞芽分化开始到分化结束为止，生产上称为分瓣期。鳞芽和花芽分化是大蒜生长发育的关键时期，分化顺利与否对产量关系非常大。这个时期出叶速度开始加快，叶面积增大，根系生长增强，营养物质积累加速，为蒜薹、蒜头的生长打下基础。

大蒜蒜薹伸长期为从花茎分化结束到蒜薹采收的过程，在这一阶段叶片全部长出，叶面积达到最大值，这是保证产品器官发育和提高产量的关键时期。

山东省金乡县秋播蒜采用地膜覆盖，一般在 9 月下旬开始播种，12 月上旬进入幼苗期，次年的 3 月下旬进入鳞芽花芽分化期，到 4 月下旬进入蒜薹伸长期，一般在 5 月中旬开始收获。

经过调查、咨询专家和查阅相关文献发现，山东省主产区大蒜生长发育期基本一致，但不同年份发育期开始时间有差异。因此，本研究确定长势评价时段按大蒜幼苗期、鳞芽花芽分化期和蒜薹伸长期进行。相对于按规定时间开展监测评估，按生育期作为监测时段开展长势评价更符合大蒜生长实际情况，评价结果更有针对性。

(1)数据源要求

本研究所适用数据源自携载有可见光和近红外波段探测仪器的中高分辨率卫星，主要包括 GF-1/WFV、HJ-1/CCD、Landsat TM/ETM+/OIL、CBERS/CCD 等。

(2)卫星数据 NDVI 计算波段波长范围规定

NDVI 计算主要用到可见光和近红外波段。可见光、近红外分别指定星载仪器涵盖 0.58～0.69 μm、0.70～1.25 μm 的波长范围之间。

(3)卫星数据预处理流程

本研究所使用的卫星数据是经过定标、定位处理的 1 级或 2 级数据，在进行大蒜植被指数计算前，应对数据的质量进行人工核实和处理。

辐射定标：是指建立遥感传感器的数字量化输出值 DN 与其所对应视场中辐射亮度值之间的定量关系。其关键在于确定定标系数，所采用的卫星数据定标系数及公式由相应标准或规定指定，要确认所使用的定标表为最新发布的有效数据。

优先使用星下点附近数据进行地图投影变换和几何精校正。地图投影变换：是指从一种地图投影点的坐标变换为另一种地图投影点的坐标；几何校正：卫星图像的校正有两种，一是根据卫星轨道公式将卫星的位置、姿态、轨道及扫描特征作为实践函数加以计算，来确定每条扫描线上的像元坐标。但是往往由于遥感器的位置及姿态的测量值精度不高，其校正图像仍存在不小的几何变形，因此进一步的几何校正需要利用地面控制点和多项式校正模型，包括地面控制点（GCP）的选取、多项式校正模型、重采样三大步骤。

（4）大蒜长势卫星遥感评估指标确定依据

本研究用 NDVI 作为大蒜幼苗期、鳞芽花芽分化期和蒜薹伸长期长势的监测指标，具体依据如下。

NDVI 是评价植被长势最常用的指标，与其他植被指数相比，NDVI 能更好地反映作物的长势情况，NDVI 对土壤背景的变化比较敏感，当植被覆盖度小于 15%时，植被的 NDVI 略大于裸土；当植被覆盖度为 25%～80% 时，NDVI 随植被覆盖度的增加呈近于线性的增长；而且 NDVI 可以消除大部分与仪器定标、太阳角、地形、云阴影和大气条件有关辐照度的变化，增强了对植被的响应能力，是目前已有的几十种植被指数中应用最广的一种。因此，本研究选取归一化植被指数 NDVI 作为大蒜幼苗期、鳞芽花芽分化期和蒜薹伸长期长势遥感等级评价指标。

（5）大蒜长势卫星遥感植被指数计算方法

①单时次 NDVI

对单时次卫星数据计算归一化植被指数（NDVI）的公式为：

$$I_{\mathrm{NDVI}} = \frac{R_{\mathrm{NIR}} - R_{\mathrm{Red}}}{R_{\mathrm{NIR}} + R_{\mathrm{Red}}} \tag{3.19}$$

式中：I_{NDVI}为某个大蒜像元单时次的 NDVI；R_{NIR}为该像元指定星载仪器中近红外波段的反射率；R_{Red}为该像元指定星载仪器中红光波段的反射率。

②植被指数合成

在给定的观测时间间隔（如周、旬、月等）内，计算某个大蒜像元各时次的 NDVI，选取其中的最大值作为该像元多时次合成后的值，计算公式为：

$$I_{\mathrm{NDVI}}(i) = \max[I_{\mathrm{NDVI}}(i,1), I_{\mathrm{NDVI}}(i,2), \cdots, I_{\mathrm{NDVI}}(i,p)] \tag{3.20}$$

式中：$I_{\mathrm{NDVI}}(i)$为第 i 个大蒜像元合成后的 NDVI；i 为区域内大蒜像元序号；$I_{\mathrm{NDVI}}(i,p)$为第 i 个大蒜像元第 p 时次的 NDVI；p 为给定观测时间间隔内该像元的观测总时次。

③区域 NDVI 均值

区域 NDVI 均值为区域内所有大蒜像元合成后的 NDVI 的平均值，计算公式为：

$$\overline{I}_{\mathrm{NDVI}} = \sum_{i=1}^{m} I_i / m, i \in r \tag{3.21}$$

式中：$\overline{I}_{\mathrm{NDVI}}$ 为区域 NDVI 均值；m 为区域内大蒜像元总数；i 为区域内大蒜像元序号；I_i 为区域内第 i 个大蒜像元合成后的 NDVI；r 为区域代码。

④生育期 NDVI 多年平均值

生育期 NDVI 多年平均值为某区域大蒜某生育期最近 5 a 的 NDVI 平均值，计算公式为：

$$\overline{I}_{NDVI}(r,s)=\frac{1}{N}\sum_{n=1}^{N}I_{NDVI}(r,n,s) \tag{3.22}$$

式中：$\overline{I}_{NDVI}(r,s)$ 为区域 r 在生育期 s 的 NDVI 多年平均值；r 为区域代码；s 为大蒜生育期代码；N 为统计总年份，取值 5；n 为年份序号；$I_{NDVI}(r,n,s)$ 为区域 r 在第 n 年生育期 s 的 NDVI。

⑤生育期 NDVI 偏差

生育期 NDVI 偏差为某区域当年某生育期 NDVI 与某生育期 NDVI 多年平均值的差值，计算公式为：

$$\Delta I_{NDVI}(r,n,s)=I_{NDVI}(r,n,s)-\overline{I}_{NDVI}(r,s) \tag{3.23}$$

式中：$\Delta I_{NDVI}(r,n,s)$ 为区域 r 在第 n 年生育期 s 的 NDVI 偏差；r 为区域代码；s 为大蒜生育期代码；n 为年份序号；$I_{NDVI}(r,n,s)$ 为区域 r 在第 n 年生育期 s 的 NDVI；$\overline{I}_{NDVI}(r,s)$ 为区域 r 在生育期 s 的 NDVI 多年平均值。

⑥大蒜长势卫星遥感等级评估方法

在大蒜幼苗期、鳞芽花芽分化期和蒜薹伸长期，参考相关文献，根据归一化植被指数 NDVI 与多年平均值偏差、标准差的大小，参照农气观测规范大蒜苗情划分标准（一类苗、二类苗和三类苗），将大蒜长势划分为好、中等、差三个等级。

（a）NDVI 标准差 σ 计算公式为：

$$\sigma=\sqrt{\frac{1}{N-1}\sum_{n=1}^{N}\Delta I_{NDVI}(r,n,s)^2} \tag{3.24}$$

式中：σ 为幼苗期、鳞芽花芽分化期和蒜薹伸长期 NDVI 标准差；N 为统计总年份，取值 5；n 为年份序号；$\Delta I_{NDVI}(r,n,s)$ 为区域 r 在第 n 年生育期 s 的 NDVI 偏差。

（b）评估方法

利用大蒜幼苗期、鳞芽花芽分化期和蒜薹伸长期的 NDVI 偏差与标准差综合判定大蒜长势，将其划分为好、中等、差三个等级。

判定标准如下：

若 $\Delta I_{NDVI}(r,n,s)>\sigma$，则判定为长势好；

若 $-\sigma\leqslant\Delta I_{NDVI}(r,n,s)\leqslant\sigma$，则判定为长势中等；

若 $\Delta I_{NDVI}(r,n,s)<-\sigma$，则判定为长势差。

3.4.2.2 结果分析与未来预期

根据大蒜长势卫星遥感评估方法和流程，利用卫星数据免费且获取方便、业务应用广泛的 GF-1/WFV 卫星数据，制定了基于 GF-1/WFV 卫星数据的大蒜长势评估标准示例，判识指标供使用 GF-1/WFV 卫星数据的用户进行大蒜长势评价参考，同时对大蒜长势卫星遥感评估方法和流程是否适合业务实际操作应用进行验证。

（1）数据收集

收集整理了 2013—2019 年的覆盖山东省金乡县、兰陵县和巨野县等山东大蒜主产区的云覆盖率小于 10％的 GF-1/WFV 卫星数据。

收集了山东省金乡县2010—2019年的大蒜物候观测资料，详细分析了大蒜生长发育期规律、各个发育期大蒜苗情状况、密度、茎鲜重、株高以及整个生育期发生的气象灾害等因素。

收集整理了利用GPS获得的大蒜长势野外调查验证样本点和样本区等矢量数据。

(2)GF-1/WFV卫星数据来源及处理方法

①GF-1/WFV卫星数据来源及说明

本研究所用的GF-1/WFV卫星数据为中国资源卫星应用中心网站提供的一级数据(表3.18)。用户注册之后，进行数据下载，并免费使用。本研究主要使用了2013—2019年大蒜生长季期间山东省金乡县云覆盖率小于10%的GF-1/WFV卫星数据。

表3.18 GF-1/WFV卫星数据通道参数表

波段	波段范围/μm	波段描述	星下点分辨率/m
1	0.43～0.52	蓝光(Blue)	16
2	0.52～0.60	绿光(Green)	16
3	0.63～0.69	红光(Red)	16
4	0.76～0.90	近红外(Near infrared)	16

②GF-1/WFV卫星数据预处理

从中国资源卫星应用中心下载的GF-1/WFV数据是在卫星上经辐射校正和几何粗校正，并将校正后的图像映射到指定的地图投影坐标下的产品数据。影像投影坐标系统一转换为WGS_1984_UTM_Zone_50N。先通过每景数据自带的头文件数据和网站提供的校正参数对原始数据进行辐射校正。利用绝对定标系数将DN值图像转换为辐亮度图像的公式为：

$$L = \mathrm{DN}/a + L_0 \tag{3.25}$$

式中，L为辐亮度，a为绝对定标系数增益，L_0为偏移量，a和L_0由影像的定标参数文件获得，转换后辐亮度单位为$\mathrm{W/(sr \cdot m^2 \cdot \mu m)}$。

在定量遥感中，为了获得地表的准确信息，必须尽量通过大气校正还原目标地物的真实反射率。本节采用集成在ENVI中的FLASSH大气校正软件包对GF-1/WFV数据进行大气校正，FLASSH模块整合了MODTRAN(Moderate Resolution Transmission)代码并与之平行发展，吸收了其在运算速度与精度方面的最新研究成果。通过输入影像的头文件、波谱响应函数等信息，运行FLASSH模块获得影像各波段地表反射率数据。

由于地球及传感器自身特性的原因，遥感影像存在不可避免的几何畸变，包括挤压、扭曲、拉伸、偏移等。消除影像上的几何畸变，将其变换到参考图像坐标系中的过程称为几何校正。下载的影像产品基本已经经过几何粗校正，为了使得时间序列影像及不同传感器影像可以更精确地匹配，需要进行进一步的几何精校正。本研究以一景经过GPS控制点校正后的研究区土地利用现状图为参考图像，通过选择控制点进行几何精校正，尽量选择不变地物，并且参考点均匀分布在影像上，选用二次多项式几何校正模型，最邻近法重采样，最终确保经过校正的影像地理位置误差在0.5个像元以内。

③GF-1/WFV卫星数据云检测

云是光信号传播的严重障碍，在很大程度上影响遥感信息获取的质量，虽然选取的环境星影像在研究区范围内云覆盖量均低于10%，被云覆盖的像元仍然会对地物的实际反射率产生很大的影响，因此，需要通过合适的预处理方法，正确分离云和晴空像元，并对云像元进行去除，为旬数据合成打下基础。云识别是众多研究工作以及其他产品开发的基础。目前，关于云识别的算法有很多，为了加速云识别处理速度，可采用单一像元作为处理对象，对周边像元不加处理，可利用卫星可见光和近红外波段数据，获取阈值，用来识别云和晴空像元。为了方便实际应用，本研究采用红光波段反射率阈值云检验法对研究区内的云像元进行初步的识别及去除。其原理是云在可见光等波段的反射率与下垫面的反射率存在差异，通常云反射率明显高于下垫面，并随着云层厚度、高度有所改变。已有研究表明，在 0.63～0.69 μm 之间的红光波段，下垫面介质类型不同，其反射率也明显不同，绿色植被的反射率最低，水体次之，土壤和人工地表反射率最高，云的反射率明显高于下垫面的反射率。GF-1/WFV 卫星数据的红光波段处，晴空像元地物一般具有较低的反射率，云则有较高的反射率，因此，可以作为云识别的首选波段。随机选取 GF-1/WFV 影像上 1207 个晴空像元和 1300 个云污染像元，分别统计像元的红光波段范围，设置红光波段阈值为 0.27，被识别为云的像元值设置为 Nodata 参与后续步骤。利用该方法对研究区有云影像进行检验，从图 3.54 中可以看出，利用红光波段反射率大于 0.27 可以将厚云、碎云准确地检测出来，形成了完整的“云罩”。

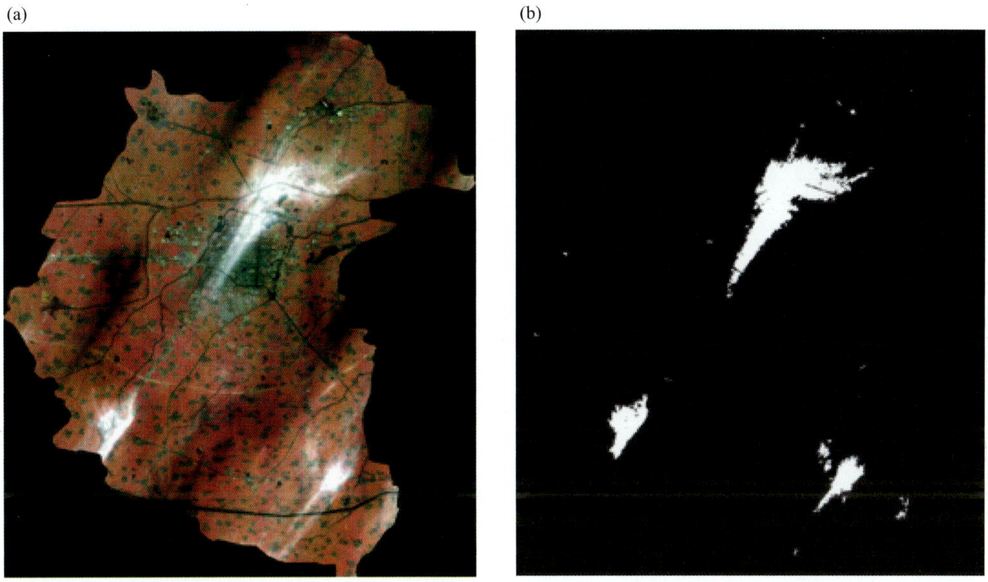

图 3.54　GF-1/WFV 假彩色合成影像(a)和云检测结果(b)图

(3)大蒜种植面积和空间分布信息提取

基于 GF-1/WFV 卫星数据，采用决策树分类和监督分类——最大似然法相结合的方法，利用金乡县土地利用类型和野外地面调查数据，提取出 2013—2019 年金乡县大蒜种植面积和空间分布信息(图 3.55)，为长势评价提供本底信息。

2018—2019 年大蒜种植区提取精度验证点共 479 个，其中大蒜实测验证点 234 个，并均匀分布在金乡县境内。分类结果显示：2018—2019 年金乡县大蒜种植区专题制图用户精度 89.8%，制图精度 93.3%，Kappa 系数 0.87(图 3.55f)。

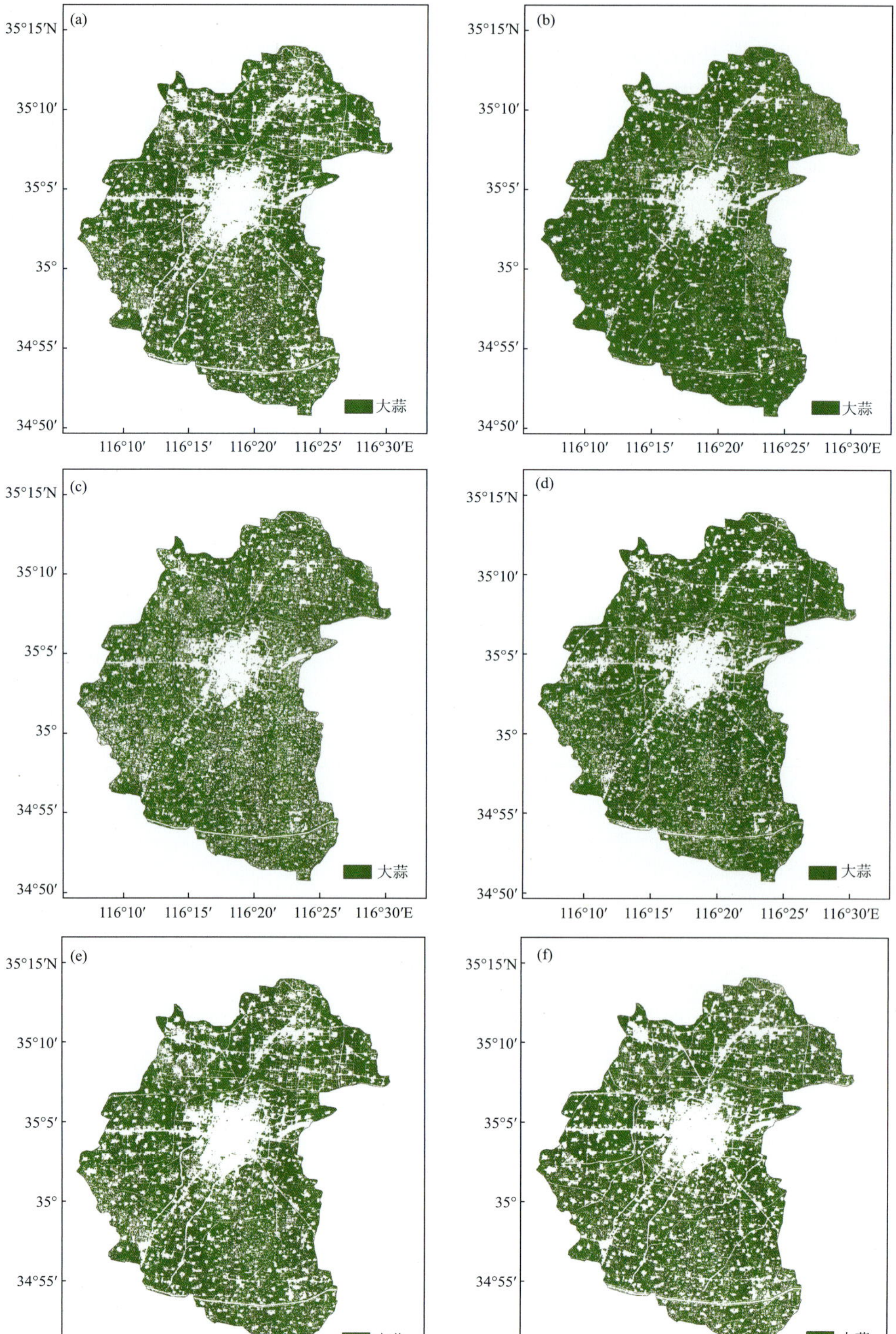

图 3.55　2013—2019 年金乡县大蒜种植面积空间分布图

(a)2013—2014 年;(b)2014—2015 年;(c)2015—2016 年;(d)2016—2017 年;

(e)2017—2018 年;(f)2018—2019 年

(4)GF-1/WFV 卫星数据大蒜长势等级评价标准

根据大蒜长势卫星遥感评估方法和流程，利用长时间序列 GF-1/WFV 卫星数据，制定基于 GF-1/WFV 卫星数据的大蒜长势评估标准。

①大蒜各生育期多年平均值计算结果

以大蒜生长发育期为评估对象，根据式(3.19)—(3.22)，计算获得了 2013—2018 年山东省金乡县大蒜幼苗期、鳞芽花芽分化期和蒜薹伸长期 NDVI 平均值，即为多年平均值(表 3.19)。

表 3.19　大蒜生长发育期 NDVI 多年平均值表

大蒜发育期	NDVI 多年平均值
幼苗期	0.36
鳞芽花芽分化期	0.56
蒜薹伸长期	0.65

②大蒜幼苗期、鳞芽花芽分化期和蒜薹伸长期等级评估结果

在大蒜各个发育期，以多年平均值作为中间值，利用标准差分析方法，分析各个发育期各年的大蒜 NDVI 数值偏离平均值的离散程度。标准差 σ 计算公式见式(3.24)，计算获得大蒜各发育期的 σ 数值见表 3.20。

表 3.20　大蒜幼苗期、鳞芽花芽分化期和蒜薹伸长期标准差 σ 值表

大蒜发育期	σ 值	备注
幼苗期	0.02	不同区域同一生育期大蒜 σ 值存在一定的差异，波动幅度在 8%左右
鳞芽花芽分化期	0.04	
蒜薹伸长期	0.04	

根据表 3.19 和表 3.20，参考大蒜幼苗期、鳞芽花芽分化期和蒜薹伸长期长势卫星遥感等级评估判断标准，确定了全省范围的大蒜幼苗期、鳞芽花芽分化期和蒜薹伸长期长势好、长势中等和长势差三个级别的 GF-1/WFV NDVI 数值范围(表 3.21)。

表 3.21　大蒜幼苗期、鳞芽花芽分化期和蒜薹伸长期长势遥感等级标准表

大蒜发育期	NDVI 多年平均值	遥感等级指标(参考值)	长势遥感等级
幼苗期	0.36	NDVI>0.38	好
		0.34≤NDVI≤0.38	中
		NDVI<0.34	差
鳞芽花芽分化期	0.56	NDVI>0.60	好
		0.52≤NDVI≤0.60	中
		NDVI<0.52	差
蒜薹伸长期	0.65	NDVI>0.69	好
		0.61≤NDVI≤0.69	中
		NDVI<0.61	差

(5)GF-1/WFV 大蒜长势遥感等级划分结果说明

上述表中大蒜长势遥感等级指标数值主要适用于利用 GF-1/WFV 数据对山东省金乡县大蒜长势进行评价。其他主产县在评价大蒜长势状况时,可根据本研究所列的等级评估指标、方法和流程,计算获得其区域内大蒜长势遥感等级评估结果。

此外,由于 GF-1/WFV 和 HJ-1/CCD、Landsat TM/ETM+/OIL、CBERS/CCD 等其他中高分辨率卫星数据在空间分辨率以及波段设置等方面的不同,因此,由 GF-1/WFV 卫星数据确定的大蒜长势等级划分指标不能直接用于 HJ-1/CCD、Landsat TM/ETM+/OIL 和 CBERS/CCD 等其他中高分辨率卫星数据进行大蒜长势评估。

(6)GF-1/WFV 大蒜长势评估标准验证

①金乡县大蒜长势评估标准验证

基于地面样方数据验证是对卫星反演结果精度验证的主要手段之一,通常是通过研究区样本像元的分类结果与参照数据的比较而实现的。根据四川省地方标准大蒜农业气象观测规范(DB51/T 1707—2013)和参考农业专家经验,确定出地面验证时判断大蒜长势的等级标准如下。

长势好:大蒜密度均匀,高度整齐,叶色正常,蒜薹发育良好,蒜头大,蒜瓣饱满。没有或仅有轻微的病虫害和气象灾害,对生长影响极小,预计可达到丰产年景的水平。

长势中等:大蒜密度不太均匀,有少量缺苗断垄现象,高度欠整齐。蒜薹发育一般,蒜头稍小,蒜瓣欠饱满。植株遭受病虫害或气象灾害较轻,预计可达到平均产量年景的水平。

长势差:大蒜密度不均匀,缺苗断垄严重,植株矮小,高度不整齐。蒜薹发育不好,蒜头小,蒜瓣不饱满。杂草很多,病虫害或气象灾害对植株有明显的抑制或产生严重危害,预计产量很低,是减产年景的水平。

利用 GF-1/WFV 卫星数据,采用本研究中的大蒜长势卫星遥感评估技术规范,对 2018—2019 年山东省金乡县进行大蒜长势卫星遥感监测评估(图 3.56—图 3.58)。同时在山东省金乡县开展天地一体化对比观测试验,在 ArcGIS 平台下,利用野外调查的大蒜样方点 GPS 数据与大蒜长势监测评估结果进行空间叠加分析,统计结果表明:2018—2019 年大蒜长势遥感整体监测准确率均达到 90%以上,详见表 3.22—表 3.24。此外,获得的大蒜长势空间分布图与当地农业部门获得的长势地面观测数据空间分布趋势基本一致,而长势的空间差异通过空间分布图表现得更精细、更直观,充分体现了该标准的评估技术规范在业务上的可行性。

②其他大蒜主产县长势评估标准验证

(a)山东省巨野县大蒜长势评估方法验证

本研究选取山东省巨野县作为大蒜长势监测的验证区。巨野县隶属于山东省菏泽市,地处黄河冲积平原,地势平坦,土地肥沃,四季分明,适合大蒜生长。大蒜在巨野县东部几个乡镇均有大面积种植,大蒜已成为巨野县最重要的经济作物(图 3.59)。

验证区数据为覆盖巨野县的 GF-1/WFV 数据。首先对 GF-1/WFV 数据进行辐射定标、大气校正、几何校正等预处理后计算归一化植被指数 NDVI,然后对巨野县 2018—2019 年大蒜种植区域进行面积提取。其中大蒜种植区提取精度验证点共 259 个,其中大蒜实测验证点 134 个,并均匀分布在巨野县境内。分类结果显示:巨野县 2018—2019 年大蒜种植区专题制图用户精度 89.8%,制图精度 93.3%,Kappa 系数 0.87(图 3.60)。

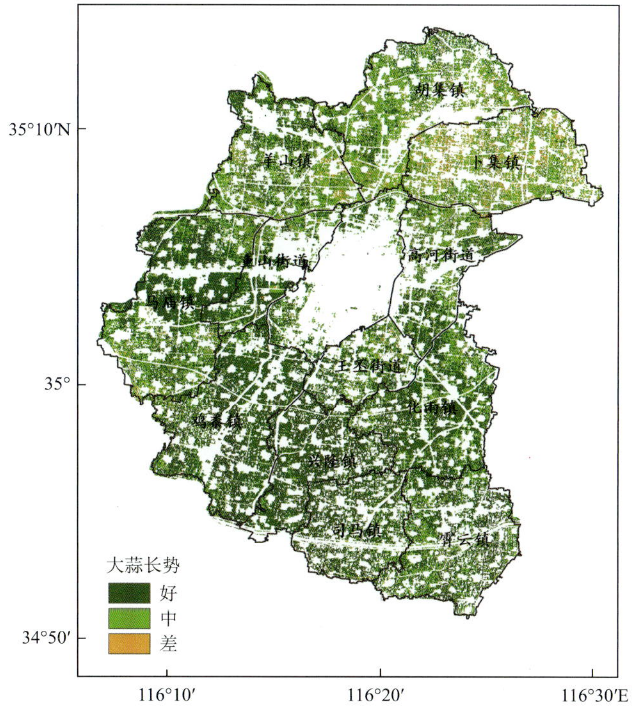

图 3.56　2018—2019 年金乡县大蒜幼苗期长势监测图

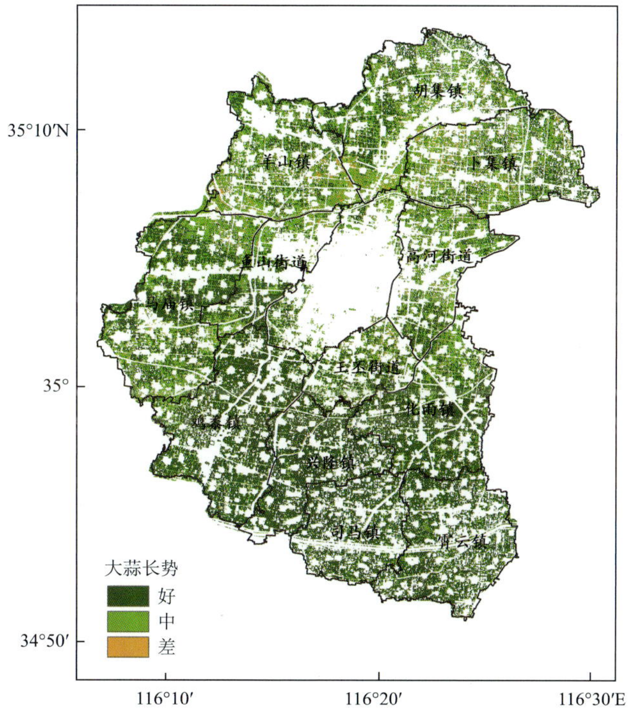

图 3.57　2018—2019 年金乡县大蒜鳞芽花芽分化期长势监测图

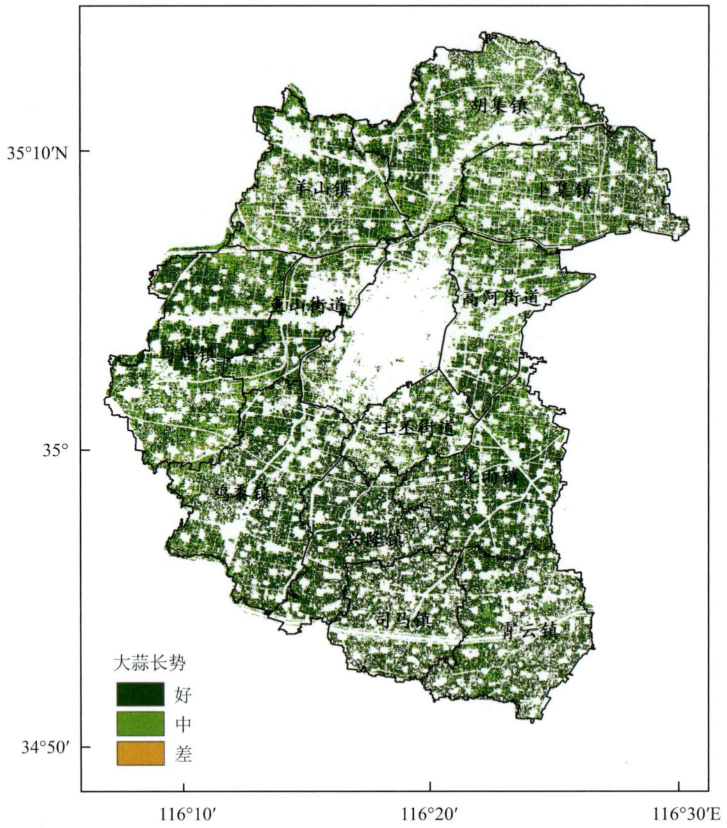

图 3.58　2018—2019 年金乡县大蒜蒜薹伸长期长势监测图

表 3.22　2018—2019 年金乡县大蒜幼苗期长势监测评估结果精度评价表

大蒜长势	验证样方点		
	验证点/个	正确/个	准确率/%
长势好	120	110	91.7
长势中等	122	109	89.3
长势差	100	89	89.0
总计	342	308	90.1

表 3.23　2018—2019 年金乡县大蒜鳞芽花芽分化期长势监测评估结果精度评价表

大蒜长势	验证样方点		
	验证点/个	正确/个	准确率/%
长势好	120	108	90.0
长势中等	122	111	91.0
长势差	100	90	90.0
总计	342	309	90.4

表 3.24　2018—2019 年金乡县大蒜蒜薹伸长期长势监测评估结果精度评价表

大蒜长势	验证样方点		
	验证点/个	正确/个	准确率/%
长势好	120	116	96.7
长势中等	122	112	91.8
长势差	100	93	93.0
总计	342	321	93.9

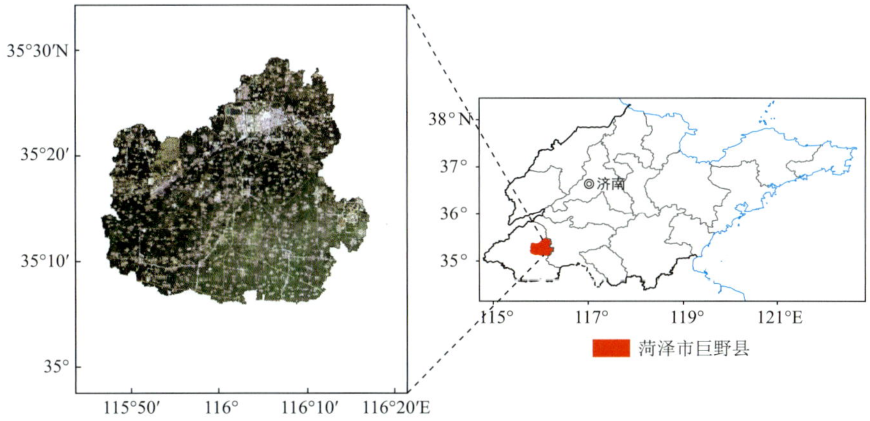

图 3.59　巨野县位置示意图

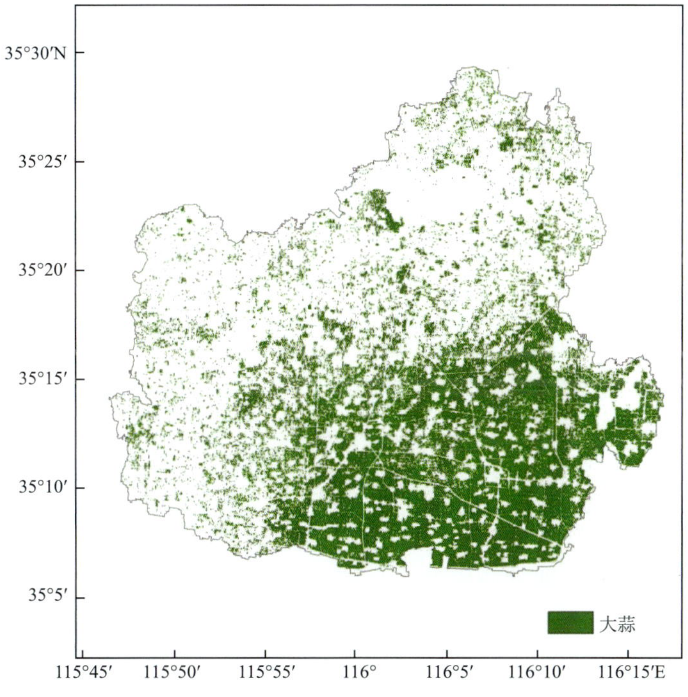

图 3.60　2018—2019 年巨野县大蒜种植区空间分布图

利用 GF-1/WFV 卫星数据，采用本研究中的大蒜长势卫星遥感评估技术规范，对 2018—2019 年山东省巨野县进行大蒜长势卫星遥感监测评估(图 3.61)。在 ArcGIS 平台下，利用野外调查的大蒜样方点 GPS 数据与大蒜长势监测评估结果进行空间叠加分析，统计结果表明：2018—2019 年大蒜幼苗期长势监测准确率达到 92.1%，详见表 3.25。此外，获得的大蒜长势空间分布图与当地农业部门获得的长势地面观测数据空间分布趋势基本一致，充分体现了该标准的评估技术规范在业务上的可行性。

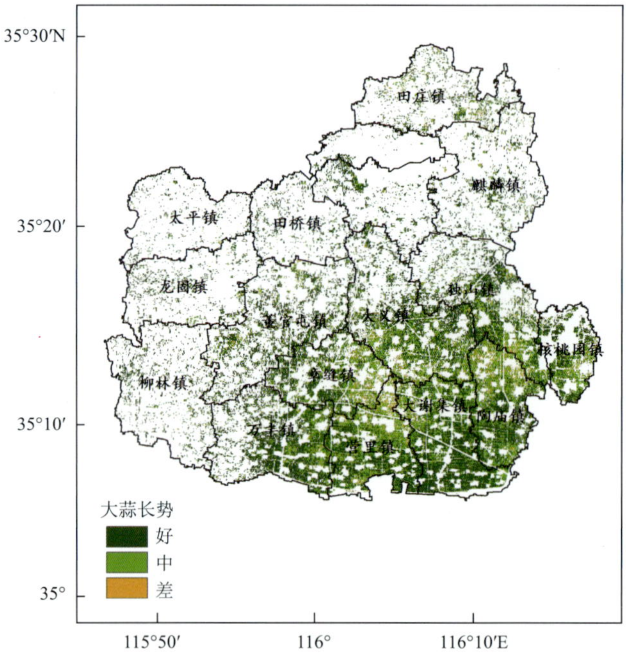

图 3.61　2018—2019 年巨野县大蒜幼苗期长势监测图

表 3.25　2018—2019 年巨野县大蒜幼苗期长势监测评估结果精度评价表

大蒜长势	验证样方点		
	验证点/个	正确/个	准确率/%
长势好	110	100	90.9
长势中等	105	99	94.3
长势差	65	59	90.8
总计	280	258	92.1

(b)山东省兰陵县大蒜长势评估方法验证

本研究选取山东省兰陵县作为大蒜长势监测的另一个验证区。兰陵县隶属于山东省临沂市，地处山东省南部。兰陵县地处鲁南低山丘陵南缘，地势自西北向东南逐次降低，依次是低山、丘陵、平原、洼地。大蒜在兰陵县大部分乡镇均有大面积种植，大蒜已成为兰陵县主要的经济作物之一(图 3.62)。

验证区数据为覆盖兰陵县的 GF-1/WFV 数据。首先对 GF-1/WFV 数据进行辐射定标、大气校正、几何校正等预处理后计算归一化植被指数 NDVI，然后对兰陵县 2018—2019 年大

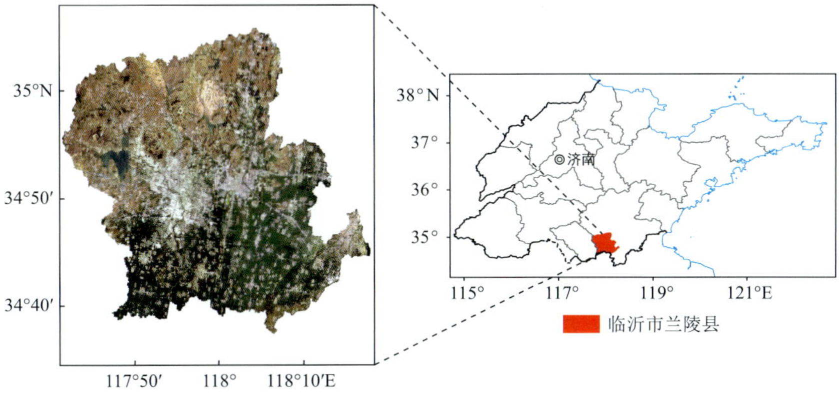

图 3.62　兰陵县位置示意图

蒜种植区域进行面积提取。其中 2018—2019 年大蒜种植区提取精度验证点共 257 个，其中大蒜实测验证点 131 个，并均匀分布在兰陵县境内。分类结果显示：兰陵县 2018—2019 年大蒜种植区专题制图用户精度 88.9%，制图精度 92.6%，Kappa 系数 0.86（图 3.63）。

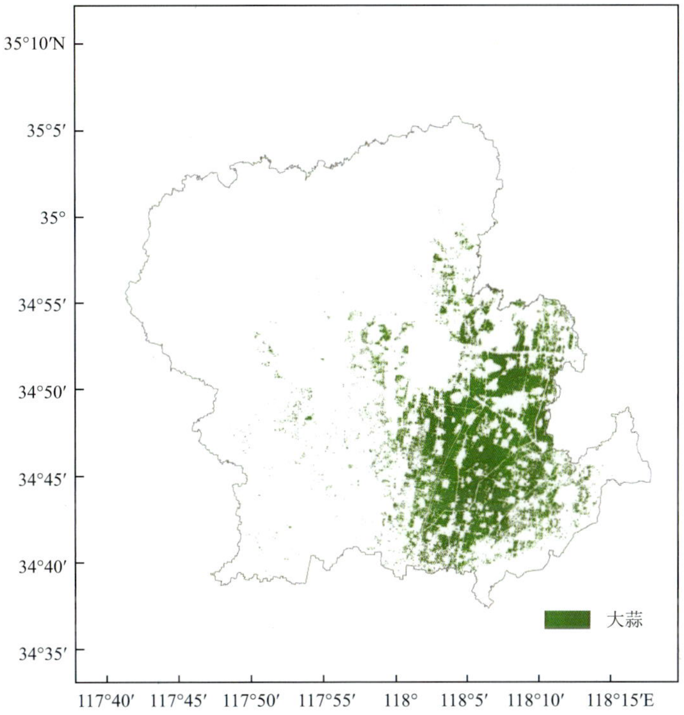

图 3.63　2018—2019 年兰陵县大蒜种植区空间分布图

利用 GF-1/WFV 卫星数据，采用本研究中的大蒜长势卫星遥感评估技术规范，对 2018—2019 年山东省兰陵县进行大蒜长势卫星遥感监测评估（图 3.64）。在 ArcGIS 平台下，利用野外调查的大蒜样方点 GPS 数据与大蒜长势监测评估结果进行空间叠加分析，统计结果表明：2018—2019 年大蒜蒜薹伸长期长势监测准确率达到 92.5%，详见表 3.26。此外，获得的大蒜长势空间分布图与当地农业部门获得的长势地面观测数据空间分布趋势基本一致。

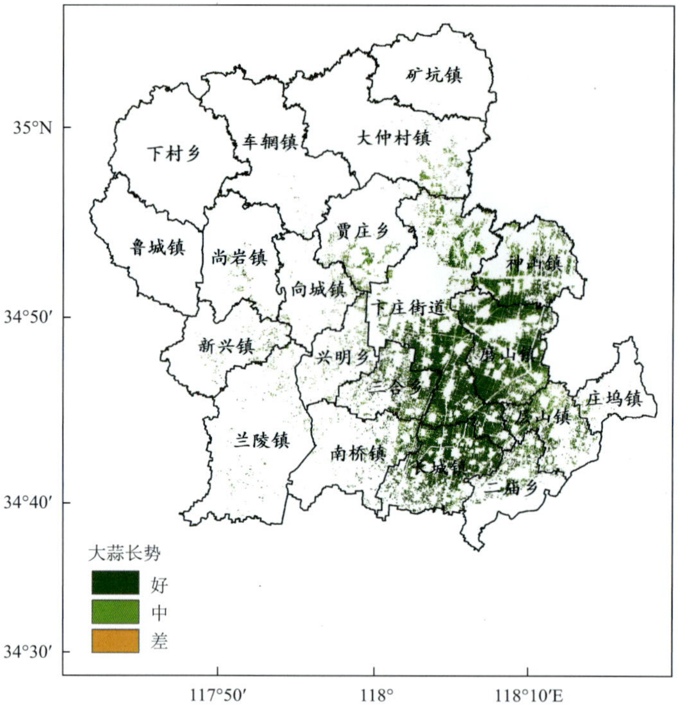

图 3.64　2018—2019 年兰陵县大蒜蒜薹伸长期长势监测图

表 3.26　2018—2019 年兰陵县大蒜蒜薹伸长期长势监测评估结果精度评价表

大蒜长势	验证样方点		
	验证点/个	正确/个	准确率/%
长势好	105	98	93.3
长势中等	97	90	92.8
长势差	50	45	90.0
总计	252	233	92.5

3.4.2.3　农田干旱监测技术

(1)概述

干旱是我国主要的自然灾害之一，不仅会使农业受灾，还会影响到工业生产、城市供水等。此外，干旱还会对生态系统和环境造成极大破坏，导致植被覆盖率减少，自然绿洲萎缩，草场退化，土地沙漠化严重等诸多不利影响。山东省属典型的暖温带季风气候，四季分明，受季风影响极大，属水资源短缺省份，有“十年九旱”之说。因此，如何及时、有效、准确地监测干旱已成为当前亟待解决的问题。

目前农田干旱面积主要依靠基层农业生产部门人工调查，逐级上报统计而成，由于人力物力有限，数据的主观性较大，且无法提供相对客观的农田干旱面积和空间分布状况，给政府及相关部门对农业生产决策带来一定的影响。

遥感具有覆盖范围广、空间分辨率高、重访周期短、数据获取快捷方便等优点。与地面观测相比，借助遥感技术进行大范围旱情动态监测具有一定的优势。由于农田干旱在遥感影像上呈现出独特的光谱特征，自20世纪70年代以来，众多学者从可见光—近红外、热红外和微波波段中提取能够表征农田生态特征的遥感信息，构建了大量的基于多维光谱特征空间的干旱遥感监测模型，为大面积干旱监测提供了有效的方法。

目前国内外干旱遥感监测以NOAA/AVHRR、Landsat/TM、TERRA和AQUA星载的MODIS等传感器获得的影像为主要数据源。而我国自主研发的风云三号气象卫星（以下简称FY-3），与上述卫星数据相比具有高时空分辨率、多通道的优势，特别是其上搭载的中分辨率光谱成像仪（MERSI），具有6个250 m分辨率的通道和15个1 km分辨率的通道，大大增强了对精细地物监测的能力，为干旱的监测提供了新的遥感数据源。另外，NOAA、TERRA和AQUA卫星均已超期服役多年，数据的稳定获取不能得到保证；与之形成鲜明对比的是，随着中国国力增强，中国计划在未来10 a内，将陆续发射多颗气象卫星。基于以上分析可知，中国的FY-3系列遥感卫星具有更为优越的应用潜力。因此，进一步研究利用FY-3数据基于遥感干旱指数开展干旱连续监测，对提升中国卫星遥感自主应用能力，在业务系统中减少对国外遥感数据的依赖，确保中国干旱监测的及时性和准确性具有十分重要的意义。

近年来，基于植被指数而衍生出来的一些简单易用的干旱监测指数得到了进一步扩展，其中詹志明等（2006）在分析植被在NIR-Red特征空间的变化规律后，给出了地表的光谱特征的地表土壤水分监测模型——垂直干旱指数（Perpendicular Dryness Index，PDI），该方法直接用光谱特征代替了以往的NDVI和ALBEDO，既简单又有效。朱琳等（2010）利用FY-3A/MERSI数据反演了垂直干旱指数（PDI），并将其应用到内蒙古自治区的干旱监测研究中，获得的干旱分布状况和实际干旱情况基本一致。杨学斌等（2011）应用TM遥感影像结合PDI指数对内蒙古名安镇进行了干旱监测。冯海霞（2011）应用环境小卫星结合PDI指数对贵州进行了干旱监测。李峰等（2014）应用FY-3/MERSI数据并结合PDI指数对山东省进行了干旱监测。蒋友严等（2014）基于MODIS/TERRA、FY-3B/MERSI和HJ/CCD监测数据，结合同步土壤湿度实测资料，利用垂直干旱指数（PDI），对比分析了各传感器在干旱时空动态中对旱情响应的敏感性和可靠性。然而，PDI更适合于裸土和植被稀疏地表的干旱监测。而在植被区，监测精度会受到影响。针对这个问题，Ghulam等（2007）引入植被覆盖度，提出了改进型的垂直干旱指数（Modified Perpendicular Dryness Index，MPDI）。MPDI在北京顺义、宁夏和内蒙古区域都取得了较好的应用效果。这些研究成果为本研究提供了丰富的方法技术借鉴。但这些研究成果多是应用MODIS、NOAA、TM和ETM数据，应用国产FY-3卫星数据进行干旱监测尤其是对淮河流域进行旱情监测少有报道。

本研究选取山东省淮河流域5个地市（菏泽、济宁、临沂、枣庄和日照）作为研究区，以2010年以来的FY-3/MERSI遥感数据为基础，首先对FY-3数据进行几何校正、辐射校正等预处理工作。然后基于1∶10万土地利用类型和FY-3数据对山东省淮河流域农田分布信息进行提取，去除林地、水体和城镇等干扰信息。最后，结合实测地面土壤水分、土地覆盖类型和地形等数据，评估垂直干旱指数（PDI）和改进型的垂直干旱指数（MPDI）的适应性，并据此更新PDI、MPDI相关的本地化参数，建立了适应于山东省淮河流域的干旱动态监测模型。依托相关研究成果，结合实测土壤水分数据，在山东省淮河流域的基础上，又建立了适合山东省全境的PDI和MPDI监测模型和干旱分级标准，开展了山东省农田干旱动态监测。

(2)数据与方法

①FY-3/MERSI 数据获取及预处理

本研究使用的 FY-3/MERSI 原始数据来自山东省气象局济南和新泰卫星数据直收站。通过中国气象局开发的图像处理软件和 SMART 软件，实现了 MERSI 数据的多通道定标、定位、投影转换和研究区域裁剪等预处理，生成空间分辨率为 250 m 的 LD3 格式文件数据集。然后，基于 SMART 平台对 FY-3/MERSI 数据进行几何精校正和影像裁切。在已获取的 FY-3/MERSI 卫星数据基础上，挑选研究区晴朗无云、能见度好的卫星数据。然后通过影像叠加的方式，减少云和霾对影像质量的影响，建立山东省淮河流域干旱动态监测模型的基础数据源。

②农田土壤相对湿度数据获取及质量控制

本研究所用土壤相对湿度数据主要来源于土壤水分自动观测站和野外人工观测(图 3.65)两种方式。由于目前部分山东土壤水分自动观测站经常出现数据观测值与实际情况不符的情况(如观测值常年偏低或偏高，降水后观测值无变化等)，按照山东省气象局观测处组织编写的《土壤水分自动观测站数据评估与整改技术方案》中资料整理的步骤，通过计算各层达到饱和需补充水量、各层达到饱和需补充的累计水量、降水下渗深度等，对各站点各层次土壤水分数据质量进行评估审核。目前，全省共挑选出 75 个可用的土壤水分自动观测站，其中山东淮河流域有 25 个。

图 3.65　农田土壤水分野外观测

③其他数据的获取及处理

利用中国科学院提供的 2015 年山东土地利用类型数据——农田信息，对 FY-3/MERSI 数据进行农田信息掩膜处理，该数据是计算机辅助人工目视解译形成，且在解译前后均有野外调研确立解译标志或者进行数据验证，数据比例尺达到 1∶10 万。

另外，为了便于地面验证分析，收集和整理了山东省 122 个国家级气象观测站在研究时段内的逐日降雨量和气温等资料。

④PDI 和 MPDI 干旱监测指数构建

(a)PDI 干旱指数介绍

早在 20 世纪 70 年代，就有研究者开始对红光—近红外二维光谱特征空间中植被变化规律进行研究。由于植被对红光有强烈的吸收，对近红外有强烈反射，通过红光和近红外数学变换计算植被指数，达到植被长势监测的目的。Richardson 等(1977)根据植被在红光—近红外光谱特征空间的分布规律，用在红光—近红外光谱特征空间任一点到土壤线的垂直距离描述植被覆盖情况提出了垂直植被指数(PVI)。同时，由于水体对红光和近红外波段吸收很强，土壤含水量是影响土壤在红光和近红外反射率的主要因素。Zhan 等(2007)描述了水分在红光—近红外光谱特征空间的分布特征。前者从理论基础到数学模型已经相当成熟,在植被、作物长势监测和遥感估产等方面得到广泛使用。

詹志明等(2006)的进一步研究表明,ETM+图像波段4(红光:0.630~0.690 μm)和波段5(近红外:0.775~0.900 μm)组成的二维散点图呈典型的三角形,三角形的下边线周围的点通常对应图像中的裸露土壤点。将这些点进行线性回归,得到一条反映土壤在近红外和红光波段反射率关系的直线,即通常所说的土壤线。詹志明等(2006)将这种三角形关系抽象出来,得到图3.66,AD 线代表地表植被生长状况从全覆盖(A 点)到部分覆盖(E 点)到无植被覆盖(D 点)。在这一"三角形"特征空间中,地表植被覆盖情况、地表水分状况和干旱程度均能够被定量地表现出来。水体分布在土壤线靠近 B 点一侧,湿土分布在土壤线的中部而干土分布在土壤线靠近 C 点一侧。BC 一线的变化代表土壤水分状况的变化:分别为湿润(B)、半湿润(D)到极端干旱区(C)。因此,B—D—C 一线说明了干旱程度加重的方向(图3.66)。

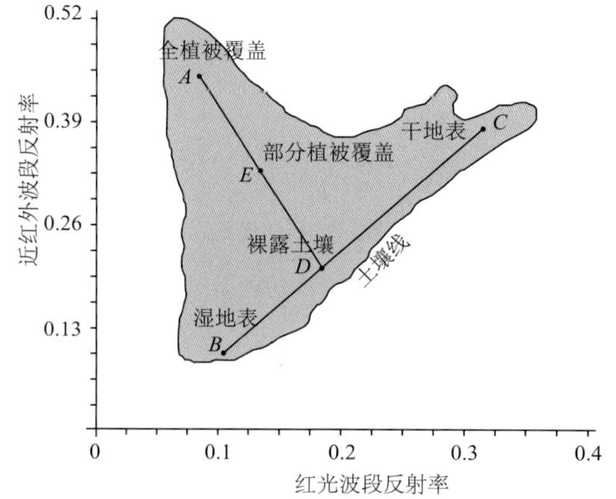

图3.66 利用ETM+图像构建的红光—近红外光谱特征空间
(詹志明 等,2006)

基于上述变化规律,詹志明等(2006)利用ETM+图像波段4(红光:0.630~0.690 μm)和波段5(近红外:0.775~0.900 μm)组成的二维散点图构造了垂直干旱监测指数(Perpendicular Drought Index,PDI)。在红光和近红外光谱组成的二维光谱特征空间中(图3.67),首先过原点(0,0)作一条垂直于土壤线 BC 的直线 L。图像中任一点的PDI值是从该点出发,平行于土壤线(BC 线)且和直线 L 垂直相交的一条线段的长度。如:E 点的PDI值对应从 E 点出发,并垂直于直线 L 的线段 EF 的长度。PDI指数描述了在红光—近红外光谱特征空间中土壤水分的分布规律:PDI值越高的点对应着土壤含水量低的区域;反之,PDI值越低的点对应着土壤含水量越高的区域。

PDI的数学表达式如下:

$$\mathrm{PDI} = \frac{1}{\sqrt{M^2+1}}(R_{\mathrm{Red}} + MR_{\mathrm{NIR}}) \qquad (3.26)$$

式中,R_{Red} 和 R_{NIR} 分别代表红光和近红外波段遥感数据,M 代表根据红光—近红外二维光谱特征空间中对土壤点进行线性回归得到的土壤线的斜率。PDI的值在0~1之间,PDI越大表

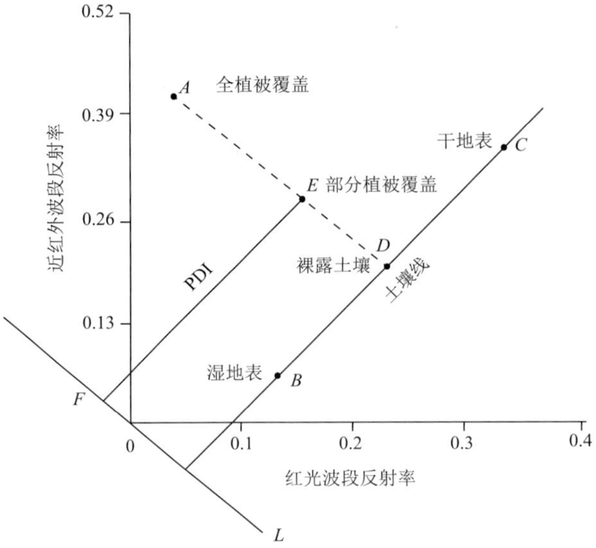

图 3.67　PDI 构建图(詹志明 等,2006)

示干旱程度越严重;越小表示水分胁迫越少。PDI 简单实用,易于操作和获取,在实际应用中,仅仅从红光—近红外的光谱特征空间就可以有效地对地表干旱进行实时监测。

但 PDI 也存在 3 个局限性:①数学表达式和相关参数是基于一条固定土壤基线来确定的,是一种理想的假设,实际上土壤线的形状和性质与土壤类型和土壤的施肥状况有关。②植被对可见光、近红外多次散射作用强,也对 PDI 有较大影响。③没有考虑植被覆盖的影响。

(b)MPDI 干旱指数介绍

土壤水分是作物生长的主要水分来源,当土壤水分低于某一值之后,作物不能从土壤中吸收足够的水分就会表现出干旱特征,因此,在干旱遥感监测中土壤是描述干旱特征的最直接要素。随着土壤水分含量增加,土壤光谱反射率减小,这样就可以通过土壤湿度与土壤光谱反射率之间的相近关系对旱情程度进行预测。然而,由于感应器接收到的光谱信号是不同下垫面物体的反射和发射信息,这样植被干扰就成了在像元图像下提高土壤干旱精度探测的至关重要的限制因子。对于农业应用中干旱的实时评估来说,对土壤水分条件的了解就变得特别需要。因此,在近红外—红光光谱区域的土壤水分状况和植被状况就反映了下垫面的干旱程度,一个新的干旱指数应该综合考虑植被和土壤水分条件。

针对 PDI 设计的局限性,引入植被覆盖度,对在近红外—红光光谱特征空间的混合像元进行分解,获取与旱情有关的纯土壤信息,将这种改进后的指数称之为改进的垂直干旱指数 MPDI。令 soil 表示土壤,消除植被信息,MPDI 可表达为:

$$\mathrm{MPDI}=\frac{1}{\sqrt{M^2+1}}(R_{\mathrm{Red,soil}}+MR_{\mathrm{NIR,soil}}) \tag{3.27}$$

式中:$R_{\mathrm{Red,soil}}$ 为纯土壤地表时红光波段反射率;$R_{\mathrm{NIR,soil}}$ 为纯土壤地表时近红外波段反射率。

植被覆盖度(f_v)是植被冠层的垂直投影面积与土壤总面积之比,是描述冠层反射特征的重要因素。当植被覆盖度小于 100%时,土壤对植被反射光谱有较大影响。光谱植被指数(SVIs)和植被覆盖度具有较高的相关性,可以利用光谱植被指数来计算植被覆盖度。根据像元中植被覆盖结构的不同,可以分为纯像元和混合像元两类。其植被覆盖度 $f_v=1$,属于纯像元；如植被不能完全覆盖整个像元，$f_v<1$，是植被与土壤构成的混合结构，属于混合像元。若用 R_i 来表示 i 波段经过大气校正的混合像元反射率，则有：

$$R_i = f_v R_{i,v} + (1-f_v) R_{i,soil} \tag{3.28}$$

式中，$R_{i,v}$ 和 $R_{i,soil}$ 为混合像元中植被与土壤的反射率部分。对公式变形，可以得到土壤反射率 $R_{i,soil}$：

$$R_{i,soil} = \frac{R_i - f_v R_{i,v}}{1-f_v} \tag{3.29}$$

这样可分别得到 $R_{Red,soil}$ 与 $R_{NIR,soil}$，代入 MPDI 算式，可以计算 MPDI，其数学表达式为：

$$\mathrm{MPDI} = \frac{R_{Red} + MR_{NIR} - f_v(R_{Red,v} + MR_{NIR,v})}{(1-f_v)\sqrt{M^2+1}} \tag{3.30}$$

式中，$R_{Red,v}$、$R_{NIR,v}$ 为植被在红光、近红外波段的反射率。对某种长势条件下的植被而言，$R_{Red,v}$ 和 $R_{NIR,v}$ 近似为固定参数，而引起植被反射率变化的是植被覆盖度。根据徐希孺(2007)的研究，植被在红光波段的反射率一般在 0.05 以下，而近红外波段的反射率为 0.50 以下。通过叶片或冠层的辐射传输模型也可以计算出植被的 $R_{Red,v}$ 和$R_{NIR,v}$。为了满足快速反演的需求，结合山东本地的实际情况，$R_{Red,v}$ 和 $R_{NIR,v}$ 取经验值，即 $R_{Red,v}=0.05$，$R_{NIR,v}=0.50$。

MPDI 和 PDI 的区别是 MPDI 的大小由植被覆盖和土壤水分两种因素确定，在无植被覆盖的裸露土壤表面土壤水分对 MPDI 的影响大，而在植被覆盖的地表或农田，植被覆盖状况决定 MPDI，土壤水分和植被覆盖度的增加都使 MPDI 下降。

(c)土壤线斜率 M 值自动提取及业务化 M 值的确定

土壤线是在二维光谱空间中土壤纯像元光谱反射率按照大小排列而成的直线，它综合反映了具有不同水分条件的土壤含水状况，对于了解土壤和植被的理化性质和生态特征有着重要的意义。由于土壤线采用手工描绘效率低，因人而异，致使涉及土壤线的模型在业务化应用和推广中受到限制。

Kauth 等(1976)利用 Landsat 多光谱扫描仪(MSS)的 4 个波段构建四维空间对土壤的光谱变化进行分析，首次提出了土壤线的概念。通过研究发现，对于同一种土壤，遥感监测土壤湿度所用的红光波段和近红外波段的裸土反射率之间近似满足线性关系，在近红外—红光特征空间内形成一条土壤线。土壤线能较好描述土壤的光学特征，有助于了解土壤和植被的理化性质和生态特征，目前许多常用的植被指数和干旱指数也都借助了这一概念。

然而，由于土壤线的影响因素较多且具有显著的空间分异性，同一区域不同时相的土壤线受养分状况、观测角度等因素的影响也有所差别。利用土壤线进行模型计算时如何获取与当地相适应的准确的土壤线参数已成为模型应用推广的一大障碍。传统的土壤线提取方法是基于地面实测的土壤光谱，或是通过图像解译从遥感影像上识别出纯裸土像元，然后通过线性拟合得到土壤线方程。这些方法虽然精度较高，但相对复杂，难以业务化应用。

针对于此，本研究提出了一种土壤线自动提取的算法，仅基于遥感影像所构建的光谱特征空间便可获取土壤线方程。由于不同土壤类型对土壤线斜率会有影响，但山东省淮河流域土质较复杂，且空间分布复杂，不利于业务应用。我们将从中国科学院南京土壤研究所获取的山东土壤质地矢量数据进行简化合并，分为黏土、壤土、沙土三类。从其空间分布可以看出，山东省淮河流域主要以壤土为主，区域地质差异不明显(图 3.68)。所以本研究考虑到业务实际应用时便于操作的需求，未根据不同的土壤类型分别计算土壤线斜率。

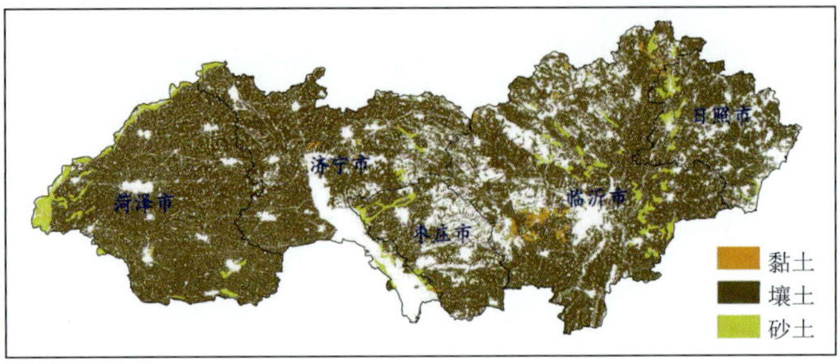

图 3.68　山东省淮河流域土壤质地分布图

土壤线斜率 *M* 值自动提取流程如下(图 3.69)。

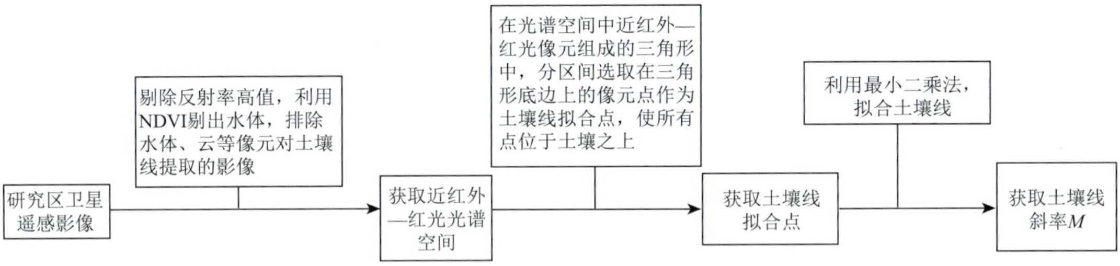

图 3.69　土壤线斜率 *M* 值自动提取流程图

选取 2014 年 5 月—2015 年 4 月，逐半月的 FY-3B/MERSI 晴空卫星影像(表 3.27)，裁切出研究区域的卫星影像。

表 3.27　2014 年 5 月—2015 年 4 月 FY-3B/MERSI 逐半月晴空卫星影像的日期

晴空数据合成日期(年、月)	晴空数据合成日期(日)
2014 年 5 月上	5/6/9/15
2014 年 5 月下	20/22/26/27
2014 年 6 月上	6/7/10/11/12
2014 年 6 月下	23/27/28
2014 年 7 月上	3/6/13
2014 年 7 月下	28/29
2014 年 8 月上	3/7/10/15
2014 年 8 月下	20/26
2014 年 9 月上	4/10
2014 年 9 月下	19/20/30
2014 年 10 月上	6/10/11/13/15
2014 年 10 月下	17/24/27
2014 年 11 月上	3/12/13/15
2014 年 11 月下	17/18
2014 年 12 月上	4/13
2014 年 12 月下	16/29/30

续表

晴空数据合成日期(年月)	晴空数据合成日期(日)
2015 年 1 月上	1/10
2015 年 1 月下	17/22
2015 年 2 月上	5/10
2015 年 2 月下	18
2015 年 3 月上	3/10
2015 年 3 月下	24/27
2015 年 4 月上	14/15
2015 年 4 月下	22/30

首先剔除水体和反射率高值区等像元对近红外—红光光谱空间的影响。然后绘制各像元在红光波段和近红外波段的二维空间内的分布图。横坐标代表该像元位置的红光波段反射率，纵坐标代表近红外波段的反射率。

从图中选择代表土壤信息的土壤点。在光谱空间中近红外—红光像元组成的三角形中，选取在三角形底边上的像元点作为土壤线拟合点，使所有点位于土壤线之上。

利用最小二乘法拟合土壤线，以所有土壤点的红光波段反射率作为 x，近红外反射率作为 y，能够回归得到一条土壤线的直线方程：$y=M\cdot x+b$，其中 M 即为土壤线斜率，b 为截距。

根据上述方法，可以获取山东省淮河流域 2014 年 5 月—2015 年 4 月逐半月的土壤线斜率动态演变图(图 3.70)，从图中可以看出，在研究时段内，土壤线斜率除个别月份外，变化不大。因此，综合业务化需要，山东省淮河流域的土壤线斜率 M 取统一值 1.01。

综上所述，在保证模型精度的前提下，自动算法有效地提高了模型运算的效率，对农业干旱模型的业务化推广具有实际的应用价值，研究结果与詹志明等(2006)得到的结论基本一致。

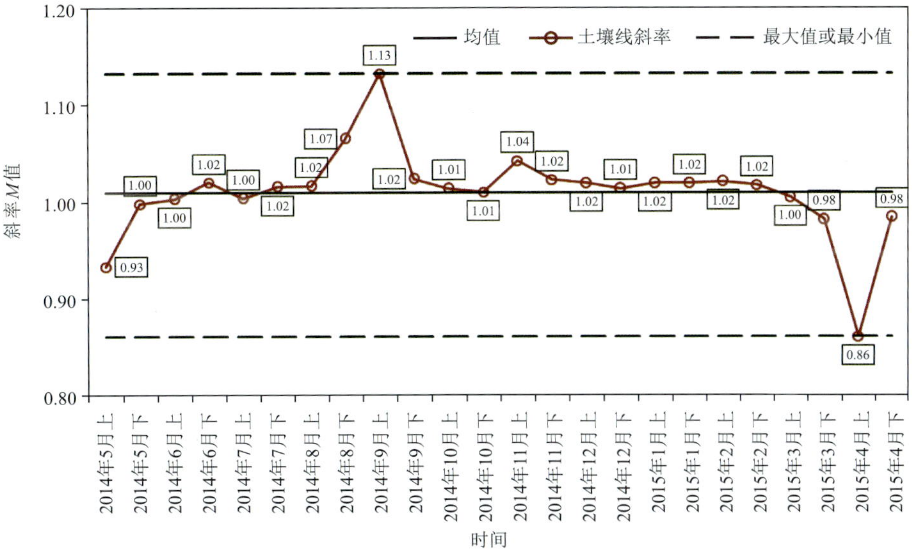

图 3.70　2014 年 5 月—2015 年 4 月土壤线斜率 M 值演变图

(3)结果与分析

①PDI 和 MPDI 效果检验

本研究选取了 2015 年 11 月 4 日和 2015 年 5 月 12 日分别作为稀疏植被和茂密植被状况进行计算验证。

从 2015 年 11 月 4 日计算结果看，PDI、MPDI 均与 0～20 cm 土壤湿度呈明显的负相关关系，基本能够反映农田干旱分布状况。计算选择 $M=1.01$，$NDVI_{max}$（NDVI 最大值）和 $NDVI_{min}$（NDVI 最小值）分别为 0.5 和 0。通过对比分析可以看出（图 3.71），经过修订的 MPDI 并没有提高精度（PDI 和 MPDI 与土壤湿度的相关系数分别为 0.57 和 0.54）。因此，对于裸露地或稀疏植被来说，建议采用 PDI。这主要是由于不需要 f_v 的计算，而不同的植被下垫面求 MPDI 过程中计算 f_v 时会包含一些不确定因素。

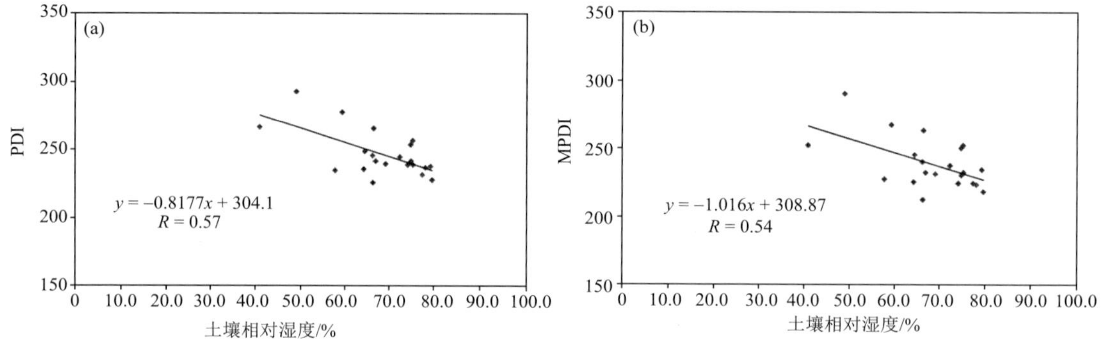

图 3.71　2015 年 11 月 4 日 PDI(a)、MPDI(b)与土壤相对湿度关系图

从 2015 年 5 月 12 日计算结果看，PDI、MPDI 均与 0～20 cm 土壤湿度呈明显的负相关关系，基本能够反映农田干旱分布状况。计算选择 $M=1.01$，$NDVI_{max}$ 和 $NDVI_{min}$ 分别为 0.7 和 0。通过对比分析可以看出（图 3.72），经过修订的 MPDI 可以提高精度，且改进效果比较明显（PDI 和 MPDI 与土壤湿度的相关系数分别为 0.53 和 0.66）。因此，MPDI 对植被较为茂盛的地面来说对干旱的监测信息能力明显加强。这样，我们就可以在裸露或稀疏植被覆盖状况下使用 PDI，在茂密植被状况时选用 MPDI。

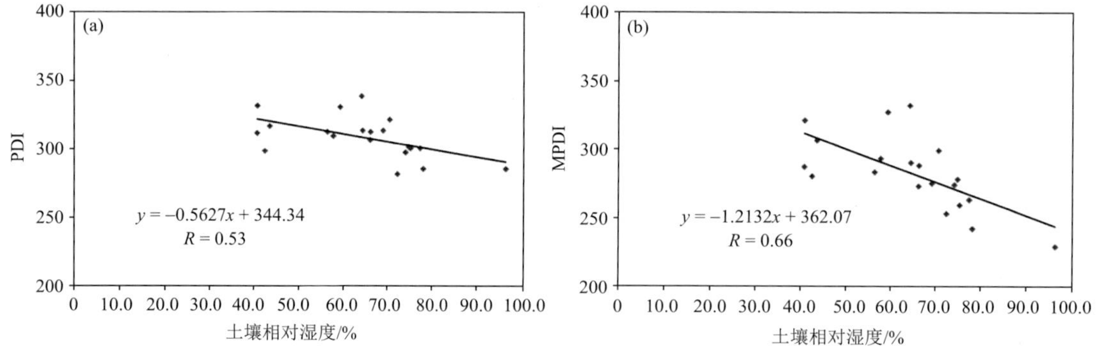

图 3.72　2015 年 5 月 12 日 PDI(a)、MPDI(b)与土壤相对湿度关系图

②PDI 和 MPDI 干旱指数分级标准

通过分析 PDI、MPDI 和实际的土壤相对湿度的关系，参考已有的 PDI 和 MPDI 干旱指数分级研究，并结合山东省的旱情统计数据，建立了适合山东省的分级标准。表 3.28 和表 3.29

分别给出了 PDI、MPDI、0～20 cm 土壤相对湿度和干旱等级间的对应关系。

表 3.28　PDI、0～20 cm 土壤相对湿度和干旱等级间的对应关系表

PDI	0～20 cm 土壤相对湿度/%	干旱等级
<0.255	R>60	正常
0.255～0.271	40<R≤60	轻度干旱
≥0.271	R≤40	重度干旱

表 3.29　MPDI、0～20 cm 土壤相对湿度和干旱等级间的对应关系表

MPDI	0～20 cm 土壤相对湿度/%	干旱等级
<0.289	R>60	正常
0.289～0.314	40<R≤60	轻度干旱
≥0.314	R≤40	重度干旱

③典型干旱过程分析

为了验证基于 FY-3/MERSI 数据的 PDI 干旱监测指数在山东省淮河流域干旱监测中的应用效果，选取了覆盖山东省淮河流域的 2010 年 10 月 5 日、2010 年 10 月 16 日、2010 年 10 月 28 日及 2011 年 3 月 4 日共 4 个时次的 FY-3A/MERSI 数据。遥感数据时间上选择的依据主要考虑以下 2 个因素：在所选的 4 个时间点，研究区晴朗干燥少云且与测墒时间相近的遥感影像进行多天合成，以消除空间定位误差的影响；2010 年 10 月以来，随着降水量的减少，山东省开始进入干旱阶段，因而所选的第 1 个时间点（2010 年 10 月 5 日）能够反映出旱情初期时的情况。2010 年 10 月 16—28 日，山东省的降水量持续减少，地表温度持续偏高，所选的第 2、3 个时间点（2010 年 10 月 16 日、2010 年 10 月 28 日）能够反映旱情发生的严重程度。在第 4 个时间前（2011 年 3 月 4 日），山东省各地有不同程度的降水，此时的 PDI 便于对干旱程度变化进行敏感性分析。

利用 PDI 方法和本研究提出的干旱分级标准，对选取的 2010 年 10 月 5 日、2010 年 10 月 16 日、2010 年 10 月 28 日、2011 年 3 月 4 日 4 个时间的 FY-3A/MERSI 数据进行处理分析，得到了此次秋冬季连旱期间的干旱状况空间分布及演变过程（图 3.73）。

图 3.73 清晰地反映了 2010—2011 年山东省秋冬季连旱期间，从旱情发生（图 3.73a）—旱情加重（图 3.73b）—旱情持续（图 3.73c）—旱情缓解（图 3.73d）的演变过程。2010 年 10 月 5 日，山东省淮河流域墒情较好（图 3.73a）；10 月 16 日，PDI 值明显升高，淮河流域部分地区处于轻旱状态（图 3.73b）；2010 年 10 月 28 日，PDI 持续走高，淮河流域大部分地区出现旱情，部分地区出现重旱（图 3.73c）；2011 年 3 月 4 日，山东省淮河流域出现了大范围降水天气过程，此时 PDI 值明显回落，旱情逐步解除（图 3.73d）。

降水资料显示，2011 年 3 月 4 日前，山东省淮河流域基本无有效降水，是 1951 年以来同期最少值（图 3.74）。与常年同期相比，淮河流域部分地区偏少 9 成以上，加之无积雪覆盖，加速了土壤失墒，农田出现不同厚度的干土层，部分地区干土层厚度达 10 cm 以上，严重地区出现土地干裂，对农作物影响极大。另外，通过与国家气候中心发布的气象干旱分布图对比分析可知，基于 PDI 反演出的干旱分布区域，与气象干旱分布情况区域大致相似（图 3.75）。

因此，利用 FY-3A/MERSI 时序遥感影像计算的 PDI，不仅能够给出山东省淮河流域干旱空间分布状况，还能较好地反映干旱动态演变。

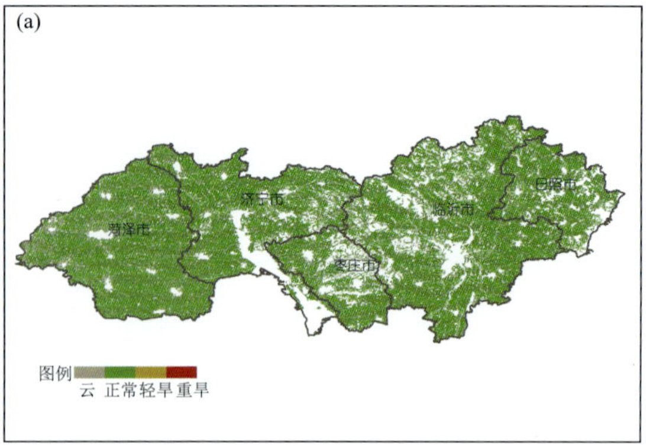

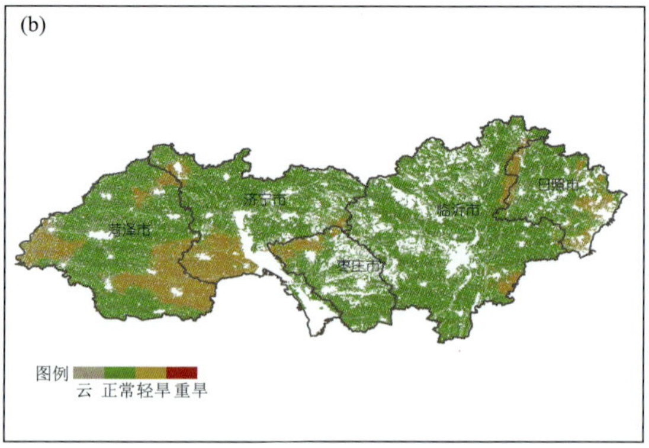

2010年10月5日淮河流域轻重旱面积统计(单位：万亩)			
行政分区	正常	轻旱	重旱
菏泽市	1616.164	0	0
济宁市	906.881	0	0
临沂市	1456.906	0	0
日照市	450.094	0	0
枣庄市	333.770	0	0
合计	4363.814	0	0

2010年10月16日淮河流域轻重旱面积统计(单位：万亩)			
行政分区	正常	轻旱	重旱
菏泽市	1192.139	24.017	0
济宁市	836.520	70.409	0
临沂市	1311.561	145.758	0
日照市	401.179	48.931	0
枣庄市	321.287	12.554	0
合计	4062.686	301.669	0

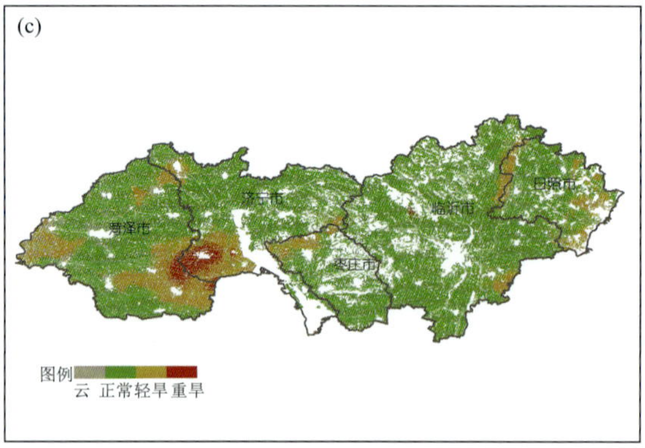

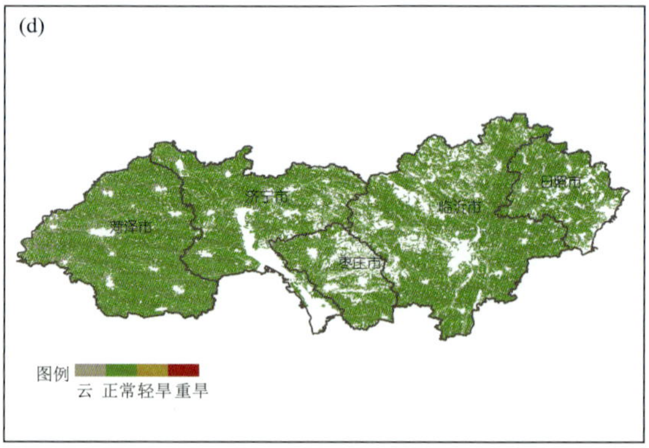

2010年10月28日淮河流域轻重旱面积统计(单位：万亩)			
行政分区	正常	轻旱	重旱
菏泽市	669.019	520.305	22.223
济宁市	634.650	203.109	51.423
临沂市	1276.149	169.516	1.809
日照市	386.579	70.028	1.163
枣庄市	303.242	28.684	2.972
合计	3269.639	991.641	79.591

2011年3月4日淮河流域轻重旱面积统计(单位：万亩)			
行政分区	正常	轻旱	重旱
菏泽市	1171.995	31.704	0
济宁市	902.969	1.496	0
临沂市	1445.993	1.576	0
日照市	446.270	0.509	0
枣庄市	332.509	0.048	0
合计	4299.736	35.333	0

图 3.73　2010 年 10 月—2011 年 3 月山东省淮河流域干旱分布及面积统计图

(a)2010 年 10 月 5 日;(b)2010 年 10 月 16 日;(c)2010 年 10 月 28 日;(d)2011 年 3 月 4 日

此外,为了验证基于 FY-3/MERSI 数据的 MPDI 干旱监测指数在山东省淮河流域干旱监测中的应用效果,选取了覆盖山东省淮河流域的 2016 年 3 月 16 日、2016 年 3 月 28 日、2016 年 4 月 15 日及 2016 年 4 月 19 日共 4 个时间的 FY-3B/MERSI 数据。遥感数据时间上选择的依据也主要考虑以下 2 个因素:在所选的 4 个时间点,研究区晴朗干燥少云且与测墒时间相近的遥感影像进行多天合成,以消除空间定位误差的影响;2016 年 3 月以来,随着降水量的减少,山东省开始进入干旱阶段,因而所选的第 1 个时间点(2016 年 3 月 16 日)能够反映出旱情

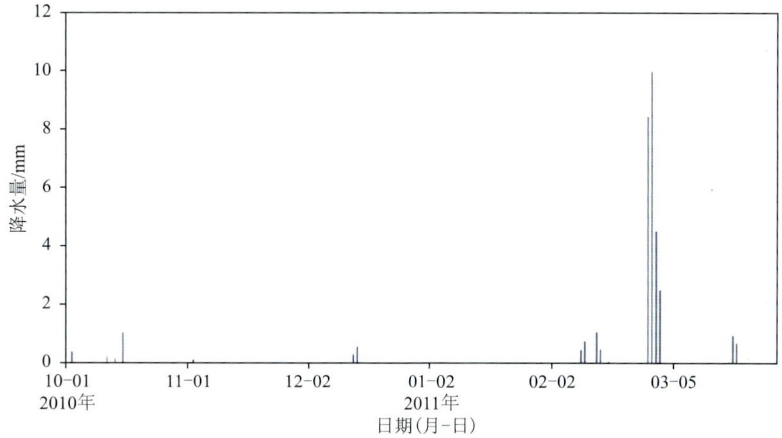

图 3.74　2010 年 10 月 1 日—2011 年 3 月 31 日山东省淮河流域 5 市平均日降水量演变图

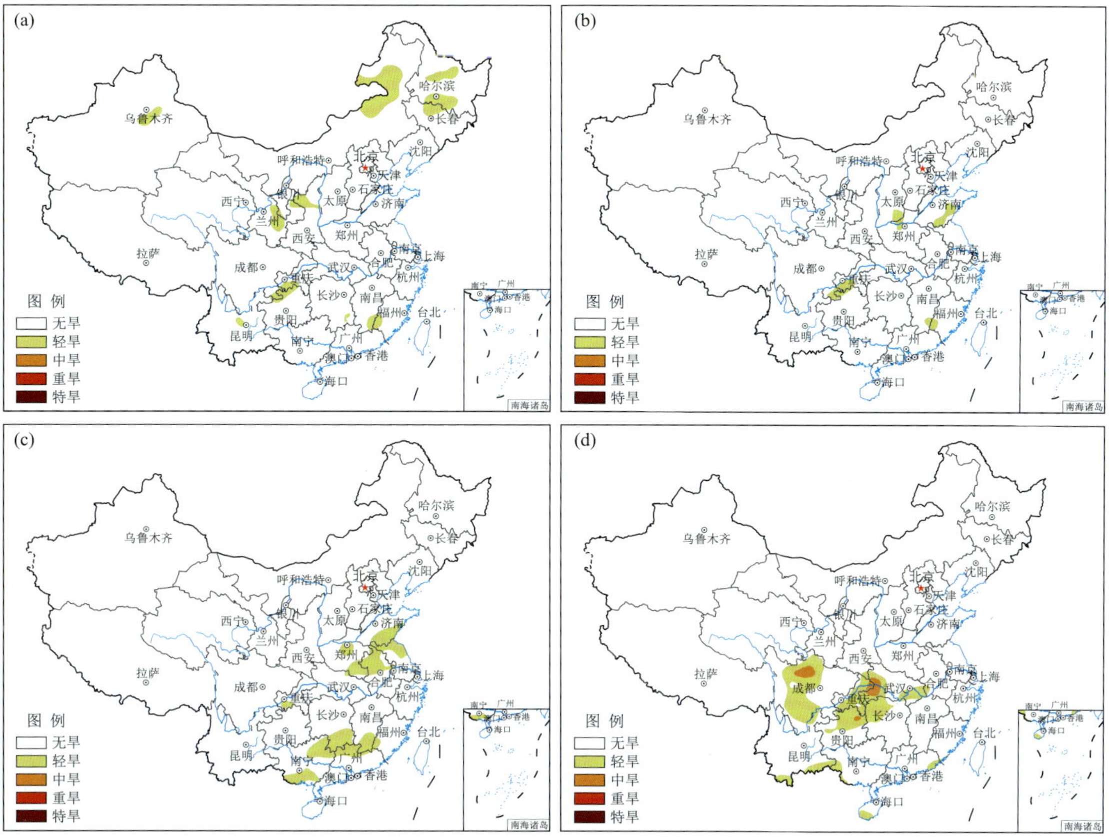

图 3.75　2010 年 10 月—2011 年 3 月国家气候中心发布的气象干旱监测产品图
(a)2010 年 10 月 5 日；(b)2010 年 10 月 16 日；(c)2010 年 10 月 28 日；(d)2011 年 3 月 4 日

初期时的情况。2016 年 3 月 17 日—4 月 15 日，山东省的降水量持续减少，地表温度持续偏高，所选的第 2、3 个时间点(2016 年 3 月 28 日、2016 年 4 月 15 日)能够反映旱情发生的严重程度。在第 4 个时间前(2016 年 4 月 19 日)，山东省各地有不同程度的降水，此时的 MPDI 便于对干旱程度变化进行敏感性分析。

利用 MPDI 方法和本研究提出的干旱分级标准，对选取的 2016 年 3 月 16 日、2016 年 3 月 28 日、2016 年 4 月 15 日、2016 年 4 月 19 日 4 个时间的 FY-3B/MERSI 数据进行处理分析，得到了此次干旱期间的干旱状况空间分布及演变过程（图 3.76）。

图 3.76 清晰地反映了此次干旱期间，从旱情发生（图 3.76a）—旱情加重（图 3.76b）—旱情持续（图 3.76c）—旱情缓解（图 3.76d）的演变过程。2016 年 3 月 16 日，山东省淮河流域墒情较好（图 3.76a）；3 月 28 日，MPDI 值略有升高，淮河流域部分地区处于轻旱状态（图 3.76b）；4 月 15 日，MPDI 明显升高，淮河流域大部分地区出现旱情，部分地区出现重旱（图 3.76c）；4 月 19 日，山东省淮河流域出现了大范围降水天气过程，此时 MPDI 值明显回落，旱

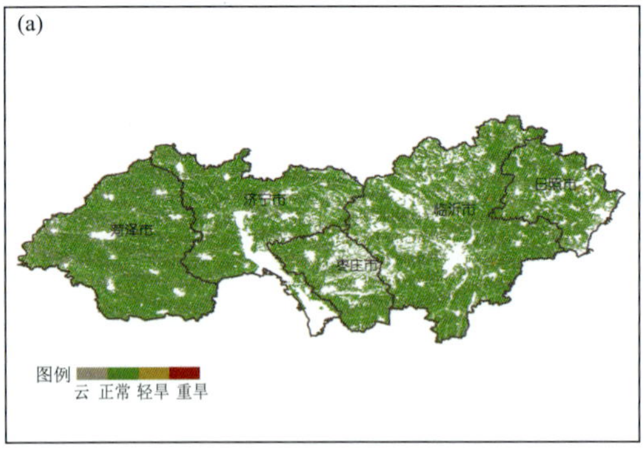

2016年3月16日淮河流域轻重旱面积统计(单位：万亩)			
行政分区	正常	轻旱	重旱
菏泽市	1198.008	9.693	5.213
济宁市	902.565	3.783	0.404
临沂市	1357.452	92.001	6.750
日照市	389.685	55.358	4.753
枣庄市	333.414	0.404	0.048
合计	4181.123	161.239	17.169

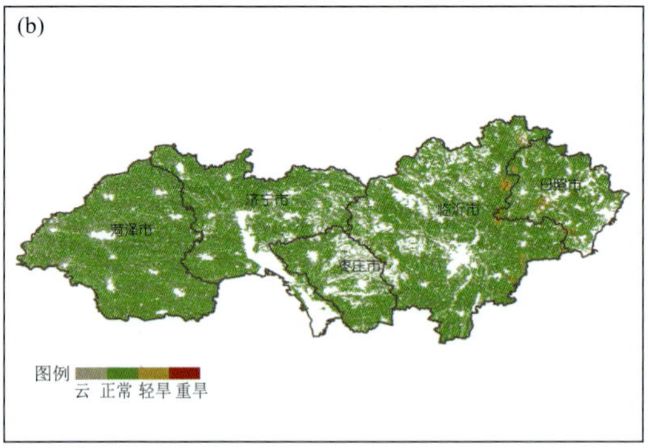

2016年3月28日淮河流域轻重旱面积统计(单位：万亩)			
行政分区	正常	轻旱	重旱
菏泽市	1197.758	2.619	0.518
济宁市	896.639	3.533	0.493
临沂市	1320.954	109.696	7.614
日照市	385.254	52.294	3.703
枣庄市	316.704	14.526	0.017
合计	4117.308	182.668	12.345

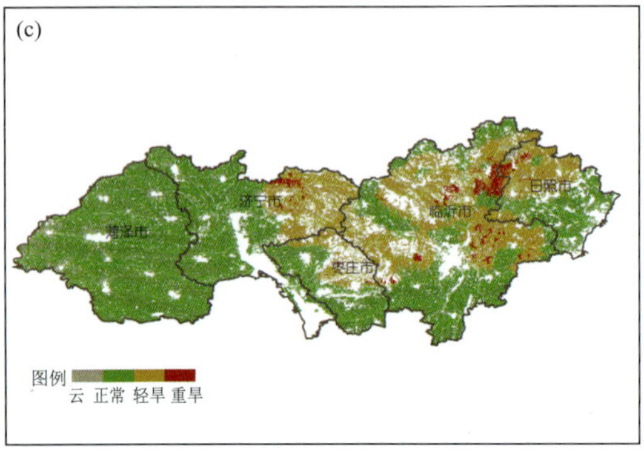

2016年4月15日淮河流域轻重旱面积统计(单位：万亩)			
行政分区	正常	轻旱	重旱
菏泽市	1147.913	46.764	14.107
济宁市	715.878	150.050	34.146
临沂市	815.261	450.999	65.721
日照市	221.381	132.493	9.054
枣庄市	287.538	38.737	4.567
合计	3187.970	819.043	127.594

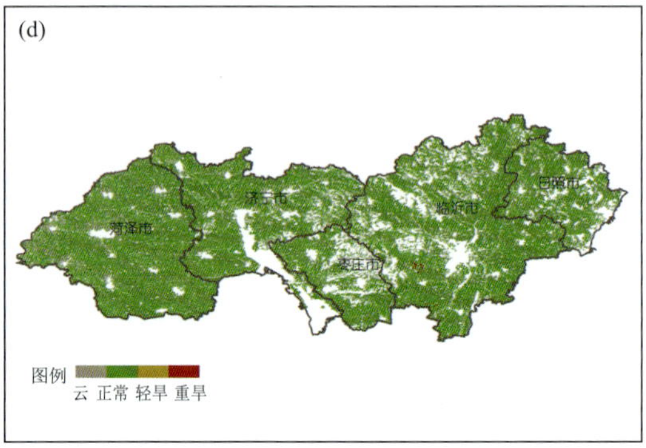

2016年4月19日淮河流域轻重旱面积统计(单位：万亩)			
行政分区	正常	轻旱	重旱
菏泽市	1211.435	2.579	0.097
济宁市	902.249	0.849	0
临沂市	1431.927	5.101	0.283
日照市	443.853	0.017	0
枣庄市	330.769	0.849	0.032
合计	4320.233	9.395	0.412

图 3.76　2016 年 3—4 月山东省淮河流域干旱分布及面积统计图

(a)2016 年 3 月 16 日；(b)2016 年 3 月 28 日；(c)2016 年 4 月 15 日；(d)2016 年 4 月 19 日

情逐步解除(图 3.76d)。

降水资料显示,2016 年 2 月 16 日以后,山东省淮河流域基本无有效降水(图 3.77),与常年同期相比,淮河流域部分地区偏少 7 成以上,农田出现不同厚度的干土层,对农作物影响极大。另外,通过与国家气候中心发布气象干旱分布图对比分析可知,基于 MPDI 反演出的干旱分布区域,与气象干旱分布情况区域基本吻合(图 3.78)。

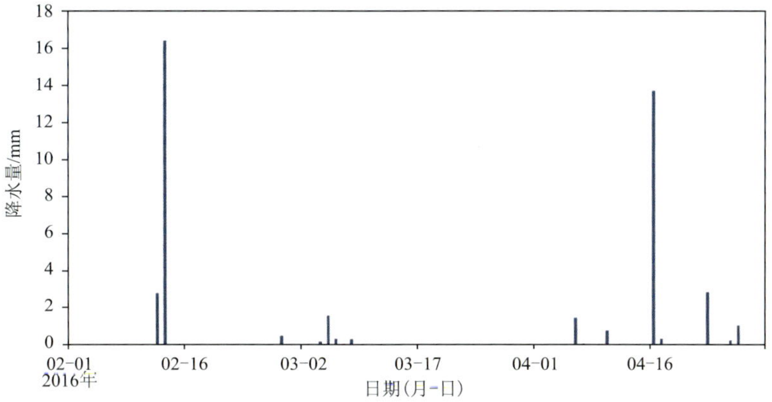

图 3.77　2016 年 2 月 1 日—4 月 30 日山东省淮河流域 5 市平均日降水量演变图

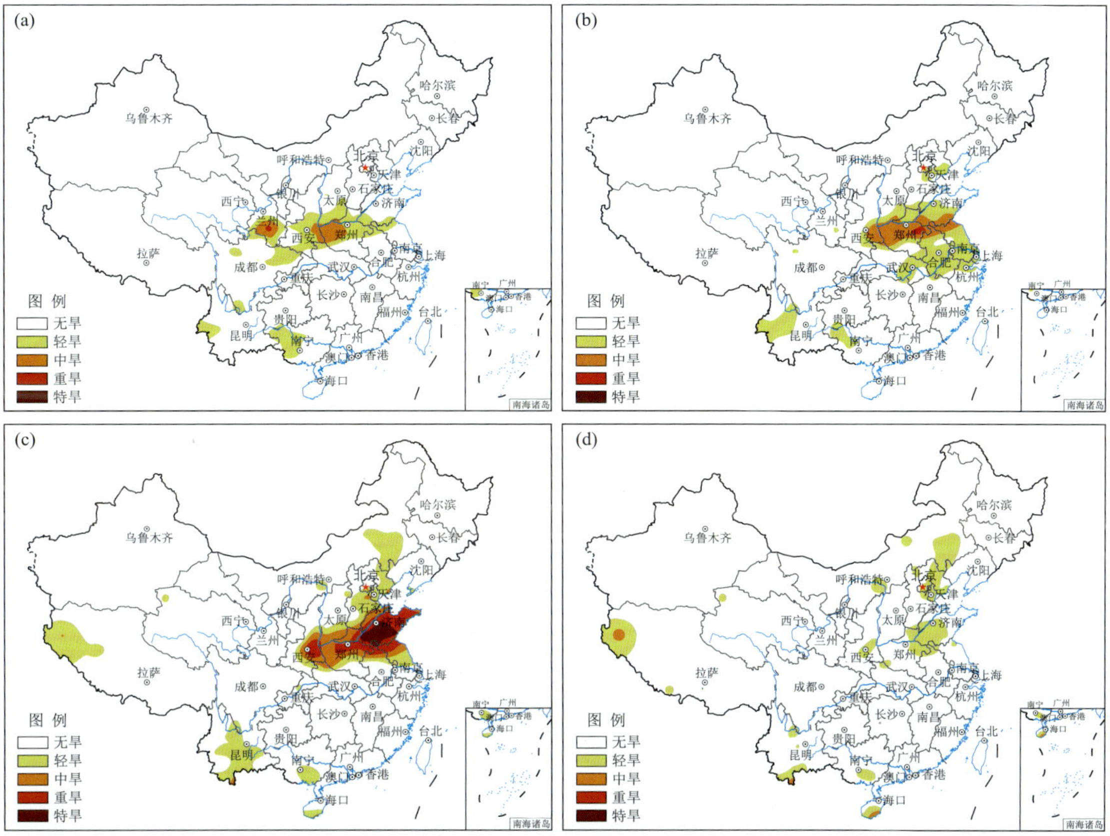

图 3.78　2016 年 3—4 月国家气候中心发布气象干旱监测产品图

(a)2016 年 3 月 16 日;(b)2016 年 3 月 28 日;(c)2016 年 4 月 15 日;(d)2016 年 4 月 19 日

因此，利用 FY-3B/MERSI 时序遥感影像计算的 MPDI，不仅能够给出山东省淮河流域干旱空间分布状况，还能较好地反映干旱动态演变。

3.5 农田气候生产潜力时空变化

提高作物产量从本质上说是实现作物对光、热、水、气等自然资源的充分利用。在自然状态下，CO_2的时空变化较小，降水较少地区可通过灌溉等措施加以补足，因此，本部分重点考虑作物光合与光温生产潜力。

作物吸收太阳辐射能转换成生物化学能储存起来而构成的作物产量称为光合生产潜力，光合生产潜力取决于作物本身对光能的利用率，可从光能利用率反映光合生产潜力。作物产量变换为能量与太阳生理辐射能的比值称净光能利用率。

光温生产潜力是当水分、土壤肥力、农业生产技术措施等参数处在适宜的条件下，由太阳辐射和温度所确定的作物产量，其中相关参数是根据山东作物生产的实际情况进行修正补充的。

3.5.1 冬小麦

2007—2017 年山东省冬小麦光合生产潜力一般在 46012.8～50176.8 kg/hm^{2}之间，鲁南、鲁中与鲁西北等地的部分地区相对较大，在 48100.0 kg/hm^{2}以上（图 3.79）。RCP4.5（RCP 为代表性浓度路径）气候情景下，2021—2050 年山东省冬小麦光合生产潜力一般在 45224.6～49067.5 kg/hm^{2}之间（图 3.80），较 2007—2017 年时段减少。RCP8.5 气候情景下，2021—2050 年山东省冬小麦光合生产潜力一般在 45254.1～49237.2 kg/hm^{2}之间（图 3.81），较 2007—2017 年时段减少，与 RCP4.5 气候情景相差较小。

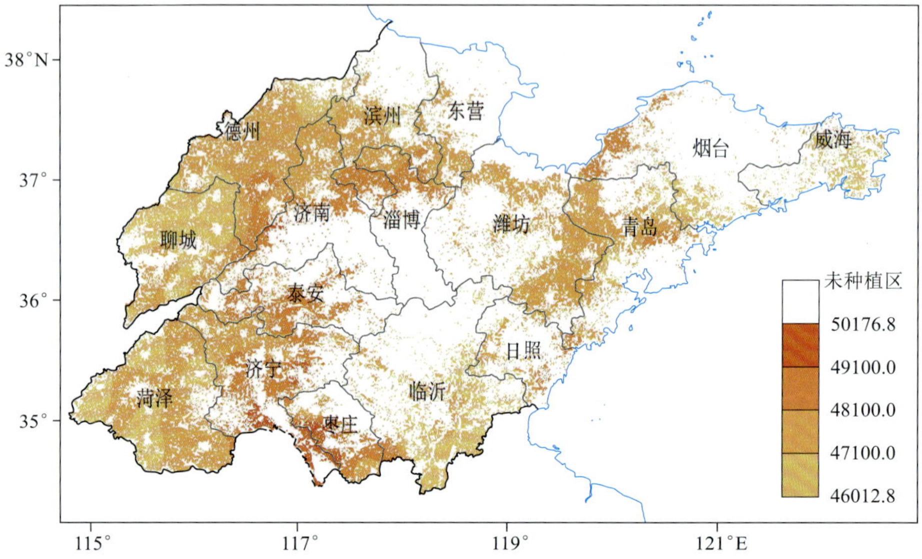

图 3.79 2007—2017 年山东省冬小麦光合生产潜力图（单位：kg/hm^2）

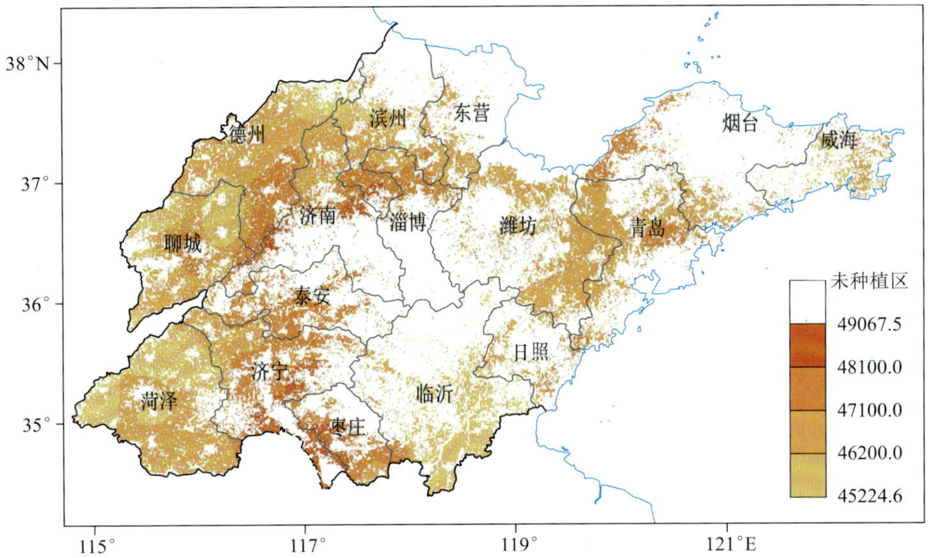

图 3.80　RCP4.5 情景下 2021—2050 年山东省冬小麦光合生产潜力图(单位:kg/hm²)

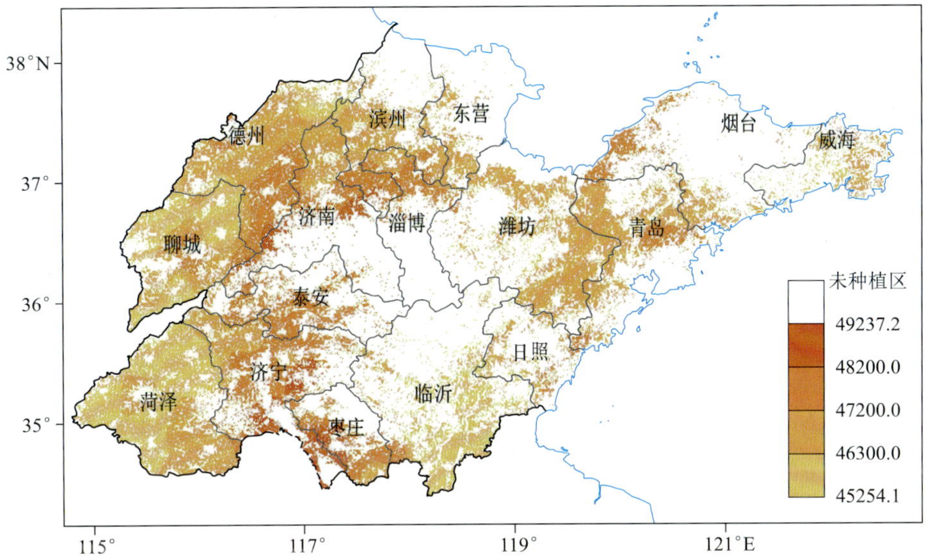

图 3.81　RCP8.5 情景下 2021—2050 年山东省冬小麦光合生产潜力图(单位:kg/hm²)

2007—2017 年山东省冬小麦光温生产潜力一般在 9987.1～15266.0 kg/hm²之间，鲁西南大部与鲁中的部分地区相对较大，在 12600.0 kg/hm²以上(图 3.82)。RCP4.5 气候情景下，2021—2050 年山东省冬小麦光温生产潜力一般在 10808.6～15266.3 kg/hm²之间(图 3.83)，与 2007—2017 年时段接近。RCP8.5 气候情景下，2021—2050 年山东省冬小麦光温生产潜力一般在 10914.8～15410.1 kg/hm²之间(图 3.84)，较 2007—2017 年时段与 RCP4.5 气候情景增加。

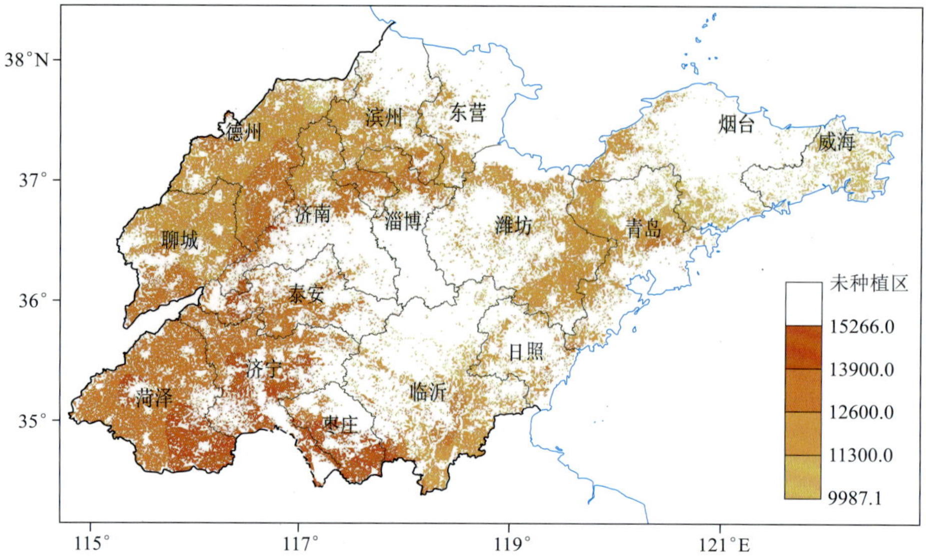

图 3.82 2007—2017 年山东省冬小麦光温生产潜力图(单位:kg/hm²)

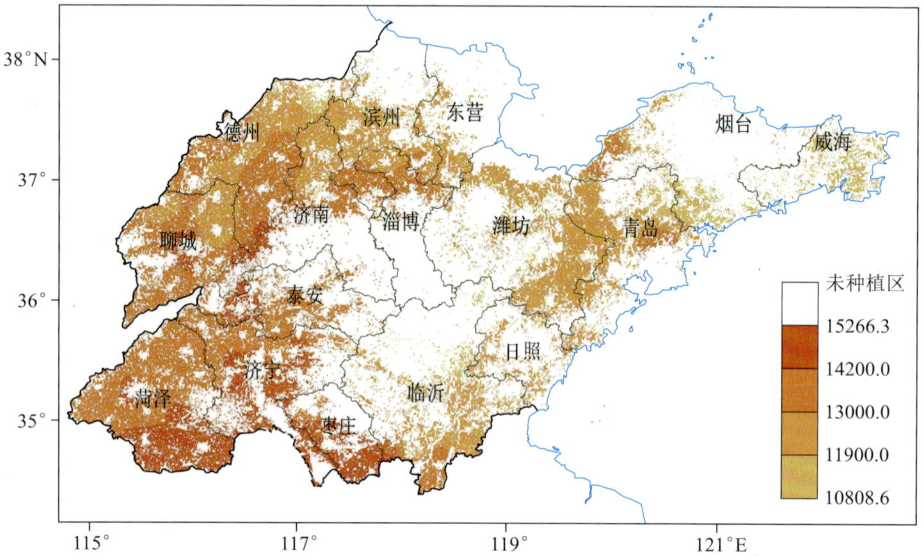

图 3.83 RCP4.5 情景下 2021—2050 年山东省冬小麦光温生产潜力图(单位:kg/hm²)

3.5.2 夏玉米

2007—2017 年山东省夏玉米光合生产潜力一般在 51253.9～56160.3 kg/hm² 之间,鲁南、鲁中与鲁西北等地的大部地区相对较大,在 53700.0 kg/hm² 以上(图 3.85)。RCP4.5 气候情景下,2021—2050 年山东省夏玉米光合生产潜力一般在 53983.5～59764.3 kg/hm² 之间(图 3.86),较 2007—2017 年时段增加。RCP8.5 气候情景下,2021—2050 年山东省夏玉米光合生产潜力一般在 54184.5～59799.6 kg/hm² 之间(图 3.87),较 2007—2017 年时段与 RCP4.5 气候情景增加。

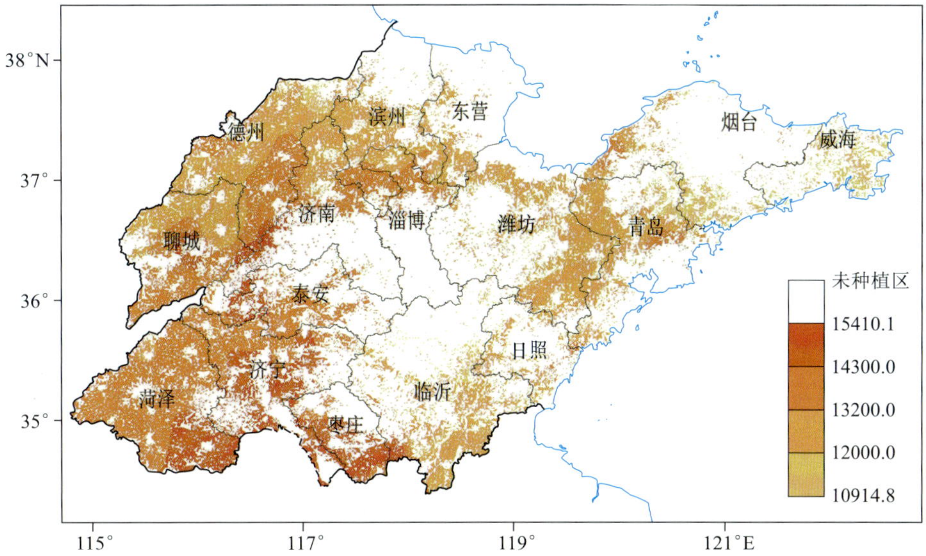

图 3.84　RCP8.5 情景下 2021—2050 年山东省冬小麦光温生产潜力图(单位:kg/hm²)

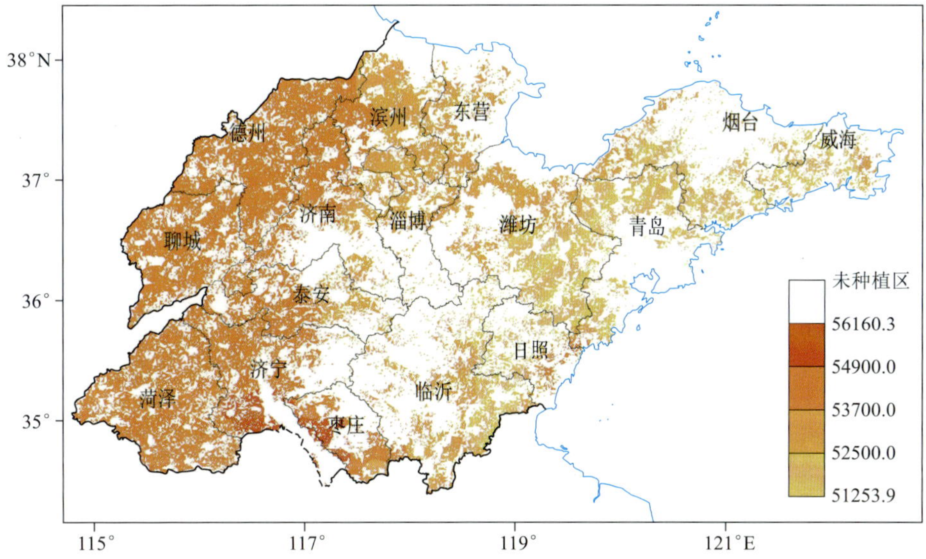

图 3.85　2007—2017 年山东省夏玉米光合生产潜力图(单位:kg/hm²)

2007—2017 年山东省夏玉米光温生产潜力，一般在 8439.5～14222.9 kg/hm² 之间，鲁南与鲁西北的大部及鲁中的部分地区相对较大，在 11300.0 kg/hm² 以上(图 3.88)。RCP4.5 气候情景下，2021—2050 年山东省夏玉米光温生产潜力，一般在 14125.3～20982.8 kg/hm² 之间(图 3.89)，较 2007—2017 年时段增幅较大。RCP8.5 气候情景下，2021—2050 年山东省夏玉米光温生产潜力，一般在 14575.3～21363.2 kg/hm² 之间(图 3.90)，较 2007—2017 年时段与 RCP4.5 气候情景增加。

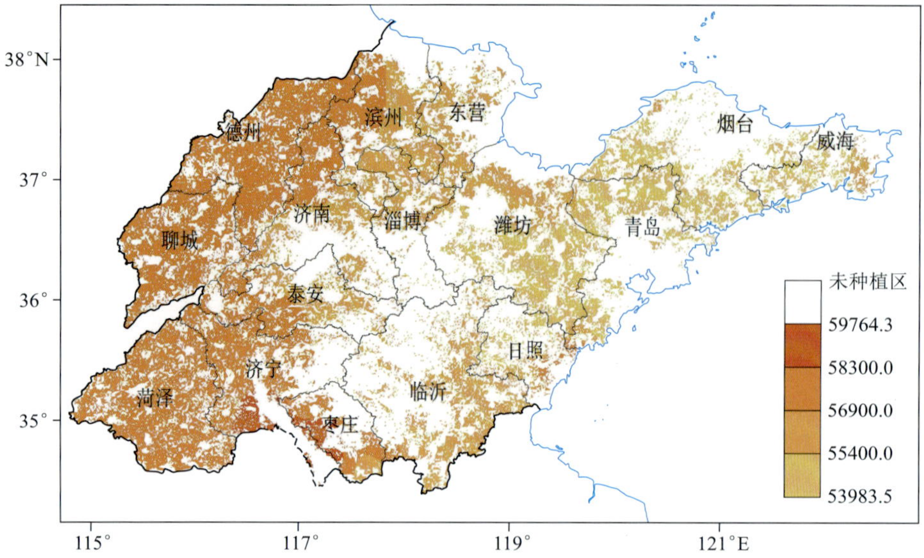

图 3.86　RCP4.5 情景下 2021—2050 年山东省夏玉米光合生产潜力图(单位:kg/hm²)

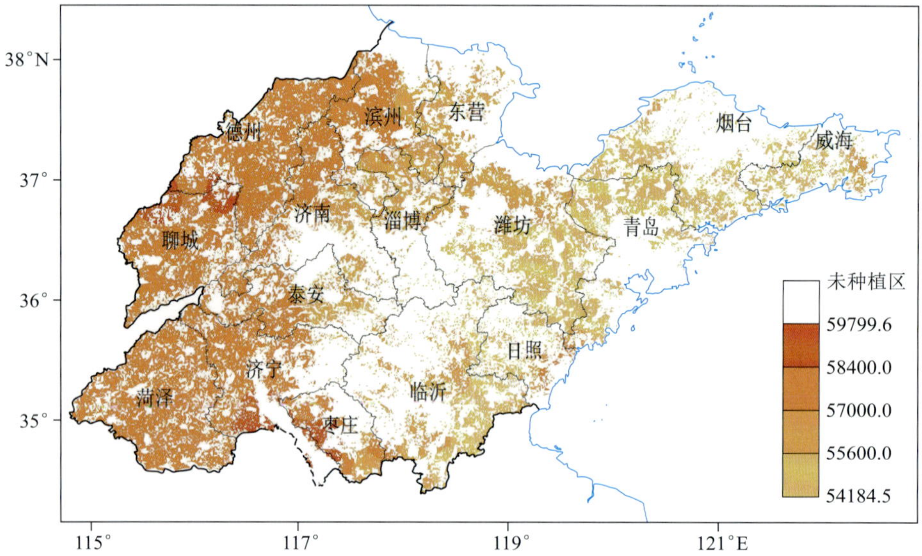

图 3.87　RCP8.5 情景下 2021—2050 年山东省夏玉米光合生产潜力图(单位:kg/hm²)

3.5.3　棉花

山东棉花一般皮棉产量在 750 kg/hm² 以下,其净光能利用率不足 0.5%,小面积高产田的净光能利用率为 2%左右。若净光能利用率提高到 3%,皮棉产量可达 3750～4500 kg/hm²。棉花的光能利用率与叶面积系数(LAI)关系密切,LAI 在 2～3 之内,随 LAI 的增大光能利用率增加。始花前 LAI<2,光能利用率很低,应适当提高种植指数,采用覆膜、育苗等措施提高 5—6 月光能利用率,不仅可使 7—8 月过高的 LAI 降低,而且能维持 9—10 月叶片较强的生理活动,不致早衰,可望获得较高的产量。

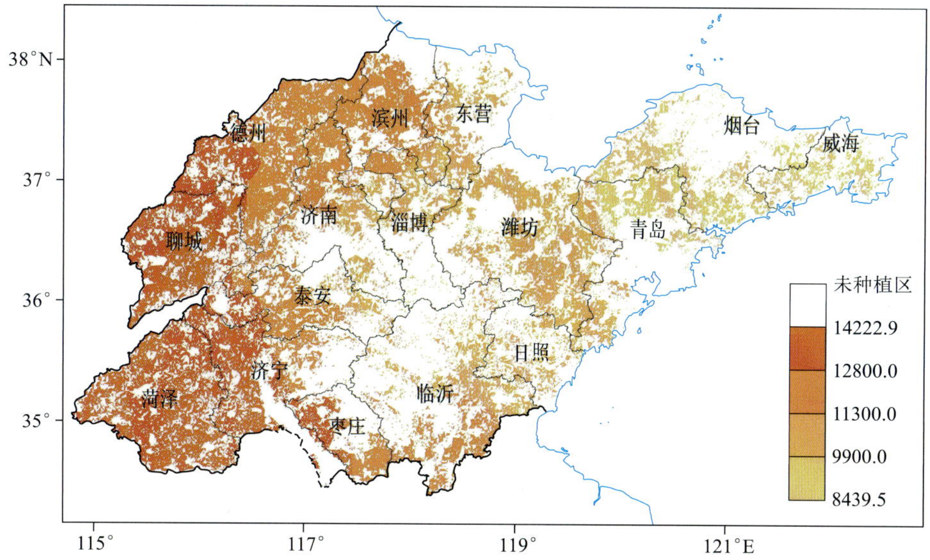

图 3.88　2007—2017 年山东省夏玉米光温生产潜力图(单位:kg/hm^2)

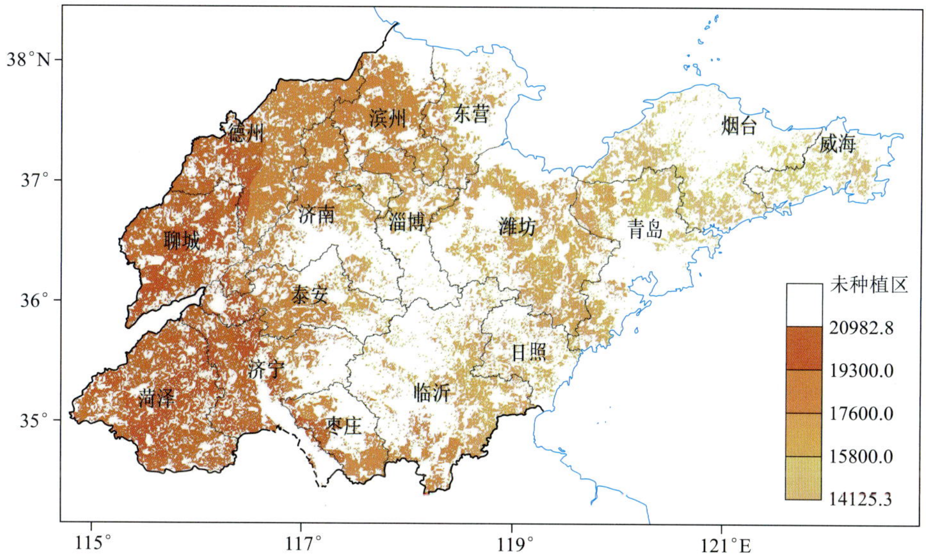

图 3.89　RCP4.5 情景下 2021—2050 年山东省夏玉米光温生产潜力图(单位:kg/hm^2)

山东春棉的平均光温生产潜力在 3100～3500 kg/hm^2,鲁西南最低,鲁西北最高。夏棉生育期短,比春棉潜力少 480～500 kg/hm^2。山东多春旱,水分对春棉的制约比夏棉要大,受旱(涝)减产速度比夏棉快。最高光温生产潜力是反映历史上光、温气象搭配最佳状态时的生产潜力,最高光温生产潜力与平均光温生产潜力相比,春棉高 420～530 kg/hm^2,夏棉高 290～480 kg/hm^2。

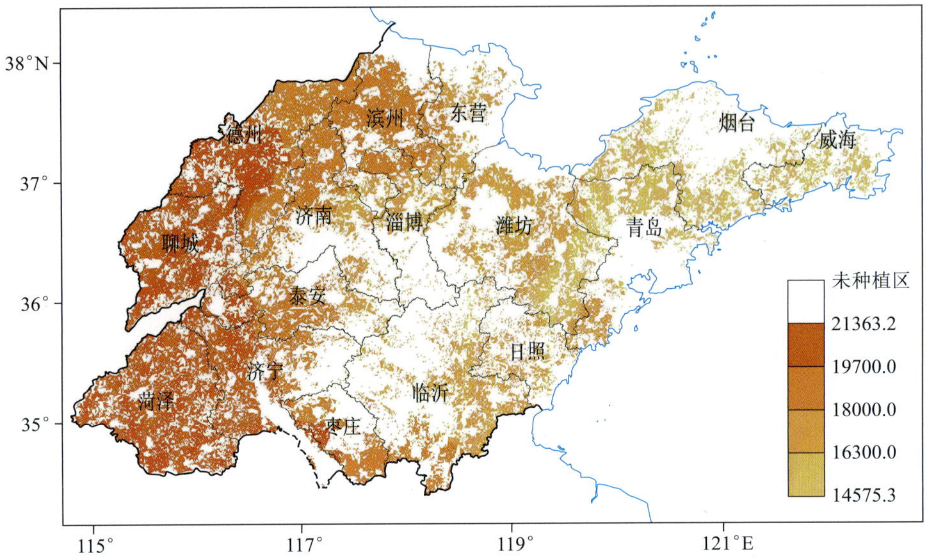

图 3.90 RCP8.5 情景下 2021—2050 年山东省夏玉米光温生产潜力图(单位:kg/hm²)

3.6 本章小结

本章介绍了山东省主要农作物的种植概况,针对冬小麦、夏玉米等大田粮食作物及烟台苹果等经济林果的种植面积遥感提取技术方法,基于历史气候资料分析,详细介绍了山东省冬小麦、夏玉米、棉花、花生等大田作物的温、光、水等农业气候资源分布与变化特征,并分别分析了冬小麦、夏玉米易遭受的干旱、低温冻害、干热风、涝渍害、高温热害等农业气象灾害的分布特征与风险趋势;通过地基观测与空基监测介绍,分析了山东省已有的农业生态监测评估技术手段;最后简要说明了冬小麦、夏玉米及棉花的生产潜力时空变化特征。

第 4 章
城市热岛

4.1 研究区域概况

4.1.1 自然地理概况

本书将山东省的省会城市济南市作为主要研究区域。

济南市位于山东省中部，地理位置介于 36°01′—37°32′N、116°13′—117°56′E 之间，面积 10244.45 km²。南依泰山，北跨黄河，地处鲁中南低山丘陵与鲁西北冲积平原的交接带上，地势南高北低，依次为低山丘陵、山前倾斜平原和黄河冲积平原（截至 2023 年，来源：济南市人民政府官网）。

4.1.1.1 气候

济南属于暖温带大陆性气候，春季干燥少雨，多西南风；夏季炎热多雨；秋季天高气爽；冬季严寒干燥，多东北风。2019 年济南平均气温为 15.8 ℃，较常年（14.1 ℃）偏高 1.7 ℃，且自 2014 年以来连续 6 a 高于 15.0 ℃。全年 7 月最热，平均气温 27.5 ℃；年平均高温日数 12.8 d。降水量年平均为 671.2 mm。春、夏、秋、冬四季雨量分别占全年降水量的 16%、65%、16%、3%（表 4.1）。

表 4.1 2001—2020 年济南市气候资料表

月份	平均温度/℃	平均最高温度/℃	极端最高温度/℃	平均最低温度/℃	极端最低温度/℃	平均降水量/mm	平均风速/(m/s)
1 月	−0.3	4.1	20.2	−3.8	−6.5	5.8	2.7
2 月	2.9	7.7	25.7	−1.0	−4.7	9.4	3.1
3 月	8.6	13.8	30.2	4.3	1.6	14.5	3.6
4 月	16.4	21.9	36.3	11.5	8.1	29.4	3.9
5 月	21.9	27.3	39.7	17.0	15.5	64.8	3.6
6 月	26.4	31.7	41.2	21.6	19.9	85.2	3.2
7 月	27.5	32.0	42.0	23.6	21.4	187.2	2.7
8 月	26.1	30.7	38.0	22.4	20.9	178.5	2.4
9 月	22.0	27.1	38.5	17.8	16.2	62.4	2.5
10 月	16.2	21.3	33.7	12.0	9.7	32.8	2.8
11 月	8.3	13.0	26.5	4.5	1.5	16.4	3.0
12 月	1.8	6.0	19.2	−1.6	−4.2	7.0	2.8

4.1.1.2 水资源

山东省分属于黄河、淮河、海河三大流域，境内主要河流除黄河横贯东西、大运河纵穿南北外，其余中小河流密布山东省，主要湖泊有南四湖、东平湖、白云湖、青沙湖、麻大湖等。

济南素有“泉城”之称，境内河流水系较多，主要有黄河、小清河两大水系。还有环绕老城区的护城河，以及南北大沙河、玉符河、绣江河、巨野河等河流。湖泊有市内的大明湖（水源来自趵突泉等泉群）和章丘区辖的白云湖；百脉泉、黑虎泉等公园内也布有大小泉池。

4.1.2 城市建设概况

济南市始终是中国东部沿海经济大省——山东省省会，是全国副省级城市之一，环渤海地区南翼的中心城市，是全省的政治、文化、教育、经济、交通和科技中心，是山东半岛城市群和济南都市圈核心城市。2017 年，济南市荣膺“全国文明城市”称号，跨入全国文明城市行列。新中国成立后，济南的行政区划范围共经历 4 次调整，直到 2021 年形成历下、市中、槐荫、天桥、历城、长清、章丘、济阳、莱芜、钢城十区和平阴、商河二县的格局。2016 年 12 月 22 日，撤销县级章丘市，设立济南市章丘区；2018 年 10 月，济阳县区划调整为济南市济阳区；2018 年 12 月 26 日，国务院批复同意山东省调整济南市莱芜市行政区划，撤销莱芜市，将其所辖区域划归济南市管辖；2019 年 1 月，设立济南市钢城区，以原莱芜市钢城区的行政区域为钢城区的行政区域。截至 2021 年，济南市共有 112 个街道办事处、29 个建制乡。

截至 2018 年，济南市五项重点工作成果丰硕。其中棚改旧改征收拆迁工作中，棚改安置房开工 71351 套，其中，省级棚改开工 46673 套，提前超额完成省定任务，整治改造老旧住宅小区 761.5 万 m^2，既有住宅加装电梯竣工 186 部、占全省 80%以上，完成农村危房改造 3254 户、无害化卫生厕所改造 13.95 万户、村庄街巷硬化 209 个；拆违拆临建绿透绿工作，拆除违法建筑 3428 万 m^2，建绿透绿 150.3 万 m^2，建成口袋公园、街头游园 103 处，开工建设山体公园 20 处，完成 35 座山体绿化提升项目；城市更新工作中，“1+5”特色街区综合更新、“一湖一环”景观照明和“明湖秀”项目点亮泉城，完成 31 条黑臭水体治理任务，华山人水和谐生态治理模式在全国复制推广。

城市建设水平明显提升。截至 2018 年末城市建成区面积 561.0 km^2，比上年增加 22.7 km^2。建成区绿化覆盖率 40.6%，人均公园绿地面积 12.7 m^2。全年天然气供气量 11.4 亿 m^3，增长 25.6%；液化石油气供气量 4.1 万 t，减少 17.7%。集中供热面积 19833.8 万 m^3，增长 9.1%。自来水供水量 3.9 亿 t，增长 9.8%。垃圾无害化处理率 100%。

4.1.3 社会经济概况

4.1.3.1 人口

济南市全市常住人口 890.87 万人，比上年末增长 7.0%。户籍总人口 796.74 万人，较上年提高了 2.15 个百分点，其中市区总人口数达 695.09 万人，人口密度 778 人/km^2（截至 2019 年年底）。常住人口城镇化率为 71.21%，比上年末提高 0.42 个百分点。济南又是一个多民族聚居的城市，除汉族外，主要有回、满、苗、蒙古、壮、朝鲜族等 55 个少数民族。中心城区（历下区、市中区、槐荫区、天桥区、历城区）人口机械增长率显著高于其他区（县）。

4.1.3.2 经济

济南市 2019 年地区生产总值 9443.37 亿元，比上年增长 7.0%。其中，第一产业增加值 343.06 亿元，增长 1.3%；第二产业增加值 3265.22 亿元，增长 7.8%；第三产业增加值 5835.09 亿元，增长 7.0%。三次产业比例为 3.6：34.6：61.8。人均地区生产总值 106416 元，增长 5.7%。就业态势保持良好，截至 2018 年，新增城镇就业 19.39 万人，现代服务业增速较快。

4.1.3.3 教育科技

济南的科技实力较为雄厚，人才相对充裕。市区有高等学校 51 所，中等职业学校 34 所，技工学校 19 所，普通中学 251 所，小学 575 所，特殊教育学校 12 所。新建、改扩建幼儿园 93 处，新增学位 2 万余个，新建改扩建 129 处学生集中就餐场所。学龄儿童入学率和小学毕业生升学率均为 100%。

4.1.3.4 区位交通

济南是山东省铁路、公路、航空的交通枢纽，京沪、胶济铁路在市区交汇，北连北京、天津，南接南京、上海、福州，东达港口城市青岛、烟台。济南为京沪高铁沿线 5 个始发终到站之一。济南机场是经国家批准的国际空港，有通往香港、北京、哈尔滨、上海、广州、深圳、福州、厦门、西安、武汉、珠海、海口等城市的 182 条空中航线，通航城市 96 个。“济青高速”“济聊高速”与“京福高速”在济南交汇，从而形成了辐射全省、连接全国的高速公路系统省内中心、全国区域性枢纽的格局。济南基本形成了铁路、航空、公路立体构造，联结全省、全国和海外的现代交通网络。

4.2 城市热岛卫星遥感监测技术方法

城市热岛卫星遥感监测评估技术主要包括数据收集与处理、数据预处理、地表温度(LST)反演、城市热岛监测、城市热岛评估(见图 4.1)。

4.2.1 数据的收集与预处理

4.2.1.1 遥感数据收集

本研究的对象为济南市夏季白天的热岛，故选择 6、7、8 月的遥感影像作为主要数据源。本研究的研究需求为宏观热岛研究并关注国产气象卫星资料的应用，故遥感数据采用 FY-3B 卫星搭载的可见光红外扫描辐射计(FY-3B/VIRR)数据。

FY-3 是中国第 2 代极地轨道气象卫星系列，FY-3B/VIRR 卫星遥感影像由山东省气候中心实时接收，研究拟选用 2013—2020 年的晴空资料。卫星过境时间均为中午日照强度较强时，对于研究热岛强度对人体热舒适程度的影响具有很强的代表性。2013—2020 年，FY-3B/VIRR 成像仪的工作状态良好，基本可实现连续不断的观测，保证数据源的稳定性。

FY-3B 卫星重返周期为 1 d，卫星上搭载的 VIRR 拥有 10 个观测通道，其中 6 个通道的光谱范围与 NOAA/AVHRR 相应通道的光谱范围相同或接近(表 4.2)。波谱范围涵盖热波段、近中远红外波段、可见光波段，通道 1 为可见光波段，对植物的反射敏感，因此，可用于植被信息的提取；通道 2 为近红外波段，能够区分植被的覆盖度与种类，可用于植被分类提取、水/陆

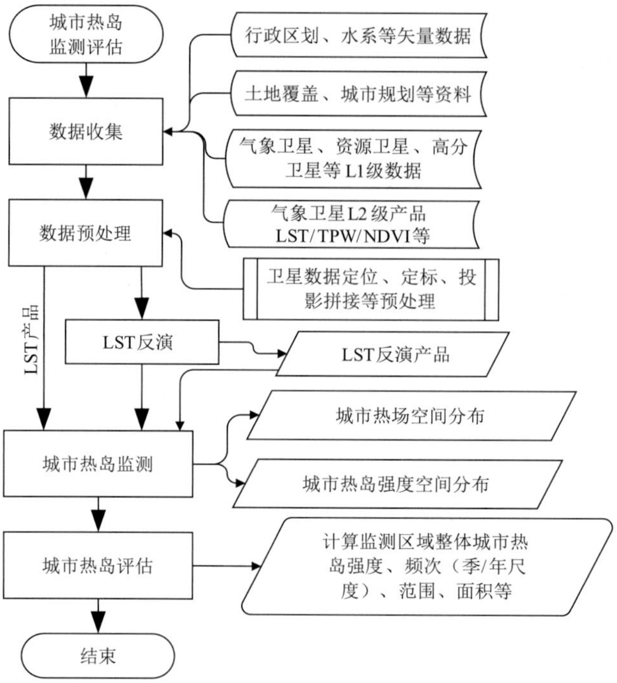

图 4.1　城市热岛卫星遥感监测评估技术流程图(TPW 为大气可降水量)

边界提取;通道 3 为中红外波段,可进行高温热源、地表温度、森林火灾的探测;通道 4 和通道 5 是远红外波段,可进行地表温度与城市热岛效应等研究;通道 6 为短波红外波段,主要用于云雪判识、干旱监测、云相区分;通道 7~9 是可见光波段范围,主要可进行海洋水色的研究;通道 10 是近红外波段,可进行水汽反演。

表 4.2　FY-3B 极轨气象卫星可见光红外扫描辐射计(VIRR)通道参数表

通道	波长/μm	波段	星下点分辨率/km
1	0.580~0.680	可见光(Visible)	1.1
2	0.840~0.890	近红外(Near infrared)	1.1
3	3.550~3.950	中红外(Middle infrared)	1.1
4	10.300~11.300	远红外(Far infrared)	1.1
5	11.500~12.500	远红外(Far infrared)	1.1
6	1.580~1.640	短红外(Short infrared)	1.1
7	0.430~0.480	可见光(Visible)	1.1
8	0.480~0.530	可见光(Visible)	1.1
9	0.530~0.580	可见光(Visible)	1.1
10	1.325~1.395	近红外(Near infrared)	1.1

夜间灯光遥感是能够探测夜间微光的光学遥感技术,可获取白天遥感无法获取的信息。由于城市区域的人造光源是夜间稳定亮光的主要来源,夜间灯光遥感影像已被证明可以更直

观地反映夜间人类活动差异，同时具有覆盖范围大、时效快和易获取等优势，已经广泛用于全球和区域尺度上的城市建设用地提取。已有多个卫星搭载的传感器可以获取夜间灯光遥感影像，例如 DMSP-OLS、NPP-VIIRS、EROS-B、“珞珈一号”01 星和“吉林一号”等（Jiang et al.，2018；Baughet al.，2013；Elvidge et al.，2013；Imhoff et al.，1997；Levin et al.，2014；Shi et al.，2014；Zheng et al.，2018）。这些夜间灯光遥感影像的空间分辨率覆盖从 0.7～3000 m 不等，光谱信息也从单波段灰度图像发展到多波段的彩色影像，为夜间灯光遥感应用提供了更多的可能性。本研究采用的夜间灯光数据为“珞珈一号”（LJ1-01）夜间灯光数据，由武汉大学主导发射，是全球首颗专业夜间灯光遥感卫星，搭载 CMOS 传感器，卫星高度 645 km，波长范围在 480～800 μm 之间，数据分辨率 130 m，覆盖范围 250 km×250 km，重访周期为 15 d，相较于其他同类型数据如 DMSP/OLS 与 VIIRS 数据，可识别夜间微弱灯光，保留更多信息。多名研究者在“珞珈一号”数据的基础上进行了大量研究，Zhao 等（2020）基于“珞珈一号”01 星夜间灯光遥感数据提取城市连通区域，构建树形结构从横向和纵向两个维度分析节点属性，对河南省 18 个城市进行了分级；Wang 等（2020）利用高分辨率的“珞珈一号”01 星数据和 POI 等辅助数据，模拟了浙江省 100 m 空间分辨率下的人口分布；Tan 等（2020）使用了“珞珈一号”01 星夜间灯光数据，辅以城市建筑物数据，成功估算和分析了中国 46 座城市的住房空置率及其空间分布情况；采用 2018 年获取的济南市“珞珈一号”夜间灯光影像进行建成区的提取。

数字高程模型（DEM）通过有限的地形高程数据实现对地面地形的数字化模拟（即地形表面形态的数字化表达），它是用一组有序数值阵列形式表示地面高程的一种实体地面模型，可对空间起伏变化进行连续表达，本研究采用数字高程数据有针对性地对研究区内高程起伏过大区域进行剔除，如南部山区与城市平原高程差异过大区域，将海拔高度差≥50 m 作为提取阈值。

MODIS 数据主要用来获得最大植被指数分布图，通过阈值划分郊区农田背景获得中剔除植被覆盖度较低区域。研究中 MODIS 数据同时用来进行相关指数反演，从而进行影响城市热岛效应影响因素的分析。MODIS L1 级数据来源于美国国家航空航天局，数据空间分辨率为 1 km，扫描宽度为 2330 km，时间分辨率为 1 d，共有 36 个波段，波长范围在 0.4～14.4 μm 之间，卫星高度 705 km。本研究选取 2013—2020 年夏季共 52 景分辨率为 500 m 的晴空数据，反演归一化植被指数（NDVI）、基于植被指数和中红外通道的混合水体指数（CIWI）和归一化建筑指数（NDBI）。

4.2.1.2 其他数据收集

地面观测对比数据主要采用济南市所辖区域内国家级地面站在卫星过境时的 0 cm 地表温度数据，主要用于验证温度反演算法的反演精度与该算法在济南区域的实用性。基于《济南统计年鉴》（2013—2020 年）中 2013 年与 2020 年各行政区域的三项产业地区生产总值与年末总人口数相关统计数据开展城市热环境影响因素分析，并基于灰色关联度分析法定量分析各影响因素对热环境变化的贡献程度。

4.2.1.3 遥感数据预处理

用于地表温度反演的卫星资料主要来自于山东省气候中心实时接收的 FY-3B/VIRR 数据，热红外通道的空间分辨率为 1 km，研究拟选用 2013—2020 年的晴空资料，基于国家卫星气象中心星地通公司开发的 ShinerTek 软件包将数据进行预处理（定标、几何校正、配准、投影变化、高度角订正与云检测等），处理后获得通道信息明晰的 LD3 格式数据集。以国家地面气象站 0 cm 地温数据作为对比数据源，验证温度反演算法的反演精度与该算法在济南区域的实用性，进而开展年际尺度与春季（3—5 月）、夏季（6—8 月）、秋季（9—11 月）、冬季（12 月—次年 2 月）季节尺度的热岛时空特征分析。

热岛强度指数的计算需要获取郊区背景数据。本节以济南市为例，介绍郊区背景数据获得方法（图 4.2），共有以下四步。

（1）夜间灯光数据主要用来提取夜间无灯光区域，剔除城市范围。研究采用 2018 年“珞珈一号”（LJ1-01）数据，定标通过大量研究中广泛应用的辐亮度转换公式进行处理：

$$L = \mathrm{DN}^{3/2} \times 10^{-10} \tag{4.1}$$

式中：L 为校正后辐射亮度值；DN 为原始影像灰度值。辐射校正后，采用夜间灯光强度指数阈值法（$L \leqslant 100$），提取夜间无灯光区域。

（2）结合数字高程资料（DEM）剔除南部山区等与城市平原高程差异过大区域，以海拔高度差≥50 m 作为划分标准进行剔除。

（3）在获得的夜间无灯光区域中以植被指数作为划分标准进一步确定郊区范围。研究基于 MODIS 数据获取的 2018 年最大植被指数分布，通过阈值划分（NDVI≥0.7）去除植被覆盖度较低区域。

（4）参考基于 2015 年 Landsat8-OLI 数据得到的济南市土地利用类型，最终确定不受城市活动影响且土地类型较为稳定的郊区背景数据。

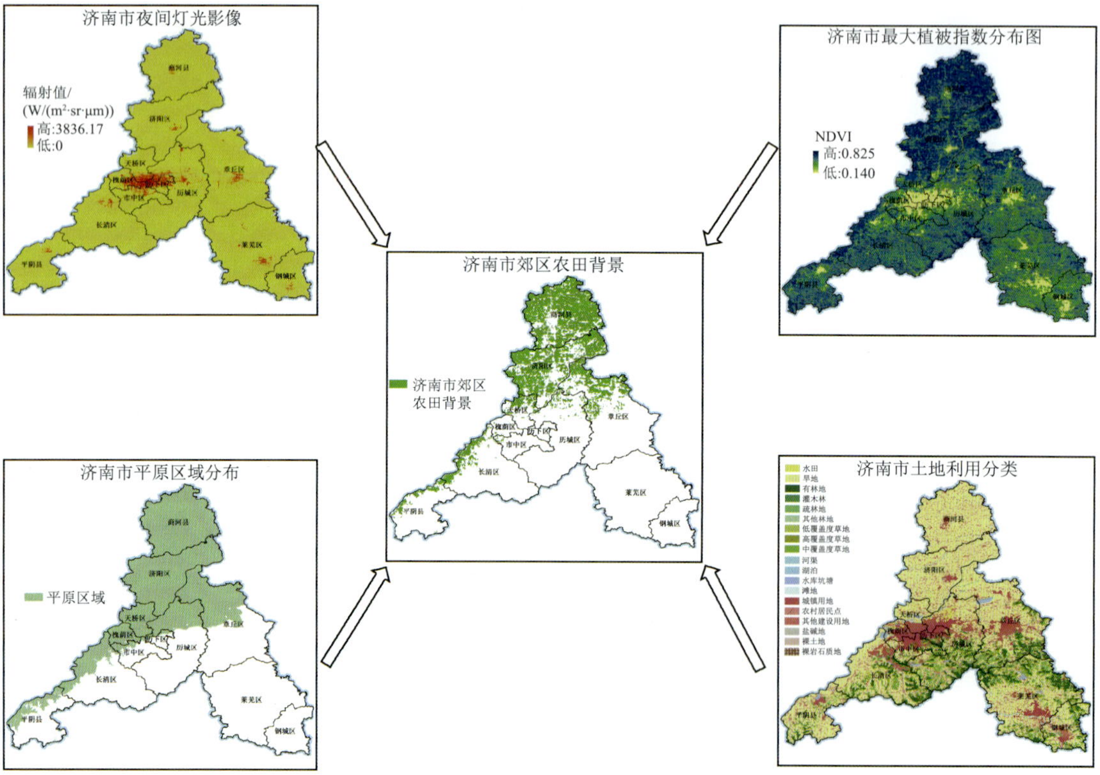

图 4.2　郊区农田背景图（以济南为例）

4.2.2 地表温度反演方法

通过卫星热红外影像反演地表温度可以为城市热环境质量评价和热源调查提供准确、丰富的信息，是用卫星遥感方法研究城市地表热场分布状况最有价值的资料。同时，利用卫星遥感可见光影像可以得到城市下垫面 NDVI、植被覆盖度以及土地利用/土地覆盖等信息，综合这些遥感资料能够研究城市地表热场时空分布变化对城市生态效益的影响，通过考虑城市热场时空分布特征与城市化发展引起的下垫面类型、格局变化的关系，评估城市化发展的不同因素对地表热场分布的作用，从而建立定量化研究城市建设的科学手段，为各级部门提供相应的决策依据。

在卫星遥感反演地表温度相关参数的过程中，受到反演模型、度量范围、尺度效应、信息传递定量化分析中的种种不确定性影响，不确定性问题始终存在。虽然有许多降低反演不确定性的方法，最终还需通过地面验证或者精度效果已获得认可的模型验证的形式进行精度确认后，反演效果才能得到有效认可。

本小节将详细阐述利用 FY-3B/VIRR 数据采用 Becker 和 Li“分裂窗”地表温度反演算法与相关中间参数的模型及算法，方法基于辐射传输方程，采用最小二乘法，在获得多种地表、大气状态下辐亮度模拟数据与结合热红外通道温度数据集的基础上重新计算各所需参数，针对 FY-3B/VIRR 数据有更强的适用性。利用地表同步实测数据进行验证分析，确保反演数据应用到济南城区热岛及相关影响因子研究中的可靠性。

4.2.2.1 计算亮温

FY-3B/VIRR 红外通道亮温的计算包括 4 个步骤，首先，要进行星上线性定标，把 DN 值转化为相应的辐亮度数值：

$$N_{LIN} = S_C \cdot DN + O_f \tag{4.2}$$

式中：N_{LIN} 为利用星上定标系数计算的辐亮度，单位为 $mW/(m^2 \cdot cm^{-1} \cdot sr)$；DN 为 FY-3B/VIRR 传感器记录的数值；S_C 为增益，O_f 为截距，分别存放在 FY-3B/VIRR L1 级数据的文件属性“Emissive _ Radiance _ Scales”及“Emissive _ Radiance _ Offsets”中。“Emissive _ Radiance _ Scales”及“Emissive _ Radiance _ Offsets”分别有 3 列数据，依次对应 3、4、5 通道；每一列不同行的数据对应不同的扫描线。

其次，需要进行辐亮度图像的定标，采用非线性定标法：

$$N = b_0 + (1 + b_1) N_{LIN} + b_2 N_{LIN}^2 \tag{4.3}$$

式中：N 为非线性订正后的辐亮度；b_0、b_1 和b_2 为订正系数，由地面定标实验获得，存放在文件属性“Prelaunch_Nonlinear_Coefficients”中，共有 12 个数值，前 9 个数值分别对应通道 3 波段的 b_0、b_1 和b_2，通道 4 波段的 b_0、b_1 和b_2 ，通道 5 波段的 b_0、b_1 和b_2。

对有效黑体温度的计算主要使用普朗克(Plank)公式：

$$T_{BB}^* = c_2 v_c / \ln [1 + (c_1 v_c^3 / N)] \tag{4.4}$$

式中：c_1 为 1.191042×10^{-5} $mW/(m^2 \cdot sr \cdot cm^{-4})$，$c_2$ 为 1.4387752 cm · K，T_{BB}^* 为有效黑体温度，单位为 K；v_c 为地面定标得到的红外通道中心波数，单位为cm^{-1}，红外通道的中心波数存放在文件属性“Emissive_Centrioid_Wave_Number”中，其中第 2、第 3 个数值分别为对应通道 4、5 的中心波数；sr 为球面度。

最后需要计算黑体温度，即热红外通道的亮温，公式为

$$T_{BB} = (T_{BB}^{*} - A)/B \tag{4.5}$$

式中：T_{BB} 为黑体温度，单位为 K；A、B 为常数，每个红外通道都有一组，存放在文件属性“Emissive_BT_Coefficients”中。

4.2.2.2 计算植被指数

植被指数是为增强植被信息而对多个波段的光谱反射率作出的组合运算，是大范围反演叶面积指数、植被覆盖度、叶绿素含量等植被理化参数的重要方式。研究主要采用归一化植被指数来作为计算指数：

$$\mathrm{NDVI} = \frac{\rho_{\mathrm{NIR}} - \rho_{\mathrm{Red}}}{\rho_{\mathrm{NIR}} + \rho_{\mathrm{Red}}} \tag{4.6}$$

式中：NDVI 为归一化植被指数，ρ_{NIR} 为近红外波段的反射率，ρ_{Red} 为红光波段的反射率。

4.2.2.3 计算植被覆盖度

基于归一化植被指数来计算植被覆盖度 P_V，计算公式如下：

$$P_V = \left(\frac{\mathrm{NDVI} - \mathrm{NDVI_S}}{\mathrm{NDVI_V} - \mathrm{NDVI_S}}\right)^2 \tag{4.7}$$

式中：P_V 表示植被在像元中所占的比重；$\mathrm{NDVI_V}$ 为选定植被区域的 NDVI，取 0.70；$\mathrm{NDVI_S}$ 为选定裸土区域的标定 NDVI 值，取 0.05；当某个像元的 NDVI 大于 0.7 时，$P_V=1$；当某个像元的 NDVI 小于 0.05 时，$P_V=0$。

4.2.2.4 计算比辐射率

地表比辐射率（覃志豪 等，2001）通过归一化植被指数和植被覆盖度联合计算得出，将 NDVI 按大小分为三类，分别代表植被覆盖极低的裸土、植被覆盖极高的纯植被和一般植被三类：①当 NDVI＜0.2 时，像元被认为是裸土像元，对裸土像元的地表比辐射率采用固定值，将两个热红外通道 10.8 μm 通道 i 和 12.0 μm 通道 j 裸土平均比辐射率采用固定值 0.9547 和 0.9709；②当 NDVI＞0.5 时，所在像元被认为是完全被植被覆盖，这时通常假定 VIRR 两个热红外通道的地表比辐射率均为一个常数值，通常采用典型值 0.99；③当 0.2≤NDVI≤0.5 时，通常将所在像元认作是由裸土和植被组成的混合像元，采用以下公式来估算比辐射率 ε_i：

$$\varepsilon_i = \varepsilon_V P_V + \varepsilon_{S,i}(1 - P_V) + \mathrm{d}\varepsilon_i \tag{4.8}$$

式中：ε_V 为纯植被的比辐射率，即 $\varepsilon_V = 0.99$；$\varepsilon_{S,i}$ 为通道 i 的裸土的平均比辐射率；$\mathrm{d}\varepsilon_i$ 为自然表面的几何分布和内部反射效应，对纯植被像元该项可省略，对混合像元和粗糙表面，如森林，该项值一般也极小，最大时仅为 0.02，因此，本算法将其忽略。

4.2.2.5 计算地表温度

利用 VIRR 两个热红外通道计算辐射亮温及由植被指数 NDVI 确定地表比辐射率后，采用改进型 Becker 和 Li“分裂窗”算法进行地表温度的反演：

$$T_s = A_0 + \frac{P(T_4 + T_5)}{2} + \frac{M(T_4 - T_5)}{2} \tag{4.9}$$

式中：T_s 为地表温度；A_0 为常数，取－0.897；T_4 与 T_5 为 FY-3B/VIRR 通道 4、5 热红外通道的亮温；P 和 M 分别为关于平均比辐射率与比辐射率差值的函数：

$$P = 1 + \alpha(1 - \varepsilon)/\varepsilon + \beta\Delta\varepsilon/\varepsilon^2 \tag{4.10}$$

$$M = \gamma' + \alpha'(1-\varepsilon)/\varepsilon + \beta'\Delta\varepsilon/\varepsilon^2 \tag{4.11}$$

式中：α、β、γ'、α' 和 β' 均为系数常数，分别为 0.273、−0.358、4.061、5.918 和 0.388；ε 和 $\Delta\varepsilon$ 为通道 4、5 热红外通道的平均比辐射率与差值比辐射率：

$$\varepsilon = (\varepsilon_4 + \varepsilon_5)/2 \tag{4.12}$$

$$\Delta\varepsilon = \varepsilon_4 - \varepsilon_5 \tag{4.13}$$

式中：ε_4、ε_5 为通道 4、5 热红外通道的比辐射率。

4.2.3 地表温度反演验证

为验证改进型 Becker 和 Li“分裂窗”地表温度反演算法在本地的适用性，研究以济南市为例，将 2018 年作为代表年份，提取该年度 71 景地表温度反演数据中济南、济阳、商河、章丘、长清、平阴和莱芜 7 个国家级气象站所在像元点的遥感地表温度，与卫星过境时刻站点实测 0 cm 地表温度数据进行对比验证分析（图 4.3）。反演结果与实测值之间的相关性较高，决定系数 R^2 达到 0.8868，存在显著线性正相关关系，为精确城市热岛监测奠定基础。

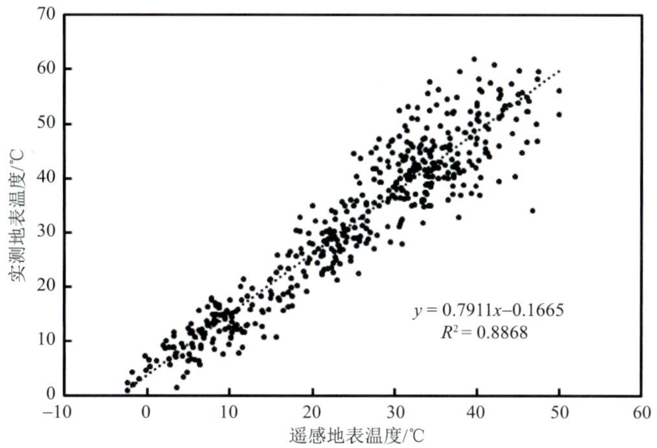

图 4.3 遥感地表温度与地面实测温度对比图

由于地形与行政区划原因，地表温度存在中部条带状高值分布，向两侧递减，南部山区存在低值分布的空间特征。济南不同季节地表温度的高、低值分布特点存在明显差异：夏季济南市地表温度高值出现在济南市城区（历下区、市中区、槐荫区、天桥区和历城区，下同）和钢城区，低值出现在长清区和莱芜区；秋季济南市地表温度高值出现在钢城区，低值出现在莱芜区（表 4.3）。整体上，济南市不同季节的地表温度基本与实际情况吻合，可以比较客观、准确地反映地表热量差异、分布范围和发展趋势等特征。

表 4.3 2013—2020 年济南春、夏、秋、冬季各县（区）遥感地表温度均值表 单位：℃

季节	济南城区	商河县	济阳区	章丘区	长清区	平阴县	莱芜区	钢城区
春季	35.9	31.4	32.1	35.0	35.4	35.4	36.4	37.9
夏季	39.3	38.8	39.2	39.1	38.0	38.7	38.0	39.3
秋季	30.5	30.4	30.9	30.9	30.4	30.5	30.0	31.0
冬季	15.3	13.6	14.3	15.3	15.6	15.8	14.4	14.8

4.2.4 热岛指标计算与划分方法

研究中指出的城市热岛为卫星遥感监测的地表热岛，即利用热红外遥感反演的城区与郊区地表温度差值来表示，通常采用热岛强度指标与热岛比例指数指标定性定量分析评价区域城市热岛效应的大小。

4.2.4.1 城市热岛强度

城市热岛强度(Urban Heat Island Intensity，UHII)是遥感反演的地表温度与参照区域温度的距平等级，是评价城市热岛效应强弱的定性指标，可直接表示强度的大小和范围。研究通过遥感反演的地表温度与郊区或乡村背景区域温度的差值即城乡二分法逐像元定义热岛强度：

$$\mathrm{UHII}_i = T_i - \frac{1}{n}\sum_{1}^{n} T_{\mathrm{sub}} \tag{4.14}$$

式中：UHII_i 为图像上第 i 个像元所对应的热岛强度，单位通常为℃或 K；T_i 是第 i 个像元地表温度，n 为郊区内的有效像元数，T_{sub} 为郊区内的地表温度。

为更好地开展热岛强弱比较，参考大量文献资料，研究按不同时间尺度把地表城市热岛强度 UHII 划分为 7 个等级：强冷岛、较强冷岛、弱冷岛、无热岛、弱热岛、较强热岛和强热岛，分别将等级赋值为 1、2、3、4、5、6 和 7，具体等级划分参见表 4.4。

表 4.4 遥感地表城市热岛强度 UHII 划分及含义表

等级	热岛强度 UHII(日)	热岛强度 UHII(月、季、年平均)	含义
1	<−7.0	<−5.0	强冷岛
2	[−7.0，−5.0]	[−5.0，−3.0]	较强冷岛
3	(−5.0，−3.0]	(−3.0，−1.0]	弱冷岛
4	(−3.0，3.0]	(−1.0，1.0]	无热岛
5	(3.0，5.0]	(1.0，3.0]	弱热岛
6	(5.0，7.0]	(3.0，5.0]	较强热岛
7	>7.0	>5.0	强热岛

4.2.4.2 城市热岛比例指数

基于城市热岛强度监测，可对区域城市热岛的强度进行整体评估。研究采用热岛比例指数(Urban Heat Island Proportion Index，UHPI)定量评估区域城市热岛效应的强弱、城市热岛强度的时空差异大小。城市热岛比例指数是城市建成区内城区温度高于郊区温度的不同等级热岛强度的面积加权和，可反映区域内不同等级热岛强度与范围的一个综合定量指标：

$$\mathrm{UHPI} = \frac{1}{100m}\sum_{1}^{n} w_i\, p_i \tag{4.15}$$

式中：UHPI 为城市热岛比例指数；m 为热岛强度等级数；i 为城区温度高于郊区温度等级序号；n 为城区温度高于郊区温度的等级数；w_i 为第 i 级的权重，取等级值；p_i 为第 i 级所占的面积百分比，数值在 0～100 之间。UHPI 值在 0～1.0 之间，该值越大，热岛现象越严重，其值为 0 时，表明此地没有热岛现象，值为 1 时，表明处于强热岛范围。由热岛强度等级可知，$m=7$，$n=3$，i 为热岛强度等级序号值 5、6、7。参考相关文献研究，区域城市热岛效应的评估依据划分方法见表 4.5。

表 4.5 区域城市热岛效应评估等级划分标准表

等级	热岛比例指数(UHPI)	等级含义
1	[0,0.2]	轻微或无
2	(0.2,0.4]	较轻
3	(0.4,0.6]	一般
4	(0.6,0.8]	较严重
5	(0.8,1.0]	严重

4.2.5 城市热环境影响因子

根据空间关联性理论，城市空间中的每个像元的热岛都与周围一定范围内的要素有着紧密的联系。在分析城市热岛效应的影响因素时，本研究从自然与社会两个角度出发对城市热环境的影响因子开展分析，并在确定各因子与热岛效应相关的基础上利用灰色系统理论中的关联度分析法定量研究各影响因素对城市热岛效应的贡献度。

4.2.5.1 自然影响因素

从自然的角度出发，综合考虑环境与地理因素，选取归一化植被指数(NDVI)、基于植被指数和中红外通道的混合水体指数(CIWI)和归一化建筑指数(NDBI)开展热环境影响因素分析，并对 CIWI 进行归一化处理：

$$\mathrm{NDVI} = (\rho_{\mathrm{NIR}} - \rho_{\mathrm{Red}})/(\rho_{\mathrm{NIR}} + \rho_{\mathrm{Red}}) \tag{4.16}$$

$$\mathrm{CIWI} = \mathrm{NDVI} \times C + \mathrm{NIR}' \times C + C \tag{4.17}$$

$$\mathrm{NDBI} = (\rho_{\mathrm{MIR}} - \rho_{\mathrm{NIR}})/(\rho_{\mathrm{MIR}} + \rho_{\mathrm{NIR}}) \tag{4.18}$$

式中：下标 NIR 为近红外波段；下标 Red 为红光波段；下标 MIR 为中红外波段；NIR'为近红外波段反照率与近红外波段反照率均值的比值；C 为常数，通常取 100。

4.2.5.2 社会影响因素

基于《济南统计年鉴》(2013—2020 年)，综合考虑选取市内各行政区域年末总人口数与行政区的第一、第二、第三产业地区生产总值等四项因素分析城市热环境的社会影响因素。

4.2.5.3 灰色关联度计算

灰色理论目前已广泛应用到自然科学和社会科学等诸多领域，是进行系统分析、建模、预测的有效工具。灰色系统模型有别于传统建模方法所建立的离散递推模型，它建立的是连续的微分方程模型，可对系统的发展变化进行全面、系统的分析观察。城市热岛效应受许多内外部因素的影响，对这些因素无法进行精确的定量评估，因此，可以将热岛效应的发展变化看作一个灰色系统，用灰色模型去发掘原始数据序列的内在规律，并进行评价和模拟。相较于在大量研究数据的支撑下通过概率统计进行系统分析的传统方法，灰色关联度分析法对样本数量的要求较低，针对时间样本相对较少的城市热岛效应过程具有更好的应用效果，可较为客观地对各影响因素的贡献度开展定量分析。灰色关联度分析主要对各影响因素时间序列开展比较，通过计算关联度 γ_i 定量体现各影响因素的贡献程度：

$$\gamma_i = \frac{1}{n}\sum_{k=1}^{n} \xi_i(k) \tag{4.19}$$

式中：i 为各影响因素类型；n 为各影响因素的时间序列评价样本数；$\xi_i(k)$ 为 k 时刻的关联系数：

$$\xi_i(k)=\frac{\min_i \min_k \Delta_i(k)+\rho \max_i \max_k \Delta_i(k)}{\Delta_i(k)+\rho \max_i \max_k \Delta_i(k)} \tag{4.20}$$

式中：假设原始时间序列 $x_i=\{x_i(k) \mid k=1,2,\cdots,n; i=0,1,2,\cdots,m-1\}$，$x_0$ 为参考数列，其他为比较数列，以下若无特别说明，均满足 $i\neq 0$；由 m 个评价指标的 n 个评价样本所组成，首先对原始时间序列进行均值化处理，得到数列 x_i，$\Delta_i(k)$ 为 k 时刻参考数列 x_0 与影响因素数列 x_i 的绝对差为 $|x_0(k)-x_i(k)|$；$\min_i \min_k$ 和 $\max_i \max_k$ 分别为两级最小、最大差，与数学意义类似，$\min_i$ 表示 x_i 与 x_0 曲线上相应点的距离最小值，$\min_i \min_k$ 表示在时间序列与影响因素类型序列尺度上的距离最小值；$\max_i$ 表示 x_i 与 x_0 曲线上相应点的距离最大值，$\max_i \max_k$ 表示在时间序列与影响因素类型序列尺度上的距离最大值；ρ 为分辨系数，取值范围在 0～1 之间，ρ 越小，分辨率越大，一般取 0.5。

4.3 主要城市热岛效应遥感监测评估

4.3.1 城市热岛时间变化评估

4.3.1.1 城市热岛年际尺度变化

2013—2020 年总热岛区域（热岛强度≥1 ℃，下同）与总冷岛区域（热岛强度≤−1 ℃，下同）面积占比总体呈现相反年际变化特征（图 4.4）。总热岛区域面积占比先增加后减小逐渐平稳，在 2014 年达到峰值 35.0%，2015 年较上年明显减小，不断降低至 2018 年达到谷值 11.0%，其后缓慢上升变化趋于稳定；总冷岛区域面积占比于 2014 年降至谷值为 29.5%，后迅速上升至 2018 年出现峰值达 59.1%；无热岛区域面积占比变化明显，2018 年之前变化缓慢，2018 年后显著上升。

2013—2020 年强热岛和较强热岛区域面积变化缓慢，总体呈降低趋势；弱热岛等级面积变化与弱冷岛之间呈现显著相反的变化趋势，其中弱热岛面积占比于 2014 年表现为峰值达 26.5%，后逐年降低于 2017 年达到谷值为 8.9%，后缓慢上升；2018 年弱冷岛强度区域面积占比增至峰值为 35.0%，其后呈现下降趋势，降幅高于弱热岛区域增加幅度；强冷岛与较强冷岛面积占比呈现波动变化的特点。

4.3.1.2 季节尺度变化规律

济南市夏季城市热岛强度最强且总热岛区域面积占比最大为 35.3%，秋季总热岛区域面积占比明显高于春冬两季，为 22.5%，春季、冬季总热岛强度区域面积占比基本持平，分别为 11.5%和 10.6%，总体表现为夏季＞秋季＞春季＞冬季；冷岛区域面积占比在春季超过 50%，为 69.5%，是四季之首，夏季与秋季面积占比基本持平，分别为 31.1%和 34.6%，冬季冷岛强度区域面积占比为 43.7%，总体表现为春季＞冬季＞秋季＞夏季；无热岛区域随季节变化影响范围逐渐变大（图 4.5）。

分析不同季节热岛区域的年际变化（表 4.6）可以得到：2014 年与 2015 年春季总热岛区域面积占比明显较高，分别为 25.7%和 27.4%，2016 年次之，为 10.8%，其余年份均小于 10%，

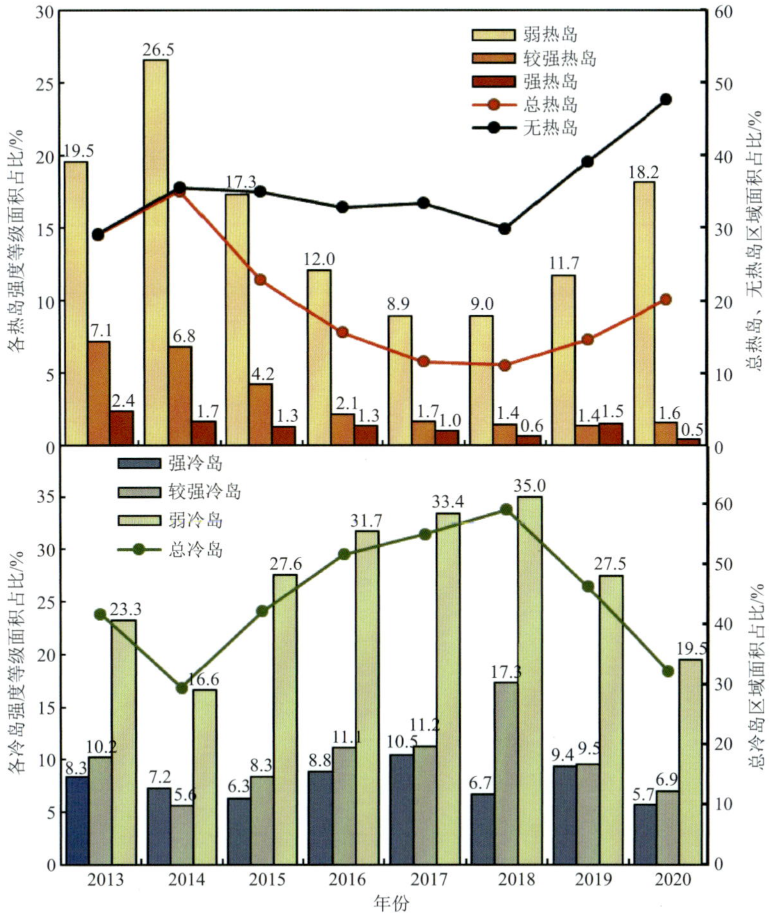

图 4.4　2013—2020 年济南各热岛强度等级面积变化图

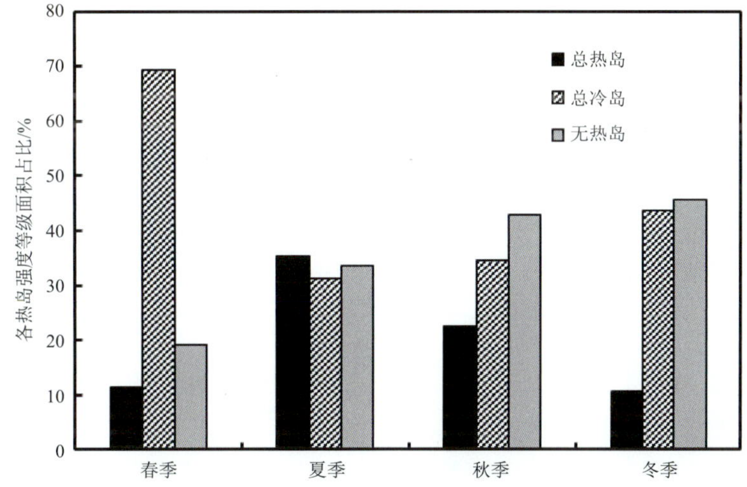

图 4.5　济南春、夏、秋、冬季各热岛强度等级面积占比变化图

其中强热岛区域面积占比在2014年最大，为2.4%，其余年份均小于1%；2013年夏季总热岛区域面积占比最大超过50%，为58.2%，其中强热岛区域占比7.9%，2015年、2016年和2019年面积基本持平，2018年明显较低，仅为15.5%；2013年和2014年秋季总热岛面积占比较高，分别为49.5%和49.0%，自2015年起有显著下降，较上年减少36.2%，2020年有轻微回升；2014年冬季热岛区域占比明显较大，为37.6%，2020年次之，为21.7%，其余年份较小，均在7%以下。

表4.6　2013—2020年济南市春、夏、秋、冬季热岛面积占比表　　%

年份	春季			夏季			秋季			冬季		
	强热岛	较强热岛	弱热岛	强热岛	较强热岛	弱热岛	强热岛	较强热岛	弱热岛	强热岛	较强热岛	弱热岛
2013	0	0	1.9	7.9	14.6	35.7	1.7	13.6	34.2	0	0.3	6.4
2014	2.4	7.4	15.9	3.0	6.3	18.4	1.1	9.3	38.6	0.2	4.2	33.2
2015	0.8	7.8	18.8	4.4	8.7	32.7	0	0.4	12.4	0	0.2	5.2
2016	0.2	1.5	9.1	5.0	6.5	30.3	0.2	0.6	5.9	0	0	2.8
2017	0	0.5	6.4	3.8	5.6	14.9	0.2	0.4	12.0	0	0.1	2.5
2018	0.1	1.3	7.9	2.3	3.3	9.9	0	1.2	16.6	0	0	1.4
2019	0	0.1	3.7	1.2	4.8	15.9	0	0.1	7.8	0	0	6.3
2020	0	0.3	5.7	1.3	2.6	25.2	0.5	3.4	20.2	0	0.1	21.6

4.3.2　城市热岛空间变化评估

以2013年与2020年为例，分析济南市各县(区)春、夏、秋、冬季城市热环境格局空间分布特征(图4.6)：2013—2020年间，春季以冷岛区域为主，主要分布在商河县、济阳区、天桥区大部、历城区与章丘区北部，市中区、莱芜区、钢城区和平阴县主要以无热岛区域为主，历下区与槐荫区以弱热岛等级为主；夏季以热岛区域为主，历下区与槐荫区大部多表现强热岛，市中区北部、天桥区南部、历城区中北部和章丘区大部以弱热岛区域为主，其余县(区)多为无热岛区域；秋季、冬季大部分县(区)以无热岛区域为主，历下区秋季主体表现为较强热岛、冬季以弱冷岛为主，天桥区秋、冬季分别以弱热岛与弱冷岛为主，历城区秋季呈现弱冷岛，商河县秋冬两季均以弱冷岛为主，市中区、济阳区冬季主要以弱冷岛区域为主。

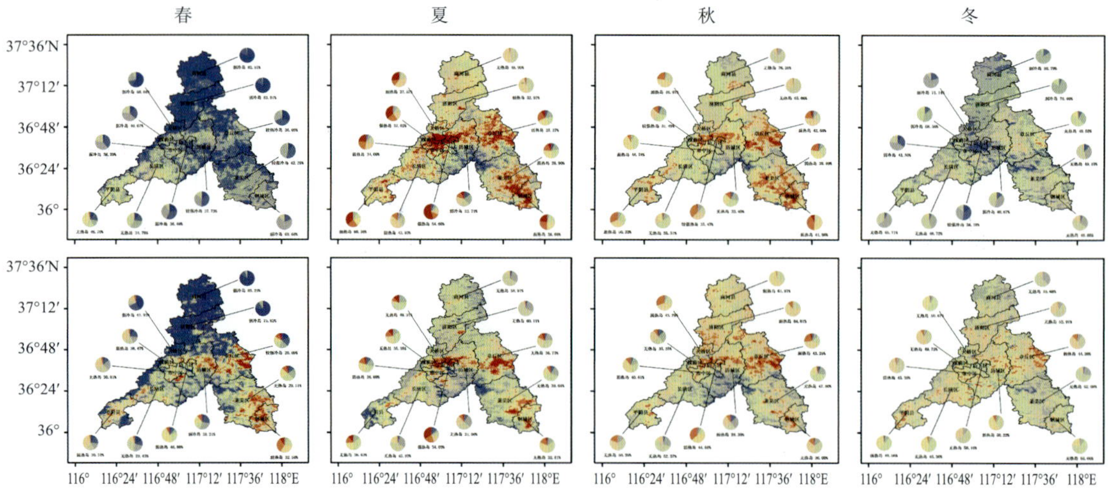

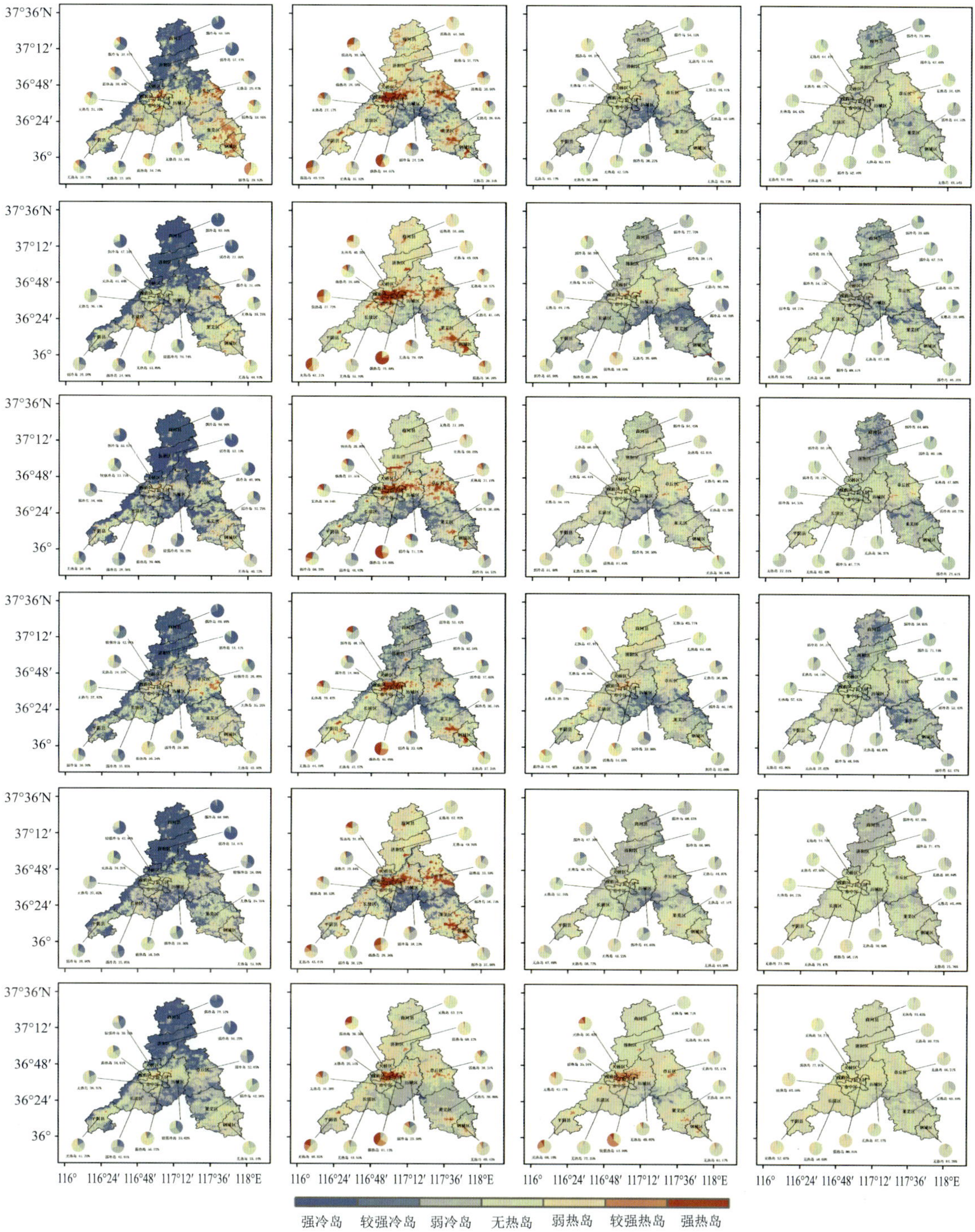

图 4.6　2013—2020 年济南市春季、夏季、秋季、冬季热岛强度空间分布图
（从左向右每一列依次为春、夏、秋、冬；每一行从上到下依次为 2013 年到 2020 年）

济南市城市热岛空间格局主要以城镇聚合轴为主导驱动，呈现交通线路连接高温热岛区，“点—线”式城市热岛空间结构的特点。将济南市条带状城市热岛中心城区（历下区大部、市中

区北部、槐荫区东部与天桥区南部)作为强热岛辐射源，主要通过两条城市主干道连接各县(区)城市副高温区:“东—西”走向以胶济铁路与经十路、经十东路连接历城区中部与章丘区城市副高温区;“东北—西南”走向以经十西路、G220 国道连接长清区与平阴县城市副高温区。“南—北”走向城镇聚合轴城市热岛空间格局也有相应表现,但由于北部济阳区与商河县下垫面类型主要以农田为主,郊区冷岛效应表现明显,与“东北—西南”走向相比,影响范围显著较小,其中济阳区热岛影响较商河县更为显著。

济南市城市冷岛区域主要可分为南部山区、北部平原农田区与中部黄河流域区。南部山区以天然地形优势,且存在丰富的植被覆盖,成为城市的天然冷源之一,是济南市最主要、最稳定的冷岛区域;黄河及相关支流自西向东由城市中部区域穿过,其流域也形成了天然冷源带,流域南北温度差异显著,在热岛强度缓解方面效应明显;北部平原农田区由于下垫面类型的特殊性,相较于城镇建设用地具有较大比热容,且土壤具有一定的储水能力,因此,该区域成为济南市影响面积最大的低温冷岛区域。

4.3.3 热岛比例指数变化评估

研究基于热岛比例指数表征与评价济南各县(区)热岛效应程度,济南市热岛比例指数总体呈现下降趋势,2013 年与 2014 年为较轻热岛,2014 年后表现为轻微热岛。从季节来看,2015 年春季为较轻热岛,其余年份均为轻微热岛;2013 年夏季热岛比例指数为 0.46,属一般热岛,2014—2016 年与 2019—2020 年为较轻热岛,2016—2018 年为轻微热岛;2013—2014 年秋季为较轻热岛,2014 年后均为轻微热岛;冬季除 2014 年为较轻热岛,其余年份均为轻微热岛(图 4.7a)。

通过对比 2020 年与 2013 年城市热岛比例指数,发现春季除长清区与平阴县热岛比例指数分别以 0.04 与 0.08 的幅度下降外,其余县(区)均呈现上升趋势,历下区升高幅度最大,为 0.45;夏季除济阳区呈现 0.04 的轻微上升幅度以外,总体均呈现明显下降趋势,以钢城区的下降幅度最大,为 0.33;历下区与槐荫区秋季热岛比例指数均表现升高,市中区 2020 年与 2013 年持平,其余县(区)下降趋势显著;冬季除莱芜区与钢城区外,热岛比例指数均呈现上升趋势,其中历下区与槐荫区变化幅度较大,为 0.60 与 0.56(图 4.7b)。

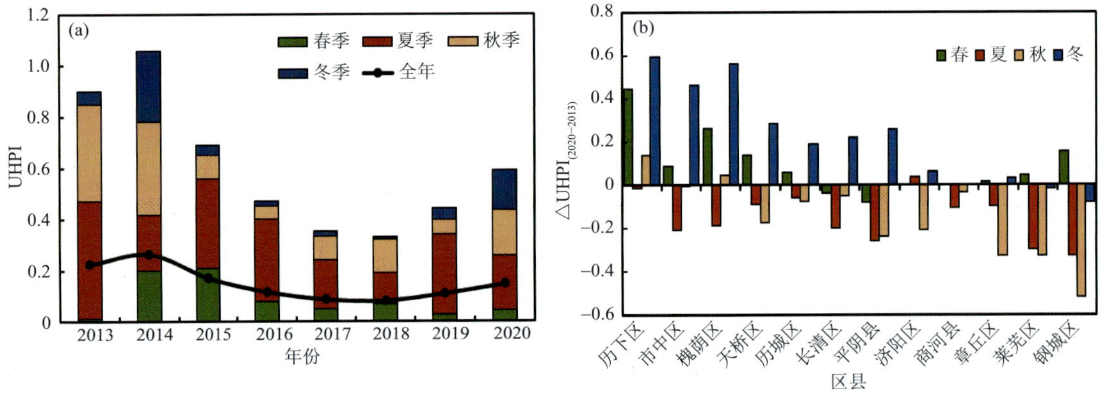

图 4.7　2013—2020 年济南市热岛比例指数年际与季节变化(a)、2020 年与 2013 年各县(区)热岛比例指数差值变化(b)图

4.3.4 城市热环境影响因素分析

由于城市热环境形成依赖多因素共同作用，研究从自然与社会经济角度出发，结合时间尺度与空间尺度，通过皮尔逊(Pearson)相关性检验分析多种因素与城市热环境的相关性。基于2013—2020 年 MODIS 晴空数据，采用归一化植被指数(NDVI)、归一化建筑指数(NDBI)和基于植被指数和中红外通道的混合水体指数(CIWI)，分析热岛典型发生季节(夏季)各热岛主要发生区域(历下区、市中区、槐荫区、天桥区、历城区和章丘区)三个主要因素的季节均值与热岛比例指数之间的相关关系，从时间尺度探索植被覆盖、城镇建筑和水体分布对热环境的影响：热岛比例指数与三个主要自然因素在 0.01 显著水平上均呈现高度相关关系，与归一化植被指数、混合水体指数之间呈显著负相关，相关系数 R 分别为 0.700 和 0.617，植被覆盖度较高、水体分布丰富，有助于环境地表降温，有益于热岛效应的缓解；热岛比例指数与归一化建筑指数之间为显著正相关关系，相关系数 R 为 0.334，即城镇建筑越密集，一定程度上加重城市热效应(图 4.8，表 4.7)。

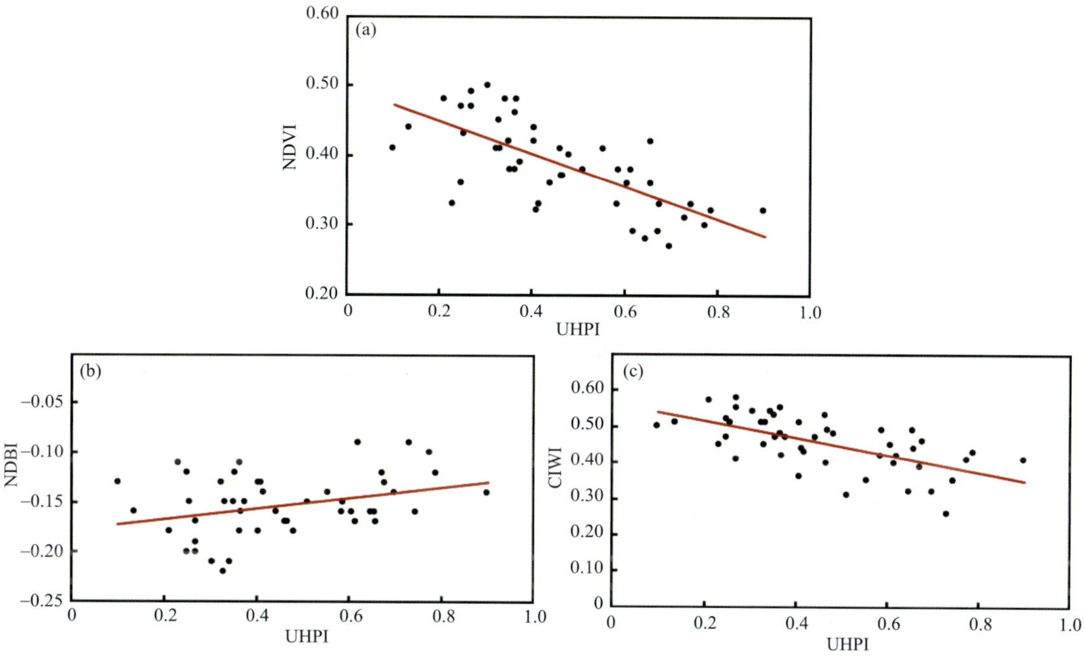

图 4.8 UHPI 与 NDVI(a)、NDBI(b)和 CIWI(c)之间的相关性分析图

表 4.7 UHPI 与 NDVI、NDBI、CIWI，ΔSUHI 与 ΔPOP、ΔPI-GDP、ΔSI-GDP、ΔTI-GDP 的 Pearson 相关表

参数	NDVI	NDBI	CIWI	参数	ΔPOP	ΔPI-GDP	ΔSI-GDP	ΔTI-GDP
UHPI	−0.700**	0.334**	−0.617**	ΔSUHI	0.823**	−0.289	0.492	0.769**

注：** 表示相关性在 0.01 水平(双尾)上显著。

除去自然因素外，社会经济也是影响城市热环境的主要因素，分析 2019 年与 2013 年的各县(区)三项产业生产总值差值(ΔPI-GDP、ΔSI-GDP、ΔTI-GDP)、总人口差值(ΔPOP)与总热岛区域面积差值(ΔSUHI)之间的相关关系。结果表明：ΔSUHI 与 ΔPOP、ΔSI-GDP、

ΔTI-GDP 之间呈现正相关关系，且与 ΔPOP、以服务业为主的 ΔTI-GDP 在 0.01 显著水平下呈现高度相关，相关系数 R 分别为 0.823 与 0.769，人口增长带来了较丰富的生产活动与增加的能源消耗对城市热环境的影响较大；ΔSUHI 与以传统工业与建筑业为主的第二产业呈现中等相关，相关系数 R 为 0.492，热岛面积的变化均与这些因素之间存在较大关联（图 4.9，表 4.7）。

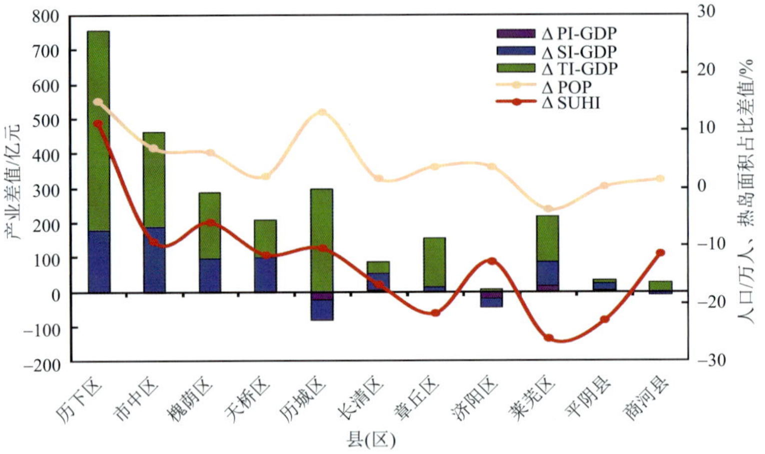

图 4.9　济南市各县（区）热岛面积占比差值（%）与地区生产总值差值（亿元）、人口差值（万人）变化图

为进一步分析各影响因素对城市热环境变化的贡献程度，基于灰色关联度分析法，以 2013—2019 年热岛比例指数为参考数列，其他自然、社会因素共 7 项因素作为对比数列，定量评价各类因素的贡献程度（表 4.8）。人口与归一化植被指数对城市热岛效应的变化贡献度最高，达到 0.8 以上，是影响城市热岛效应的较为直接的因素，其中人口因素的贡献度达到 0.9271；NDBI、CIWI 和 TI-GDP 与热岛比例指数的关联度在 0.70～0.80 之间，归一化建筑指数与第三产业生产总值的变化也间接影响人口的变化，水体作为城市内的天然冷源，对城市热岛效应的变化也具有一定的贡献度；第一与第二产业生产总值对热岛效应变化的贡献度较小，关联度在 0.7 以下，其中第一产业生产总值的灰色关联度最小，仅为 0.5011。

表 4.8　热岛比例指数与各影响因素之间的关联度表

影响因子	关联度	排序
人口（POP）	0.9271	1
归一化植被指数（NDVI）	0.8236	2
归一化建筑指数（NDBI）	0.7507	3
混合水体指数（CIWI）	0.7267	4
第三产业生产总值（TI-GDP）	0.7164	5
第二产业生产总值（SI-GDP）	0.6948	6
第一产业生产总值（PI-GDP）	0.5011	7

4.4 本章小结

本章介绍了研究区域的自然地理概况、城市建设概况、社会经济概况与城市热岛卫星遥感监测技术方法。分析了地表温度的遥感反演结果并开展了精度验证，济南市不同季节的地表温度基本与实际情况吻合，遥感监测可以比较客观、准确地反映地表热量差异、分布范围和发展趋势等特征。分析了主要城市的热岛强度与热岛比例指数的时空变化特征，2013—2020 年间，济南市总热岛区域与总冷岛区域面积呈现相反变化特征，存在阶段性；春、夏、秋、冬季均存在不同程度的热岛现象，总热岛区域面积占比在夏、秋两季呈现显著下降趋势，春、冬两季为上升趋势；济南市热岛比例指数总体呈现下降趋势。从自然与社会经济角度，采用灰色关联度分析法，定量评价城市热环境影响因素对城市热岛效应变化的贡献度，总人口数与归一化植被指数是影响济南城市热岛效应的主要因素。

第5章
水体生态气象

5.1 山东省水体概况

5.1.1 山东省河流、湖泊概况

山东省位于我国东部沿海，地处黄河下游，分属黄、淮、海三大流域。山东省河流均为季风区雨源型河流，分属黄河、淮河、海河流域及半岛独流入海水系。全省平均河网密度为 0.24 km/km^2，境内主要河道除黄河横贯东西，大运河纵穿南北外，其他中小河流密布全省，干流长度在 5 km 以上的河流有 5000 多条，10 km 以上的有 1552 条。

山东省湖泊主要有淮河流域的南四湖、黄河流域的东平湖和小清河流域内的白云湖、青沙湖、麻大湖等。南四湖是山东省境内最大的淡水湖泊，由南阳湖、独山湖、昭阳湖、微山湖四个相连的湖泊组成，湖面面积 1266 km^2，南四湖南北长 126 km，东西宽 6～25 km，南部微山湖、北部独山湖比较开阔，中部昭阳湖狭窄，称为湖腰。1960 年在南四湖湖腰处修建成二级坝枢纽工程，将南四湖分为上下两级，上级湖湖面面积 602 km^2，下级湖湖面面积 664 km^2。南四湖承接苏鲁豫皖四省 31700 km^2 流域面积的来水，南四湖下级湖蓄水位 32.5 m 时，相应库容为 7.78 亿 m^3，上级湖蓄水位 34.2 m 时，相应库容为 9.24 亿 m^3。

东平湖是山东省境内的第二大淡水湖泊，位于东平、梁山、汶上三县交界处，西靠梁济运河，北临黄河，东有大汶河流入，是接纳和滞蓄黄河、大汶河洪水和特大洪水的调蓄水库，库区总面积 627 km^2。水库由二级湖堤分隔为老湖区和新湖区两部分，老湖区现状主要接纳大汶河入流和调蓄黄河的中小洪水，常年有水，面积 209 km^2，防洪最高蓄水位 46 m，相应库容 11.94 亿 m^3；新湖区面积 418 km^2，防洪蓄水位 44 m。

截至 2023 年 12 月底，山东省现有注册登记的水库 5521 座（能源部门管理的 3 座水库在水利部门备案不注册），其中大型水库 38 座、中型水库 227 座、小型水库 5256 座。2023 年年末大中型水库蓄水总量 48.3 亿 m^3，其中 34 座大型水库年末蓄水总量为 31.57 亿 m^3，161 座中型水库年末蓄水总量 16.74 亿 m^3。

5.1.2 山东省水资源特点

根据 1956—1999 年实测资料分析，山东省多年平均年降水量为 676.5 mm，折合水量 1037 亿 m^3。多年平均河川径流量（地表水资源量）为 222.9 亿 m^3，多年平均地下水资源量为 152.57 亿 m^3。扣除地表水、地下水重复计算量，全年多年平均水资源总量为 305.82 亿 m^3。

(1)水资源总量不足，人均、亩均水资源占有量偏低

全省人均水资源占有量 344 m^3，仅为全国人均占有量的 14.7%(小于 1/6)，为世界人均占有量的 4%(为 1/25)，位居全国各省(自治区、直辖市)倒数第三位。山东省人均水资源量远远小于国际公认的维持一个地区经济社会发展所必需的 1000 m^3 的临界值，属于人均占有量小于 500 m^3 的严重缺水地位。亩均水资源占有量为 307 m^3，也仅为全国平均亩均占有量的 16.7%(为 1/6)。全省当地淡水资源总量仅占全国水资源总量的 1.1%，却养育着占全国 7.3%的人口，灌溉了占全国 7.4%的耕地，生产了占全国 8.4%的粮食，创造了占全国 9%的国内生产总值。

(2)水资源地区分布不均匀

山东省各地降水量、径流量和水资源量差别较大，分布不均匀。多年平均降水量从鲁东南沿海的 850 mm 递减到鲁西北的 550 mm。年径流的地区变化更为突出，多年平均径流深东南沿海高值区为 260～300 mm，鲁西北平原和湖西平原低值区只有 30～60 mm，地下水资源山丘区与平原区差别较大。

(3)水资源年际年内变化剧烈，开发利用调控难度较大

山东省各地降水量、水资源量的年际变化幅度很大，存在着明显的丰、枯水年交替出现现象，连续丰水年和连续枯水年的出现频率也比较高。水资源的年内分配具有明显的季节性，全年降水量约 3/4 和天然径流量约 4/5 集中在汛期，特别是 7、8 月份，降水量和径流量甚至集中在一、两次特大暴雨洪水之中，开发利用调控难度较大。

(4)黄河入境水量逐年下降，可利用量呈减少趋势

黄河水是山东省重要客水资源，由于受流域降水丰枯变化和流域内引黄用水量逐年增加的影响，黄河来水量呈逐年减少的趋势，特别是进入 20 世纪 90 年代以来，平均入省水量骤减至 222 亿 m^3，比多年平均来水量减少 42.4%，今后随着黄河上中游引黄水量的大幅度增加，黄河来水量还将继续减少，山东省每年 70 亿 m^3 引黄指标的保证程度也会大大降低。

5.2 山东省主要湖泊、水库遥感监测数据与方法

5.2.1 湖泊、水库概况

本研究选取了淮河流域的南四湖、黄河流域的东平湖、山东最大水库峡山水库以及半岛东部的门楼水库作为研究区，4 个湖泊水库主要分布在山东省的南部、东部、中部和西部，能较好地反映当地水资源情况，具体分布情况如图 5.1 所示。

南四湖是山东省最大的天然地表水资源，是微山湖、昭阳湖、独山湖、南阳湖四个相连湖的总称，位于山东省济宁市南部，南北长 125 km，东西宽 6～25 km，周边长 311 km，最大湖面面积 1266 km^2，总库容 47 亿 m^3，是山东省第一大湖，也是中国大型淡水湖泊之一，地跨济宁市、枣庄市、徐州市 3 个地级市(图 5.1)。南四湖具有大量水资源和丰富的湿地资源，属于水库型湖泊，湿地保护区总面积 1266.47 km^2，包括南四湖整个湖泊及其滩地、周边农地、山林等。随着经济社会的发展，南四湖水质逐年恶化，生物群落负向演替速度加快，富营养化、沼泽化问题严重，水旱灾害频发，大大影响了当地生态环境。

东平湖位于山东省东平县，总面积 627 km^2，湖底西北高，东南低，最低高程 36.7 m，常年

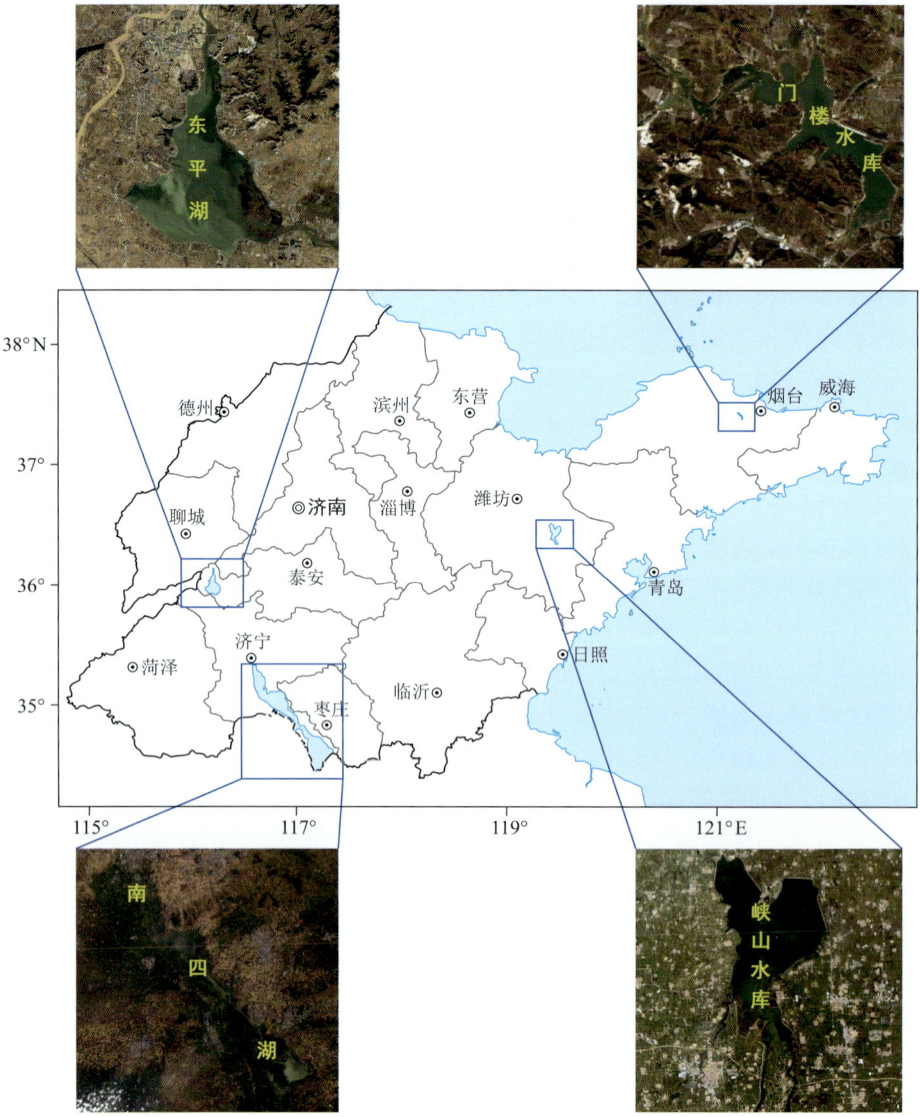

图 5.1　南四湖、东平湖、峡山水库和门楼水库分布位置图

水面 124.3 km^2，平均水深 2.5 m，蓄水总量 3 亿 m^3，设计蓄水高程 44～44.5 m，容水量 40 亿 m^3。是滞蓄黄河洪水的大型水库，为山东省第二大淡水湖。

峡山水库又名峡山湖，坐落于山东半岛，位于潍坊市区东南 25 km，在潍坊市潍河中游的昌邑、高密、诸城、安丘四县(市)交界处，库区涉及范围大，包括县(市)4 个、乡镇 11 个、移民村 97 个。峡山水库主坝全长 2680 m，为均质坝，主要在安丘境内。副坝长 24300 m，在昌邑、高密两市。水库控制流域面积 4210 km^2，总库容 14.05 亿 m^3，兴利库容 5.03 亿 m^3，水库灌区总土地面积 26.2 万 hm^2，人口 133.9 万，是山东省第一大水库，素有“齐鲁第一库”之称。

门楼水库位于烟台清洋河下游、烟台市福山区门楼镇以西 2 km 处，建于 1958—1960 年。占地 2.198 万亩(14.65 km^2)，水库控制流域面积 1077 km^2，总库容 2.02 亿 m^3，是烟台市区主要水源地，烟台市区 70%以上工业生产和居民生活用水都来自这里。

5.2.2 数据与方法

5.2.2.1 数据源

研究数据来自中国资源卫星应用中心网站，选取 2014—2021 年 1—12 月覆盖南四湖、东平湖、峡山水库和门楼水库地区无云且质量较好的 GF-1/WFV 卫星影像 388 景影像作为数据源进行研究(表 5.1)，GF-1/WFV 卫星主要包括近红外、红光、绿光、蓝光四个波段，空间分辨率为 16 m，回访周期为 4 d，具体参数见表 5.2。

表 5.1 影像数据采集时间及景数表

年份	南四湖景数	东平湖景数	峡山水库景数	门楼水库景数
2014	6	12	11	12
2015	10	10	10	12
2016	9	11	11	12
2017	10	11	11	12
2018	6	11	10	11
2019	9	12	12	11
2020	10	12	11	11
2021	11	12	11	8

表 5.2 GF-1/WFV 卫星参数表

参数	16 m 分辨率多光谱相机
光谱范围	0.45～0.52 μm 0.52～0.59 μm 0.63～0.69 μm 0.77～0.89 μm
空间分辨率	16 m
幅宽	800 km(4 台相机组合)
覆盖周期(不侧摆时)	4 d

GF-1/WFV 卫星影像数据预处理主要包括正射校正、辐射定标和大气校正，预处理所有过程在 ENVI 软件环境中完成。利用 ENVI 自带的 DEM 数据对影像进行正射校正，影像的误差控制在一个像元内；通过中国资源卫星应用中心提供的辐射定标系数进行辐射定标；利用 ENVI 的 FLAASH 模块进行大气校正，以消除大气在传输过程中对地物反射的影响。

5.2.2.2 湖泊、水库遥感提取方法

不同地物由于自身对太阳光的吸收和反射程度不同以及地物间性质的差异，导致了它们在卫星传感器上记录的电磁波谱信息也各不相同。研究表明，水体在可见光、近红外波段(400～2500 nm)的反射率很低，为 1%～4%，因此，其反射率在这个波段范围都很低，在彩色遥感影像上表现为暗色调；在红外波段，水体吸收的能量高于可见光波段，即使水很浅，水体也几乎吸收了全部入射能量，所以水体在近红外及中红外波段的反射能量很少，而植被、土壤在这两个波段内有较高的反射特性，这使得水体在这两个波段上与植被和土壤有明显的区别。反映在影像上，水体呈现出暗色调，而土壤和植被则相对较亮，因此，用阈值法就能获得较好的识别效果。

为提高水体判识的精度，对不同季节湖泊、水库采用不同的阈值法模型，主要为单波段阈

值法和归一化差分水体指数阈值法。

单波段阈值法是通过选择某单一波段为判识参数，这一波段往往是水体特征最明显而其他地物相对不太突出的波段（如近红外波段和中红外波段），然后再划定阈值来确定水体信息。该方法主要是利用水体在近红外和中红外波段的强吸收特性，以及植被和土壤在这两个波段较高的反射特性。

$$B4 \geqslant T \tag{5.1}$$

式中，$B4$ 代表近红外波段，T 为阈值。

归一化差分水体指数（NDWI）阈值法利用遥感影像进行水体提取的基本依据就是水体和其他地物在可见光和近红外波段存在光谱反射差异，归一化差分水体指数是目前广泛使用的水体指数，公式为：

$$\mathrm{NDWI} = \frac{B2 - B4}{B2 + B4} \tag{5.2}$$

式中，$B2$ 代表绿光波段，$B4$ 代表近红外波段。

水体判识过程均在 ENVI 软件下实现，利用波段计算工具（Bandmath）计算 NDWI 指数，利用密度分割功能对水体进行阈值判识，经过多次对比试验，南四湖 5—9 月数据采用单波段阈值法提取水体效果较好，其他数据均采用 NDWI 阈值法提取水体。

水体面积计算选取阈值法判识得到水体与非水体，利用 ENVI 统计水体的像元个数 N，并利用下式计算水体面积（Area）：

$$\mathrm{Area} = N \times R^2 \tag{5.3}$$

式中，R 为高分一号卫星影像空间分辨率。

南四湖、东平湖、峡山水库和门楼水库 2014—2021 年 11 月水体提取结果如图 5.2 所示。

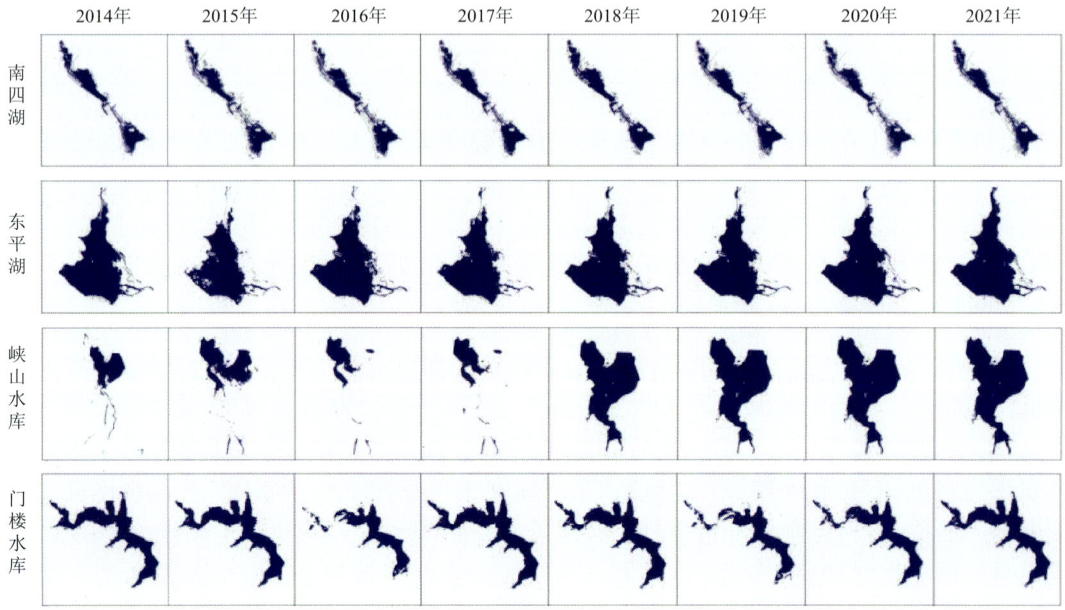

图 5.2　2014—2021 年 11 月南四湖、东平湖、峡山水库和门楼水库水体分布图

5.2.2.3　解译精度检验

分类精度是指所获得的图像分类与现实吻合的程度，在能准确区分水体和陆地的前提下，分辨率越高，岸线部分水与陆地混合像元中涉及的水体面积就越小，监测得到的湖泊面积越接近实际值。利用更高分辨率影像选取水体样本点作为地面参考，对 GF-1/WFV 影像提取的南四湖、东平湖、峡山水库和门楼水库水体分布进行精度评价，利用 ENVI 的混淆矩阵(Confusion Matrix)工具建立混淆矩阵进行精度评价，经计算，南四湖、东平湖、峡山水库和门楼水库的提取精度均在 85%以上，能够满足水体面积动态变化特征分析要求。

5.3　2014—2021 年山东省主要湖泊、水库遥感动态监测

5.3.1　主要湖泊、水库水体面积的年际变化特征

利用高分 GF-1/WFV 卫星影像对 2014—2021 年山东省南四湖、东平湖、峡山水库和门楼水库四个水体进行年平均、年最大、年最小水体面积统计，由于南四湖夏季(6—8 月)水体受绿潮覆盖影响，水体面积变化不稳定，南四湖夏季(6—8 月)水体面积不参与年水体年面积统计，图 5.3 为 2014—2021 年四个水体年平均水体面积变化，从图中可以看出，2014—2021 年东平湖和峡山水库年平均水体面积呈波动上升趋势，南四湖和门楼水库年平均水体面积呈波动下降趋势，南四湖、东平湖、峡山水库和门楼水库年平均最大水体面积分别出现在 2019、2021、2021 和 2014 年，年平均水体面积相较于上年正增长的次数，南四湖、东平湖、峡山水库均有 4 次，门楼水库有 3 次，正增长年份多出现在 2017 年之后，如表 5.3 所示。

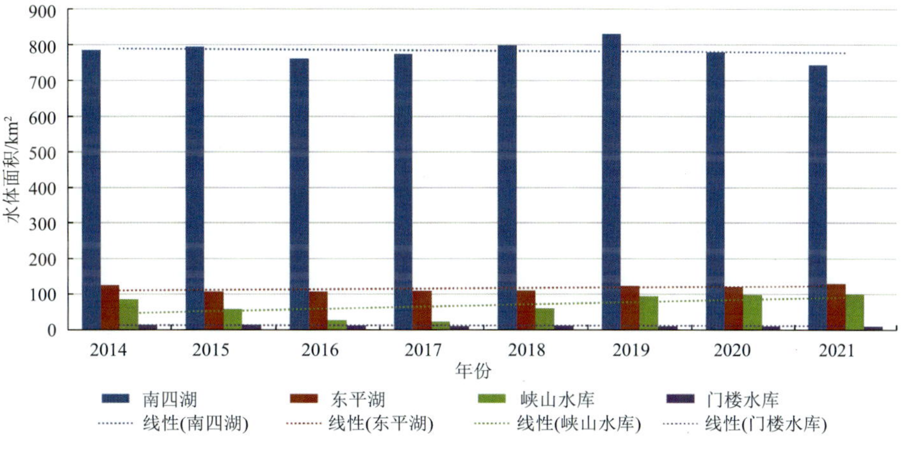

图 5.3　2014—2021 年南四湖、东平湖、峡山水库和门楼水库年平均水体面积变化图

对 2014—2021 年南四湖、东平湖、峡山水库和门楼水库最大、最小年平均水体面积进行统计分析，如表 5.4 所示，南四湖最大、最小年平均水体面积变化幅度最小，水体变化面积为 87.39 km^2，变化幅度为 10.53%，东平湖和门楼水库最大、最小年平均水体面积变化幅度分别为 17.98%和 20.74%，峡山水库最大、最小年平均水体面积变化幅度最大，水体变化面积为 77.22 km^2，变化幅度为 76.26%。

表 5.3　2014—2021 年年平均水体面积变化表

单位：km^2

项目	水体	2015 年	2016 年	2017 年	2018 年	2019 年	2020 年	2021 年
面积变化	南四湖	8.86	−33.01	14.05	23.77	31.65	−51.34	−36.06
	东平湖	−17.91	−0.21	1.76	1.82	12.16	−2.52	10.41
	峡山水库	−27.00	−31.71	−4.01	37.02	34.47	2.60	3.12
	门楼水库	−0.24	−1.77	−1.04	2.14	−1.93	0.17	0.48

表 5.4　2014—2021 年 4 个水体最大、最小水体面积年际变化表

年份	水体	最大年平均面积/km^2	最小年平均面积/km^2	变化面积/km^2	变化幅度/%
2014—2021 年	南四湖	829.74	742.35	87.39	10.53
	东平湖	131.46	107.83	23.63	17.98
	峡山水库	101.25	24.04	77.21	76.26
	门楼水库	14.68	11.63	3.05	20.74

5.3.2　主要湖泊、水库水体面积的年内变化特征

季节水体面积变化：为全面探究 2014—2021 年不同季节南四湖、东平湖、峡山水库和门楼水库水体面积变化情况，对 4 个水体春、夏、秋、冬四个季节水体面积进行统计，春季水体面积为 3—5 月水体面积平均值，夏季水体面积为 6—8 月水体面积平均值，秋季水体面积为 9—11 月水体面积平均值，冬季水体面积为 12 月—次年 2 月水体面积平均值，如图 5.4 所示。

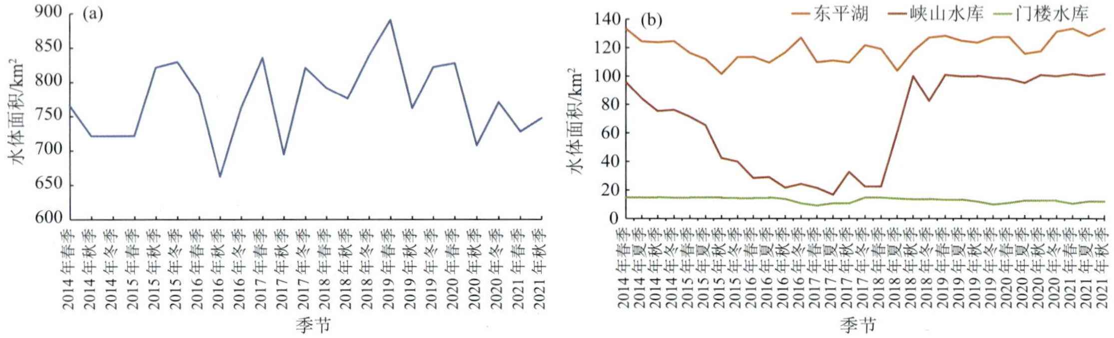

图 5.4　2014—2021 年南四湖、东平湖、峡山水库和门楼水库不同季节水体面积变化图
(a)南四湖；(b)东平湖、峡山水库、门楼水库

图 5.4a 为 2014—2021 年不同季节南四湖水体面积变化，由于南四湖夏季(6—8 月)水体受绿潮覆盖影响，水体面积变化不稳定，南四湖夏季水体面积不参与统计。从图中可以看出，南四湖季节水体面积表现明显的周期变化规律：由冬入春时，水体面积逐渐增大，秋季水体面积减小，冬季水体面积有所回升；图 5.4b 为 2014—2021 年不同季节东平湖、峡山水库和门楼水库水体面积变化，从图中可以看出，东平湖和峡山水库季节水体面积变化波动较为明显，门楼水库季节水体面积变化不明显，主要表现为：东平湖 2014—2015 年季节水体面积呈波动下

降趋势，减小幅度34.35%，各季节平均减小4.86 km²，2016—2021年季节水体面积呈波动上升趋势，回升幅度59.37%，各季节平均增大2.26 km²；峡山水库2014—2017年季节水体面积呈波动下降趋势，减小幅度76.73%，各季节平均减小4.58 km²，2018—2021年季节水体面积呈波动上升趋势，回升幅度352.11%，各季节平均增大5.64 km²；门楼水库水体面积减小主要在2016年冬季—2017年秋季，其余季节水体面积变化不大。

表5.5为2014—2021年南四湖、东平湖、峡山水库和门楼水库各季节水体面积变化统计表，从表中可以看出，南四湖、东平湖、峡山水库和门楼水库春季水体面积正变幅分别为3次、4次、3次和2次，秋季水体面积正变幅分别为4次、5次、5次和2次，冬季水体面积正变幅分别为3次、4次、3次和2次。

表5.5　2014—2021年南四湖、东平湖、峡山水库和门楼水库各季节水体面积变化表　单位：km²

水体	项目	2015年	2016年	2017年	2018年	2019年	2020年	2021年
南四湖	春季变幅	−43.48	60.67	53.02	−44.12	99.07	−63.06	−99.81
	秋季变幅	100.00	−159.16	32.59	81.30	−14.08	−54.22	39.71
	冬季变幅	108.13	−67.32	58.79	17.50	−16.41	−51.41	
东平湖	春季变幅	−22.31	−21.44	8.24	11.11	16.77	−8.36	21.84
	夏季变幅	−12.36	−2.54	1.56	−7.14	21.04	−9.13	12.57
	秋季变幅	−22.14	15.11	−3.35	4.16	6.04	2.84	7.04
	冬季变幅	−11.11	13.66	−5.35	5.34	0.40	3.90	
峡山水库	春季变幅	−24.51	−42.90	−6.89	1.11	78.29	−2.86	3.54
	夏季变幅	−18.78	−36.37	−12.31	43.56	39.56	−4.50	5.01
	秋季变幅	−32.94	−20.74	11.09	67.34	0.20	0.61	0.71
	冬季变幅	−36.23	−15.66	−1.80	60.03	16.44	1.12	
门楼水库	春季变幅	0.02	−0.39	−5.25	5.57	−1.55	−2.20	−0.45
	夏季变幅	0.15	−0.04	−4.10	3.33	−0.68	−0.74	−0.55
	秋季变幅	−0.56	−0.71	−3.07	2.88	−1.58	0.76	−0.61
	冬季变幅	−0.34	−3.50	4.04	−1.02	−3.79	2.54	

对2014—2021年南四湖、东平湖、峡山水库和门楼水库各季节最大、最小水体面积进行统计，如表5.6所示，从表中可以看出，南四湖各季节水体面积变化幅度在13.97%～18.94%之间，最大变化面积为168.64 km²，东平湖各季节水体面积变化幅度在13.69%～37.24%之间，最大变化面积为49.61 km²，峡山水库各季节水体面积变化幅度在77.72%～83.50%之间，最大变化面积为83.62 km²，门楼水库各季节水体面积变化幅度在28.08%～38.39%之间，最大变化面积为5.64 km²。

表 5.6 2014—2021 年南四湖、东平湖、峡山水库和门楼水库各季节最大、最小水体面积表

年份	水体	季节	最大面积 /km²	最小面积 /km²	变化面积 /km²	变化幅度 /%
2014—2021 年	南四湖	春季	890.38	721.74	168.64	18.94
		秋季	820.97	661.81	159.16	19.39
		冬季	838.12	721.02	117.10	13.97
	东平湖	春季	133.21	83.61	49.60	37.24
		夏季	128.13	103.65	24.48	19.10
		秋季	133.24	101.39	31.85	23.90
		冬季	131.16	113.20	17.96	13.69
	峡山水库	春季	101.40	21.31	80.09	78.98
		夏季	100.15	16.53	83.62	83.50
		秋季	101.39	21.45	79.94	78.84
		冬季	99.84	22.25	77.59	77.72
	门楼水库	春季	14.69	9.05	5.64	38.39
		夏季	14.75	10.61	4.14	28.08
		秋季	14.91	10.57	4.34	29.14
		冬季	14.63	9.82	4.81	32.89

5.4 本章小结

本章介绍了山东省河流、湖泊概况以及南四湖、东平湖、峡山水库和门楼水库水体面积变化，以 GF-1/WFV 卫星影像为数据源，采用归一化水体指数结合单波段阈值法对 2014—2021 年南四湖、东平湖、峡山水库和门楼水库逐月水体面积进行提取，定量分析了 2014—2021 年南四湖、东平湖、峡山水库和门楼水库的年际变化特征和年内变化特征。

第6章 黄河三角洲生态气象

6.1 黄河三角洲概况

黄河三角洲以垦利县宁海为轴点、北起套尔河口、南至淄脉河口、向东撒开的扇状地形，海拔高程低于15 m，是中国最年轻的陆地。近代黄河三角洲是1855年以来，黄河冲积作用形成的冲积扇。1855年以后，黄河在山东利津县以下冲积成三角洲，以利津县为顶点、北到徒骇河口、南到小清河口、主体在东营市境内的呈扇状三角形的地区，面积5450 km^2。地面平坦，在海拔10 m以下。三角洲顶部和中部土壤脱盐较好，已成为农耕区。高程4 m以下的沿海低地地下水位高，土壤盐渍化强，大部仍为荒地。入海的泥沙约有40%在河口附近淤积，形成河口的沙嘴及其两侧的烂泥湾。烂泥湾内水深1～2 m，浮泥受潮水冲淤漂游不定，鱼饵特别丰富，是鱼类产卵的良好场所。滔滔黄河，奔腾东流，挟带着黄土高原的大量泥沙，在山东省垦利县注入渤海。在入海的地方，由于海水顶托，流速缓慢，大量泥沙便在此落淤，填海造陆，形成黄河三角洲（山东省东营市地方史志编纂委员会，2019）。

6.1.1 地理位置

黄河三角洲位于渤海湾南岸和莱州湾西岸，地处117°31′—119°18′E和36°55′—38°16′N之间，主要分布于山东省东营市和滨州市境内，是由古代、近代和现代三个三角洲组成的联合体。

古代三角洲以蒲城为顶点，西起套尔河口，南达小清河口，陆上面积约为7200 km^2。近代三角洲是黄河1855年从铜瓦厢决口夺大清河流路形成的以利津县为顶点的扇面，西起套尔河口，南抵支脉沟口，面积约为5450 km^2；而现代黄河三角洲是1934年至今仍在继续形成的以渔洼为顶点的扇面，西起挑河，南到宋春荣沟，陆上面积约为3000 km^2。

黄河三角洲北靠京津唐经济区，南连山东半岛开放城市，属于国家制定的沿海开放地带。随着德（州）龙（口）铁路、东营港和滨州港的建成，将使胜利油田与陕西、山西、内蒙古大煤田连接起来，为东西部经济的发展提供经济结构合理的可控能源；东营港距大连港110 n mile①，且与朝鲜半岛、日本列屿隔海相望，具有良好的出海条件。

黄河三角洲平原地势低平，西南部海拔11 m，最高处利津南宋乡河滩高地高程为13.3 m，老董—垦利一带9～10 m，罗家屋子一带约7 m，东北部最低处小于1 m，自然比降1/12000～

①1 n mile=1852 m。

1/8000。区内以黄河河床为骨架，构成地面的主要分水岭。

黄河三角洲是由黄河多次改道和决口泛滥而形成的岗、坡、洼相间的微地貌形态，分布着与沙、黏土不同的土体结构和盐化程度不一的各类盐渍土。这些微地貌控制着地表物质和能量的分配、地表径流和地下水的活动，形成了以洼地为中心的水、盐汇积区，是造成岗旱、洼涝、二坡碱的主要原因。人类活动（黄河改道、修建黄河大堤、垦殖、城建、高速公路、海堤、石油开采等）在剧烈地改变着该区的微地貌形态，但其基本框架仍清晰可辨。

黄河三角洲是一典型扇形三角洲，属河流冲积物覆盖海相层的二元相结构，西南高，东北低，高程 1～13 m，自然比降 1/12000～1/8000。由于黄河三角洲新堆积体的形成以及老堆积体不断被反复淤淀，造成三角洲平原大平、小不平，微地貌形态复杂，主要的地貌类型有河滩地（河道）、河滩高地与河流故道、决口扇与淤泛地、平地、河间洼地与背河洼地、滨海低地与湿洼地以及蚀余冲积岛和贝壳堤（岛）等（山东省东营市地方史志编纂委员会，2019）。

6.1.2 自然气候

黄河三角洲地处中纬度，位于暖温带，背陆面海，受欧亚大陆和太平洋的共同影响，属于暖温带半湿润大陆性季风气候区。基本气候特征为：冬寒夏热，四季分明。春季干旱多风，早春冷暖无常，常有倒春寒出现，晚春回暖迅速，常发生春旱；夏季炎热多雨，温高湿大，有时受台风侵袭；秋季气温下降，雨水骤减，天高气爽；冬季天气干冷，寒风频吹，雨雪稀少，主要风向为北风和西北风。

黄河三角洲四季温差明显，年平均气温 11.7～12.6 ℃，极端最高气温 41.9 ℃，极端最低气温－23.3 ℃；年平均日照时数为 2590～2830 h；无霜期 211 d；年均降水量 530～630 mm，70％分布在夏季；平均蒸散量为 750～2400 mm。

6.1.3 生态资源

1990 年，黄河三角洲自然保护区经东营市人民政府批准建立，1991 年升为省级自然保护区，1992 年晋升为国家级自然保护区，以保护黄河三角洲原生湿地生态系统和珍稀濒危鸟类为主体。保护区内有水生物 641 种，植物 393 种，仅鸟类，国家一级保护鸟类就有 7 种，二级保护鸟类 34 种，共计有十万余只。这里春季各种野花争奇斗艳，5 月中旬槐花盛放，忽如一夜大雪飞至，秋季芦花遍野，一幅天苍、野茫的景象。秋冬季节，众多冬候鸟和旅鸟来此栖息，天鹅及各种鹤类、鹳类、鸥类、鹭鸟、野鸭等成群结队，或翱翔蓝天，或栖息水面。黄河三角洲以独特的生态环境和丰富的生物资源，形成了良好的野生动植物景观。经亚太经合组织批准，黄河三角洲自然保护区加入了“东亚—澳洲涉禽保护区网络”，成为首批 19 个国际成员之一；1997 年 3 月被批准加入“东北亚鹤类保护区网络”，成为首批 16 个成员之一。

黄河三角洲湿地总面积约 4500 km^2，其中泥质滩涂面积达 1150 km^2，平均比降 1/10000～1/5000，地势十分平坦，很容易受到海水潮涨潮落的滋润；另有沼泽地、河床漫滩地、河间洼地泛滥地及河流、沟渠、水库、坑塘等。自然植被有天然柳林等落叶阔叶林，柽柳等盐生灌丛，白茅草甸，茵陈蒿草甸等典型草甸，翅碱蓬草甸等盐生草甸，芦苇、香蒲等草本沼泽及金鱼藻、眼子菜等水生植被。

野生动物中鸟类有 269 种，其中属国家一级重点保护的有丹顶鹤、白头鹤、白鹳、大鸨、金雕、白尾海雕、中华秋沙鸭 7 种；属国家二级保护的有大天鹅、灰鹤、白枕鹤等 34 种；有 40 种是列入《濒危野生动植物种国际贸易公约》中的鸟类，152 种是《中日保护候鸟及其栖息环境的协定》中的鸟类，51 种是《中澳保护候鸟及其栖息环境的协定》中的鸟类。这里也是丹顶鹤在我国越冬的最北界和世界稀有鸟类黑嘴鸥的重要繁殖地。

2005 年 10 月 23 日，由《中国国家地理》主办，中国最美的地方排行榜在京发布。黄河三角洲湿地被评为中国最美六大沼泽湿地之一。

黄河三角洲自然保护区属温带季风型大陆性气候，一年四季分明，光照充足，雨热同期，年平均降水量为 551.6 mm。这片三角洲是黄河挟带的大量泥沙填充渤海凹陷陆地的海相沉积平原。现代黄河三角洲上地貌有河滩高地、坡地、大型洼地等。黄河尾闾摆动形成的陆地带地势宽阔低洼，面积逐年扩大，生态类型独特，海河相会处形成大面积浅海滩涂和湿地，成为东北亚内陆和环西太平洋鸟类迁徙的重要"中转站"、越冬和繁殖地。黄河三角洲地处渤海之滨的黄河入海口，是黄河携带的大量泥沙在入海口处沉积所形成，为全国最大的三角洲，也是我国温带最广阔、最完整、最年轻的湿地。本区属温带季风气候，植被为原生性滨海湿地演替系列，生态系统类型独特，湿地生物资源丰富，区内水生生物资源丰富，据初步调查有 800 多种，其中属国家重点保护的有文昌鱼、江豚、松江鲈鱼等。有野生植物上百种，属国家重点保护的濒危植物野大豆分布广泛（山东省东营市地方史志编纂委员会，2019）。

6.2 黄河三角洲生态气象监测评价

6.2.1 概述

植被覆盖变化主要是地球内部作用（土壤母质、土壤类型等）及外部作用（气温、降水等）综合作用的结果。由于植被具有明显的年际变化、季节变化特点，并且是联结土壤、大气和水分的自然"纽带"，在一定程度上能代表土地覆盖的变化，所以在全球变化研究中充当着"指示器"的作用。同时，植被的生长、分布与种植密度受到多种气候因子的影响，与温度、降水等气候条件密切相关，植被生长状况是气候特征的综合反映，两者相互影响、相互制约。20 世纪 90 年代以来，国内外学者从不同角度进行了植被覆盖变化方面的研究，如基于 SPOT5 影像的山东南四湖地被覆盖分类研究、基于遥感数据的内蒙古草原灌丛物候变化研究、中国典型植被类型 NDVI 动态变化与气温、降水变化的敏感性分析等，为区域植被覆盖度提取及其变化驱动力方面提出了一些研究方法和手段，但运用 3S(GIS、GPS、RS) 技术对黄河三角洲地区较长时间序列植被动态变化特征及结合当地年代际气候变化来探讨 NDVI 所反映的植被动态变化与气候因子关系的研究较少。

MODIS 卫星数据在植被覆盖监测方面的应用具有巨大潜力，将促进遥感在生态环境监测中的应用，加深对整个区域甚至全球生态环境的了解，为我国生态环境的可持续发展提供科学的依据，且植被 NDVI 的变化特征及与气候因子的关系随着气候区、植被类型和研究的时期不同等而有差异。本研究在前人研究的基础上，利用 EOS/MODIS 的 NDVI 影像，通过耦合气候因子，对 2000—2015 年黄河三角洲地区植被覆盖度和气候数据进行分析，研究了黄河三角洲植被覆盖的变化趋势及其与气候因子的相互关系，探讨该地区植被动态变化对气候效应的敏感性，即区域降水、气温和光照等气候因子对植被覆盖在年际与季相变化中所产生的不同影响，为黄河三角洲地区生态治理的有序进行提供依据，将对科学评价黄河三角洲地区生态环境具有重要的现实意义。

6.2.2 技术方法

6.2.2.1 研究区域概况

研究区域位于山东省东营市东北部的黄河入海口处，北临渤海，东靠莱州湾，地理坐标介于118°33′—119°20′E和37°35′—38°12′N之间，属暖温带半湿润季风气候区，是以保护黄河三角洲湿地生态系统为主体的湿地类型自然保护区。区内自然植被占植被面积的91.9%，是中国沿海最大的海滩自然植被区，植被覆盖率为55.1%。区内植物以菊科、禾本科、豆科、藜科居多，其代表植物有盐地碱蓬、中亚滨藜、獐茅、狗尾草、白茅、芦苇、茵陈蒿等，木本植物主要为刺槐、旱柳和柽柳等，国家二级保护濒危植物野大豆分布十分广泛，另有芦苇沼泽湿地、天然草地及人工刺槐林等。

6.2.2.2 数据来源与处理

本研究使用的卫星遥感数据来源于山东省气象局EOS/MODIS卫星数据地面接收站提供的2000—2015年L1B数据，考虑到研究区的气候特征和植被生长周期，选择了每年9月的晴空图像，然后进行了统一参数的预处理、几何校正、辐射定标和大气校正，增强数据的精度，最终得到统一大小和分辨率(250 m)的图像。

气象数据选用了黄河三角洲地区垦利气象站的气温、降水和日照时数等观测数据，根据研究需求分别对各气象要素进行月(季)时段统计，从而进一步分析植被覆盖变化与气候因子的相关关系及气候变化可能对黄河三角洲地区植被覆盖变化的影响情况。

6.2.2.3 研究方法

在前期进行预处理的基础上，通过ENVI遥感数据提取功能和ArcGIS的空间分析功能，利用像元二分模型原理，将遥感影像的像元分解为植被信息和非植被信息两部分，根据NDVI计算情况估算其中植被信息的比重，即植被覆盖度，之后对植被覆盖度进行分级，计算其覆盖面积的变化情况并进行分析研究。

在分析植被覆盖度变化与气候因子的相关性时，通过统计分析软件SPSS计算各级覆盖面积与不同时期气候因子之间的相关系数，进而分析其相关程度。

(1)植被覆盖度估算方法

植被覆盖度(f_c)是指植被(包括叶、茎、枝)在地面的垂直投影面积占统计区总面积的百分比，是植物群落覆盖地表状况的一个综合量化指标，获取地表植被覆盖及其变化信息，对于解释地表空间变化规律及其影响因素、评价分析区域生态环境具有重要的现实意义。植被指数与植被覆盖度有较好的相关性，用它来计算植被覆盖度是合适的。其中，归一化植被指数(NDVI)对植被的生物物理特征十分敏感，且在时效、尺度方面都具有明显优势，通常被用来进行区域尺度的植被分类和植被覆盖研究。本节利用植被覆盖度和植被指数之间存在极显著线性相关关系的特点，利用像元二分模型通过NDVI近似估算植被覆盖度，具体方法如下：

$$f_c = (\mathrm{NDVI} - \mathrm{NDVI}_{soil})/(\mathrm{NDVI}_{veg} - \mathrm{NDVI}_{soil}) \tag{6.1}$$

式中，NDVI_{soil}为完全是裸土或无植被覆盖区域的NDVI值，NDVI_{veg}则代表完全被植被所覆盖的像元的NDVI值，即纯植被像元的NDVI值。两个值的计算公式为：

$$\mathrm{NDVI}_{soil} = (f_{cmax} \cdot \mathrm{NDVI}_{min} - f_{cmin} \cdot \mathrm{NDVI}_{max})/(f_{cmax} - f_{cmin}) \tag{6.2}$$

$$\mathrm{NDVI}_{veg} = [(1 - f_{cmin}) \cdot \mathrm{NDVI}_{max} - (1 - f_{cmax}) \cdot \mathrm{NDVI}_{min}]/(f_{cmax} - f_{cmin}) \tag{6.3}$$

当区域内近似取 $f_{cmax}=100\%$、$f_{cmin}=0\%$的情况下，取累计概率为 5%和 95%的 NDVI 值作为 $NDVI_{min}$和 $NDVI_{max}$，进而估算植被覆盖度。

（2）相关性分析方法

通过相关系数的计算分析植被覆盖度与气候因子的相关性，植被覆盖度与气温或降水量或日照时数的相关系数计算公式如下：

$$r_{xy}=\frac{\sum_{i=1}^{n}[(x_i-\overline{x})(y_i-\overline{y})]}{\sqrt{\sum_{i=1}^{n}(x_i-\overline{x})^2}\sqrt{\sum_{i=1}^{n}(y_i-\overline{y})^2}} \tag{6.4}$$

式中，r_{xy}为 x、y 两变量的相关系数，x_i为第 i 年的植被覆盖度，y_i为第 i 月/季的气温或降水量或日照时数，$\overline{x}$ 为多年植被覆盖度的平均值，$\overline{y}$ 为多年月/季气温或降水量或日照时数的平均值，n 为样本数。

根据已有的植被覆盖度数据和气温、降水量及日照时数数据，分别计算基于年尺度植被覆盖度数据与月/季气温、降水量和日照时数的相关系数，分析植被覆盖度与气候因子之间的关系。考虑到植被生长对气候变化可能存在滞后效应，因此，对植被覆盖度数据与前期月/季的气候因子作相关性分析。

6.2.3 植被覆盖变化分析

对 2000—2015 年逐年 9 月的 MODIS 数据进行 NDVI 提取，进而估算植被覆盖度并进行三级分类统计：Ⅰ级，0～0.4，低覆盖；Ⅱ级，0.4～0.7，中覆盖；Ⅲ级，0.7～1.0，高覆盖。分别对各级覆盖度面积进行统计，分析其变化趋势。

6.2.3.1 植被覆盖面积年际变化趋势

利用线性倾向估计进行植被覆盖度时间趋势分析，随着时间的变化，植被覆盖度常表现为序列整体的上升或下降趋势、空间分布格局变化以及在某时刻出现的转折或突变。这些变量可以看作是时间的一元线性回归，线性倾向值用最小二乘法估计：

$$B=\frac{\sum_{i=1}^{n}x_it_i-\frac{1}{n}\sum_{i=1}^{n}x_i\sum_{i=1}^{n}t_i}{\sum_{i=1}^{n}t_i^2-\frac{1}{n}(\sum_{i=1}^{n}t_i)^2}$$

式中，B 为线性倾向值，x_i 为植被覆盖度面积，t_i 为年份，n 为样本数。当 $B>0$ 时，随时间 t_i 的增加，x_i 呈上升趋势；当 $B<0$ 时，随时间 t_i 的增加，x_i 呈下降趋势（表 6.1）。

表 6.1 黄河三角洲地区各级植被覆盖面积线性倾向值及回归方程统计表

覆盖类型	线性倾向值	线性回归方程	相关系数
低覆盖	−20.007	$y=-20.007x+758.9$	0.610
中覆盖	−35.453	$y=-35.453x+1087.2$	0.720
高覆盖	40.945	$y=40.945x+642.8$	0.614
总覆盖	−14.515	$y=-14.515x+2488.9$	0.711

统计结果表明，2000—2015 年，Ⅰ级（低覆盖）和Ⅱ级（中覆盖）面积均呈减少趋势，16 a 间分别减少 391.90 km^2 和 576.29 km^2，Ⅲ级（高覆盖）面积呈增多趋势，16 a 间增加 706.70 km^2，植被总覆盖面积呈减少趋势，16 a 间减少 261.49 km^2（图 6.1）。

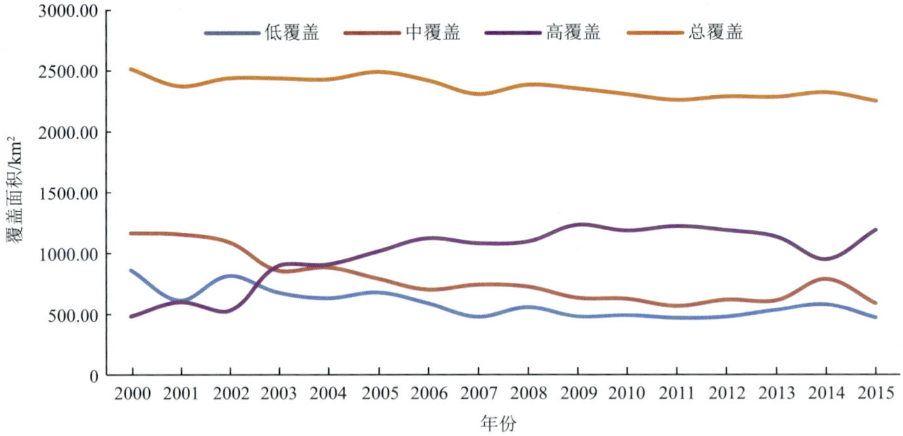

图 6.1　2000—2015 年黄河三角洲地区各级覆盖度面积年际变化趋势图

6.2.3.2　植被覆盖面积空间变化趋势

以 2000 年、2005 年、2010 年和 2015 年四期黄河三角洲地区遥感影像图（图 6.2）为例，分析植被覆盖度空间分布变化趋势情况。研究表明，低覆盖—中覆盖—高覆盖基本呈自外向内的趋势分布，低覆盖植被一般处于河海交界区域，中覆盖植被一般位于低—高覆盖的过渡区域，高覆盖植被主要分布在黄河三角洲地区的中心区域。

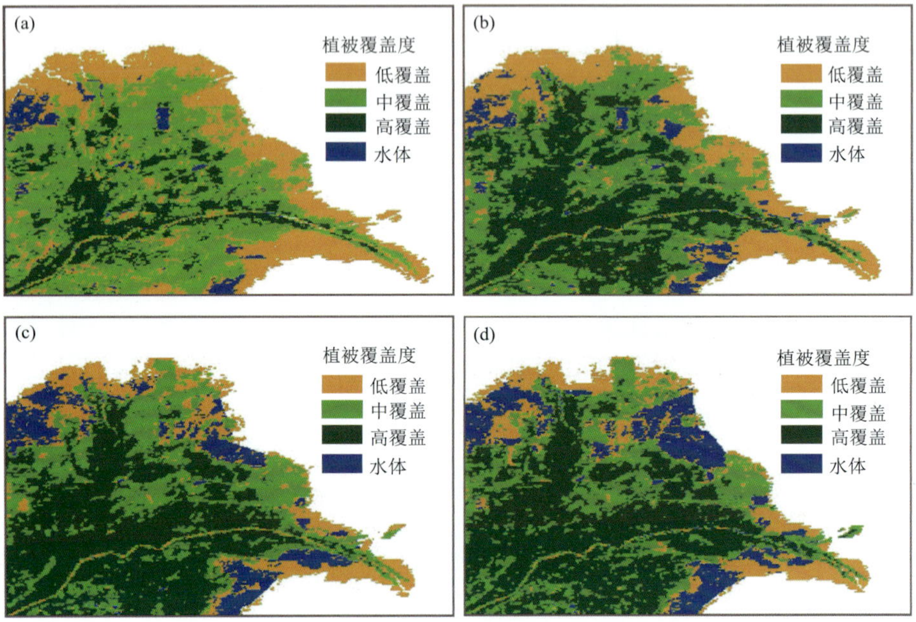

图 6.2　2000—2015 年黄河三角洲地区植被覆盖度影像图

(a)2000 年；(b)2005 年；(c)2010 年；(d)2015 年

6.2.4 植被覆盖度变化与气候因子相关性分析

选取了 2000—2015 年逐年植被覆盖度数据与同期内月/季气温、降水和日照时数等气象数据，分别计算植被覆盖度与气候因子的相关系数，分析植被覆盖度变化与各气候要素之间的相关性。计算相关系数后进行假设检验，通过 0.05 的显著性检验（$P<0.05$）则认为显著相关。

6.2.4.1 植被覆盖度与气温相关性分析

对植被覆盖度和各月/季气温计算其相关系数，结果表明，植被覆盖度与 5 月气温相关性最高，总覆盖和低覆盖与 5 月气温的相关系数分别为 −0.664 和 −0.595，均通过 0.05 的显著性检验（$P<0.05$），呈显著负相关，而植被覆盖度与其他月/季气温无显著相关。即总覆盖度和低覆盖均表现出随 5 月气温升高而减小或随之降低而增大的趋势（表 6.2，图 6.3）。

表 6.2 植被覆盖度与气温相关系数统计表

气候因子	$S_{总覆盖}$	$S_{高覆盖}$	$S_{中覆盖}$	$S_{低覆盖}$
$T_{5月}$	−0.664***	0.298	−0.272	−0.595**
$T_{6月}$	−0.082	0.209	−0.156	−0.226
$T_{7月}$	−0.060	−0.171	0.104	0.140
$T_{8月}$	−0.089	−0.030	−0.052	0.085
$T_{春季}$	−0.048	−0.216	0.207	0.072
$T_{夏季}$	0.060	−0.286	0.236	0.237
$T_{春-夏季}$	−0.100	−0.178	0.141	0.066
$T_{前一年秋季}$	−0.290	0.336	−0.320	−0.358

注：*、**、*** 分别表示 0.1、0.05、0.01 水平上显著相关，T 表示时间，S 表示植被覆盖度。

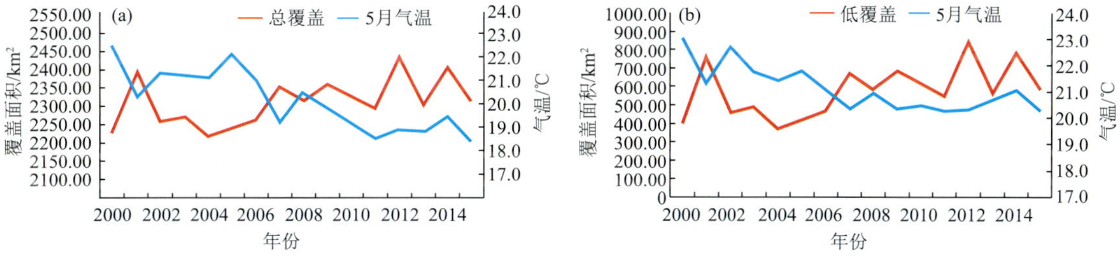

图 6.3 黄河三角洲地区植被覆盖度与气温关系图
(a)总覆盖；(b)低覆盖

6.2.4.2 植被覆盖度与降水相关性分析

对植被覆盖度和各月/季降水量计算其相关系数，结果表明，植被覆盖度与 8 月降水量相关性最高，中覆盖面积与 8 月降水量的相关系数为 −0.495，通过 0.05 的显著性检验（$P<0.05$），呈显著负相关，而植被覆盖度与其他月/季降水量无显著相关。即中覆盖表现出随 8 月降水量增多而减小或随之减少而增大的趋势（表 6.3，图 6.4）。

表 6.3　植被覆盖度与降水量相关系数统计表

气候因子	$S_{总覆盖}$	$S_{高覆盖}$	$S_{中覆盖}$	$S_{低覆盖}$
$R_{5月}$	0.134	0.307	−0.267	−0.101
$R_{6月}$	0.195	−0.117	0.190	0.060
$R_{7月}$	−0.263	0.180	−0.204	−0.210
$R_{8月}$	−0.361	0.482*	−0.495**	−0.419*
$R_{春季}$	0.052	0.354	−0.290	−0.213
$R_{夏季}$	−0.370	0.398*	−0.403*	−0.401*
$R_{春—夏季}$	−0.328	0.443*	−0.435*	−0.416*
$R_{前一年秋季}$	0.320	−0.124	0.173	0.185

注：*、**、*** 分别表示 0.1、0.05、0.01 水平上显著相关，R 表示降水量。

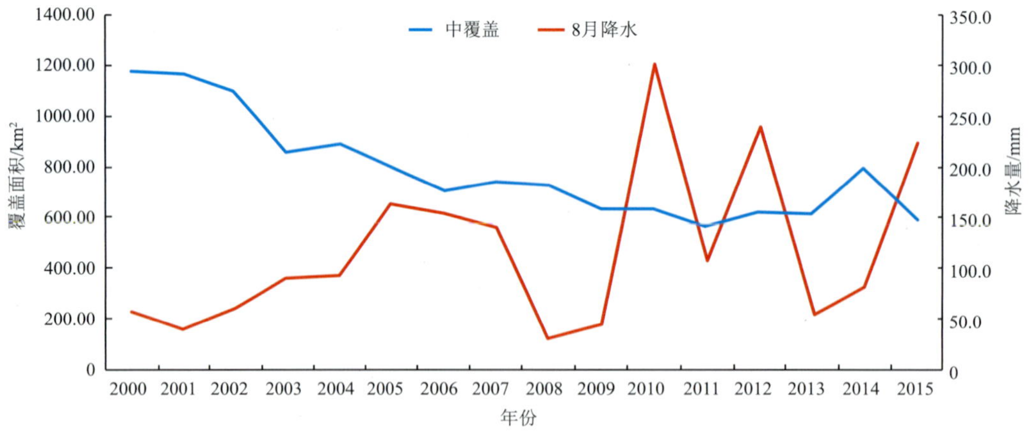

图 6.4　黄河三角洲地区植被覆盖度与降水量关系图

6.2.4.3　植被覆盖度与日照时数相关性分析

对植被覆盖度和各月/季日照时数计算其相关系数，结果表明，植被覆盖度与日照时数相关程度高，植被覆盖度与夏季日照时数相关性最高，高、中、低和总覆盖与夏季日照时数的相关系数分别为−0.738、0.724、0.768 和 0.661，高、中、低和总覆盖度与 7 月、春—夏季和 8 月日照时数相关性依次降低，相关系数绝对值在 0.553～0.701 之间，均通过 0.1 的显著性检验（$P<0.1$），其中高覆盖与上述各月/季日照时数呈显著负相关，中、低覆盖与上述各月/季日照时数呈显著正相关，总覆盖与 7 月、夏季和春—夏季日照时数呈显著正相关，覆盖度与其他月/季日照时数无显著相关。即总覆盖表现出随 7 月、夏季、春—夏季日照时数增多而增大或随之减少而减小的趋势，高覆盖度表现出随 7—8 月各月份、夏季、春—夏季日照时数增多而减小或随之减少而增大的趋势，中、低覆盖则表现出随 7—8 月各月份、夏季、春—夏季日照时数增多而增大或随之减少而减小的趋势（表 6.4，图 6.5）。

表 6.4 植被覆盖度与日照时数相关系数统计表

气候因子	$S_{总覆盖}$	$S_{高覆盖}$	$S_{中覆盖}$	$S_{低覆盖}$
$Y_{5月}$	0.247	−0.352	0.420	0.198
$Y_{6月}$	0.370	−0.124	0.147	0.261
$Y_{7月}$	0.553**	−0.701***	0.694***	0.669***
$Y_{8月}$	0.476*	−0.642***	0.609**	0.636***
$Y_{春季}$	0.364	−0.370	0.385	0.371
$Y_{夏季}$	0.661***	−0.738***	0.724***	0.768***
$Y_{春—夏季}$	0.621***	−0.678***	0.674***	0.700***
$Y_{前一年秋季}$	0.473*	−0.241	0.236	0.423

注：*、**、*** 分别表示 0.1、0.05、0.01 水平上显著相关，Y 表示日照时数。

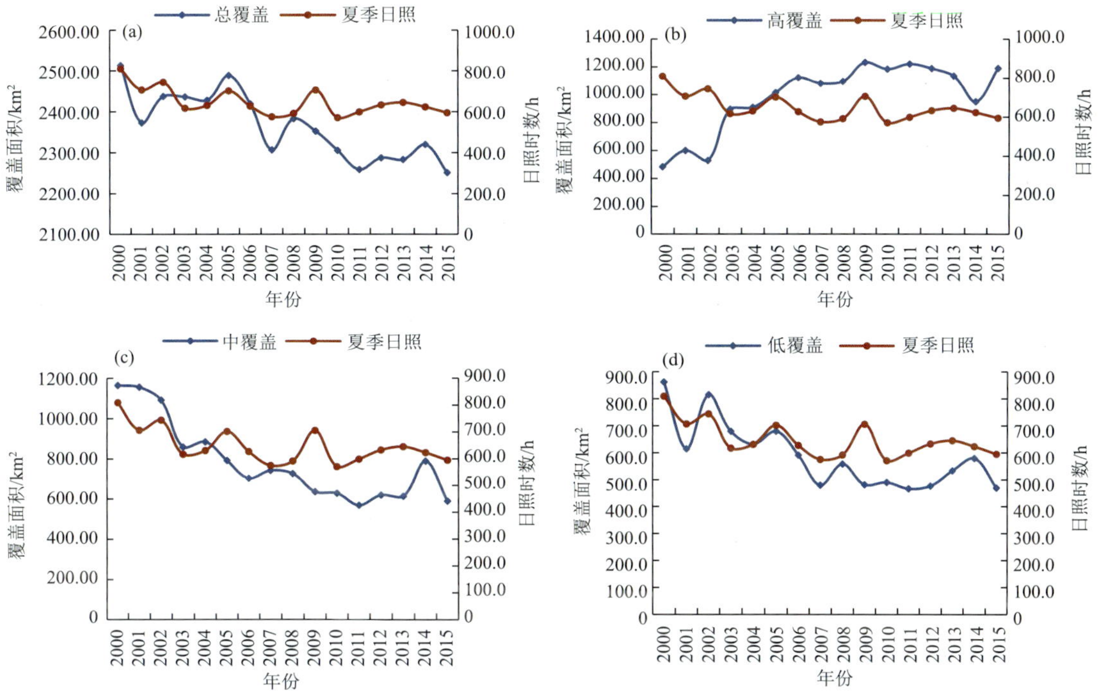

图 6.5 黄河三角洲地区植被覆盖度与日照时数关系图

(a)总覆盖；(b)高覆盖；(c)中覆盖；(d)低覆盖

6.2.5 小结

利用 2000—2015 年黄河三角洲地区 MODIS 遥感监测数据，估算了各级植被覆盖度的面积分布情况，分析了黄河三角洲地区植被覆盖变化特征，探寻了植被覆盖变化与气候因子的相关性，结果如下。

(1)植被总覆盖面积、低覆盖面积和中覆盖面积均呈减小趋势，高覆盖面积呈增大趋势。分析认为，虽然气候变暖使部分区域植被长势旺盛，但植被状况除了受大的气候背景影响以外，还受到植被类型、地理和人为等因素的影响：生长期短的植被对植被覆盖度的影响迅速，进行退耕还林后部分林木的生长期缓慢，加之植被种类和密度的不同，植被恢复还需一定时间；在河海交界地带，由于海水侵蚀和倒灌等原因，土地沙化、盐碱化现象突出，淡水湿地面积减小，湿地质量下降，地表植被退化导致覆盖面积减小；部分时段的大面积垦荒会使植被受到破坏。

（2）植被覆盖变化对各类气候因素的敏感度不尽相同。日照时数是影响黄河三角洲地区植被覆盖变化的主要气象因素，气温和降水是影响该地区植被覆盖变化相对次要的气象因素，植被覆盖分布状况除受气候因子影响外，还受土壤类型、植被类型等因素的共同影响。

（3）植被的生长受光照条件影响最大。对中覆盖和低覆盖区域来说，光照条件越充足，植被生长状况越好，分析认为，充足的日照时间和光照条件利于植被枝叶生长茂盛，植被长势好；但对高覆盖区域来说，则出现随日照时数增加而植被生长状况越差的状况，分析认为，这是由于日照时间长，高覆盖处蒸发强度相对更大，若同期内没有较大降水量补充的话，植被的长势会因干旱受到影响。

（4）植被覆盖与气温、降水均呈负相关关系。分析认为，温度上升会加快蒸发，从而减少植被可利用水量，对植被生长具有抑制作用，进而在一定程度上影响植被覆盖的增加；降水的增加导致太阳辐射减少，光照条件不足，从而影响植被生长发育，使植被覆盖减少。

6.3 黄河三角洲土地利用类型变化分析

6.3.1 概述

土地是人类赖以生存和发展的最基本的自然资源，土地资源的适宜性、限制性、差异性和潜力性决定着一个地区的生态发展方向与模式，因此，土地资源的合理利用与区划对一个地区的生态发展至关重要。土地利用是人类按一定的经济与社会目的，采取一系列技术手段，根据土地特点获得物质产品和服务的经济活动，具体表现为土地类型的面积变化、空间分布变化和土地质量变化等。土地利用类型指的是土地利用方式相同的土地资源单元，是根据土地利用的地域差异划分的，是反映土地用途、性质及其分布规律的基本地域单位，是人类在改造利用土地进行生产和建设的过程中所形成的各种具有不同利用方向和特点的土地利用类别。近年来，许多学者围绕黄河三角洲地区湿地景观演变、湿地变化监测、湿地类型变化及湿地修复、保护、评价和管理等方面的研究较多，但针对黄河三角洲地区土地利用类型的研究较少。因此，对黄河三角洲地区科学进行土地利用分类并提取范围面积进行研究分析，将有助于黄三角地区按照区域资源禀赋和环境承载力来优化生产力布局，因地制宜选择资源利用模式，确定合理的开发利用程度，从而进一步揭示人类与环境之间的发展关系及其对自然生态的影响，以实现资源的永续利用和生态的可持续发展。

6.3.2 技术方法

6.3.2.1 研究区域选择

研究区域位于山东省东营市东北部的黄河入海口处，北临渤海，东靠莱州湾，地理坐标介于 118°33′—119°20′E 和 37°35′—38°12′N 之间，主要是以保护黄河三角洲湿地生态系统为主体的湿地类型自然保护区(图 6.6)。

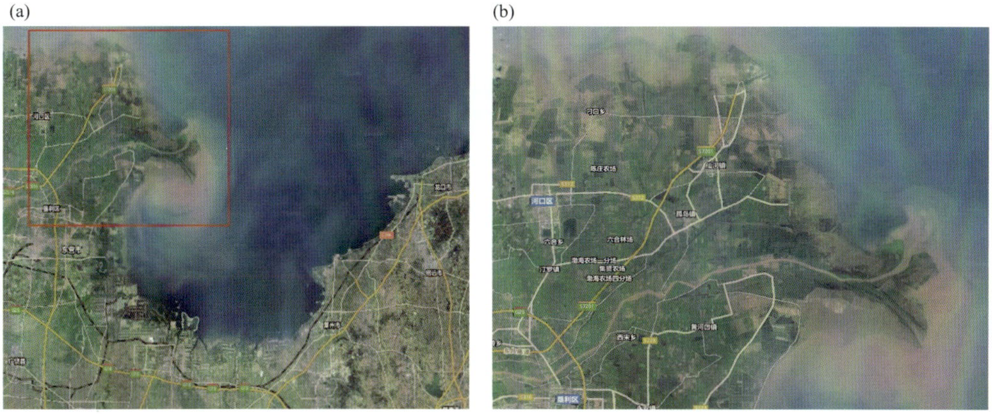

图 6.6　研究区域位置(a)及范围(b)分布图

6.3.2.2　数据来源

(1)基础资料

基础资料主要包括 1∶5 万数字地形图,主要用于研究区边界的确定及在遥感影像解译过程中的辅助解译;1∶10 万土地利用现状图和研究区域内地表覆盖等实地考察数据,主要用来进行综合分析。

(2)遥感数据

遥感数据源主要采用 Landsat TM 7 波段卫星影像数据,轨道号为 121/034,从中提取出除第 6 波段以外的 30 m 高分辨率波段进行解译分析。考虑到研究的可行性、实用性及数据的易得性,选取覆盖研究区的 1996 年、2001 年、2006 年、2010 年和 2015 年共 5 景遥感影像数据资料,同时考虑到天气状况等因素对影像质量的干扰,酌情选用了各年夏末秋初时段晴朗天气的卫星遥感数据。

6.3.2.3　研究方法

(1)技术路线

利用 RS(遥感)、GIS(地理信息系统)和 GPS(全球定位系统)相结合即 3S 技术思路,科学划分研究区域并进行单元制图,最终对目标区域进行土地利用类型研究与分析(图 6.7)。

(2)图像预处理及土地利用分类

遥感图像的预处理主要包括对图像进行辐射校正、几何校正、图像整饰、投影变换、镶嵌、特征提取、分类以及对数字图像的校正、增强和多元信息复合等。对获取的 Landsat 影像进行几何校正,使误差控制在一个像元以内,并进行波段组合和直方图均衡化处理,以突出相关信息、增强图像对比度,方便目视解译;将实地采样数据空间化,以便与遥感影像叠加,建立解译标志,并同解译结果对照,进行解译精度检验。

在前期图像预处理的基础上,结合黄河三角洲地区的特点,综合考虑湿地的生态及植物优势群落等要素,对黄河三角洲地区土地利用类型进行二级分类,并根据相关解译标志、Google Earth(谷歌地球)当前和历史影像资料、实地考察数据,采用人工目视解译法进行各土地类型的解译,得到黄河三角洲地区土地类型分布情况。

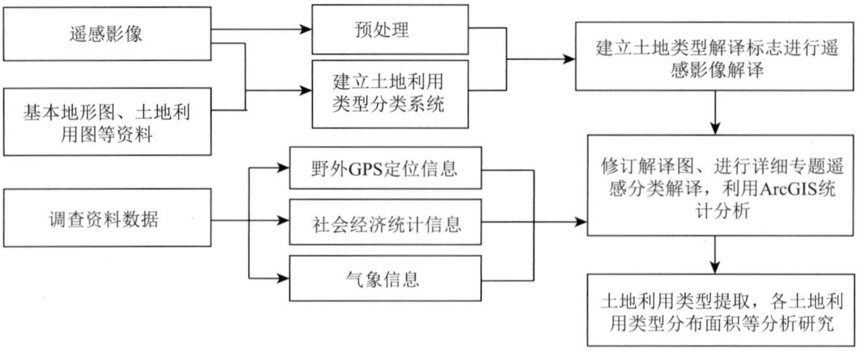

图 6.7　技术路线流程图

(3)线性倾向估计法

在遥感图像软件 ENVI 支持下，对提取的各类土地利用面积数据进行统计与分析，利用线性倾向率反映研究区域各土地利用类型的变化趋势。即面积序列随时间变化常表现为整体上升或下降趋势，这些变量可以看作是时间的一元线性回归，线性倾向值用最小二乘法估计：

$$B=\frac{\sum_{i=1}^{n}x_it_i-\frac{1}{n}\sum_{i=1}^{n}x_i\sum_{i=1}^{n}t_i}{\sum_{i=1}^{n}t_i^2-\frac{1}{n}\left(\sum_{i=1}^{n}t_i\right)^2}$$

式中，B 为线性倾向值，x_i 为面积序列，t_i 为年份，n 为序列个数。当 $B>0$ 时，表示随时间 t_i 的递增，x_i 呈上升趋势，当 $B<0$ 时，表示随时间 t_i 的递增，x_i 呈下降趋势。

6.3.3　土地利用类型信息提取

遥感图像分类的主要依据是地物的光谱特征，即地物电磁波辐射的多波段测量值，这些测量值可以用作遥感图像分类的原始特征变量。分类是对图像上每个像元按照亮度接近程度给出对应类别，已达到大致区分遥感图像中多种地物的目的。对黄河三角洲地区土地利用类型进行研究分析，需对适合该区域的土地利用类型分类标准进行确立，进而对其进行科学分类。

6.3.3.1　土地利用类型分类的确定

鉴于黄河三角洲地区是以湿地生态为主体的自然保护区域，为使其土地利用类型分析客观准确，做到对其土地资源现状分类科学，在综合考虑该地区水文、生态及植物优势群落等要素的基础上，参照《国际湿地公约》《中国湿地调查纲要》及以往黄河三角洲地区相关研究，形成黄河三角洲地区土地类型分类，如表 6.5 所示。

表 6.5　黄河三角洲地区土地类型分类表

一级类型	二级类型
天然湿地	滩涂湿地
	沼泽湿地
	草甸湿地
	河流湖泊湿地

续表

一级类型	二级类型
人工湿地	水库坑塘湿地
	盐田及养殖池
耕地	
城镇及建设用地	
盐碱地	
裸地	

6.3.3.2 遥感解译标志的确定

遥感图像所显示的是某一区域特定地理环境的统一体，是地表各种地物光谱的综合信息，遥感解译即是从遥感图像上获取目标地物信息的过程。为了从遥感影像上解译各种土地类型，在充分运用数字图像处理技术增强土地类型特征的基础上，结合野外 GPS 定位信息以及区域地形图、基础地理资料等背景资料，建立黄河三角洲地区各类土地类型的遥感影像专题解译标志，如表 6.6 所示。

表 6.6　黄河三角洲地区土地资源信息解译标志表

地物类型	影像实例	影像特征
浅海水域		呈蓝色，影像结构均一，色调均一
滩涂湿地		呈灰褐色，影像结构不均一，自然弯曲呈带状，沿海分布
沼泽湿地		呈暗红色，分布自然，色调不均匀，主要分布于自然保护区内
草甸湿地		呈白中带红色，分布自然，色调不均匀，主要分布于自然保护区内
河流湿地		以深红色为主，期间有蓝色和浅蓝色，主要表现为不同宽度的弯曲带状
养殖池		呈蓝黑色，几何形状规则，纹理结构清晰，呈一个长方形格子，沿海岸分布
盐田		呈蓝色、深蓝色，几何形状规则，纹理结构清晰，呈方形格子，沿海岸分布
水库坑塘		呈蓝色、深蓝色，长植被时呈亮红色，水库几何形状规则，人工痕迹明显，分布零散
耕地		呈浅粉色、亮红色，几何特征明显，边界清晰，有规则形状，影像结构均一

续表

地物类型	影像实例	影像特征
建筑用地		呈白黑红色交杂，分布不均匀
盐碱地		呈亮白色，分布不均匀
裸地		呈灰白色，分布不均匀

6.3.3.3　影像数据的分类与提取

利用 ENVI 遥感影像处理软件，依据上述解译标志，采用监督分类与人工交互式解译相结合的方法，对 1996 年、2001 年、2006 年、2010 年和 2015 年共 5 期遥感影像资料进行详细专题遥感分类解译，并采用误差矩阵法，通过将 GPS 定位点所对应的遥感影像处的地物解译结果与该区域 GPS 地物定位信息进行计算，验证解译精度，然后由点及面进行详细解译，勾绘各类土地利用图斑及范围线，进而利用 ArcGIS 对解译后的矢量数据进行拓扑关系构建、属性信息提取等处理，提取各类型土地面积等信息，为研究区域内各土地类型变化提供依据。5 期影像数据的解译及提取结果如图 6.8 所示。

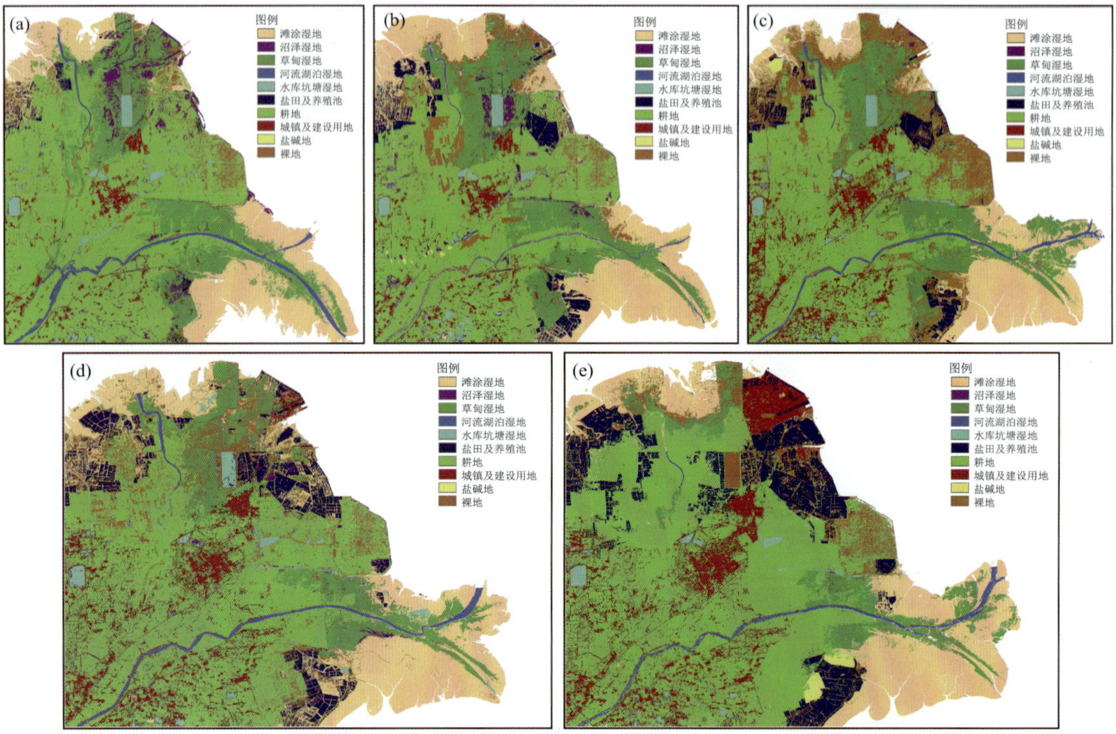

图 6.8　1996—2015 年黄河三角洲地区土地利用分类影像图

(a)1996 年；(b)2001 年；(c)2006 年；(d)2010 年；(e)2015 年

由图 6.8 可以看出，1996—2015 年，黄河入海河道改道一次，受河流改道等影响，东部滩涂湿地区域和面积均发生明显改变；研究区域内天然湿地和人工湿地的区域及面积多年来发生了不同程度的变化；研究区域内滩涂湿地主要分布在东部区域（黄河三角洲自然保护区）和北部区域（一千二自然保护区）；研究区域内各土地利用类型中耕地面积最多，城镇及建设用地面积呈增大趋势，盐碱地在部分年份呈零星分布，裸地在不同年份也有不同程度的增减。

6.3.4 统计与分析

黄河三角洲地区各类土地利用面积统计情况如表 6.7 和图 6.9 所示。从图表中可以看出，20 a 间，黄河三角洲地区土地利用类型中耕地面积占比最大，平均为 115984.71 hm^2，占比 42.8%；滩涂湿地面积占比次之，平均为 50204.97 hm^2，占比 18.54%；盐碱地面积占比最小，平均为 518.58 hm^2，占比 0.19%；湿地总面积呈减少趋势，由 1996 年的 123710.85 hm^2 减少至 2015 年的 71969.40 hm^2，变化率为−21.43%，其中天然湿地面积减小了 50305.86 hm^2，变化率为−42.00%，人工湿地面积增加了 23252.22 hm^2，变化率为 360.59%。各类湿地中，除盐田及养殖池面积呈增长趋势外，其他湿地面积均呈减小趋势；耕地、城镇及建设用地、裸地和盐碱地面积多年来均呈增长趋势，其中城镇及建设用地面积呈逐年递增趋势，其他各土地利用面积呈不规则递增趋势。

表 6.7 1996—2015 年黄河三角洲地区各类土地利用面积统计表　　单位：hm^2

土地利用类型	1996 年	2001 年	2006 年	2010 年	2015 年	平均
滩涂湿地	49855.77	58000.86	43866.90	52126.47	47174.85	50204.97
沼泽湿地	10127.52	6059.25	1859.13	2599.38	54.90	4140.04
草甸湿地	53782.11	46254.60	42719.13	27031.23	18735.84	37704.58
河流湖泊湿地	6010.29	2452.14	4270.05	3914.55	3504.24	4030.25
水库坑塘湿地	3935.16	4880.70	4172.49	4743.90	2499.57	4046.36
盐田及养殖池	2513.16	12394.17	9220.32	15758.82	27200.97	13417.49
耕地	126557.73	108266.58	103072.23	112365.63	129661.38	115984.71
城镇及建设用地	8139.78	10023.30	18485.82	20600.73	25407.90	16531.51
裸地	13656.06	22426.20	42692.31	26339.13	15704.19	24163.58
盐碱地	0	307.80	601.02	0	1684.08	518.58

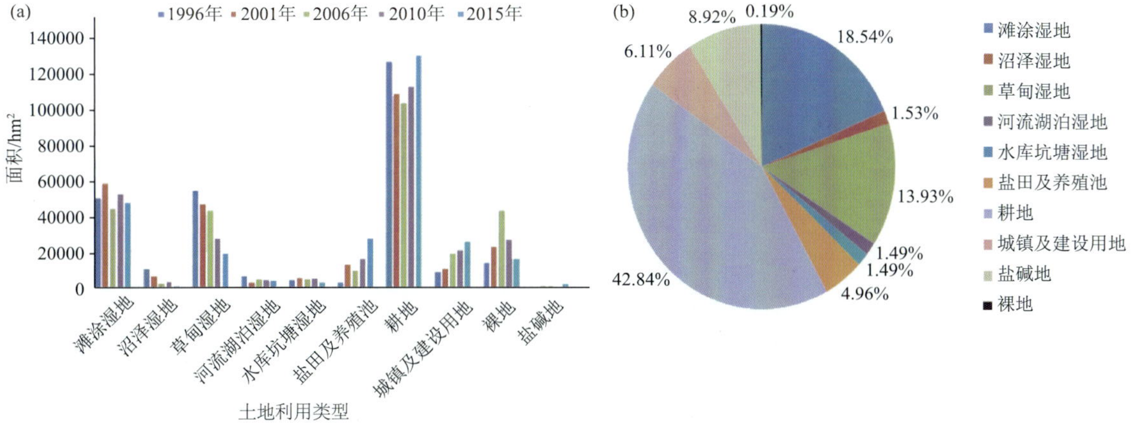

图 6.9 1996—2015 年黄河三角洲地区土地利用类型面积变化(a)及占比(b)情况图

利用线性倾向率反映黄河三角洲地区各类土地利用面积的变化趋势。由表6.8可以看出,20 a间,黄河三角洲地区各类天然湿地面积均呈减小趋势,减小速度在70.99～1786.32 hm^2/a之间,变化率在−99.46%～−5.38%之间;人工湿地中,水库坑塘湿地面积以60.16 hm^2/a的速度减小,盐田及养殖池以1054.80 hm^2/a的速度增长,变化率分别为−36.48%和982.34%;耕地、城镇及建设用地等非湿地土地利用面积均呈增长趋势,增长速度在61.21～902.28 hm^2/a之间。

表6.8　1996—2015年黄河三角洲地区各土地利用类型变化趋势统计表

土地利用类型	趋势方程	变化率	增长速度/(hm^2/a)
滩涂湿地	$y=-1123.6x+53576$	−5.38%	−224.70
沼泽湿地	$y=-2360.5x+11222$	−99.46%	−472.10
草甸湿地	$y=-8931.6x+64499$	−65.16%	−1786.32
河流湖泊湿地	$y=-354.97x+5095.2$	−41.70%	−70.99
水库坑塘湿地	$y=-300.8x+4948.8$	−36.48%	−60.16
盐田及养殖池	$y=5274x-2404.6$	982.34%	1054.80
耕地	$y=1030.6x+112893$	2.45%	206.12
城镇及建设用地	$y=4511.4x+2997.4$	212.14%	902.28
裸地	$y=800.92x+21761$	15.00%	160.18
盐碱地	$y=306.04x-399.53$		61.21

6.3.5　小结

利用3S技术对1996—2015年20 a间5期覆盖黄河三角洲地区的卫星遥感数据进行了解译分析,提取了黄河三角洲地区的土地利用类型并对其分布范围及面积进行了研究分析,结果如下。

(1)20 a间,黄河三角洲地区天然湿地和人工湿地的区域及面积多年来均发生了不同程度的变化;黄河三角洲地区滩涂湿地主要分布在东部区域和北部区域;黄河三角洲地区东部滩涂湿地区域和面积均发生过明显改变。分析认为,黄河流域的来水来沙条件、上游河道形态、海域条件及人类活动等因素均在不同程度上影响着黄河三角洲地区土地利用类型的变化,另外,受泥沙淤积量大及河流改道等因素影响,造成了黄河东部入海口处滩涂湿地区域和面积的改变。

(2)20 a间,黄河三角洲地区各土地利用类型中耕地面积占比最大,滩涂湿地面积占比次之,盐碱地面积占比最小;耕地、城镇及建设用地、裸地和盐碱地面积多年来均呈增长趋势,其中城镇及建设用地面积呈逐年递增趋势,其他各土地利用面积呈不规则递增趋势;湿地总面积呈减小趋势,其中除盐田及养殖池面积呈增长趋势外,其他湿地面积均呈减小趋势。分析认为,多年来受农业开发、滩涂开发与围垦等人类活动影响,黄河三角洲地区的生态环境发生了变化,滩涂被大量盐田、养殖水池代替,部分建筑设施占用或切割了湿地,使湿地完整性和海岸带生态系统受到不同程度的影响。

(3)20 a间,黄河三角洲地区各土地利用面积变化率差异较大。在湿地类型分布中,盐田及养殖池面积变化率最大且为正增长,其他湿地变化率均为负值,其中滩涂湿地面积变化率最小,表明人为因素对湿地面积扩张的影响较大,而受自然因素影响湿地面积一般呈减小趋势;

在非湿地类型分布中，各土地利用面积变化率均为正值，其中城镇及建设用地变化率最大，耕地面积变化率最小，表明人类活动对土地利用面积变化的影响起主导作用。

(4)黄河三角洲地区是一个资源丰富而环境又极为脆弱的特殊地带，其资源开发与环境保护对社会经济可持续发展同等重要。在未来黄河三角洲地区土地利用规划中，需加强对湿地、滩涂、生态林的保护，推进防护林和生态环境监测系统建设，构筑近海生态防护屏障，以维护生态多样性，恢复和增强生态服务功能；在强调生态环境保护的同时，还需实施生态建设与修复工作，加快盐田、鱼塘、盐碱荒地整理进度，防止乱占滥用，大力实施柽柳林、滨海湿地、水资源地保护区、海(咸)水入侵区等典型生态系统的保护与修复工程，禁止任何改变地形地貌的开发活动，提高湿地质量，保护生物多样性；完善环境保护长效机制，实现环境治理与资源开发同步进行，在制定资源开发目标的同时也要建立环境治理保护目标，保持生态平衡，促进黄河三角洲地区社会经济长期持续和稳定协调发展。

6.4 黄河三角洲湿地时空变化监测评估

6.4.1 概述

湿地又被称为“地球之肾”，是介于陆地生态系统和水生生态系统之间的过渡区域，具有独特的水文、土壤和生态特征，在蓄洪防旱、调节气候、降解污染、保护生物多样性以及维持生态平衡等方面具有不可替代的作用，是自然界最富生物多样性的生态景观和人类最重要的生存环境之一。深入分析湿地演变时空特征及其驱动机制是了解湿地生态演变规律和制定湿地保护对策的基础。本研究利用 1992—2015 年 12 期黄河三角洲地区 Landsat 卫星遥感影像数据，通过人工目视解译方法进行解译，并以此为基础进一步对黄河三角洲湿地演变情况进行分析。掌握黄河三角洲湿地时空变化情况，对保护湿地与保障地区经济发展，维持黄河三角洲地区可持续发展等具有重要的指导意义。

6.4.2 技术方法

6.4.2.1 数据来源与处理

本研究使用的数据主要包括：①黄河三角洲地区 1992、1994、1996、1998、2000、2001、2004、2006、2008、2010、2013、2015 年 12 期 Landsat TM/ETM 遥感影像资料，数据来自美国地质调查局 USGS 网站，影像拍摄日期多在 9 月前后；②黄河三角洲实地考察数据，2015 年 4 月在研究区内采集得到的多点地表覆被数据。

对获取的 Landsat 影像进行几何校正，使误差控制在一个像元以内，并进行波段组合和直方图均衡化处理以突出相关信息、增强图像对比度，方便目视解译；将实地采样数据空间化，以便与遥感影像叠加建立解译标志，并同解译结果对照，进行解译精度检验。

6.4.2.2 研究方法

在前期预处理的基础上，依据《国际湿地公约》的湿地分类标准，结合黄河三角洲地区的特点，综合考虑湿地的水文、生态及植物优势群落等要素，对黄河三角洲湿地进行二级分类：根据湿地资源受人类干扰程度分为天然湿地和人工湿地，其中天然湿地包括滩涂湿地、沼泽湿地、草甸湿地、河流湖泊湿地，人工湿地包括水库坑塘湿地和盐田及养殖池。根据相关解译标志、Google Earth 当前和历史影像资料、实地考察数据，采用人工目视解译和监督分类等遥感分类方法进行各类湿地的提取，得到逐期黄河三角洲湿地分布情况。

在遥感图像软件 ENVI 支持下，对各类湿地面积数据进行提取汇总，利用线性倾向估计进行黄河三角洲湿地变化趋势分析。随着时间的变化，各类湿地面积常表现为序列整体的上升或下降趋势、空间分布格局变化以及在某时刻出现转折或突变。这些变量可以看作是时间的一元线性回归，线性倾向值用最小二乘法估计：

$$B=\frac{\sum_{i=1}^{n}x_it_i-\frac{1}{n}\sum_{i=1}^{n}x_i\sum_{i=1}^{n}t_i}{\sum_{i=1}^{n}t_i^2-\frac{1}{n}\left(\sum_{i=1}^{n}t_i\right)^2}$$

式中，B 为线性倾向值，x_i 为湿地面积，t_i 为年份，n 为样本数。当 $B>0$ 时，随时间 t_i 的增加，x_i 呈上升趋势，当 $B<0$ 时，随时间 t_i 的增加，x_i 呈下降趋势。

6.4.3 湿地空间变化分析

1992—2015 年 12 期黄河三角洲湿地遥感监测结果如图 6.10 所示。可以看出，24 a 间，滩涂湿地主要分布区域集中在北部（一千二自然保护区）和东部（黄河三角洲自然保护区），且逐年发生不同程度变化；1996 年前，北部滩涂湿地区域面积较大，东部黄河入海口处滩涂湿地区域主要向东南方向延伸；自 1996 年起，研究区域内的草甸湿地区域范围减小，北部滩涂湿地区域面积减小，东部黄河入海口处滩涂湿地区域开始向东北方向延伸且逐渐扩张；1996 年，沼泽湿地区域面积最大最集中，主要集中在北部区域；河流湖泊湿地区域面积变化相对稳定，位于北部的一处水库坑塘湿地，于 2010 年后逐渐消失；盐田及养殖池区域面积变化明显，1998 年前呈零星分布，2000—2006 年呈西、东、南三方位分布，2008 年后呈南、北较大面积分布。

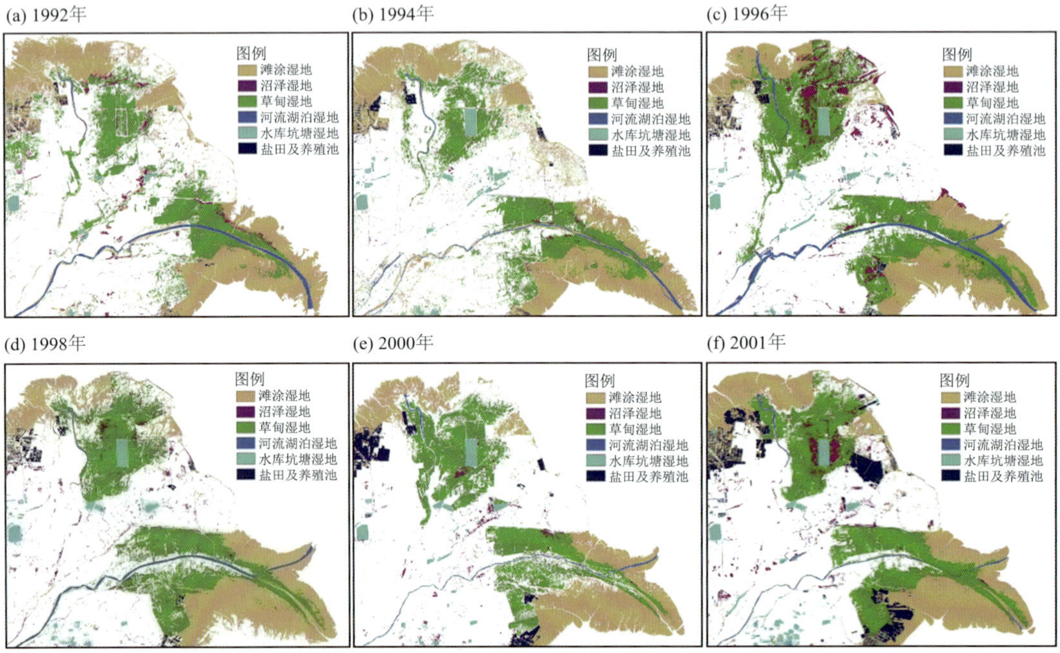

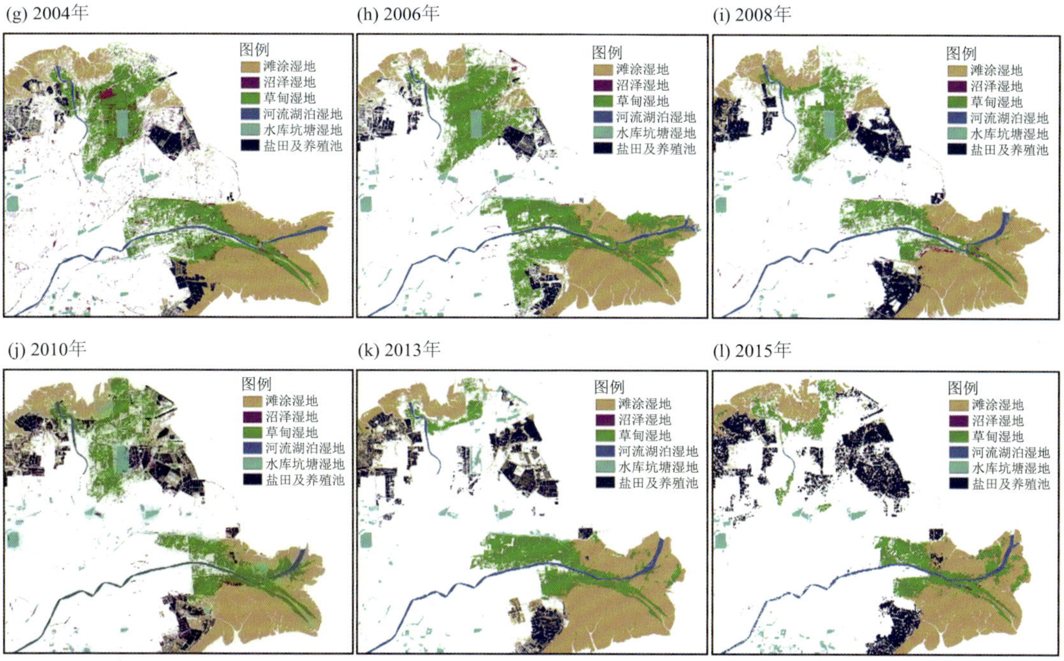

图 6.10　1992—2015 年黄河三角洲湿地分布图

6.4.4　湿地面积变化分析

6.4.4.1　湿地一级分类面积变化情况

受自然及人为因素的综合影响，各类湿地分布区域和面积呈现不同的特点，黄河三角洲湿地一级分类面积及比例情况如表 6.9 所示。1992—2015 年，黄河三角洲湿地面积总体呈下降趋势，24 a 间湿地总面积减小 14702.65 hm^2，减小 12.9%；天然湿地面积占比从 1992 年的 97.9%减至 2015 年的 70.1%，人工湿地面积从 1992 年的 2.1%增至 2015 年的 29.9%，增加了 27.8 个百分点；对黄河三角洲湿地一级分类面积计算多年平均值，可知黄河三角洲地区天然湿地和人工湿地面积占比分别为 87.0%和 13.0%，天然湿地面积占比大于人工湿地，是人工湿地面积占比的 6.7 倍。

表 6.9　1992—2015 年黄河三角洲湿地面积及比例变化表

年份	天然湿地		人工湿地		湿地面积/hm^2
	面积/hm^2	比例/%	面积/hm^2	比例/%	
1992	111444.01	97.9	2429.01	2.1	113873.02
1994	106380.54	94.8	5871.15	5.2	112251.69
1996	119775.69	94.9	6448.32	5.1	126224.01
1998	111726.81	94.8	6077.70	5.2	117804.51
2000	93539.07	90.8	9459.72	9.2	102998.79
2001	112766.85	86.7	17274.87	13.3	130041.72
2004	95397.39	86.8	14570.01	13.2	109967.40
2006	92715.21	87.4	13392.81	12.6	106108.02
2008	80681.76	79.3	21003.12	20.7	101684.88

续表

年份	天然湿地		人工湿地		湿地面积/hm^2
	面积/hm^2	比例/%	面积/hm^2	比例/%	
2010	85671.63	80.7	20502.72	19.3	106174.35
2013	83010.42	79.4	21476.43	20.6	104486.85
2015	69469.83	70.1	29700.54	29.9	99170.37
平均	96881.60	87.0	14017.20	13.0	110898.80

利用线性倾向估计进行黄河三角洲湿地变化趋势分析，结果表明，1992—2015 年，黄河三角洲地区天然湿地面积呈减小趋势，减小速度为 18983.0 $hm^2/(10\ a)$；人工湿地面积呈增大趋势，增大速度为 10883.5 $hm^2/(10\ a)$；湿地总面积呈减小趋势，减小速度为 8099.5 $hm^2/(10\ a)$。由上可知，24 a 间，黄河三角洲湿地总面积与天然湿地面积变化趋势一致，即总体呈下降趋势，而人工湿地面积则呈明显递增的态势（表 6.10、图 6.11）。

表 6.10 1992—2015 年黄河三角洲湿地面积线性倾向值及回归方程表

湿地类型	线性倾向值(B)	回归方程	拟合优度(R^2)
天然湿地	−3796.6	$y=-3796.6x+121560$	0.7744
人工湿地	2176.7	$y=2176.7x-131.36$	0.9088
湿地总面积	−1619.9	$y=-1619.9x+121428$	0.3637

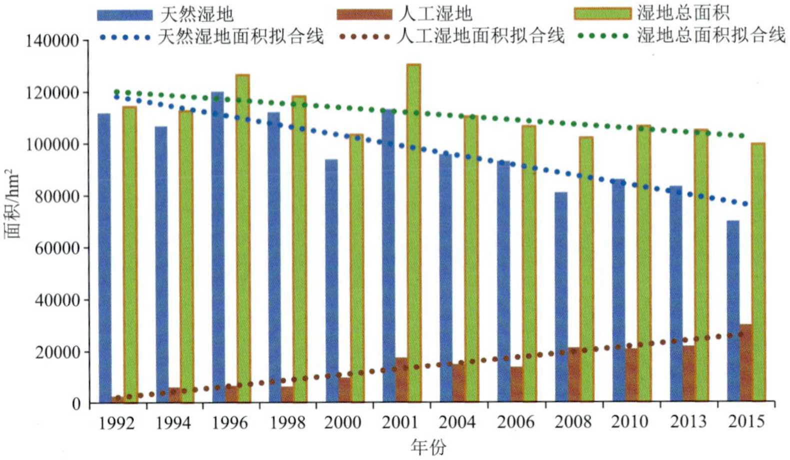

图 6.11 1992—2015 年黄河三角洲湿地面积变化趋势图

6.4.4.2 天然湿地面积变化分析

对黄河三角洲地区天然湿地面积变化情况进行分析，结果表明，24 a 间，黄河三角洲地区滩涂湿地面积变化总体呈“升—降”的波动下降趋势，少数年份会有不同程度“降—升—降”的波动变化，期内最大面积出现在 1994 年（64664.82 hm^2），最小面积出现在 2006 年（43866.90 hm^2）；沼泽湿地面积变化比较平稳，呈“降—升—降”趋势在小区间内波动，期内最大面积出现在 1996 年（10127.52 hm^2），最小面积出现在 2015 年（54.90 hm^2）；草甸湿地面积变化总体也呈波动下降趋势，期内最大面积同样出现在 1996 年（53782.11 hm^2），最小面积出现在 2015 年

(18735.84 hm^2)；河流湖泊湿地面积变化平缓，期内最大面积也出现在 1996 年(6010.29 hm^2)，最小面积出现在 2000 年(1551.15 hm^2)(图 6.12)。

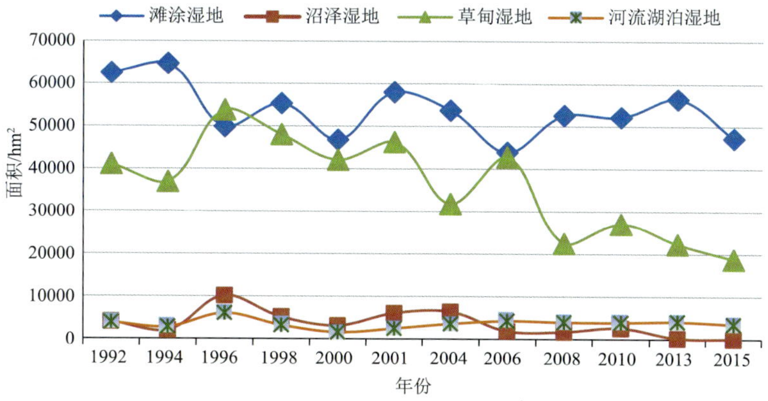

图 6.12　1992—2015 年黄河三角洲天然湿地面积变化趋势图

利用线性倾向估计进行黄河三角洲地区天然湿地变化趋势分析，结果表明，1992—2015 年，黄河三角洲地区滩涂湿地、沼泽湿地、草甸湿地面积均呈减小趋势，减小速度分别为 4438.2、2332.0、12324.0 $hm^2/(10\ a)$，河流湖泊湿地面积呈平缓增大趋势，增大速度为 110.91 $hm^2/(10\ a)$。由上可知，24 a 间，黄河三角洲地区天然湿地面积总体呈下降趋势，其中草甸湿地面积下降最明显，滩涂和沼泽湿地次之，河流湖泊湿地面积呈平缓上升趋势(表 6.11)。

表 6.11　1992—2015 年黄河三角洲天然湿地面积线性倾向值及回归方程表

天然湿地分类	线性倾向值(B)	回归方程	拟合优度(R^2)
滩涂湿地	−887.640	$y=-887.64x+59344$	0.2614
沼泽湿地	−466.400	$y=-466.4x+6649.9$	0.3324
草甸湿地	−2464.800	$y=-2464.8x+52111$	0.6022
河流湖泊湿地	22.182	$y=22.182x+3455.1$	0.0054

6.4.4.3　人工湿地面积变化分析

对黄河三角洲地区人工湿地面积变化情况进行分析，结果(图 6.13)表明，24 a 间，黄河三角洲地区水库坑塘湿地面积在 20 世纪 90 年代均不足 4000 hm^2，2001—2010 年期间最大面积

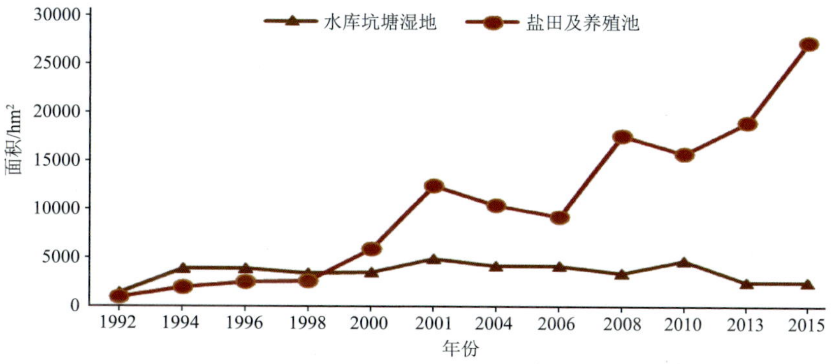

图 6.13　1992—2015 年黄河三角洲人工湿地面积变化趋势图

为 4880.70 hm^2，2011—2015 年迅速下降至 2499.57 hm^2；盐田及养殖地面积变化总体呈波动上升态势，期内最大面积出现在 2015 年(27200.97 hm^2)，最小面积出现在 1992 年(1011.60 hm^2)。

利用线性倾向估计进行黄河三角洲人工湿地变化趋势分析，结果表明，1992—2015 年，黄河三角洲地区水库坑塘湿地、盐田及养殖池面积均呈增大趋势，增大速度分别为 105.2 hm^2/(10 a)、10778.5 hm^2/(10 a)，其中盐田及养殖池变化趋势方程拟合优度达 0.8940(表 6.12)。可知，24 a 间，黄河三角洲地区人工湿地面积总体呈上升趋势，其中盐田及养殖池面积上升趋势明显，水库坑塘湿地面积呈平缓上升趋势。

表 6.12　黄河三角洲人工湿地面积线性倾向值及回归方程表

人工湿地分类	线性倾向值(B)	回归方程	拟合优度(R^2)
水库坑塘湿地	21.04	$y=21.04x+3429$	0.0057
盐田及养殖池	2155.70	$y=2155.7x-3560.4$	0.8940

6.4.5　小结

基于 1992—2015 年 12 期黄河三角洲地区 Landsat TM/ETM 数据，解译并分析了黄河三角洲湿地的演变规律，从而为区域湿地生态保护和恢复、进一步识别湿地变化原因等研究提供科学理论支撑。研究结果如下。

(1)24 a 间，黄河三角洲湿地演变过程存在显著的空间差异。在黄河三角洲湿地总面积减小的背景下，各类湿地面积有增有减，部分区域湿地表现出破碎化趋势特征。滩涂湿地主要分布在北部和东部，黄河入海口区域滩涂湿地面积扩张趋势明显；草甸湿地分布区域减小；河流湖泊湿地面积变化缓中有增；人类活动影响明显，北部一处水库坑塘逐渐消失，盐田及养殖池区域面积由零星点状分布增至南、北较大面积分布。

(2)黄河三角洲湿地以天然湿地为主，24 a 间，天然湿地面积减小明显，呈萎缩趋势，人工湿地面积增加迅速，呈扩张趋势，黄河三角洲湿地总面积萎缩，整体呈湿地退化和人工化趋势。

(3)天然湿地中，滩涂湿地面积最大，草甸湿地面积减小最为明显，除河流湖泊湿地面积平缓上升外，其他天然湿地面积均呈下降趋势；人工湿地中，水库坑塘湿地和盐田及养殖池面积均呈上升趋势，其中盐田及养殖池面积增加明显，表现出强烈的扩张趋势。

(4)黄河三角洲湿地的变化受到自然、人文等多因素的影响和驱动，是多年来气候变化、黄河水沙、人类活动等因素共同作用的结果，而驱动因素相对贡献的量化评定还有待于进一步探讨。

6.5　黄河三角洲海岸线时空变化监测评估

6.5.1　概述

黄河三角洲是中国乃至世界各大河三角洲中海陆变迁最活跃的地区，在自然变化和人工干预下，黄河尾闾频繁变迁、不断向海延伸，自 1855 年以来，黄河大的改道已有 10 次，小的改道有 70 多次。1976 年，黄河改道清水沟流路，泥沙集中淤积，河口迅速向海延伸；1996 年，黄河改道清八汊河流路，淤积形成新的沙嘴；2009 年，黄河再次改道，现行水流路尾闾河道为东略偏北走向。在淤进造陆的同时，三角洲也受到海洋动力的侵蚀，在两者的双重作用下，海岸线淤进蚀退交替演变迅速，三角洲面积也逐年发生变化。了解和掌握海岸线的动态变化特征，对于海岸带资源使用、管理、保护和规划具有重要意义。

黄河入海水沙是河口演变的前提。受气候变化和人类活动的影响，黄河水沙特征不断变化，自20世纪70年代开始下游河段出现断流，入海水沙大幅度减少。1997年10月底，小浪底水利枢纽工程截流成功，黄河入海水沙环境再次改变。自1999年实施的水资源统一管理和调度以及2002年开始的调水调沙有效遏制了黄河断流，黄河三角洲水沙环境在人为作用下发生明显改变。这些水沙条件的变化必然导致河口演变的响应，改变黄河三角洲湿地的演替特征。

在气候变化和人为干扰背景下，海岸线变迁一直是研究的热点。有关黄河三角洲海岸线变迁的研究主要集中在海岸线变迁对景观格局的影响、海岸线变迁及其与调水调沙的关系等方面，着重对入海口或黄河三角洲不同时间、不同范围的海岸线变迁进行了分析。本研究基于1986—2015年的Landsat遥感影像数据，运用GIS技术，分析了黄河三角洲东营段面积在黄河入海水沙丰富、黄河断流、调水调沙3个典型时期的淤蚀变化及其海岸线变迁的时空异质性，可为新水沙条件下区域的海岸线管理和滩涂利用提供参考。

6.5.2 技术方法

6.5.2.1 数据获取与预处理

本研究使用的卫星遥感数据主要包括黄河三角洲地区1979、1986、1992、1995、2000、2005、2010和2016共8期Landsat MSS/TM/ETM遥感影像资料，数据来自美国地质调查局USGS网站。在GIS平台上对所获取的遥感影像进行空间坐标系的统一。

6.5.2.2 海岸线及分区的提取处理

(1)海岸线的提取

海岸线作为海岸带最重要的空间要素之一，标识了海洋与陆地的分界线，其位置随潮汐、波浪、风引起的水位变化而不断变化，海水所能达到的最高上限称之为高潮线，最低下限称之为低潮线，还有实时水边线，都可以作为海岸线。本研究所提取的海岸线是影像提取时刻的水边线，通过GIS平台支持下的人工目视解译实现。

(2)海岸线的分区

受黄河改道的影响，同一空间位置在黄河改道的不同时段受到的河流作用与海洋水动力条件不同，导致黄河三角洲海岸线的演变呈现出空间异质性。为能更详尽地认识黄河三角洲海岸线演变的空间异质性及这种异质性与黄河改道的关系，将海岸线依据三角洲各叶瓣形成的不同时期进行分区。整个东营市境内的黄河三角洲岸段被分为5个区域：刁口河流路区域（Ⅰ区）、神仙沟流路区域（Ⅱ区）、清8汊流路区域（Ⅲ区）、清水沟流路区域（Ⅳ区）、莱州湾西侧区域（Ⅴ区）。在GIS支持下，实现黄河三角洲岸线的分区，并对不同分区的三角洲岸线依照时间的发展计算岸线长度变化的平均速率及其对应的三角洲冲淤面积变化数据。

6.5.3 黄河三角洲气候变化分析

根据1979—2015年黄河三角洲地区东营、垦利和利津3个国家级气象站观测数据，黄河三角洲地区年平均气温存在明显升高趋势，平均每10 a升高0.41 ℃(图6.14)，年平均降水量呈现不规则变化趋势(图6.15)。通过对美国国家海洋和大气管理局(NOAA)发布的全球海面温度资料统计分析得出，1979—2015 年整个西太平洋海面温度均为上升趋势(图 6.16)。在全球气候变暖的背景下，气温和海面温度的上升，使得冰盖退缩、冰川消融，引起海平面上升，海水对黄河三角洲沿岸侵蚀加剧，将导致自然湿地尤其是滩涂湿地生态功能退化等诸多不利因素。

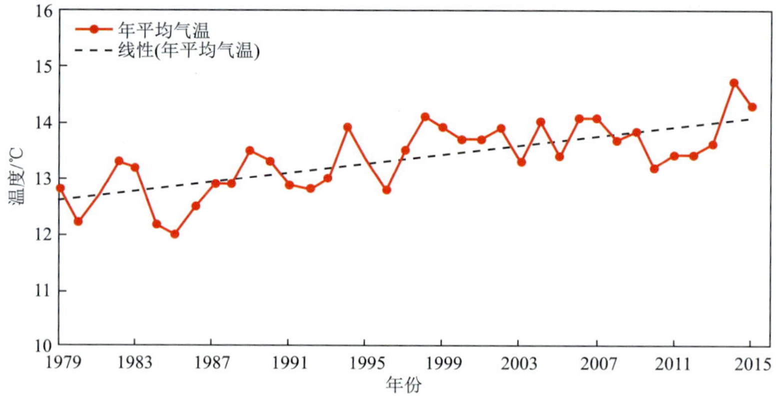

图 6.14　1979—2015 年黄河三角洲地区年平均气温演变图

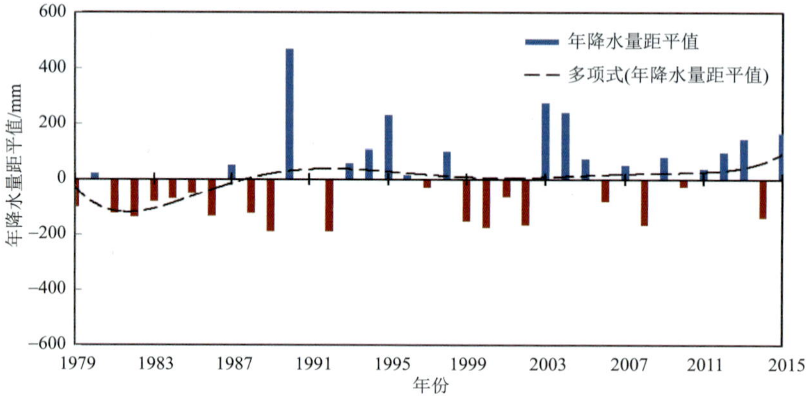

图 6.15　1979—2015 年黄河三角洲地区年平均降水量距平演变图

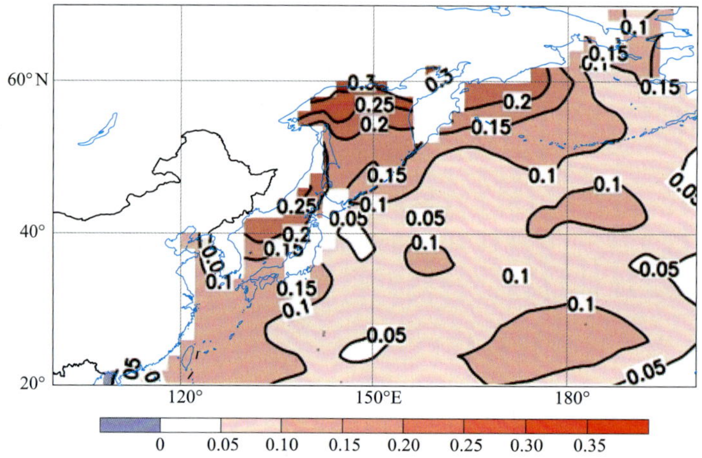

图 6.16　1979—2015 年西太平洋海面温度的气候倾向率分布图(单位：℃/(10 a))

6.5.4 黄河三角洲海岸线遥感监测与分析

通过对美国陆地卫星 Landsat MSS/TM/ETM（30 m 分辨率）1979、1992、2005 和 2016 年卫星遥感影像解译分析（图 6.17）。受黄河改道、入海水沙量增减和海水侵蚀等因素的共同

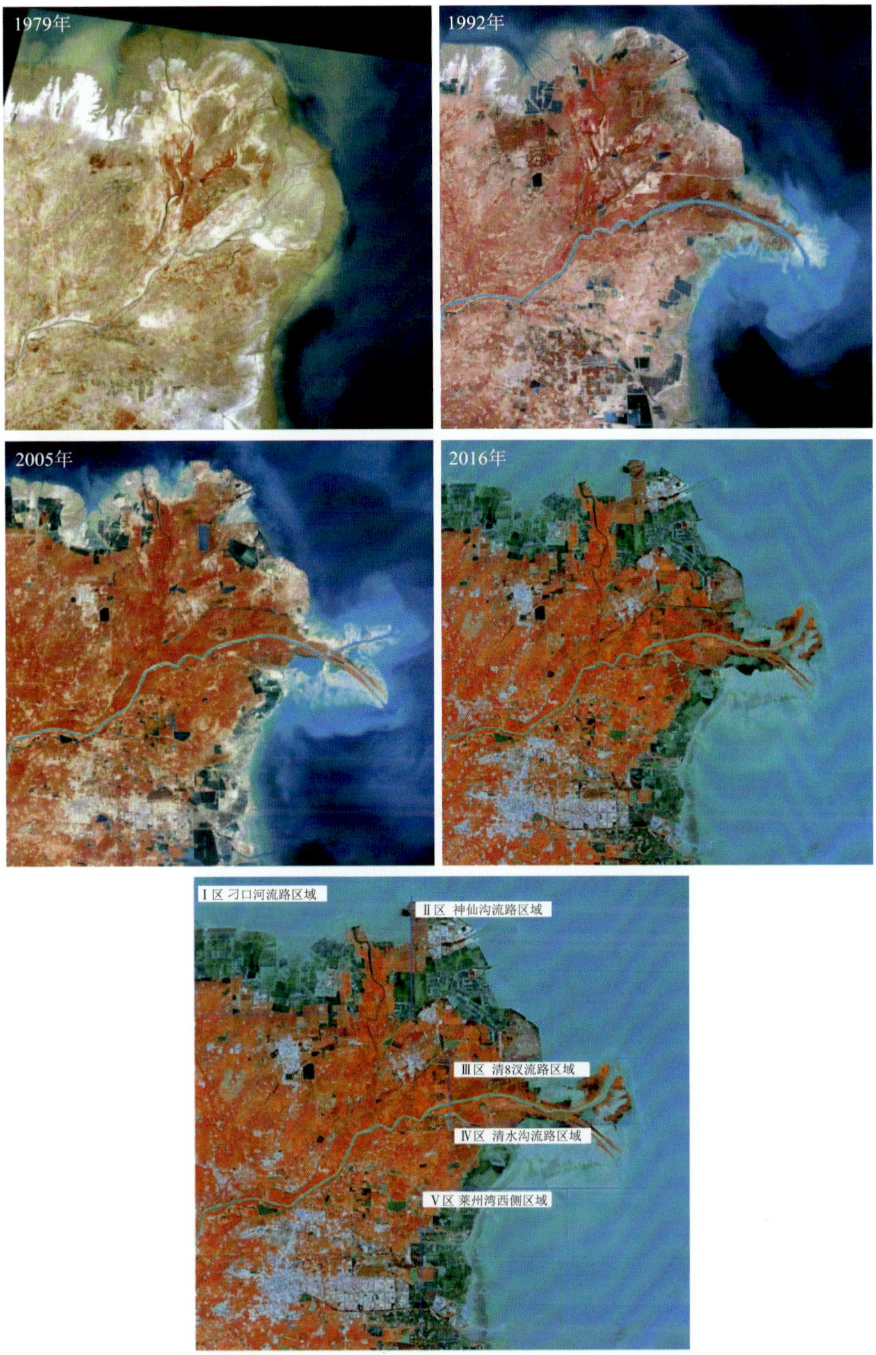

图 6.17 黄河三角洲地区 Landsat 30 m 卫星遥感影像及分区图

影响，1979—2016 年黄河三角洲地区海岸线长度增加了 58.86 km，岸线曲折性变大；受海水侵蚀作用，旧河道区域陆地面积减小，与新河道区域造陆面积相抵消，黄河三角洲地区整体陆地面积变化不大，增加了 7.89 km²（图 6.18）。各区域海岸线变迁具体表现为：刁口河流路区域（Ⅰ区）在 1976 年黄河改道后，由于缺少稳定的水沙补给，加之海水侵蚀，海岸线整体上处于蚀退状态；神仙沟流路区域（Ⅱ区）在 1986 年后，由于人工堤坝的修建，有效减缓了海水侵蚀，海岸线几乎没有变化；清 8 汊流路区域（Ⅲ区），受 1996 年黄河改道的影响，海岸线整体呈现不断向海延伸的变化；清水沟流路区域（Ⅳ区），受黄河两次改道的影响，海岸线分别呈现出向海延伸（1979—1995 年）—向陆地蚀退（1995—2005 年）—向海延伸（2005—2016 年）三个阶段的变化；莱州湾西侧区域（Ⅴ区），自 2000 年以后海岸线由原来的蚀退状态转变为向海延伸，但海岸线整体变化不大。

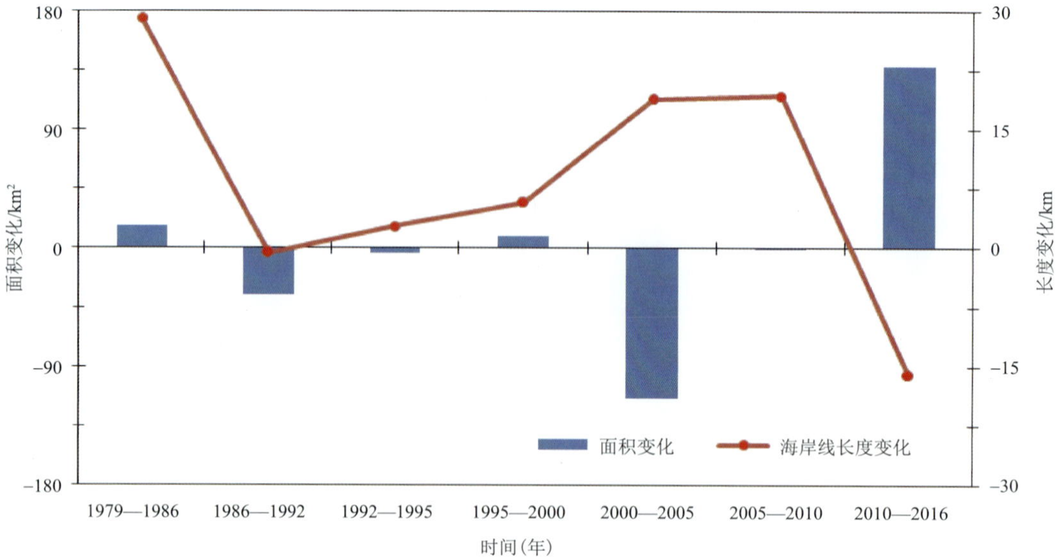

图 6.18　1979—2016 年黄河三角洲地区陆地面积和海岸线长度变化图

（1）刁口河流路区域（Ⅰ区）

该区域海岸线自 1976 年黄河改道以来，由于没有稳定的水沙补给，整体一直处于蚀退状态（图 6.19a）。具体表现为：1979—2016 年，刁口河流路区域的海岸线整体向内陆方向缩进，陆地面积减小了 247.19 km²；海岸线长度增加了 4.30 km，但岸线曲折性变大，这也是致使该区域海岸线长度呈增加趋势而陆地面积减小的主要原因。此外，废弃黄河入海口在行水停止流路初期蚀退较快（1979—1986 年陆地面积减小了 168.74 km²），以后逐渐减缓（1995—2000 年和 2000—2005 年变化较为明显，主要是受 1996 年黄河改道清 8 汊流路的影响）。

（2）神仙沟流路区域（Ⅱ区）

该区域仅在 1979—1986 年黄河改道清水沟初期，由于海水侵蚀，陆地面积减小明显，蚀退面积达 82.20 km²。但自 1986 年以后，除入海口海岸线有少许变化外，其他区域因为人工堤坝的修建，陆地面积和海岸线几乎没有明显变化（图 6.19b）。

（3）清 8 汊流路区域（Ⅲ区）

1979—1986 年是黄河改道清水沟初期，受海陆交互作用的影响，该区域海陆变迁显著，造陆面积达 128.03 km^2;但随着黄河入海输沙量减少的影响,1986—1995 年该区域略向内陆蚀退;随着 1996 年黄河再次改道清 8 汊流路,除 2005—2010 年呈现少许向内陆蚀退的变化外,该区域整体转为向海扩张、海岸线延长。截至 2016 年,累计陆地面积增大了 179.02 km^2、海岸线长度增加了 25.60 km(图 6.19c)。

(4)清水沟流路区域(Ⅳ区)

该区域在 1979—2016 年陆地面积和海岸线长度变化较大。1979—1995 年,受黄河改道清水沟流路的影响,陆地面积增大了 222.19 km^2,海岸线长度逐年递增。但随着 1996 年黄河再次改道清 8 汊流路,该区域转为向内陆蚀退、海岸线缩短,仅 1995—2000 年陆地面积就减少了 66.08 km^2。近年来,随着黄河三角洲海陆和垂直于海陆交互作用的增强以及调水调沙工程增加了黄河输水输沙能力的影响,其蚀退速度逐渐减缓,2005—2016 年又转为陆地面积扩张的变化趋势(图 6.19d)。

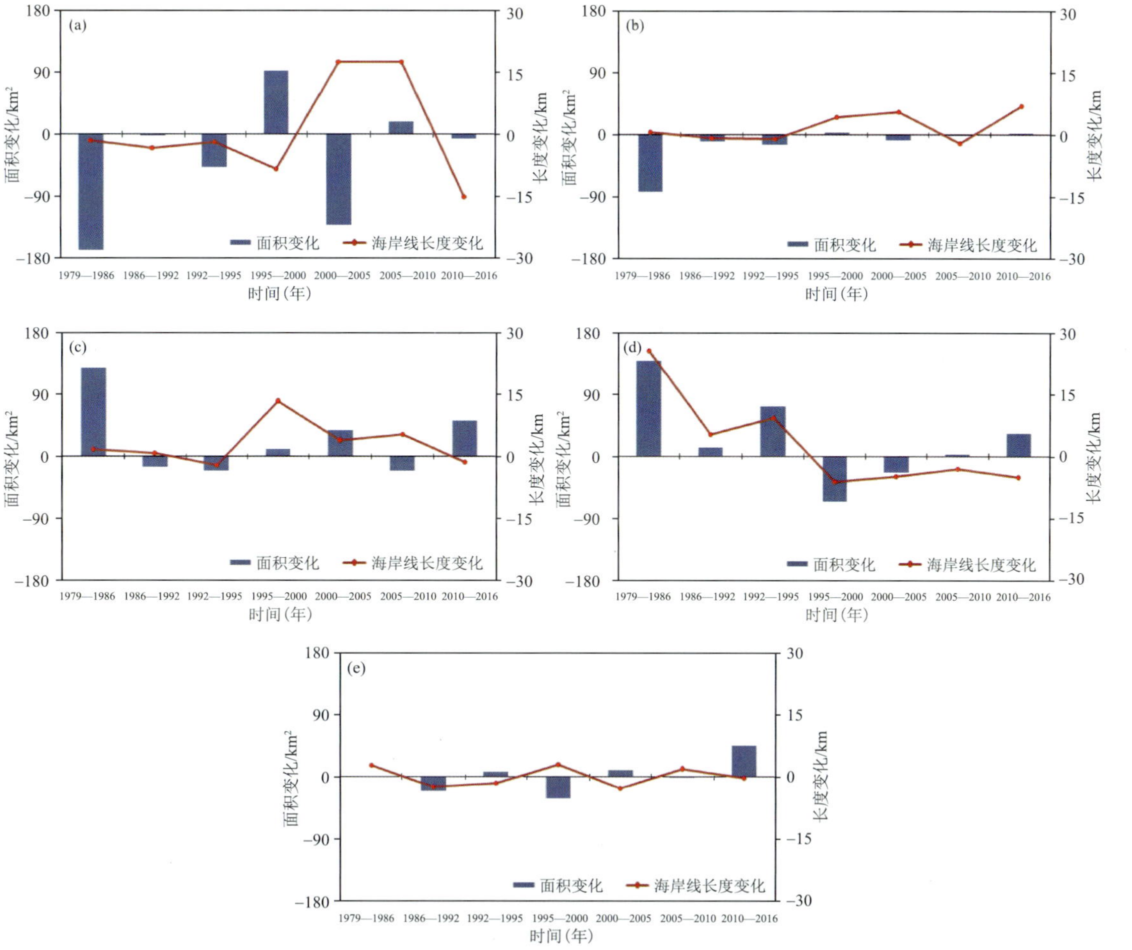

图 6.19 各区域不同时期陆地面积和海岸线长度变化图

(a)刁口河流路区域(Ⅰ区);(b)神仙沟流路区域(Ⅱ区);(c)清 8 汊流路区域(Ⅲ区);
(d)清水沟流路区域(Ⅳ区);(e)莱州湾西侧流路区域(Ⅴ区)

(5)莱州湾西侧区域(Ⅴ区)

该区域自2000年以后由原来的蚀退状态转变为向海淤进，这主要与渤海冷流南下，致使黄河三角洲处的入海泥沙在潮流作用力下向南运移及人工围海有较大的关联。除1995—2000年和2010—2016年陆地蚀退面积和扩张面积分别达到31.52 km^2和47.21 km^2外，其他时间段均未发生明显的海陆面积和海岸线长度的增减变化，体现出该区域海岸线的相对稳定(图6.19e)。

6.5.5 小结

1979—2016年，受黄河改道、入海水沙量增减和海水侵蚀等因素的共同影响，黄河三角洲地区海岸线长度增加了58.86 km，岸线曲折性变大；受海水侵蚀作用，旧河道区域陆地面积减小，与新河道区域造陆面积相抵消，黄河三角洲地区整体陆地面积变化不大，增加了7.89 km^2。具体表现为：刁口河流路区域(Ⅰ区)在1976年黄河改道后，由于缺少稳定的水沙补给，加之海水侵蚀，海岸线整体上处于蚀退状态；神仙沟流路区域(Ⅱ区)在1986年后，由于人工堤坝的修建，有效减缓了海水侵蚀，海岸线几乎没有变化；清8汊流路区域(Ⅲ区)，受1996年黄河改道的影响，海岸线整体呈现不断向海延伸的变化；清水沟流路区域(Ⅳ区)，受黄河两次改道的影响，海岸线分别呈现出向海延伸(1979—1995年)—向陆地蚀退(1995—2005年)—向海延伸(2005—2016年)三个阶段的变化；莱州湾西侧区域(Ⅴ区)，自2000年以后海岸线由原来的蚀退状态转变为向海延伸，但海岸线整体变化不大。

海岸线的主要功能是涵养水源、控制土壤侵蚀、保护生物多样性和维护生态平衡。随着黄河改道和入海总体水沙量的减少，使得原来以淤积为主的黄河三角洲海岸线在海洋动力和人为因素的共同作用下变为以淤积和蚀退交替变化为主。若任其发展，黄河三角洲地区尤其刁口河流路附近区域的海岸线将不断蚀退，将严重影响其功能的整体发挥。为此，建议加强海岸线生态功能的恢复建设工作，主要建议如下。

(1)黄河三角洲海岸线的开发利用要与环境保护并举，按照保护优先、统筹协调、循序开发、因地制宜的要求，编制海岸线生态保护功能的总体规划。对开发项目实施前要进行充分的生态环境论证，防止石油、农业和水产养殖等过度开发，尽量减小人为活动对海岸线的影响。使之既能满足海洋经济建设需要，又能对重点海岸资源实施有效保护。

(2)加强气象、潮位和侵蚀监测，进一步完善海岸防护设施，对沿海堤坝进行加固，提高现有防潮堤标准，以防御风暴潮、海浪和海平面上升对海岸线环境的破坏。

(3)组织实施黄河三角洲区域云水资源的综合利用工程，开展有效的人工影响天气作业，以增加降水量，遏制海水入侵对陆表和地下淡水资源带来的危害。

(4)充分利用3S技术，建立无缝隙覆盖黄河三角洲地区的海岸线监测管理系统，对海岸线开发利用和生态环境保护及整治修复进行实时监测，及时准确掌握海岸线现状，为黄河三角洲保护和利用提供科学的决策依据，有效防御气象灾害和抑制生态环境恶化的加剧。

(5)深入开展海岸线开发与海洋生态环境保护知识教育，积极宣传海洋知识和相关法律，树立海洋国土观念。多层次、多渠道宣传海岸线可持续利用意识，建立健全全民参与机制，有针对性地做好宣传和培训工作，提高单位和个人维护海岸线开发利用秩序的自觉性。

6.6 本章小结

本章介绍了黄河三角洲概况；基于 MODIS 卫星数据和气象资料，分析了黄河三角洲地区植被覆盖变化特征，探寻了植被覆盖变化与气候因子的相关性；基于多源长时间序列卫星数据，评估了黄河三角洲土地利用类型变化、自然和人工湿地以及海岸线时空演变等情况，并提出相应的对策建议。

第7章 海洋生态气象

7.1 山东省海洋生态环境概述

山东濒临渤海和黄海，沿海分布有滨州、东营、潍坊、烟台、威海、日照6个地级市和青岛1个计划单列市。毗邻海域面积15.86万km^2，山东大陆海岸线北起冀鲁交界处的漳卫新河河口，南至鲁苏交界处的绣针河河口，全长3504.74 km，占全国大陆海岸线的1/6。全省管辖海域中共有海岛589个(来源:山东省人民政府官网)。山东省海域发生的主要海洋生态灾害有浒苔绿潮和赤潮等。

7.2 黄海浒苔的监测和分析

7.2.1 浒苔概述

浒苔属绿藻门石莼目石莼科海洋植物，生长主要附着在岩石或者潮带滩涂、石砾上，在半封闭水域中，生长尤为旺盛。浒苔对环境的适应能力和繁殖能力极强，对水质、阳光没有要求，主要依靠自体分裂繁殖，正常情况下20 d就能繁殖到原来的15倍。浒苔的聚集不会影响海水水质，但浒苔大量聚集会导致一系列环境和生态问题，比如破坏景观、影响小型船只的航行，也威胁到其他海洋生物的生长，浒苔大规模爆发被称为绿潮，被视作一种海洋灾害。

黄海是我国浒苔绿潮灾害影响最严重的区域。黄海绿潮主要是由浒苔引起，其最大特点是生物量大、影响范围广，移动方向受风向和潮流作用明显。南黄海海域自2008年开始，每年的4—8月期间持续发生绿潮灾害，其中山东半岛南部沿海超过70%的海岸线遭受过浒苔入侵，尤其2008年夏季奥运会期间浒苔曾在黄海中部和南部海域爆发成灾，受到了社会的广泛关注和国家的高度重视。

目前浒苔监测主要利用海上观测站、船舶、航拍、雷达、卫星遥感等多种方法。但由于海上缺乏监测站点，加上浒苔源源不断涌入，范围分布广，仅通过少量的船舶资料很难掌握茫茫大海上浒苔分布范围及变化的客观情况，对浒苔捕捞工作不利。通过飞机实地航测不但成本高，同时在数万平方千米海域内的航拍将带来很大工作量，效率相对低下。因此，具有宽广视野的卫星遥感资料在浒苔监测中发挥了重要作用，尤其是极轨气象卫星，扫描范围大，观测频次较密，具有对浒苔光谱信息敏感的波段，在监测浒苔动态变化，调查浒苔分布状况，分析浒苔来源及移动路径，指导海上和近海沿岸打捞作业中可起到重要作用，因而成为浒苔打捞期间非常重要的信息源。

7.2.2 卫星遥感浒苔监测原理

浒苔遥感监测是基于海水与浒苔覆盖海水的表面光谱差异展开的。浒苔属于石莼科的大型藻类，富含叶绿素 a，浒苔爆发时往往在海面大面积聚集，使覆盖浒苔的海水光谱发生显著变化，出现类似植被的光谱特性，即在蓝光波段和红光波段产生吸收谷，在近红外波段出现高反射峰的“陡坡效应”，浒苔覆盖越厚，近红外波段反射现象越明显，根据不同覆盖厚度的浒苔水体、植被、水体光谱测量的结果，水面覆有浒苔的水体在可见光通道反射率较低，低于 30%。在近红外通道反射率明显上升，30 cm 厚的浒苔水体近红外通道反射率最高可达 80%左右。在短波红外通道，反射率略有下降。浒苔水体在近红外—短波红外通道反射率随着浒苔厚度或密度增大而升高，这一点与陆地植被的反射率特性较为接近。正常海水在可见光—短波红外通道反射率都较低，波长越长，反射率越低并逐渐趋于 0。因此，可以利用浒苔海水与正常海水在可见光和近红外波段的光谱差异建立浒苔遥感监测模型，实现海面浒苔信息的提取。美国 EOS 卫星携带的 MODIS 仪器有可见光、近红外和短波红外通道，且可见光、近红外通道空间分辨率为 250 m，可用于开展浒苔动态监测。可见光波段和近红外波段的光谱特性差异常用归一化植被指数 NDVI 来表示。

7.2.2.1 浒苔识别方法

葵花 8 号(Himawari-8)是 2014 年 10 月 7 日发射的地球同步静止气象卫星，具有 16 个波谱通道，包含 3 个可见光通道、3 个近红外通道，10 个红外通道，空间分辨率为 0.5～2 km，10 min 可完成 1 幅地球全圆盘图，具备了高空间覆盖度、高时间分辨率的特点，有利于及时获取浒苔信息，Himawari-8 高级成像仪(Advanced Himawari Imager，AHI)通道参数见表 7.1。研究中使用了 2016 年 5—8 月 Himawari-8 观测数据，利用了其中心波长为 0.64 μm、空间分辨率为 0.5 km 的第 3 通道数据，以及中心波长为 0.86 μm、空间分辨率为 1 km 的第 4 通道数据监测浒苔信息，并将第 4 通道数据重采样为 0.5 km，与第 3 通道数据相匹配。

表 7.1 Himawari-8 高级成像仪通道参数表

通道	中心波长/μm	空间分辨率/km
1	0.46	1.0
2	0.51	1.0
3	0.64	0.5
4	0.86	1.0
5	1.60	2.0
6	2.30	2.0
7	3.90	2.0
8	6.20	2.0
9	7.00	2.0
10	7.30	2.0
11	8.60	2.0
12	9.60	2.0
13	10.40	2.0
14	11.20	2.0
15	12.30	2.0
16	13.30	2.0

Himawari-8 可见光波段(第 3 通道)和近红外波段(第 4 通道)的波段设置可以反映浒苔的主要波段,针对 Himawari-8 的波段设置,利用归一化植被指数(NDVI)来识别浒苔。

$$NDVI = (R_{NIR} - R_{Red})/(R_{NIR} + R_{Red}) \tag{7.1}$$

式中,R_{NIR}和 R_{Red}分别为近红外波段和可见光红光波段反射率,采用阈值法提取浒苔信息,判别公式如下:

$$NDVI > I_t \tag{7.2}$$

式中,I_t代表当前时间 t 的判识阈值,为保证浒苔提取精度,该阈值通过人机交互判识确定。针对判识区域,当 NDVI 值大于阈值时,认为该像元为浒苔像元。

7.2.2.2 浒苔移动速度估算方法

由于浒苔的分布范围十分广泛,通常以浒苔漂移重心的移动速度代表浒苔的移动速度,其计算公式为:

$$V = \frac{S_1 - S_2}{t_2 - t_1} \tag{7.3}$$

式中:V 为浒苔的移动速度;S_1为研究初期浒苔重心离某海岸的距离,单位为 km;S_2为研究末期浒苔重心离该海岸的距离,单位为 km;t_1 为研究初始时间,t_2 为结束时间;当研究时长(t_2－t_1)设定为 1 d,则 V 为浒苔的平均日移动速度。

7.2.3 黄海浒苔的空间分布

7.2.3.1 静止卫星监测

利用 Himawari-8 数据对 2016 年黄海海域浒苔进行动态监测,由于黄海上空云量的影响,能够监测到浒苔的天数有限,从中选取了浒苔出现期间(2016 年 5 月下旬—7 月下旬)的 12 幅影像。2016 年黄海海域浒苔时空分布见图 7.1,水中绿色为浒苔。

由图 7.1 可见,浒苔经历了“出现—发展—爆发—衰退—消亡”的生命周期,各时期面积统计见表 7.2,针对部分有云覆盖影像,利用相邻时次影像进行滤云处理,并分别提取浒苔信息。2016 年 5 月 19 日 Himawari-8 首次监测到黄海海域出现浒苔信息,零星分布于江苏省盐城市海域,距离盐城海岸 80 km,分布面积约 128 km^2,影响海域面积为 3000 km^2。随后浒苔逐渐向北、向东发展,5 月 25 日抵达连云港海域,分布面积为 600 km^2,影响海域面积为 7200 km^2。6 月 1—9 日,浒苔不断发展,逐渐从江苏盐城、连云港方向涌向黄海海域,分布面积为 1860 km^2,影响海域面积 17000 km^2。6 月 9—17 日,浒苔面积扩大至 3023 km^2,分布范围急剧增加,影响海域面积达 38000 km^2,浒苔外缘距离青岛最近约 65 km,浒苔面积达到本年度监测最大值,浒苔全面爆发。6 月 17—25 日,浒苔分布位置发生明显改变,大量浒苔涌向山东省日照、青岛、烟台和威海近岸,分布面积为 2980 km^2,影响海域面积约 37000 km^2。6 月 25 日—7 月 18 日,浒苔大面积登陆青岛、烟台、威海等地,同时分布范围和面积均逐渐减少,浒苔进入缓慢消亡阶段。7 月 18 日,仅在青岛北部海域监测到零星浒苔斑点,面积为 130 km^2(表 7.2)。7 月 22 日卫星影像没有监测到浒苔信息。

根据上述监测结果,2016 年黄海海域浒苔总体发展过程可归纳为:出现(5 月 19 日前后),发展(5 月下旬—6 月上旬),爆发(6 月中旬、下旬),衰退(7 月上旬),消亡(7 月中旬、下旬)5 个过程。

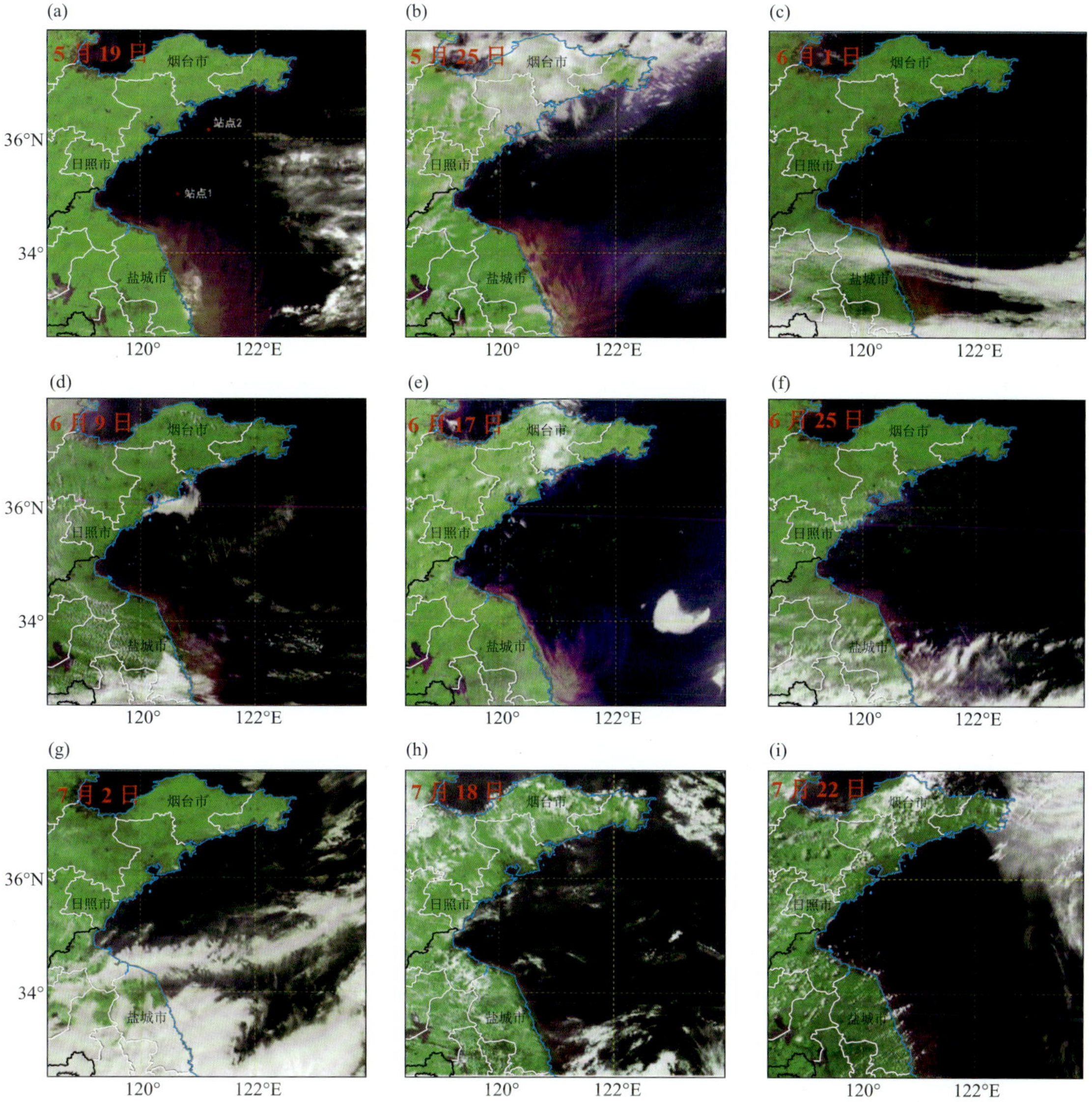

图 7.1　2016 年黄海海域浒苔时空分布图

(a)出现；(b)发展；(c)发展；(d)发展；(e)爆发；(f)爆发；(g)衰退；(h)消亡；(i)消亡

表 7.2　2016 年黄海海域浒苔面积统计表　　单位：km^2

时间	分布面积	影响海域面积
5 月 19 日	128	3000
5 月 25 日	600	7200
6 月 1 日	1107	12000
6 月 6 日	1306	12500
6 月 9 日	1860	17000
6 月 13 日	2780	23500

续表

时间	分布面积	影响海域面积
6月17日	3023	38000
6月25日	2980	37000
7月2日	1908	24800
7月14日	1340	17600
7月18日	130	3100

7.2.3.2 极轨卫星监测

基于MODIS数据建立的浒苔信息提取模型和基于FY-3 VIRR数据建立的海温反演模型，同时结合GF-1/WFV 16 m数据，对2015年5—7月黄海海域浒苔的发生和发展全过程进行浒苔、海温信息提取和动态分析(图7.2和图7.3)。监测结果表明：从变化过程来看，浒苔首次出现在5月20日左右，此时浒苔分布范围很小，影响海域面积仅为160 km^2(图7.2a)。浒苔分布核心区的海温在17～18 ℃(图7.3a)，根据浒苔生长特性，此时的海温非常适合浒苔繁殖生长。5月25日，浒苔分布范围略有扩大，影响海域面积为280 km^2(图7.2b)。此时浒苔核心区海温在18～19 ℃(图7.3b)，海温仍适合浒苔的快速繁殖。6月6日，浒苔核心区的海温在20～21 ℃(图7.3c)，浒苔分布范围继续扩大，面积已发展到700 km^2(图7.2c)，但离山东南部沿海仍有一定距离。6月22日，核心区的海温在23 ℃左右(图7.3d)，浒苔范围已明显扩大，面积也猛增到2700 km^2，影响了黄海大片海域，部分浒苔已经到达烟台和威海一带(图7.2d)。通过7月4日GF-1/WFV 16 m数据可以清楚地看出，浒苔(绿色)多呈丝缕状和斑块状分布(图7.4)。7月4日，浒苔分布核心区的海温在23～24 ℃(图7.3e)，浒苔分布范围持续扩大，影响海域面积达2900 km^2，部分浒苔已经到达胶州湾一带(图7.2e)。但在部分浒苔已登岸和海温持续升高的共同作用下，浒苔实际覆盖面积和强度已较6月22日有明显减小。7月25日，黄海大部地区的海温都已在25 ℃以上(图7.3f)，达到浒苔的"死亡温度"，持续的高温破坏了浒苔的生长环境，所以在7月25日，山东黄海海域已基本无浒苔分布(图7.2f)。

7.2.4 黄海浒苔的移动路径和移动速度

利用ArcGIS的平均中心(Mean Center)工具找出各时相浒苔的中心位置，以此代表该时相浒苔的漂移重心，并绘制浒苔的移动路线。2016年5月19日在江苏省盐城市海域发现零星浒苔，漂移重心距离青岛海岸246 km；6月1日大量浒苔涌向黄海海域，漂移重心距离青岛海岸208 km；6月中旬，浒苔全面爆发，在黄海大部分海域堆积，漂移重心距离青岛约120 km；6月下旬，浒苔向西漂移过程中开始侵入胶州湾；7月，浒苔大面积登陆青岛、烟台、威海等地，并开始逐渐消亡，整个生命周期漂移路径见图7.5。

根据公式(7.3)计算浒苔移动速度，以浒苔的漂移重心距离青岛海岸的距离为例，结果见表7.3。由表中可见：浒苔重心的平均日移动速度不断变化，其中6月1—6日移动速度最快，为17.6 km/d；7月2—14日移动速度最慢，为1.2 km/d。

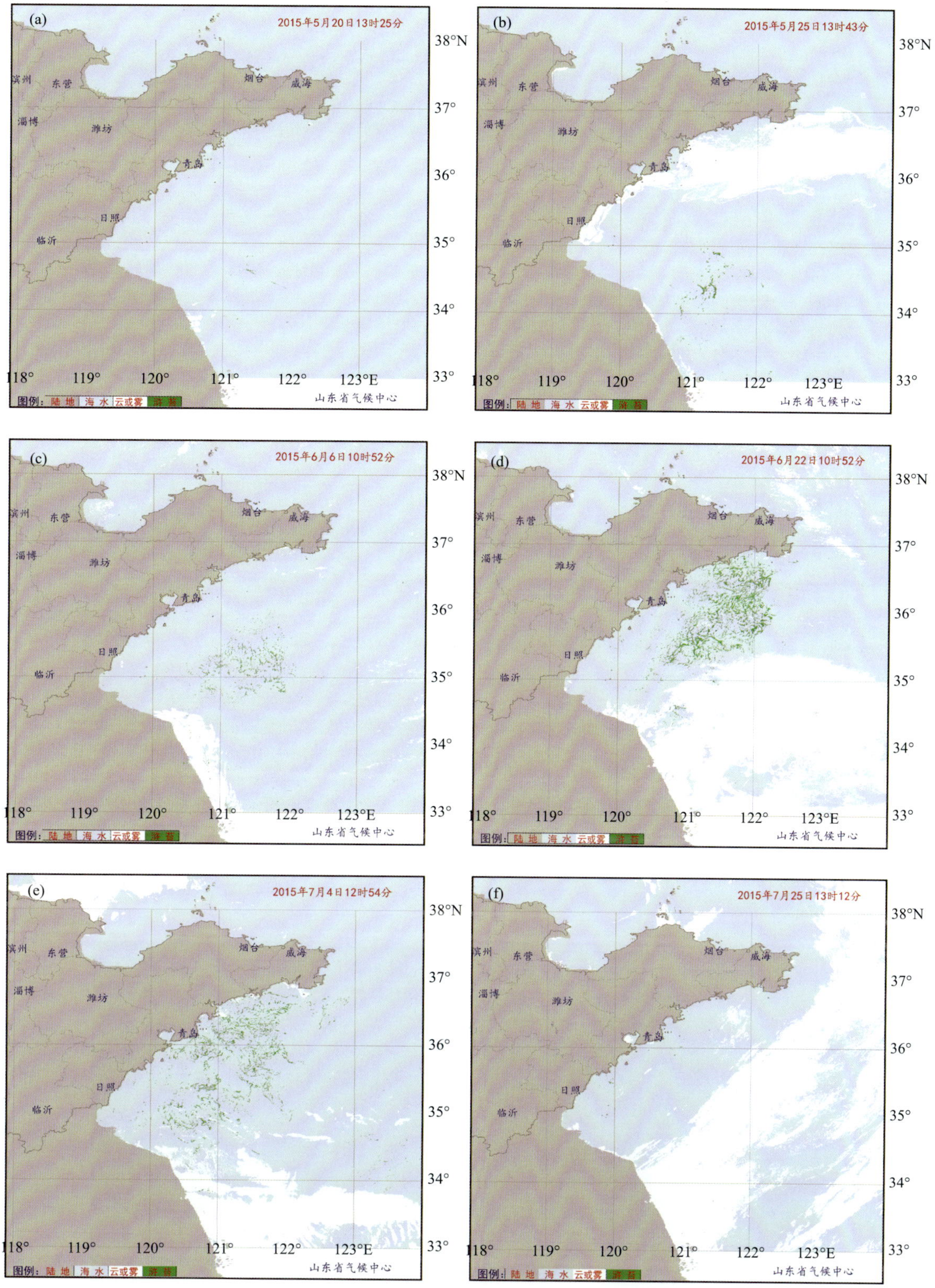

图 7.2　2015 年 5—7 月黄海浒苔 MODIS 卫星遥感动态监测图

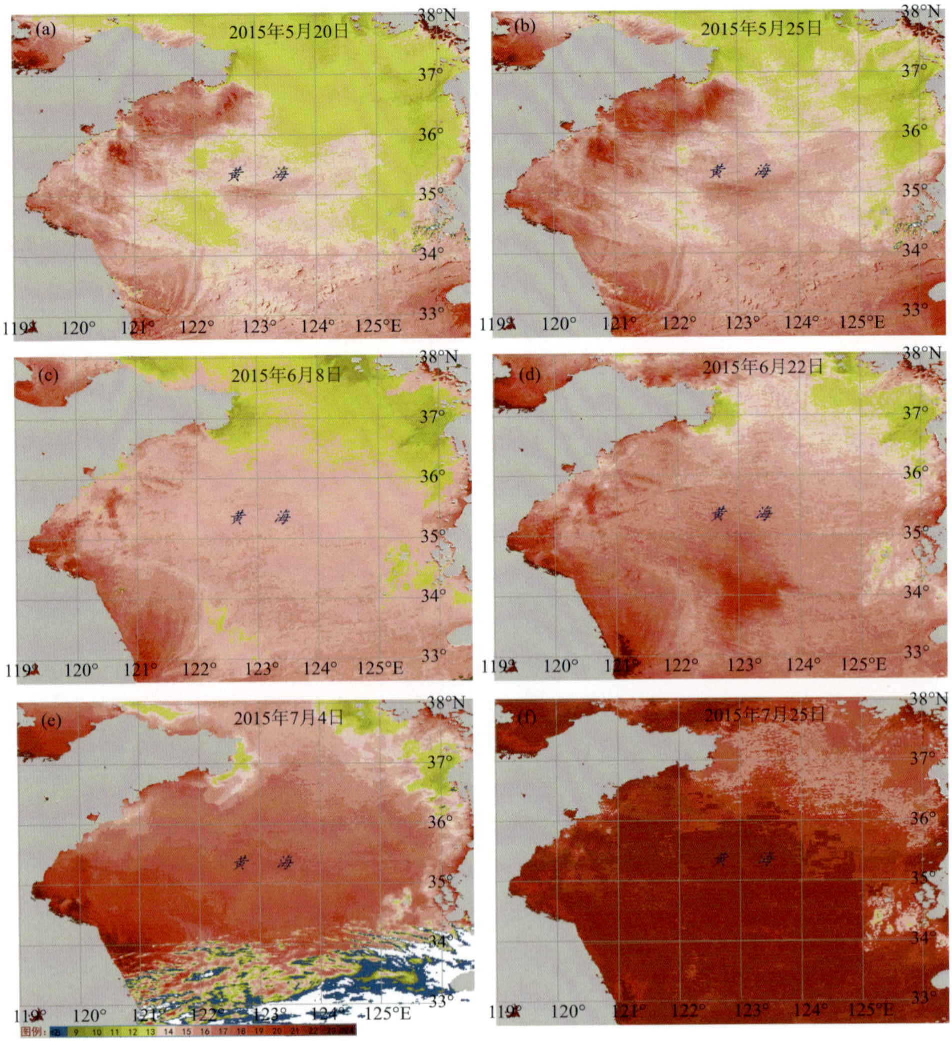

图 7.3 2015 年 5—7 月黄海海温 FY-3 VIRR 卫星遥感动态监测图(单位:℃)

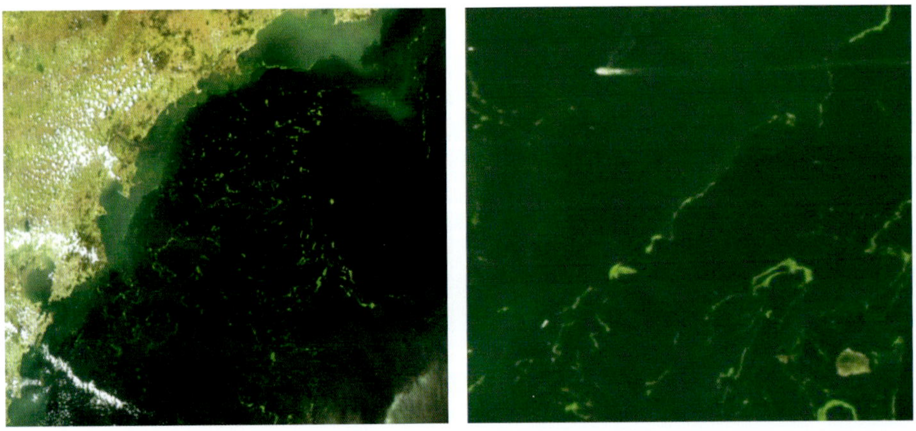

图 7.4 基于 GF-1 的浒苔遥感监测及局部放大图

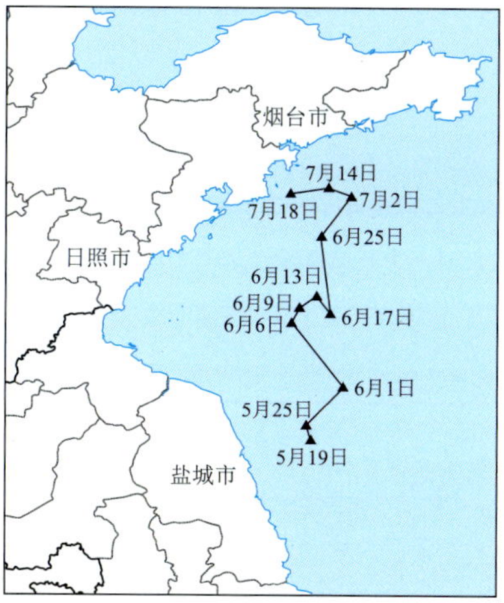

图 7.5　2016 年黄海海域浒苔移动路径图

表 7.3　浒苔移动速度表

日期	漂移重心距离青岛海岸距离/km	移动速度/(km/d)
5 月 19 日	246	
5 月 25 日	226	3.3
6 月 1 日	208	3.0
6 月 6 日	120	17.6
6 月 17 日	134	−1.3
6 月 25 日	78	7.0
7 月 2 日	96	−2.6
7 月 14 日	82	1.2

7.2.5　气象要素对浒苔分布的影响

7.2.5.1　气温的影响

温度是影响浒苔对营养物质的吸收及自身生长的重要因素，对浒苔的光合作用、呼吸作用及藻体的酶活性都有显著的影响。浒苔面积随着海温的增长逐渐增大，但当海温达到 24 ℃左右时，浒苔面积则会随着海温的增长而快速减小。当海温达到 25 ℃以上时，浒苔则基本消失。因此，海温的变化对于浒苔的发生发展有很好的指示作用，在日常业务中可以作为一种有效的浒苔监测手段。

除此之外，海域附近的气温也与浒苔的发展有关。选取 2016 年 5—7 月浒苔爆发区域内两个自动气象站数据，站点 1(34°96′N、120°62′E)位于苏北沿海浒苔爆发区，站点 2(36°18′N，121°22′E)位于山东半岛东部近海浒苔聚集区，分析两地逐日气温及海面风场，2016 年 5—7 月站点 1、站点 2 逐日气温见图 7.6。由图中可见：2016 年 5—7 月黄海海域平均气温逐渐升高，5 月下旬，苏北海域平均气温稳定在 20 ℃，适宜浒苔的生长，5 月下旬浒苔首先出现在苏北沿海。6 月上旬，随着温度的上升浒苔影响海域面积迅速增长；6 月中旬，山东半岛东部海域平均气温达到 20 ℃，浒苔全面爆发。7 月上旬，黄海海域平均气温超过 25 ℃，同时受人类干预、其他生存条件恶化等因素影响，浒苔由爆发期进入衰退期，此阶段，浒苔数量和影响范围均开始减少，并最终消亡。

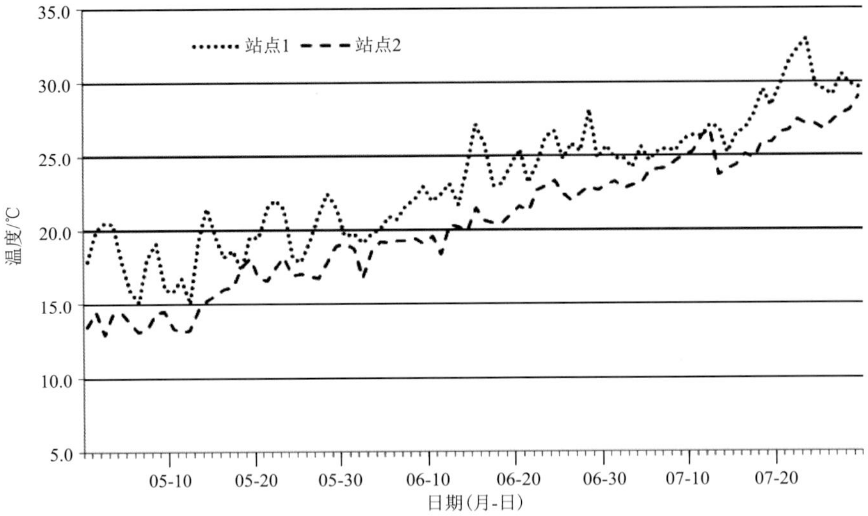

图 7.6　2016 年黄海浒苔爆发区域内两站点逐日温度图

7.2.5.2　风场的影响

2016 年浒苔爆发，持续向北—西北方向漂移，最终抵达山东威海，图 7.7 为站点 1、站点 2 在 2016 年 5 月 1 日—7 月 31 日期间每小时风向玫瑰图，可以看出这段时间内站点 1 南东南风占据主要地位，站点 2 南西南风占据主要地位，这段时间强劲的南风使浒苔一直向北漂移，并最终抵达威海，浒苔的移动与风向大致相同。

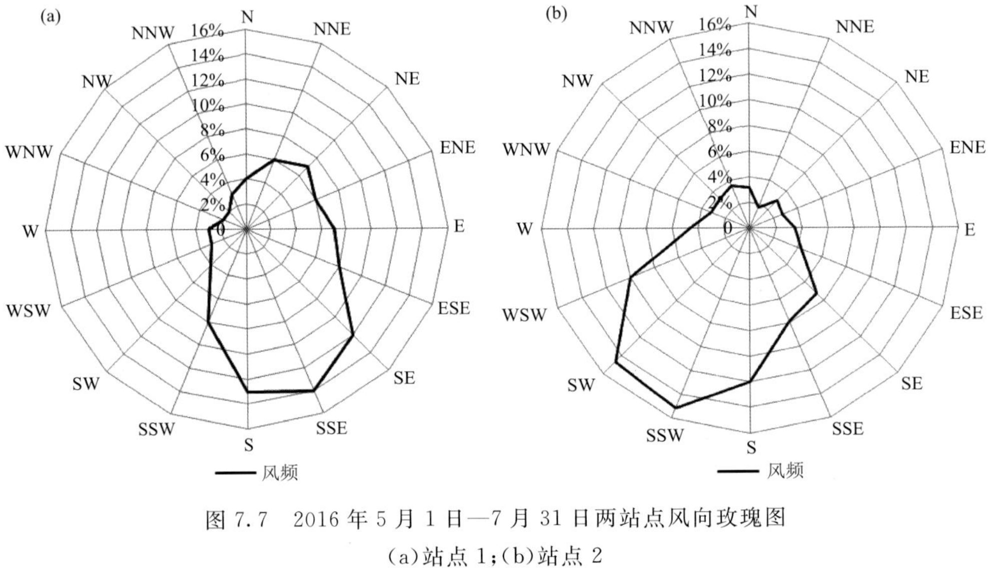

图 7.7　2016 年 5 月 1 日—7 月 31 日两站点风向玫瑰图

(a)站点 1；(b)站点 2

7.3 本章小结

本章介绍了黄海浒苔的卫星遥感监测方法及其特征分析，阐述了浒苔识别方法、浒苔移动速度估算方法、黄海浒苔的空间分布、黄海浒苔的移动路径和移动速度以及气象要素对浒苔分布的影响。

参考文献

北方小麦干热风科研协作组，1988. 小麦干热风[M]. 北京：气象出版社.

陈国平，赵仕孝，杨洪友，等，1988. 玉米涝害及其防御措施的研究——Ⅰ. 芽涝对玉米出苗及苗期生长的影响[J]. 华北农学报(2)：12-17.

陈泮勤，1983. 几种稳定度分类法的比较研究[J]. 环境科学学报，3(4)：357-364.

陈燕丽，莫伟华，莫建飞，等，2011. 基于面向对象分类的南方水稻种植面积提取方法[J]. 遥感技术与应用，26(2)：163-168.

陈仲新，刘海启，周清波，等，2000. 全国冬小麦面积变化遥感监测抽样外推方法的研究[J]. 农业工程学报，16(5)：126-129.

成林，张广周，陈怀亮，2014. 华北冬小麦—夏玉米两熟区干旱特征分析[J]. 气象与环境科学，37(4)：8-16.

程乾，王人潮，2005. 数字高程模型和多时相 MODIS 数据复合的水稻种植面积遥感估算方法研究[J]. 农业工程学报，21(5)：89-92.

程玉民，董昀，范永胜，2006. 暖冬气候对小麦生长发育的影响及对策[J]. 中国种业(8)：35.

崔耀平，秦耀辰，肖登攀，等，2018. 中国夏玉米和冬小麦生育期对历史及未来水热条件的响应[J]. 地理与地理信息科学，34(4)：101-107.

戴竹君，刘端阳，王宏斌，等，2016. 江苏秋冬季重度霾的分型研究[J]. 气象学报，74(1)：133-148.

邓振镛，张强，徐金芳，等，2009. 高温热浪与干热风的危害特征比较研究[J]. 地球科学进展，24(8)：865-873.

丁美花，谭宗琨，李辉，等，2012. 基于 HJ-1 卫星数据的甘蔗种植面积调查方法探讨[J]. 中国农业气象，33(2)：265-270.

丁兴民，王溯，李民，2016. 气温变化对青岛市小麦适宜播种期的影响分析[J]. 农业科技通讯(2)：46-49.

董旭光，邱粲，李娟，等，2018. 1981—2016 年山东陆地观测最大风速变化特征[J]. 海洋气象学报，38(2)：87-95.

樊香所，许文波，范锦龙，2015. FY-3 250 m 分辨率数据的华北平原冬小麦提取[J]. 遥感学报，19(4)：586-593.

房世波，谭凯炎，任三学，等，2012. 气候变暖对冬小麦生长和产量影响的大田实验研究[J]. 中国科学：地球科学，42(7)：1069-1075.

冯春梅，郭东，冯爱国，2014. 不同温度对玉米产量的影响[J]. 现代农业(6)：48-49.

冯海霞，秦其明，蒋洪波，等，2011. 基于 HJ-1A/1B CCD 数据的干旱监测[J]. 农业工程学报，27(S1)：358-365.

冯莉莉，何贞铭，刘学锋，等，2014. 基于 MODIS-NDVI 数据的吉林省植被覆盖度及其时空动态变化[J]. 中国科学院大学学报，31(4)：492-499，536.

冯岳，褚蔚，隋新霞，等，2018. 小麦冬春性人工低温春化鉴定的研究[J]. 山东农业科学，50(1)：9-15.

顾晓鹤，韩立建，王纪华，等，2012. 中低分辨率小波融合的玉米种植面积遥感估算[J]. 农业工程学报，28(3)：203-209.

郭丽娜，黄容，马艳，2014. 青岛逆温层特征及其对空气质量的影响分析[J]. 海岸工程，33(4)：14-25.

郭伟，莫建飞，陈燕丽，等，2011. 乡镇尺度的玉米种植面积遥感监测[J]. 农业工程学报，27(9)：69-74.

韩兰英,2016.气候变暖背景下中国农业干旱灾害致灾因子、风险性特征及其影响机制研究[D].兰州:兰州大学.

何奇瑾,周广胜,2011.我国夏玉米潜在种植分布区的气候适宜性研究[J].地理学报,66(11):1443-1450.

贺鹏,徐新刚,张宝雷,等,2016.基于多时相GF-1遥感影像的作物分类提取[J].河南农业科学,45(1):152-159.

黄健熙,贾世灵,武洪峰,等,2015.基于GF-1 WFV影像的作物面积提取方法研究[J].农业机械学报,46(S1):253-259.

黄振国,杨君,2014.高分一号卫星影像监测水稻种植面积研究综述[J].湖南农业科学(13):76-78.

姬兴杰,朱亚玉,刘晓迎,等,2011.气候变化对北方冬麦区冬小麦生育期的影响[J].中国农业气象,32(4):576-581.

姬忠林,张月平,李乔玄,等,2017.基于GF-1影像的冬小麦和油菜种植信息提取[J].遥感技术与应用,32(4):760-765.

贾维花,廉丽姝,吕宜平,2012.基于TM数据的黄河三角洲地区植被覆盖度提取[J].地理信息世界,12(6):62-66.

贾玉秋,李冰,程永政,等,2015.基于GF-1与Landsat8多光谱遥感影像的玉米LAI反演比较[J].农业工程学报,31(9):173-181.

蒋代章,吴朝聘,1988.利用生态指标划分小麦生态类型的研究[J].中国农业科学,21(6):59-65.

蒋维楣,曹文俊,蒋瑞宾,1993.空气污染气象学教程[M].北京:气象出版社:8-17.

蒋友严,韩涛,徐燕,等,2014.基于多源卫星数据的3种干旱遥感监测效果比较[J].干旱地区农业研究,32(2):47-51.

焦险峰,杨邦杰,裴志远,2006.基于分层抽样的中国水稻种植面积遥感调查方法研究[J].农业工程学报,22(5):105-110.

金丽娜,2014.西安近10 a植被覆盖变化及其与气候因子的相关性研究[J].甘肃科学学报,26(3):23-27.

金善宝,1996.中国小麦学[M].北京:中国农业出版社.

景毅刚,2008.利用EOS/MODIS信息提取陕西冬小麦种植面积研究[J].陕西农业科学,54(2):95-98.

黎清才,邹树峰,张少林,等,2003.山东省雨季开始标准的研究[J].山东气象,23(1):17-19.

李爱农,边金虎,张正健,等,2016.山地遥感主要研究进展、发展机遇与挑战[J].遥感学报,20(5):1199-1215.

李峰,赵红,赵玉金,等,2015.基于HJ-1CCD影像的冬小麦种植面积提取研究[J].山东农业科学,47(5):109-114.

李峰,赵玉金,赵红,等,2014. FY-3A/MERSI数据在山东省农田干旱监测中的应用[J].干旱气象,32(1):17-22.

李克南,杨晓光,慕臣英,等,2013.全球气候变暖对中国种植制度可能影响Ⅷ——气候变化对中国冬小麦冬春性品种种植界限的影响[J].中国农业科学,46(8):1583-1594.

李瑞英,任崇勇,赵臣道,2013.气候变暖对菏泽市冬小麦产量的影响[J].山东农业科学,45(8):121-123.

李树军,肖清华,袁静,2011.潍坊市冬小麦生育期对气候变化的响应[J].中国农学通报,27(33):23-27.

李文炳,王留明,牟吉元,等,2001.山东棉花[M].上海:上海科学技术出版社.

梁守真,陈劲松,吴炳方,等,2015.应用面向对象的决策树模型提取橡胶林信息[J].遥感学报,19(3):485-494.

梁益同,万君,2012.基于HJ-1AB-CCD影像的湖北省冬小麦和油菜分布信息的提取方法[J].中国农业气象,33(4):573-578.

林玉福,刘振英,1983.济南地区冬小麦越冬期冻害对产量的影响[J].山东气象(4):26-29.

林子晶,李卫国,申双和,等,2016.HJ星和GF1号数据在水稻种植面积提取中的应用[J].江苏农业学报,32(1):111-117.

刘厚凤，杨欣，陈义珍，等，2015. 中国重霾过程污染气象研究进展[J]. 生态环境学报，24(11)：1917-1922.
刘吉凯，钟仕全，徐雅，等，2014. 基于多时相 GF-1WFV 数据的南方丘陵地区甘蔗种植面积提取[J]. 广东农业科学，41(18)：149-154.
刘庆生，黄翀，刘高焕，等，2014. 基于关键期 HJ 卫星数据提取无棣县作物种植面积[J]. 中国农学通报，30(26)：284-290.
刘淑云，谷卫刚，尚明华，等，2013. 鲁西北生育期降水与小麦产量相关关系回归模型研究[J]. 作物杂志，24(6)：90-94.
刘涛，周广胜，谭凯炎，等，2016. 华北地区冬小麦灌溉制度及其环境效应研究进展[J]. 生态学报，36(19)：5979-5986.
刘玉洁，陈巧敏，葛全胜，等，2018. 气候变化背景下 1981—2010 中国小麦物候变化时空分异[J]. 中国科学：地球科学，48(7)：888-898.
罗蒋梅，王建林，申双和，等，2009. 影响冬小麦产量的气象要素定量评价模型[J]. 南京气象学院学报，32(1)：94-99.
罗卫，况润元，2014. 利用环境卫星影像的东江源地区果园信息提取[J]. 测绘科学，39(8)：135-139.
罗艳青，邹滨，邱永红，2013. 华东地区干旱灾害时空演化特征研究[J]. 干旱区资源与环境，27(10)：58-64.
吕凯，2014. 高温灾害对皖北地区玉米的影响及防御对策[J]. 农业灾害研究，4(10)：78-81.
马丽，顾晓鹤，徐新刚，等，2009. 地块数据支持下的玉米种植面积遥感测量方法[J]. 农业工程学报，25(8)：147-151.
马强，阎小平，徐晓青，2003. 卫星遥感技术在农业调查中的初步应用[J]. 中国农业资源与区划，24(2)：14-16.
马艳，黄容，陈尚，等，2015. 青岛市雾和城市空气质量的特征及其相关关系[J]. 气象科技，43(5)：925-931.
马洋洋，张彩霞，张继超，等，2015. 辅以 NDVI/DEM 的面向对象木薯提取方法研究——以广西壮族自治区武鸣县为例[J]. 地理与地理信息科学，31(1)：49-53，127.
秦晓晨，2018. 中国冬小麦单产波动中的气候变化作用及其演变趋势研究[D]. 北京：中国农业科学院.
覃志豪，ARNON K，2001. 用 NOAA-AVHRR 热通道数据演算地表温度的劈窗算法[J]. 国土资源遥感(2)：33-42.
任佰朝，高飞，魏玉君，等，2018. 冬小麦—夏玉米周年生产条件下夏玉米的适宜熟期与积温需求特性[J]. 作物学报，44(1)：137-143.
任传帅，叶回春，崔贝，等，2017. 基于面向对象分类的芒果林遥感提取方法研究[J]. 资源科学，39(8)：1584-1591.
任国玉，初子莹，周雅清，等，2005a. 中国气温变化研究最新进展[J]. 气候与环境研究，10(4)：701-716.
任国玉，郭军，徐铭志，等，2005b. 近 50 a 中国地面气候变化基本特征[J]. 气象学报，63(6)：942-956.
任重，马海涛，王丽，等，2011. CALPUFF 在大气预测及环境容量核算中的应用[J]. 环境科学与技术，34(6)：201-205.
山东省东营市地方史志编纂委员会编，2019. 东营市志(1996—2013)[M]. 济南：齐鲁书社.
山东省统计局，国家统计局山东调查总队，1980. 山东统计年鉴[M]. 北京：中国统计出版社.
山东省统计局，国家统计局山东调查总队，2017. 山东统计年鉴[M]. 北京：中国统计出版社.
石涛，张丽，杨元建，2015. 基于 Landsat-8 和 LSMM 的冬小麦面积提取研究——以皖北为例[J]. 麦类作物学报，35(12)：1727-1732.
宋艳玲，董文杰，2006. 1961—2000 年干旱对我国冬小麦产量的影响[J]. 自然灾害学报，15(6)：235-240.
孙爽，2018. 中国不同区域冬小麦产量潜力及资源利用效率研究[D]. 北京：中国农业大学.
孙新素，龙致炜，宋广鹏，等，2017. 气候变化对黄淮海地区夏玉米—冬小麦种植模式和产量的影响[J]. 中国农业科学，50(13)：2476-2487.
孙旭辉，居为民，蒯志敏，等，2013. 江苏春季霜冻气候变化特征及其未来可能变化趋势[J]. 大气科学学报，36

(6):666-673.

谭方颖,王建林,宋迎波,等,2009.华北平原近45 a农业气候资源变化特征分析[J].中国农业气象,30(1):19-24.

万书波,张吉民,张新友,等,2003.中国花生栽培学[M].上海:上海科学技术出版社.

王海超,焦文玲,邹平华,2010.AERMOD大气扩散模型研究综述[J].环境科学与技术,33(11):115-119.

王建源,赵红,李曼华,等,2013.山东省冬小麦晚霜冻灾害的时空分布[J].中国农学通报,29(35):310-316.

王莉,贺秀斌,鲍玉海,等,2010.利用中低分辨率DEM提取坡耕地坡度信息的误差分析[J].安徽农业科学,38(7):3644-3646.

王利民,刘佳,杨福刚,等,2016.基于GF-1卫星遥感的冬小麦面积早期识别[J].农业工程学报,31(11):194-201.

王茂新,裴志远,吴全,等,1998.用NOAA图像监测冬小麦面积的方法研究[J].农业工程学报,14(3):84-88.

王瑞峥,江洪,金佳鑫,等,2018.黄淮海地区冬小麦物候对气候变化的响应及对产量的影响[J].江苏农业科学,46(22):71-75.

王胜,许红梅,杨玮,等,2018.基于RCP情景的全球1.5和2.0 ℃升温下安徽省气候变化及气象干旱预估[J].中国农业大学学报,23(6):100-107.

王顺叶,2014.夏玉米生育期间农业气象灾害原因分析及防范措施[J].农业灾害研究,4(1):25-27.

王位泰,张天峰,蒲金涌,等,2011.黄土高原中部冬小麦生长对气候变暖和春季晚霜冻变化的响应[J].中国农业气象,32(1):6-11.

王文彬,杨力,李长亚,等,2014.高温热害对夏玉米生产的影响[J].大麦与谷类科学(2):8-9.

王文毅,黄敏,李长军,等,2009.山东省主要农林作物气象指标及农业气候区划研究[C].山东:山东省科学技术协会.

王夏,胡新,孙忠富,等,2011.不同播期和播量对小麦群体性状和产量的影响[J].中国农学通报,27(21):170-176.

王晓云,潘莉卿,吕伟林,等,2001.北京城区冬季空气污染物垂直分布与气象状况的观测分析[J].应用气象学报,12(3):279-286.

邬定荣,刘建栋,刘玲,等,2012.近50 a华北平原干热风时空分布特征[J].自然灾害学报,21(5):167-172.

吴冰洁,王靖,唐建昭,等,2018.华北平原冬小麦产量变异的气象影响因子分析[J].中国农业气象,39(10):623-635.

吴兑,2005.关于霾与雾的区别和灰霾天气预警的讨论[J].气象,31(4):3-7.

吴兑,廖国莲,邓雪娇,等,2008.珠江三角洲霾天气的近地层输送条件研究[J].应用气象学报,19(1):1-9.

吴蓉,卢燕宇,王胜,等,2017.1961—2010年安徽省大气环境容量系数变化特征分析[J].气候变化研究进展,13(6):545-556.

吴寅,贺德先,周宏美,等,2010.秋冬春连续干旱对冬小麦生育前期根系发育与生理活性的影响[J].山东农业科学(4):13-15,21.

肖登攀,陶福禄,2012.过去30 a气候变化对华北平原冬小麦物候的影响研究[J].中国生态农业学报,20(11):1539-1545.

肖登攀,陶福禄,沈彦俊,等,2014.华北平原冬小麦对过去30 a气候变化响应的敏感性研究[J].中国生态农业学报,22(4):430-438.

肖俊夫,刘战东,陈玉民,2008.中国玉米需水量与需水规律研究[J].玉米科学,16(4):21-25.

徐大海,朱蓉,1989.我国大陆通风量及雨洗能力分布的研究[J].中国环境科学,9(5):367-374.

徐大海,朱蓉,2000.大气平流扩散的箱格预报模型与污染潜势指数预报[J].应用气象学报,11(1):2-12.

徐鹤,丁洁,冯晓飞,2010.基于ADMS-Urban的城市区域大气环境容量测算与规划[J].南开大学学报(自然科学版),43(4):67-72.

徐建文,居辉,刘勤,等,2014.黄淮海地区干旱变化特征及其对气候变化的响应[J].生态学报,34(2):460-470.

徐建文,居辉,梅旭荣,等,2015.近30 a黄淮海平原干旱对冬小麦产量的潜在影响模拟[J].农业工程学报,31(6):150-158.

徐文斌,林宁,卢文虎,等,2013.基于最大似然法的钓鱼岛航空遥感监视监测信息提取[J].海洋通报,32(5):548-552.

徐希孺,2007.热红外遥感领域的创新[N].中国图书商报,2007-04-20(Y02).

许朗,吴桐,黄武,2016.气候变化对冬小麦产量的影响[J].广东农业科学,43(3):36-41.

许启慧,范引琪,井元元,等,2017.1972—2013年河北省大气环境容量的气候变化特征分析[J].高原气象,36(6):1682-1692.

许文波,张国平,范锦龙,等,2007.利用MODIS遥感数据监测冬小麦种植面积[J].农业工程学报,23(12):144-149,325.

闫素辉,李文阳,杨安中,等,2011.弱光对小麦花后旗叶光合及籽粒灌浆的影响[J].麦类作物学报,31(1):77-81.

杨桄,张柏,边红枫,等,2006.基于TM遥感影像的玉米地专题信息自动提取[J].资源科学,28(4):91-96.

杨洪宾,徐成忠,李春光,等,2009.播期对冬小麦生长及所需积温的影响[J].中国农业气象,30(2):201-203.

杨建莹,梅旭荣,刘勤,等,2011.气候变化背景下华北地区冬小麦生育期的变化特征[J].植物生态学报,35(6):623-631.

杨敏,刘峻明,王鹏新,等,2016.基于MODIS大气廓线产品分析晚霜冻对冬小麦产量的影响[J].中国农业科技导报,18(2):78-85.

杨欣,陈义珍,刘厚凤,等,2014.北京2013年1月连续强霾过程的污染特征及成因分析[J].中国环境科学,34(2):282-288.

杨学斌,秦其明,姚云军,等,2011.PDI与MPDI在内蒙古干旱监测中的应用和比较[J].武汉大学学报(信息科学版),36(2):195-198.DOI:10.13203/j.whugis2011.02.012.

尹云鹤,吴绍洪,陈刚,2009.1961—2006年我国气候变化趋势与突变的区域差异[J].自然资源学报,24(12):2147-2157.

于庚康,王博妮,陈鹏,等,2015.2013年初江苏连续性雾/霾天气的特征分析[J].气象,41(5):622-629.

于新洋,张安定,侯西勇,2012.胶东半岛果园TM影像信息的提取决策树方法[J].测绘科学,37(4):57-60.

余凌翔,朱勇,鲁韦坤,等,2013.基于HJ-1 CCD遥感影像的西双版纳橡胶种植区提取[J].中国农业气象,34(4):493-497.

郁珍艳,李正泉,高大伟,等,2017.浙江省空气质量与大气自净能力的特征分析[J].气象,43(3):323-332.

詹志明,秦其明,阿布都瓦斯提·吾拉木,等,2006.基于NIR-Red光谱特征空间的土壤水分监测新方法[J].中国科学:D辑 地球科学,36(11):1020-1026.

张爱芝,高志强,刘文平,等,2007.各类小麦品种不同春化时间与抗寒性的关系[J].中国农业气象,28(4):403-405,408.

张朝,王品,陈一,等,2013.1990年以来中国小麦农业气象灾害时空变化特征[J].地理学报,68(11):1453-1460.

张翠英,樊景豪,张斌,2016.鲁西南干热风发生规律及统计预测模型[J].干旱气象,34(1):207-211.

张存杰,王胜,宋艳玲,等,2014.我国北方地区冬小麦干旱灾害风险评估[J].干旱气象,32(6):883-893.

张恺,徐大海,朱蓉,等,2005.CAPPS多箱模式中光化学模式的嵌套与城市大气臭氧数值预报[J].应用气象学报,16(1):1-12.

张莉,巩在武,顾伟宗,等,2015.山东省雾霾变化特征及一次持续性雾/霾过程的分析[J].中国海洋大学学报,45(11):10-14.

张敏,王岩岩,蔡瑞国,等,2013.播期推迟对冬小麦产量形成和籽粒品质的调控效应[J].麦类作物学报,33(2):325-330.

张人禾,李强,张若楠,2014.2013年1月中国东部持续性强雾/霾天气产生的气象条件分析[J].中国科学:地球科学,44(1):27-36.

张书余,2008.干旱气象学[M].北京:气象出版社.

张文博,覃志豪,李文娟,等,2015.气候变化对冬小麦产量的影响研究——以山东省为例[J].江西农业学报,27(9):94-98.

张迎萍,2014.胶东山区苹果树园地垂直分布特征及适宜性评价[D].泰安:山东农业大学.

张有菊,2014.气候变化对济阳县冬小麦播期的影响分析[J].山东气象,34(4):44-46.

张玉静,2014.华北地区冬小麦主要气象灾害风险评估[D].北京:中国气象科学研究院.

赵虹,胡卫国,詹克慧,等,2010.黄淮南片冬麦区主导品种春化基因及冬春性分析[J].西北植物学报,30(3):495-504.

赵虹,王西成,胡卫国,等,2014.黄淮南片麦区小麦倒春寒冻害成因及预防措施[J].河南农业科学,43(8):34-38.

赵俊芳,赵艳霞,郭建平,等,2012.过去50 a黄淮海地区冬小麦干热风发生的时空演变规律[J].中国农业科学,45(14):2815-2825.

赵俊芳,赵艳霞,郭建平,等,2015.基于干热风危害指数的黄淮海地区冬小麦干热风灾损评估[J].生态学报,35(16):5287-5293.

郑大玮,1979.淡淡夏玉米的稳产性[J].北京农业气象科技动态(2):8-10.

郑大玮,龚绍先,郑维,等,1985.冬小麦冻害及其防御[M].北京:气象出版社.

郑冬晓,杨晓光,赵锦,等,2015.气候变化背景下黄淮冬麦区冬季长寒型冻害时空变化特征[J].生态学报,35(13):4338-4346.

郑娜,刘秀位,王锡平,2014.利用产量差距方法进行华北冬小麦产量受气候影响规律的分析:以河北省栾城县为例[J].中国生态农业学报,22(2):234-240.

郑伟,张艳红,2007.气候因素对玉米产量和品质的影响研究[J].现代农业科技(11):103-104.

中国农林作物气候区划协作组,1987.中国农林作物区划[M].北京:气象出版社.

钟仕全,莫建飞,陈燕丽,等,2010.基于HJ-1B卫星遥感数据的水稻识别技术研究[J].遥感技术与应用,25(4):464-468.

钟秀丽,王道龙,吉田久,等,2007.冬小麦品种抗霜冻力的影响因素分析[J].作物学报,33(11):1810-1814.

周静平,李存军,史磊刚,等,2016.基于决策树和面向对象的作物分布信息遥感提取[J].农业机械学报,47(9):318-326,333.

朱琳,刘健,张晔萍,等,2010.FY-3A/MERSI数据在中国北方干旱监测中的应用[J].遥感学报,14(5):1004-1016.

朱蓉,徐大海,孟燕君,等,2001.城市空气污染数值预报系统CAPPS及其应用[J].应用气象学报,12(3):267-278.

朱蓉,张存杰,梅梅,2018.大气自净能力指数的气候特征与应用研究[J].中国环境科学,38(10):3601-3610.

AL-KOFAHI S, STEELE C, VANLEEUWEN D, et al, 2012. Mapping land cover in urban residential landscapes using very high spatial resolution aerial photographs[J]. Urban for Urban Gree, 11(3): 291-301.

ASSENG S, JAMIESON P D, KIMBALL B, et al, 2004. Simulated wheat growth affected by rising temperature, increased water defict and elevated atmospheric CO_2[J]. Field Crops Research, 85(2/3): 85-102.

BAUGH K, HSU F C, ELVIDEG C D, et al, 2013. Nighttime lights compositing using the VIIRS day-night band: Preliminary results[J]. Proceedings of the Asia-Pacific Advanced Network, 35: 70-86. DOI: 10.7125/apan.35.8.

DING Y, LIU Y, LIANG S, et al,2014. Interdecadal variability of the east Asian winter monsoon and its possible links to global climate change[J]. Journal Meteorological Research,28(5):693-713.

DUJARDIN J, BATELAAN O, CANTERS F, et al, 2011. Improving surface-subsurface water budgeting using high resolution satellite imagery applied on a brownfield[J]. Science of the Total Environment, 409(4): 800-809.

ELVIDGE C D, ZHIZHIN M, HSU F C, et al, 2013. What is so great about nighttime VIIRS data for the detection and characterization of combustion sources? [J]. Proceedings of the Asia-Pacific Advanced Network,35:33-48. DOI:10.7125/APAN.35.5.

GHULAM A, QIN Q, TEYIP T, et al, 2007. Modified perpendicular drought index (MPDI): A real-time drought monitoring method[J]. ISPRS Journal of Photogrammetry and Remote Sensing, 62(2):150-164.

GUO H, XU M, HU Q,2015. Changes in near-surface wind speed in China:1969—2005[J]. International Journal of Climatology,31(3):349-358.

IMHOFF M L, LAWRENCE W T, STUTZER D C, et al, 1997. A technique for using composite DMSP/OLS"city lights"satellite data to map urban area[J]. Remote Sensing of Environment,61(3):361-370. DOI:10.1016/S0034-4257(97)00046-1.

JIANG W, HE G J, LONG T F,et al, 2018. Potentiality of using Luojia 1-01 nighttime light imagery to investigate artificial light pollution[J]. Sensors,18(9):2900. DOI:10.3390/s18092900.

JIANG Y, LUO Y, ZHAO Z C, et al,2010. Projections of wind changes for 21st century in China by three regional climate models[J]. Chinese Geographical Science, 20(3):226-235.

KAUTH R J ,THOMAS G S P, 1976. The tasselled cap—A graphic description of the spectral-temporal development of agricultural crops as seen by Landsat[J]. Agricultural and Food Sciences, Environmental Science, 29:4B-41-4B-51.

LEVIN N, JOHANSEN K, HACKER J M, et al, 2014. A new source for high spatial resolution night time images—the EROS-B commercial satellite[J]. Remote Sensing of Environment,149:1-12. DOI:10.1016/j.rse.2014.03.019.

LI Z, YAN Z, TU K, et al,2011. Changes in wind speed and extremes in Beijing during 1960—2008 based on homogenized observations[J]. Advances in Atmospheric Sciences,28(2):408-420.

MCMAHON T A, DENSION P J, 1979. Empirical atmospheric deposition parameters—a survey [J]. Atmospheric Environment,13(5): 571-585.

MITSCH W J, GOSSELINK J G, 1993. Wetlands: New York[M]. New York:Van Nostrand Reinhold.

RICHARDSON A J, WIEGAND C L, 1977. Distinguishing vegetation from soil background information [J]. Photogrammetric Engineering and Remote Sensing,43:1541-1552.

SHI K F, HUANG C, YU B L,et al, 2014. Evaluation of NPP-VIIRS night-time light composite data for extracting built-up urban areas[J]. Remote Sensing Letters, 5(4): 358-366. DOI: 10.1080/2150704X.2014.905728.

SUN H S, XU A G, LIN H, et al, 2012. Winter wheat mapping using temporal signatures of MODIS vegetation index data[J]. International Journal of Remote Sensing, 33(16): 5026-5042.

TAN Z R,WEI D L, YIN Z X, 2020. Housing vacancy rate in major cities in China: Perspectives from nighttime light data[J]. Complexity,2020:1-12. DOI:10.1155/2020/5104578.

TAO F L, YOKOZAWA M, LIU J Y, et al, 2008. Climate-crop yield relationships at provincial scales in China and the impacts of recent climate trends[J]. Climate Research, 38(1): 83-94.

WANG L Y, FAN H, WANG Y K, 2020. Improving population mapping using Luojia 1-01 nighttime light image and location-based social media data[J]. Science of the Total Environment,730:139148. DOI:10.

1016/j. scitotenv. 2020. 139148.

WANG Z W, ZHAI P M, 2003. Climate change in drought over northern China during 1950—2000[J]. Acta Geographica Sinica, 58(S1): 61-68.

WARDLOW B D, EGBERT S L, 2008. Large-area crop mapping using time-series MODIS 250 m NDVI data: An assessment for the U S central great plains[J]. Remote Sensing of Environment, 112(3): 1096-1116.

XU M, CHANG C P, FU C, et al, 2006. Steady decline of east Asian monsoon winds, 1969—2000: Evidence from direct ground measurements of wind speed[J]. Journal of Geophysical Research: Atmospheres, D24111:1-8.

YANG P, YANG G, 2016. Feature extraction using dual-tree complex wavelet transform and gray level co-occurrence matrix[J]. Neurocomputing, 197:212-220.

YOU L Z, ROSEGRANT M W, WOOD S, et al, 2009. Impact of growing season temperature on wheat productivity in China[J]. Agricultural and Forest Meteorology, 149(6): 1009-1014.

ZHAN Z, QIN Q, GHULAN A, et al, 2007. NIR-red spectral space based new method for soil moisture monitoring[J]. Science in China Series D: Earth Sciences, 50:283-289.

ZHAO M, ZHOU Y Y, LI X C, et al, 2020. Building a series of consistent night time light data (1992—2018) in southeast Asia by integrating DMSP-OLS and NPP-VIIRS[J]. IEEE Transactions on Geoscience and Remote Sensing, 58(3):1843-1856. DOI:10. 1109/TGRS. 2019. 2949797.

ZHENG Q M, WENG Q H, HUANG L Y, et al, 2018. A new source of multi-spectral high spatial resolution night-time light imagery-JL1-3B[J]. Remote Sensing of Environment, 215:300-312. DOI:10. 1016/j. rse. 2018. 06. 016.

ZHU J, LIAO H, LI J, 2012. Increases in aerosol concentrations over eastern China due to the decadal-scale weakening of the East Asian summer monsoon[J]. Geophysical Research Letters, 39(9):L09809-1-L09809-6.